船長論

引き継がれる海の精神

逸見　真 著

KAIBUNDO

目　次

序章　知られざる船長　*1*

1. 解題 — 船長の呼び名　*1*
（1）captain　*1*
（2）captain と master　*2*
（3）船頭　*4*
2. 国際海運と船員　*6*
（1）海運という産業　*6*
（2）国際海運による貢献　*7*
（3）安全保障　*9*
（4）海運実務における日本人船員の存在意義　*11*
3. 船員稼業の人口への膾炙　*13*
（1）船員の役割と知名度とのアンバランス　*13*
（2）外国情報の伝達者　*15*
（3）欧米に見る情報ツールとしての船乗りの役目　*16*
（4）洋上での情報交換　*18*
（5）真摯な日本人船員　*20*
4. 海運と言語　*21*
（1）国際海運の言語：英語　*21*
（2）わが国の海事慣習　*23*
（3）現代の海運実務における言葉　*24*
5. 「船長論」とは　*25*
（1）船と船長　*25*
（2）船長論　*28*

第1章　職責の変遷　*33*

1. 古代・中世　*33*
（1）古代　*33*
（2）中世　*36*
2. 大航海時代の到来　*39*

(1) 大洋航海のもたらした問題　*39*
(2) 経度測定の実用化　*41*
(3) 船乗り稼業の疲弊　*43*
3. 近代　*46*
(1) 船長への登竜門　*46*
(2) 権限の強大化　*48*
(3) 必要な権限　*50*
(4) 人権支配　*53*
4. 航海術の発達の実相　*56*
(1) 航海海域の変化による影響　*56*
(2) 江戸時代の航海術　*58*
5. 近代から現代へ　*59*
(1) 帆船と汽船との端境期　*59*
(2) 船舶運航の飛躍的な発展　*62*
(3) 権限の新たな展開　*68*
(4) 現在の職責　*74*

第2章　指揮管理と教育　*79*

1. リーダーシップ　*79*
(1) 職務の培う気性　*79*
(2) 船頭のリーダーシップ　*83*
(3) 船長のリーダーシップ　*87*
(4) 船内融和　*92*
2. 人格形成　*98*
(1) 規範意識と人格　*98*
(2) 教養　*100*
(3) 資格と人格評価　*104*
(4) 養成と評価　*108*
3. 資質教育　*112*
(1) 実務教育と教条主義　*112*
(2) 船員稼業の性格と目標　*114*
(3) 旧商船大学学生寮　*116*
(4) 学生寮教育の功罪　*119*

(5) 教条教育は偏向教育か *124*
4. 経験により培われる能力 *128*
(1) 航海士としてのキャリア *128*
(2) 実務を通しての成長 *132*
(3) 操船シミュレーション *134*
(4) 判断力と直感力 *137*
(5) 操船のセンス *141*
5. 指揮管理の一側面：乗組員の懲戒 *144*
(1) 公平性 *144*
(2) 裁量 *146*
(3) 透明性 *148*
(4) 日本人による懲戒 *149*
(5) 船の上の懲戒の難しさ *151*

第3章 海難と法 *157*

1. 衝突 *158*
(1) ニアミス *158*
(2) 信頼と航海の基本 *160*
2. 座礁 *163*
(1) 海平丸の座礁 *164*
(2) 船長と乗組員のレジリエンス *166*
3. 魔の潜む岸 *169*
(1) 船板一枚下 *169*
(2) 難破船・難船者の運命 *170*
4. 船員の不当拘束・処罰 *173*
(1) 過失犯の処罰 *173*
(2) 不当拘束・処罰の事例 *175*
(3) 外国人船員処罰の不合理性 *179*
(4) IMOによる船員保護のためのガイドラインの制定 *181*
5. 法的な責任 *183*
(1) 公法の求める義務：船長の公権力 *184*
(2) 私法の求める義務：船主の代理人 *186*
(3) 公法と私法との交錯 *189*

6. 航海における直行義務 *192*
(1) 直行の必要性 *192*
(2) 船長が仕える者 *194*
(3) 救助に赴くべきか否か *196*
(4) 救助の実際 *200*
(5) 救助を阻む新たな問題 *203*
7. 海難防止の取り組み *206*
(1) 船の上の伝統的なチームワーク *206*
(2) BRM：ヒューマンファクターを考慮したチームワーク *208*
(3) ヒューマンエラーとBRM *211*
(4) 日本語と日本的慣行 *213*
(5) 暗黙の協調による意思の疎通 *216*

第4章　気質と精神 *223*

1. 船員気質 *223*
(1) 海に育まれる気質 *223*
(2) 海運企業の構成員 *225*
(3) 階層意識 *232*
(4) 乗組員混乗の理由 *237*
(5) 連帯意識 *240*
(6) 公平と中立 *244*
(7) 隠蔽 *247*
2. 信心 *250*
(1) 伝統的な慣習 *250*
(2) 苦しい時の神頼み *253*
(3) 運 *256*
(4) 孤独 *259*
(5) 精神主義という名の陥穽 *263*
3. 適格性 *268*
(1) 求められる非常時の対応 *268*
(2) セウォル号事件 *270*
(3) 脱船 *275*
4. 殉職 *277*

(1) 常陸丸船長 富永清蔵 *277*
(2) ウォルフ号上の富永船長 *279*
(3) 死 *281*
(4) 乗組員の精神的後遺症 *284*
(5) 平時の殉職 *285*
5. 船員を待つ人々 *289*

第5章 新たなる針路 *297*

1. 船員から海技者へ *297*
(1) 船員の陸上志向 *297*
(2) 実務に支えられる海技 *300*
2. 船員の出自の多様化 *305*
(1) 船乗りへの憧れ *305*
(2) 船をどう意識するか *307*
3. 女性船長 *313*
(1) 女性船員採用に対するバイアス *313*
(2) 女性の能力の活用 *315*
4. 技術革新の代償 *319*
(1) 最新式航海計器への過信 *319*
(2) 海技への影響 *321*
(3) 自動化と自律化 *324*
(4) 船員のいなくなる日はくるか *327*
5. 日本人船員の本質 *331*
(1) 日本人船員と外国人船員 *331*
(2) 日本人の義理と規範意識 *334*
(3) 外国人船員の意識 *336*
6. 自覚すべき責任 *339*
(1) 船長の責任 *339*
(2) 社会的責任の自覚 *340*

引用・参考文献 *345*
索　引 *353*

序章　知られざる船長

序論として、船長の呼び名とその由来を手始めに、国際海運の現状と日本人船員の存在意義に加え、現在の船長、船員に対する一般社会の見方や意識につき、欧米との比較において概観する。

そして最後に、本書に「船長論」と題した意味合いに関して述べたいと思う。

1.　解題 — 船長の呼び名

(1)　captain

船長とは船舶の長であり、その大小や用途に関わりなく、船及び船上にある人、貨物、設備に対して一定の権限を有する者である。巨大船の長たる者は船長であり、2人乗りのモーターボートの長もまた船長である。商船も海賊船も乗組員の頂点には船長がいる。

本書にいう船長は海運に従事する商船の船長職にある者を指す。

現在の海運の歴史は大層、英国海運の歴史と重なるところが少なくない。かつて世界中に植民地を擁していた英国は、本国と植民地とを結ぶ多くの航路を開設し、これを行き来する脚としての自国籍の船舶を多数、就航させていた。19世紀終盤から20世紀初頭にかけての英国籍船のシェアは、純トン数換算で世界総計の45～50%と、実に国際海運に従事する船舶の半数を占めていた[1)]。これを隻数で見れば1901年の当時、全世界の5,000トン以上の船舶596隻の内、英国船舶は346隻と2位のドイツ124隻、3位の米国36隻を大きく引き離していた[2)]。

1891年の記録では英国船舶の乗組員17万3,000名の内、東洋人を含めた外国人4万5,000名を除く12万8,000名が英国人であった[3)]。英国船舶では船の国籍のみならず船長や乗組員の幹部職員の多くをも英国人が占め、従って船上で用いられる言語は大英帝国の共通語である英語となった。

さて、船長の英語名は「captain」である。ちなみにフランス語の船長は「capitaine」であり、この接頭語である「capita-」は頭、首長を表すラテン語に由来する。綴りは異なるがドイツ語の船長は「Kapitän」、スペイン語は「Capitán」である。綴りや発音の類似性より英独仏、スペイン語の船長を表す言葉は、恐らくはヨーロッパに共通の語源を持つものと理解できる。

国際海運の共通言語に則り、船上で船長を呼ぶ言葉は「Captain!」である。船長が日本人であっても通例、「船長！」とは呼ばず、また名前を付けて「何某（なにがし）船長」と呼ぶこともない。これは他の職位でも同様であり、機関長は「Chief Engineer!（日本人船員は「チーフエンジャ！」という）」、一等航海士は「Chief Officer!（略して「チョッサー！」と呼ぶ）」とし、個人名は付さない。

その場に当人の居合わせない、例えば思い出話や噂話の中で特定の船長を話題にする時には、個人名を付けて呼ぶことがある。単に誰の話題であるのかを明瞭にするためであり深い意味はない。名前に職名を付けて呼ぶ時、日本語と英語とで個人名と職名の並びが逆になるのは、英語で大統領や社長を呼ぶ例と異ならない。外国人の乗組員は「Captain 何某」と個人名を職名の後に、日本人乗組員の間であれば「何某 Captain」と苗字を先に付して呼ぶのが通例（あるいはありていに「何某さん」）である。

(2)　captain と master

「captain」の他、英語にいう船長にはもう一つの呼称である「master」がある。

声に出して船長を呼ぶ時の職名は captain であり、master の呼び名は用いない。船長に面と向かって「master!」とはいわないのである。他方、船内外の公式書類の船長署名欄には「master of」の後に船名を付して、「某丸（あるいは某号）の船長」という表現を使う。例えば船名がオーシャン号であるなら、「master of S/S Ocean」（S/S：Steamship（汽船）、よく使われるのは M/V：Motor Vessel（機船））となる。

古く植民地時代には commander の名も船長の意味で利用されていた。

captain の職名は呼称上の肩書であり、現在の船では master が船長職にある者の正式な職名と理解して誤りではない。

captain を呼び名としての俗の職名、master を公式の職名とみる理由の一つが法律における船長の記載である。一般に英語圏で制定されている法律記載の船長の職名は master で表され、captain の語は用いない。例えば英国商船法（Merchant Shipping Act）の規定にある船長は master である。その第 3 章

(PART Ⅲ)「Masters and Seamen(船長及び海員)」第25条は、

「this part applies only to ships which are seagoing ships and masters and seamen employed in seagoing ships.」

と規定されている。

歴史上、masterが呼び名として使われていた時があった。中世の地中海では航海の指揮や管理をする者をmasterと呼んだ。その意味は日本語で表現すれば管理船主にあたる。彼らの多くは船の所有権の内、一定の持ち分を有する船主(船舶所有者)または運送人に該当するのと共に、現在の船長職に近い機能をも併せ持っていた。当時、masterと呼ばれる者は船主船長であった4)。

現在使われているcaptainとmasterの言葉の区別は、中世から近世にかけての英国の帆船時代にあるように思われる。この時代、民間商船の船長をmaster、海軍の軍艦の艦長をcaptainと呼んでいた。

現代の商船と軍艦は各々の用途はもちろんのこと、構造、設備や乗組員の業務が全く異なる船種であり、運航技術の面において乗組員相互の行き来や兼用、融通はない。それに比べて主に16世紀頃までの商船、軍艦それぞれの取り扱いに大差はなかった。

海賊船や私掠船がいたるところに跋扈していたこの時代、軍艦はもとより商船といえども、自船の防衛や自ら行う私掠行為のために、多かれ少なかれ武装を施していた。私掠船とは普段は商船として航行するも、敵国やその同盟国の商船と遭遇すればこれを襲い、積荷や本船を拿捕する行為が国王より、現代風に表現すれば登録先の旗国より公的に認められていた海賊船である。

軍艦と商船とは船種が違うとは申せ、せいぜい積んでいる大砲の大きさや門数の相違の程度に留まり、船自体の性能や帆走のための艤装には大きな区別がなかったため、乗組員は双方の船種での勤務が可能となった。また海軍とはいえ、その艦隊は王室所有の軍艦と私有にある武装商船とで構成されていた5)。それ故、戦争が始まり軍艦の乗組員に人手不足が生ずると、海軍はたびたび即戦力となり得る商船乗りを徴発して軍艦に乗せたのである。

そのような環境の下、一つの軍艦において本来のcaptainと商船から来たmasterとが同乗することも稀ではなく、その際にcaptainは戦闘を指揮しmasterは操船や操帆を担当した。戦闘船長と操船船長との役割分担である。ただ軍艦に二人のかしらを頂く指揮統率上の問題もあり、両者の関係は軍艦本来の仕事を指揮する captain が master の上位に位置付けられ、本艦の総指揮は captain が執ったのである。わが国の翻訳文献では軍艦の master に操帆長や航海長という職名が付されてもいる。

戦闘船長としての位置付けは、専ら他船の襲撃を業とする海賊船の船長が captain と呼ばれる（キャプテン・ドレークやキャプテン・キッド等）ことからも窺い知ることができよう。

時の経過と共に、軍艦の総指揮官としての captain の名は商船においても用いられるようになる。そこには先の私掠船の影響があったように思われる。理屈をいえば、master が指揮する商船が私掠船に変貌すれば、戦闘船長としての captain になるのである。

1600 年代の英国では東インド会社の大型商船の船長を captain と呼び、その他を master とする等、権威の高低が二つの言葉の間にあったとされる[6)]。その後、時代を経るに従い captain と master との区別はなくなり[7)]、それぞれは呼び名と法律上、書類上の公式職名となって現在に至っている。

(3)　船頭

江戸時代までのわが国の和船の長が船頭であった。「船頭多くして…」の船頭は日本語における船長の職名である。船長の「長」と船頭の「頭」は共に最高位に就く者を表すから、船長と船頭は船で最も高きに位置する者を表す同意語と見てよい。

船頭の説明として、

> 「惣して廻船之持主を船頭と申候、船に乗候而船之事を支配し候を沖船頭と申候、此沖船頭を乗船頭共申候」

というくだりがある（『徳川禁令考』巻五十四）。

船頭とは正確には廻船を所有する者であり、その中でも自らが支配する船に乗り込む船頭、いわゆる船主船頭を直乗船頭といい、船主と雇用関係にある現代の船長の地位に近い者を沖船頭といった。

船頭の名の起こりは日本とシナとの間の貿易船の長にあり、鎌倉時代頃までは九州地方を行き来していた宋の貿易商人を表していた。もともと和船の長は操船に重要な役割を担う楫取（かじとり）（舵取り）の職名を以て呼ばれていたが、時代が下るに連れ自ら船を所有してこれを管理支配するのみならず、運送業をも営む存在となっていく。この意味を広く包括した船頭の呼称が、次第に九州方面より全国へと広まっていった。

江戸時代にはそれまでの和船が大型化して千石船が登場、これを廻船と呼びその持主を船頭と称する習わしが一般化した[8]。

廻船は徐々に大型化を遂げ、その運航に十数名が乗り組むようになり、船内組織の細分化と職の専門化とが進む。従来の乗り組みは船頭とそれ以外の水主（同読みで水手、船夫、船子、船手とも書く）とに二分されるのみであったが、親仁（親司、船内労働を取り纏める甲板長）、航海中は船首にあり操舵を指示する表司（表仕、操舵号令をする航海士）、知工または賄（事務長）の幹部三役の他、腕利きの水夫の若衆、一人前と認められた水夫である炊上り、水夫見習いで炊事他拭き掃除一切を受け持つ炊が加わった。炊は近年まで、瀬戸内に往来する旅客交通船の司厨係の呼び名として使われていた。

炊の多くは14から15歳で船に乗り、2年程で炊上りとなり、更に2～3年で若衆となる。その後、順次、舵、錨の扱いを覚えて10数年で親仁となった[9]。平水主は勤務年数により昇格し、有能な者は三役に登用され船頭にまで登り詰めることができた。和船とはいえ大型廻船を扱うに足る有能な人材を集めるために、経験に根差した能力主義、実力主義が採用されていたのである[10]。

船頭は配下の乗組員を自らの判断で雇用し、積荷の売買について一定の範囲ではあったが、自らが取り仕切る権限を持っていた[11]。このような職責の性格は、後述する帆船時代のヨーロッパの船長と軌を一にしている点で興味深い。海運や船の運航実務における合理性の追求が、東西の異なる世界で近似したシステムを開花させていたと理解できる。

明治となり欧米から近代海運が導入された後も、船頭の名は使用されていた。1869年（明治2）の海難救助に関する「浦高札難破船取扱方」では「船頭」の名称が用いられていたが、1872年（明治5）の「船灯規則」や「内国船難破及び漂流物取扱規則」、1876年（明治9）の「海上衝突予防副則」から「船長」が使用され出した[12]。1897年（明治30）5月20日の逓信省令第10号の第1条には、船舶職員法第14条により海技免状を授与すべき者として旧来の和船の三役が挙げられている。ここでの三役は船頭、親司及び表主（ママ）をいうとあり[13]、海運実務界では関係法令の制定後も暫くの間は、船頭と船長とが混在して使用されていた様子が伺われる。

2. 国際海運と船員

(1) 海運という産業

国際法のジャンルの一つである海洋法は、海洋を幾つかの水域に区分している。沿岸より順に内水、領海、接続水域、排他的経済水域及び公海へと続く。その中で最も広大な公海は何れの国の領域にもなく（「海洋法に関する国際連合条約」（以下、国連海洋法条約という）第89条）、公海上にある船舶はこれに国籍を与える旗国（登録国）以外、如何なる国家権力にも妨げられない自由な航行が保障される（第90条）。この原則が海洋法にいう公海の自由である。

公海自由の原則は、自由放任と自由競争とが全ての人に最良の結果をもたらすという、資本主義高揚期の思想が具現化されたものである[14)]。従ってこの原則はよく海運自由の原則にスライドされる。

海運自由の原則は商船の航海の自由、及び海運業に係る政府による干渉の排除の二つに大別される。過去には実際、国旗差別といわれる、外国船舶に対する貨物の輸送制限や寄港国による入出港、課税等の差別、海運企業の属する同盟による規制他の干渉があったが、海運が自由な商業活動の下で営まれる産業であるとした根本原則は変わらない。中でも航海の自由、船主や荷主の指示と意向とを受けた船長が、公海を越えて他国の領海から内水へと入り、港から港へ船を進め海商に勤しむ権利は、商慣習の長い歴史の中で培われたものである。

そもそも海運は、海洋法や海商慣習によって大仰にとなえられる遥か以前から、船主の所在地や荷主の商圏、乗組員の居住地を越えて発展した経済的な活動であった。国や地域の枠組みに捉われない人や財貨の一般的な動きを見れば、これを輸送の面から支える海運産業の国際性は当然の帰結となろう。現在の外航海運に従事する海運企業は、法人としての主たる所在国やこれに従事する船員の出身国を越えた国際的な存在といえる。

しかし実際のところ、海運には一産業として属する国家の利益に資することを前提に、旗国の意図や思惑が反映されてきた。かつての英国海運や明治期以降のわが国の海運に対する国家政策はその好例であるし、現在でも多くの国の海運が同様な政策の下に置かれているといってよい。海運は私人による商行為でありながら、公的な役割を負うと標榜されるが如く、私的利益の獲得のみならず国益、広くは国際社会の利益の確保と増進等、様々な役割を担っている。

その海運は大きく内航と外航とに分類される。海運を「内」と「外」とに分けて考えるのは一国の視点から海運を捉えた見方であり、国内諸港を結んだ沿岸航海に従事する海運を内航、これ以外を外航としたものであるが、この名目的な分離の意義、及びそれぞれの海運の形態に厳密な定義は見当たらない。

海運を海上での輸送業に限定しなければ、複数国に取り囲まれたカスピ海や、フランスとスイスとに挟まれたレマン湖の水上輸送業も外航と呼び得るかも知れない。わが国の内航は日本列島のぐるりを廻る海運であるが、国家連合であるEUの沿岸水域を商圏に置く海運は、複数の国家を跨ぐ外航海運ではあっても内航の感覚に近い海運であろう。

一国の視点を離れて世界を俯瞰する位置より海運を見やると、内航は国内海運、外航は国際海運と呼ぶのが適切となる。一般に社会といえば国内のそれを表すのであり、敢えて国内社会と呼ぶ必要がないのに対して、国の枠を越えた社会には国際と付して区別している。これに従い外航を国際海運と呼び換えても違和感はないが、ここにも確たる定義付けがある訳ではない。自国籍の船舶数の総計、船による輸出入の数量とこれに関わる船腹量等、その捉え方は多義的である。また国際海運を安全保障の点からみると、商船隊との呼び名がふさわしいだろう。

国際海運業を産業として持つのは、わが国のような先進国といわれる国々に限られない。国内産業が貧弱な、あるいは形成期にある途上国にも海運国としての将来を嘱望される国があり、単に外国船主が所有する船舶を登録誘致することにより、海運国の名を欲しいままにする、いわゆる便宜置籍国も存在する。

自国に必要な資源の調達、国際貿易を支える海上輸送を実質的な国際海運、外国船主が所有する船舶の登録隻数や合計トン数を指標とした海運を形式的な国際海運と呼び、区別するのは自由だが、何れのパターンも、国家が旗国として国際海運に従事する商船隊を擁する点に違いはなく、これら種々の海運国の存在こそが、現在のグローバルな国際海運の性格を表したものといい得るのである。

(2)　国際海運による貢献

わが国は明治期に、ヨーロッパの近代海運制度を取り入れて出発した遅咲きの海運国であったが、現在の日本海運は世界有数の規模にある。統計によれば、2017年時点のわが国海運企業の支配する船腹量は2億2千万重量トンを越えてギリシャに次ぐ世界第2位、隻数にして2,458隻を誇る[15)]。特にほぼゼロから再スタートした戦後日本の経済成長、国民生活の向上に尽くした国際海運業の実績を振り返れば、その働きなくしてわが国の繁栄はあり得なかった。過去、現在とわが国国際海運業の日本への貢献には極めて大きいものがあるのである。

領土と国民とを抱く国の存立に関わる食糧、原材料、エネルギー、加工製品の輸出入という、貿易を活動の主体とする諸産業には輸送のための脚が不可欠である。しかし海に囲まれた国の脚となる国際海運が、当該国に本拠地を置く海運企業所有の船舶や雇用船員による輸送に限られる必要性はない。一国の輸出入を担う海上輸送を、外国の海運企業の動かす外国船舶や外国人船員に委託、依存しても商取引上の問題は生じない。日本に関わる貨物を日本人船員の乗る日本船舶によって運ばなければならない道理は、少なくとも海運経営上はないということである。

かつて諸国の輸出入貨物は、その国の船主が所有する自国船員配乗の自国籍の船により輸送されるべきとした、保護貿易の一形態である自国貨物自国船主義がまかり通っていた。しかし現在は、例えば中国企業が送り荷主である日本の受け荷主向けの貨物を、わが国の海運企業がインドネシア人船員の乗組員、韓国船主が実質的に所有するパナマ籍船を傭船して輸送するという、荷主、貨物の仕向け国、船の所有や船員の国籍にこだわらない海運ビジネスこそが、国際海運の姿であるといえる。

ここには船主や荷主が私的な利益の獲得を目論む本来のビジネスとしての役割と共に、その達成に様々な国が関わり利益の配分に預かる、海運自由の本質的な意義が見出せる。

その一方で、自国の船舶や船員によって支えられた自国海運の維持存続の声がかき消されることもない。わが国における商船及び船員の意義として、

① 日本船舶：日本の経済安全保障を担う海上輸送、いわゆるシーレーン維持の根幹に据え、

② 日本人船員：海運企業の海技を支えるのみならず、多角的な事業の技術面にも活用するのと共に、海運を中心とした海事諸産業、いわゆる海事クラスターの中核として捉える、

考え方である。

(3) 安全保障

(i) 自国船舶

国の生命線維持のためのツールとしての商船の役割、一定数の船舶を自国の商船隊と位置付けて維持活用する必要性は、取り立ててクローズアップされることはないものの、国民生活にとり、古臭い言い回しを用いれば国家の存亡にとり、自国船舶と自国船員を中心とした商船隊の存在を不可欠の前提とする考え方がある。その根拠は、太平洋戦争で米軍の攻撃の矢面に立った日本商船隊の損耗の過程と消滅が、そのまま国家の崩壊に繋がった歴史的事実により例証できる。

海運の存在の重みは周囲を海に囲まれた島国特有のものではない。第二次世界大戦の勃発と共に、英国海軍は北海の公海全域と英仏海峡を英国軍事水域（British Military Area）と宣言して艦艇、機雷、対潜水網を以て封鎖した。これにより敵対国ドイツはバルト海経由の他、船舶による海外からの物資の搬入を遮断されて、深刻な食糧危機に陥っている[16)]。陸続きの国でも、領域内の港湾の利用と出入りする船舶が途絶えるリスクには、計り知れないものがあるのである。

かつてのフォークランド紛争や2回の湾岸戦争の軍事的な特徴は、短期的且つ局地的な紛争であった点にある。もはや太平洋戦争のような長期、広範囲且つ大規模な戦争は起こり得ないだろうし、一国の船が何千隻も海の底に沈む災厄の再来は杞憂に過ぎないかも知れない。

しかし太平洋戦争前のわが国の人口は約7,193万人（1940年）[17)]、食糧自給率はおおよそ80％程度であったのに対して、現在の人口が約1億2,693万人[18)]、食糧自給率は38％（カロリーベース（2016年度））[19)]である。今日のわが国が短期間、例えば1カ月ではあっても、海上封鎖を受けた際の影響が軽微に留まるとしたデータは示されていない。

(ii) 自国船員

国際海運では様々な国籍の船が就航しているのと同様、船員の出身国も多岐に渡る。この産業では船とその乗組員の国籍とが完全に一致する船舶、例えば日本人船員のみによって運航される日本船舶という運航形態は、実は探すに難しい。特にこの現象は便宜置籍船に限らず、二つの大戦以前から、自国の商船隊を擁していた伝統的と称される海運国の登録船舶に顕著である。

陸の企業が経営難に陥ると人減らしを図るのと同じく、海運業における船主は、所有する船舶にかかる運航コストの削減のために人件費、特に船員費の切り詰めを模索するのが常である。企業間競争に国境のない、国際海運業におけるコスト管理の出来不出来はリアルに企業の命運を左右する。海運市況（船舶の需給動向に基づく景気指標）の低迷、いわゆる貨物に事欠く船余りと人件費の重圧とにより、倒産の憂き目にあった海運企業は数知れない。海運の歴史の一面は海運企業の栄枯盛衰の記録でもある。

国際指標より見て、給与水準の高い先進国の船員は敬遠され、代わりに途上国の低所得労働者層が船員雇用のターゲットとなってきた。今や多くの海運国が自国船舶の乗組員に国籍条件、一定数の乗組員を船と同じ国籍とすべき等、求めてはいない。よって船の国籍と乗務する船員の国籍が一致しないばかりか、数カ国に渡る乗組員が混在して乗務する混乗船が、国際海運従事の船の圧倒的多数を占めている。

考えてみれば自国の産業に必要な人的パワーとして、あたりまえの如く日本人という純血を求め続けるわが国の社会が特異なのである。産業の空洞化と称して日本の海運に従事する船員の多くが外国人で占められても、先述の通り国際海運の観点からすれば何の不思議もないし、単に船上勤務に徹するのみの船員であれば、その全てを外国人に求めても問題はないのである。

例えばタンカーという同じ船種、原油という同じ貨物を扱う船員であれば、仕える船主や乗る船に拘わらず求められるスキルはほぼ一律である。国際航海に従事する船の上の主たる言語である英語で意思疎通ができ、船の運航と荷役のノウハウをマスターできる能力と意志がありさえすれば、日本船舶には日本人船員というが如く、自国船員の雇用にこだわる理由は探すのに難しいし、むしろ一般に日本人よりも英語に堪能な外国人船員の方が、国際海運の船乗りとしての適性に優れているかも知れない。

しかし船員の有する技術や知識、船を離れた活躍の場における重み付けで見ると、自国船員の評価は全く異なったものとなる。国際海運の実際とは打って変わって、船上及び関連する陸の職域で活用できる船員の職業技術である海技と、その国家的伝承の役割を担う自国船員は、海運企業経営を支えるに必要な人的資源として認識されるようになっている。そして国家的な視点から捉えた商船隊の運航のみならず、海運に付帯、あるいはその周辺に位置する関連産業の維持発展においても、その最もふさわしい担い手としての、自国船員の必要性を説く声が掻き消されることはない。

2007年、国土交通省の交通政策審議会は日本籍船及び日本人船員の計画的な伸長のための法整備、トン数標準税制導入のための検討についての答申をまとめた。

この答申ではわが国の非常時等、一定規模の国民生活、経済活動の水準を維持するための輸入貨物量の全てを日本船舶で輸送、併せてこれらの日本船舶の運航に必要な職員（船長、機関長、航海士、機関士）を日本人とした場合の必要数として、日本船舶を450隻、日本人船員を5,500名と試算した。また海上運送法第34条［基本方針］に基づき定められた「日本籍船・日本人船員の確保に係る基本方針」において、当面の目標としての日本船舶の数を2008年の段階より5年間で2倍に、日本人船員数を10年間で1.5倍とする目標が定められた。

(4)　海運実務における日本人船員の存在意義

海よりも陸に軸足を置いて仕事をする海技者となると、国民生活において英語が殆ど通用しないわが国では、母国語としての日本語が操れる優位性の他に、年功序列に代表されるわが国独特の雇用制度に組み込まれ労働、商慣習を知り、また知らずとも素直に学んで順応でき、真面目で勤勉、教え甲斐がある上、仕事の後の付き合いにまで当たり前のように迎合できる日本人がベスト、というところに落ち着く。これがわが国の国際海運業界において日本人船員を必要とする隠れた理由の一つである。

日本人船員を必要とするもう一つの理由は、外国人船員の雇用慣行との違いにある。国際海運に従事する船員の多くは期間雇用にある。船主に雇用されるのは船員として船舶に乗り組み職務にあたる間であり、下船から次の乗船までは無職となる。乗船して船に乗り組むのが雇入れ、下船するのが雇止めとして仕切られる乗船契約に基づく労働形態である。

日本人船員の間ではよく、乗船期間に対して下船の間を休暇と表現する。期間雇用の身の上にある外国人船員にとり、乗船勤務以外の期間は完全にフリーとなるのであり、雇用関係にない境遇を休暇と称するのは正しい表現とはいえない。

船員の仕事は船の上にありとして理解すれば期間雇用は至極、当たり前な雇用制度であり、船主が好不況に左右される船員需要の動向に柔軟に対応できるよう、長い海運の歴史の中で形成された雇用システムである。終身雇用を職業選択の前提とするわれわれからすれば、期間雇用は不安定な労働形態のようにも感じられるが、一定の雇用主に縛られずにより良い給与、雇用条件を示す船主を求めて渡り歩けるメリットを取るのが、彼ら外国人船員の感覚である。

ただ現在は外国人船員の雇用も多様化し、数年間にわたる雇用契約の締結や、優秀な船員には下船している間もなにがしかの手当を支給して、乗組み要員の確保に繋げている船主や船舶管理会社が少なくない。

対して日本人船員の多くは、海運企業に雇用される常勤の社員としての地位にある。もともとは日本人船員、特に部員は期間雇用の身の上であったが、大正年間に有力な海運企業が下船した船員を予備員とし確保、継続して賃金を支払う制度を設け、1921年（大正10）頃には年功加給制の賃金体系ができあがる。戦後の1957年（昭和32）に乗船中の職能給、下船中の勤続年数に応じた賃金体系となり、終身雇用制度が確立した[20)]。

船員の終身雇用は単なる頭数の確保にある訳ではない。現代的な船員の意義においてこれを海技者として育成、利用するためには海上労働契約の当事者としてのみならず、海陸でロイヤルティを持って働き、陸では時に船員のスキルとは全く関係のない仕事を含む様々な職務に励み、社内、業務情報に対する守秘義務を守れる企業人に育てることに主眼がある。

近年のわが国の労働法制は非正規社員、派遣社員を簡易に認め、終身雇用の枠組みを緩める方向にあるようだが、もともとそのような雇用が主流の国際海運では終身雇用制度の持つ価値が際立ち、仕事を契約と割り切る従前の船員、誤解をおそれずに書けば寄せ集めとも取れる船員には期待できない役割が、日本人船員に求められているといえる。

日本人船員を海技者と呼び換え、海運本体とその周辺産業の様々な局面で活用している現状よりすれば、日本人船員の存在は以前のように数という量ではなく、役割という質で位置付ける時代となっているといえるだろう。

しかし現状、日本船舶、日本人船員双方の数字共、順調に伸びているとは言い難い。上記の数字は努力目標であり法的な強制力はない上に、目標の達成が海運企業という、激烈な国際競争に曝され続けている民間の営利企業に託されているからである。

2012年、海上運送法が改正され、日本の国際海運企業の海外子会社が所有する外国船舶、例えば便宜置籍船の内、一定の要件を満たす船を国土交通大臣が準日本船舶に認定する制度が導入された。準日本船舶は日本船舶が十分に確保されるまでの補完的役割を担うのと共に、トン数標準税制の追加対象とされ税制上も日本船舶に準じた扱いを受ける。

船の数に折り合いはつきつつある一方、日本人船員の数は漸減または停滞の状況を脱していない。わが国の外航船員は1974年の5万6,833名をピークとして、米ドル為替の変動による円高現象と連動しつつ右肩下がりに減少し、2017年には2,221名[21]を数えるまでに減ってしまった。

自国船員の数を以て海運業界の勢力を推し量ろうとすれば、わが国の国際海運業は斜陽産業に位置付けられてしまうが、日本人船員の長期的な減少はわが国国際海運業の実質的な衰退を意味するものではない。他の伝統的海運国同様、自国の商船隊を動かす自国船員を外国人船員の利用へとシフトさせた結果に過ぎないのである。とはいえ国際海運業における日本人船員の確保は国の目論見とは異なる、正に「絵に描いた餅」の状況にあることに変わりはない。

3.　船員稼業の人口への膾炙

(1)　船員の役割と知名度とのアンバランス

日本人船員数の長期的な低落の原因は、基軸通貨のドルに対する円高傾向が、国際比較における日本人船員の賃金の高騰を引き起こし、わが国海運業の国際競争力を失わせて外国人船員への置換が進んだとする理由を筆頭に、様々に説明されている。

その要因の一つに、日本の社会、国民の海運や船員に対する認識の希薄さが挙げられることがある。生活を支える諸要素の殆どをこれ程までに海外に依存する日本という国が存続し、そこに住む国民が生きて行くための命脈であり、国を代表する産業の一つでもあるわが国国際海運業とこれに従事する船、船員という職業が、国民に膾炙していないといわれ続けている。日本人船員が顕著に目減りしても、これに異を唱える声が国民の中に高まらない現実が、この見方を裏付けているともいえるのではなかろうか。

人は職業を、実職に就く身近な人物やその仕事の内容によってイメージするように思う。かかりつけの開業医が優しい名医であれば、医師一般に対する印象は良くなるだろうし、自衛隊員への国民的な好感度は、本業である国防よりも災害復興に尽力する姿が寄与しているように思われる。

私が初対面の人に自分の航海士、船長の職歴を披露すると、多くは「えっ！」と一瞬、度肝を抜かれたかのように驚き、怪訝な表情を浮かべた後、「そうなんですか、大変ですね」とか、「かっこいいですね」とねぎらうかのような言葉をかけてくる。そんなに珍しい仕事でしょうかと聞き返したくなるが、船員が彼らの身近にいないために具体的なイメージが湧かない故の、仕方のないリアクションであるのかも知れない。

船員がどのような仕事をしているか、国民生活に対してどのような役割を担っているかのイメージが湧かず、イメージしても漠然としたものに留まれば、国民はその存在意義を明確に唱えようにもできず、普段、話題に上り難い船員を目指す者自体、先細りとなるのではないかとした危惧が生まれてくるのである。

この序章につけた「知られざる船長」という表題は、こうしたわが国にあるとされる海運、船、船員に対する世の中の風潮を意識してのことであった。

ポーランド生まれの英国の船員であった作家、ジョゼフ・コンラッドは、「青春」の冒頭で英国人と海との関係について述べている。

> 「イギリスでは、人間と海がいわば浸透しあっている。つまり、海がたいていの人の生活にはいりこんでおり、人々は海について、遊びによってか、旅によってか、あるいは生計の手段とすることによって、何かを、あるいはすべてを知っている」[22)]

人が持つ海への親しみの度合いがその国の船員を、海運を知る、意識することに繋がるとは単純にはいえないが、こうした国の人々は海での仕事や、その仕事に携わる者に対する何らかの思い入れがあるのかも知れない。

わが国でも海運や船員に関係する産業や団体により、海、海運、船、船員に対する国民の、青少年の関心や意識の醸成が積極的に図られている。日本船長協会は各地の小学校、中学校をめぐり海運、船員に関する地道な啓蒙に努めているし、7月の海の日には各地で多彩なイベントが開催され、私の勤務する東京海洋大学は学内を開放する他、海事に関する研究紹介や体験乗船等の催しを行っている。

しかし英国のそれは生計、遊びや旅と海とを媒介とした人の営為が育む、一朝一夕では形成されない、海との関わりの歴史の中で培われた国民意識といえるように思う。その形成には船乗り自身の航海記、漂流記から体験談等、様々な媒体が関わったに違いなくも、何より長きに渡り大洋を航海し続けた幾千、幾万の船乗り達の働きがあってのこと故であろう。

(2)　外国情報の伝達者

電信による通信技術が未だ日の目を見ない時代、国外の情報源は海外に通じた者、自国と海外とを行き来する者にあった。仕事柄、あるいは私的な洋行により外国で得た見聞を自国に帰って来て伝え、披露する者である。

ひと昔前までの外国に派遣される国の使節、大使、公使の仕事の大きな部分は、その在留国での政治や軍事、経済に関する情報収集にあった。彼ら外交使節は国益となる他国の重要情報を得るにふさわしい地位を占めていたが、それらの報告を享受できる者は情報自体の性格上、国家の中枢にある者らに限られていた。

一般の人々はもちろんのこと、官吏でも地方や下級の者にあっては自身の手づるにより情報を集める必要があった。とはいえ海外渡航が危険且つ簡単ではなかった時代のことである。ちまたの人々に通じて世論から噂話までのソースを提供し、彼らの内に海外への心象を醸し出し、果てはナショナリズムの形成にまで一役買ったのが、船員という名の海外渡航者達であった。

しかしこれは欧米の船員の話である。

鎖国の体制下にあった江戸時代、わが国の海運は今にいう内航に特化したものであり、諸外国との行き来はなく、海運を通じて得られるはずの海外情報のルートはほぼ遮断されていた。幕府はただ一つの開港場であった長崎に寄港するオランダ船より得られた、僅かな海外情報を独占した。長崎出島のオランダ人が年に一度、母国の新聞をネタに和蘭風説書を著して幕府に献上、世界の動きの一部が１年、またはそれ以上に遅れて伝えられた[23)]。

対して一般の民衆が同様に外国の社会を知る術はなく、更には彼らが海外を知る反射として日本自身を認識、理解して世界観を形成する貴重な機会は奪われたままであった。わが国との歴史的な関わり合いより、中国や朝鮮を知らぬ者は皆無に近かった反面、時局の先進社会であるヨーロッパ諸国や米国について、その存在を具体的に知る者は殆どいなかったのではなかろうか。

この時代、ごく限られてはいたが日本を離れて外洋に出る船乗り達がいた。

乗る船が海難に遭遇して操船不能に陥った挙句、海流や風の運ぶがままにやむなく大海原へと出てしまった者達である。大洋航海術を知らずにただ、波間に漂うことを強いられた乗り組みの多くは死に行く運命を甘受しなければならなかったが、奇跡的に外国船に助けられて帰国できた者らがいた。

漂流民と呼ばれた彼らは、為政者にとり鎖国の禁を犯した者として取り調べの対象となったが、当時の日本人が見ることのかなわない異国を訪れた者らであった。学者や民間人により漂流民の数奇な運命と異国事情とが記録され、写本となって全国に拡販していく[24)]。彼らの体験談がつづられた漂流記の流布は、わが国においては知識人のみならず、民衆にとっても外国の情報を知り得る唯一の手掛かりとなった[25)]。

しかし彼らの帰国を心底、喜んだのは、絶望の中にありながら身内の生存に一縷の望みを抱いていた家族のみであった。漂流民が知り得た情報の拡散を案じたお上は、彼らが再び海へ出ることを許さなかった。それればかりか、居住地である藩国の外へと棲み処を変えることの他、遠出さえも認めない等、幕府や藩は外国情報の独占と管理を徹底したのである。職を失うこととなった漂流民には藩より扶持米（ふちまい）が支給され扶助された[26)]が、鳥かごに入れられたかのように自由を奪われた彼らはどのような思いであったろう。

このような時代が200年以上も続けば、明治の黎明を迎えて開国、ようやく国際海運が花開いたところで、海運や船員に対する国民一般の意識が簡単に変わる筈はないように感じられるのである。

(3)　欧米に見る情報ツールとしての船乗りの役目

この点、西洋の船員事情は全く異なるものであった。

歴史に名だたる通商路は人やものを運んだだけでなく、情報伝達のパイプともなった。機械的な通信技術の発達する近代以前の通商路はコミュニケーション・システムの役割を果たし、洋上のルートでは船と船員がそのシステムの担い手となった[27)]。

笠井俊和の研究によれば、18世紀の米国における一般市民向けの新聞は、国際社会の情勢から地域社会の話題に至るまで幅広く報じていたという。紙面の大半は、ロンドンの新聞をソースとしたヨーロッパに関する記事によって占められていたが、記事に係る情報をもたらしたのが米国港湾に寄港する商船の船長達であった。新聞には彼らの伝えた情報に加えて、それを提供した船や船長の名前までもが掲載された[28]。本業より情報伝達者としての役割の方が、市中での船や船乗りの存在感を高めていたと言い得るのではなかろうか。

18世紀半ばの英国領ジャマイカでは、税関の手続きに先んじて船長自ら現地の総督を訪問し、得られた情報を伝達するよう定められる等[29]、商船の船長は民間人の立場にありながら、情報源としての公的な役割をも担っていた。特定の貨物輸送のための専用船化、ターミナルの機械化、合理化の進んだ今時の船とは異なり、人力主体の荷役と共に貨物や乗組員集めのために長期の停泊を余儀なくされた当時、船長は商人や役人の邸宅に滞在して様々な外国話に興じたことだろう。

一方、下級船員の水夫らは波止場や酒場等、社交場での地元民らとの交流という別なルートによって情報を伝えていたに違いない。誰も知らないことを自慢げに語ってご満悦となるのは、人のさがといえるかも知れない。船の上で繰り返される単調な稼業の中で、時として自然の猛威に堪えることを強いられる彼らがやっと土を踏めた愉悦と共に、集まる耳目を相手に酒気を帯びつつ、幾重にも脚色した話を披露した様子が目に浮かぶ。

彼らによって取りざたされたであろう情報は、国家機密に値するものから下世話の類に過ぎないものまで多種多様であったのであり、船長の情報はオフィシャルに、下級船員のたわいもない情報であっても、巡り巡って当地の世論形成に一役買ったことだろう。大なり小なり、情報が政治やビジネスの帰趨を決するのは昔も今も変わりがなく、船長、船員に期待され実際にも果たされた彼らの役割には、大きな意義があったといえよう。

商船による情報はしばしば公式書簡の通達に先んじて伝えられた。19世紀の英国王室の情報が公的なルートよりいち早くもたらされた例がある。1819年、ロンドンからニューヨーク経由、ここよりボストンまで陸路で届けられたマサチューセッツ総督宛、国王による対スペイン宣戦布告と海賊行為の特赦に関する公式書簡の内容は、ロンドンよりボストンへと航海した船によって2カ月、早く当地の新聞に掲載されている[30]。

情報享受の機会は沿岸の寄港地ばかりでなく、川を遡上する船により内陸にまでもたらされている[31]。また船員の手による航海記の類が多く出版され、その内の幾つかはベストセラーとなった[32]。ほぼ時代の被る江戸時代のわが国とは大いに異なり、欧米の船長、船員は現在の電信電話、テレビ、インターネットの役割を果たしていたといえる。

この情報の伝達に船が寄与する傾向は汽船時代にまで続く。1870 年代の海底電線網の敷設前、アジアを始めとする欧米列強の植民地にあったヨーロッパ人の情報源は、本国との間を行き来する船長や乗組員の言辞と共に、郵便汽船が定期に運ぶ本国の新聞や郵便にあった。特に風任せの帆船に比べて定時に近い運航を実現した汽船は、郵便輸送をてこにして定期航路の拡大に寄与した上、海外の最新海運市況や業界情報の入手を容易にして、隔地間の取引と輸送の効率を高めたのである[33)]。

その他、欧米における船に対する投資の機運も、船や船員が人口に膾炙した理由の一つに挙げ得るだろう。17 世紀末から 18 世紀初頭の北米植民地、ボストンでは船への出資が活発化し、成人男性の 10 人に 3 人が船への投資を通じて船舶共有者の列に並んだ。ボストン籍の船に出資する 7 割強はボストンの住民であったという。マサチューセッツ湾の植民地では船大工や鍛冶屋の他、牧師や女性の中にも船に出資する者がいた[34)]。

出資者は常に配当を生む出資対象の動きを気に掛ける。彼らの投資先への情報の把握には、新聞に掲載された船の入出港の予定欄が役立ったようである。多くの市民が自ら投資した船の安全と採算の向上を願い、実際の動静やこれを操る船長の動向を注視したに違いなく、その結果として、市民が船や船員をより身近に感じるようになっていったといえるのではあるまいか。

ただ新大陸の人々はもともとヨーロッパからの移民であったことが、船や船員に興味が尽きない理由の一つでもあったようである。竹田盛和船長がカナダに寄港した折りの航海記の中に記している。

> 「船や船長や船員が関心を持たれ、敬意を払われるのには理由がある。モントリオルもケベックも、発見者は共にフランスの航海者だ。モントリオルは 1533 年ジャック・カーティンが、ケベックは、1608 年サミエル・ド・シャンプレーンの二航海者が発見している。その後の住民も船に乗って、船旅の楽しさや苦しさを共にして大西洋を渡って来た移民か、その子孫たちばかりである」[35)]

(4)　洋上での情報交換

情報を求めたのは陸の人々ばかりではなかった。他ならぬ船長や乗組員達も同様であった。

陸を見ない洋上生活を続けていると、世界から取り残されたかのような錯覚に陥ることがある。私がかつて貨物船で日本から南アフリカへと向かう途上、インドネシアのスンダ海峡を通過して南インド洋を西へと進んだ16日余りの航海は、陸はもちろん一隻の船にさえまみえなかった日々だった。

これだけであれば帆船時代の大洋航海と大差はないが、われわれの乗る現代の船は無線によって情報が授受できる。毎日とはいわずもファックシミリを通じ、陸の主だったニュースがコンパクトにまとめられて船宛、送信される。乗組員は船内でこの掲示を見て社会、広くは世界の動きを知り得るとはいえ360度、水平線までの間に見えるのは海とそれを圧する空ばかり。時折、レーダーを覗いては見るが船影らしきもののない航海が続くと、この世の人々は一体、どこに行ってしまったのだろうかと、天涯孤独に似たたわいもない感慨にふけることがあった。

陸の人々には足が地についた生活のある一方で、船の上は物心共に中々に満たされず、人間らしい生活という意味においてはバランスを欠いた世界である。船乗り達は自分がこの世に生を受けた存在として、遠く隔てられてはいても社会で生起する出来事を知ることにより、一般の人々と共存している実感を得ることができる。だから航路や季節、海気象によっては数カ月、陸からの音沙汰のない洋上にぽつねんと置かれた帆船時代の船乗り達は、陸で待つ人々以上に情報に飢えていたことだろう。

幾つかの帆船の航海記には、洋上で行き会う他の船と情報を交換し合う描写がある。海の上で偶然に遭遇した他船より得た情報を、また聞きとはなっても同様にすれ違う船に伝えていた[36)]。海の上の情報網が求められるがままに、自然にでき上がっていたのである。

東京商船学校の練習帆船大成丸は南洋諸島への航海の途上、マーシャルから横浜に向かう日本の商用帆船、金華山丸と出会う。当時、徐々に船への設置が始まっていた無線機器が大成丸にはあったが、金華山丸には未設置であった。

双方の船はどちらからともなく自然に近付いて本船位置の確認や水、食糧等の要否のやりとりをした後、金華山丸が世の中の動きに変わったことはないかと大成丸に尋ねてくる。大成丸より電信により得た情報として、「日支（日中）戦争がはじまるかも知れない」と告げると、金華山丸の乗組員は大層、驚いた。大成丸より、貴船の「船主が心配しているだろうから、無事に航海している旨、無電で知らせてあげようか」と問えば、金華山丸の乗組員はお願いしますと手を叩いて喜んだという。

1915年（大正4）頃のエピソードである[37]。

(5) 真摯な日本人船員

昔日の船乗り達の様子を垣間見てくると、情報伝達の手段が限られていた時代、わが国と欧米諸国それぞれの海運や船員に対する社会的なニーズの相違が、船員自身、あるいは船に対する国民の意識に何らかの影響を与えてきたのではないかと思うのである。

江戸時代の船乗りとて、海の世界に生きていたのは欧米の船員達と同様であった。彼らが港に上がれば、海の中で強いられる不便、危険な日々の生活の憂さ晴らしよろしく、ひと時の余暇余興を求めたことだろう。そこでは船乗りと港の人々との間で様々に、あるいはいくばくかでも情報交換が行われたに違いなく、発展して彼らが日本各地を結ぶ、情報網の一端を担っていたであろうことは想像に難くない。しかしわが国の沿岸という、あまりにも限られた商圏が、情報の量とその価値の双方を減退させてしまったといえるかも知れない。

およそ仕事なるものは人の意識や噂に上がる上がらないに拘わらず、その仕事に携わる者が真摯に従事して一定の結果を出し続けていれば、それでよしとできる。とすると、船員に限らず、この世の中には人口に膾炙しない職業が他にもあることとなろう。人間国宝といわれる人達の仕事は知る人ぞ知るというレベルにあるのかも知れないし、そもそもマスコミが取り上げない、インターネットでも検索が難しいような仕事があれば、その内容や実態は船員の職業以上に知る者は少ないのではなかろうか。

しかしわが国の海運がれっきとした一つの産業であること、船員のソースの一部に自国民を受け入れている現状、優秀な後継者を集めるためには海運、船、船員の国民への膾炙が必要であることを考えると、船員が本来の仕事に徹して目立たず、縁の下の力持ちに終始して良い理屈は見出せない。

船員や船が、海運が国民生活にとりかけがえのない存在であり、求められる役目を果たしていたにせよ、国民一般から期待される役割が、国民の日常生活や視界の外でのものや人の輸送という、人々の眼を離れた本来の仕事に徹してしまえば、それはそれで尊くも取り立てて人々の意識を引くことはなくなるだろうし、船員は社会を支える黒子以外の何者でもなくなるのである。

ヨーロッパや米国の為政者、市民による船や乗組員の扱いには、彼らが船員という職の持つ特質への期待と活用があった。ものや人の輸送の脚としてはもちろんのこと、情報源としての有用性、投資先としての有益性と船、船員がその本来の役割を越えて市民の求めるところに適合した意義は大きい。誰もがなれるものではない、またそうなりたいとも思わない船員達にこそ求め得る価値があったと表現できようか。

彼ら船員達の行状に見る海運、船、船員の人口への膾炙とは、船員または陸の人々の何れか一方当事者による啓蒙に尽きるのではない、社会からの多角的な要請と、これに応える船員の働きや貢献により醸し出されたものであった。

もし船員が国民に対して自身と船の意識付けに貢献できるとしたら、一案として海運業界や海事関連の産業より外に出ての活躍が思い浮かぶ。欧米では船員経験を持つ法律家や政治家が少なくないし、大学、専門学校の教員や教師となる者もいよう。何れも直接、海運、船員に係わることはないながら人の手助けや教育と、自身のキャリアを社会のコアの部分で生かせる仕事である。船員の仕事を通じて責任感、使命感を養った者にふさわしい職業は、実は少なくないのではなかろうか。

4.　海運と言語[38)]

(1)　国際海運の言語：英語

もう一つ、国際海運の公用語である英語の視点より、わが国の海運や船員が国民に膾炙していないとする理由を探ってみよう。

明治期に欧米から移入された国際海運の言語は英語であった。既述したように英語による支配は当時、既に国際海運に趨勢を極めていた英国海運によるところが大きい。

海運における英語には特質があった。1066年のノルマン人の上陸以来、英語自体がフランス語他の言語の影響を強く受けた上、海事用語の語源が古くはギリシャ、ローマ時代に、大航海時代のスペイン、ポルトガル、オランダ、あるいはバイキングの活躍した北欧に求められたり、はたまた近代の航路の広域化に伴い、新たに組み込まれた東洋より関連した言葉を取り入れたり[39)]と、これもまた悠久なる海運史の生んだ所産であった。

わが国における近代海運の移入においては、欧米伝来の海運制度同様に未知の言語であった英語よりなる海事用語の受け入れと、その日本語化より始める必要があった。当該の嚆矢は英国へ回航する汽船に乗り込んだ、日本人実習生の手による英語の教科書の翻訳、『商船海員必携』の刊行である。汽船の手配は岩崎弥太郎が創始したわが国初の海運企業、三菱会社によるものであった。

翻訳にあたり、実習生らは聞き慣れず読み慣れない言語の翻訳に労苦を重ねたに違いない。『商船海員必携』は英国の商船教育のための書籍や資料を元に、船具の用い方、船の運用術、士官職務、海法を包括した上、日本人実習生の長期に渡る航海において得られた実務経験が加えられた。本書は1880年（明治13）に刊行[40]された後、広くわが国の船員教育に用いられた。またわが国に開校した初期の商船学校では、日本人に加えて外国人教師が招聘されて専門教育を担当した他、英国船員向けの多くの教科書が日本語に翻訳され利用された[41]。

これら先達の努力によって、国際海運に用いられる海事用語には多くの翻訳語があてがわれた半面、外国語の翻訳より生ずる歪みも含まれることとなった。例えば英語のmarineの語源は地中海圏のラテン語に起源を持ち、イタリア語でmare、フランス語でmer、スペイン語のmarと、つづりや発音に共通性を有する。それを知るだけでもこの言葉がヨーロッパの言語の中で生まれ汎用された、海に係る言葉としての歴史が推知できるが、和訳語である「海の」、「船舶」からは遠い地中海で生まれて発展、流布したという語源を伺い知ることができない。

船は構造上、船体を横切る方向に設置された複数の壁により、幾つかの区画に分けられている。衝突や座礁により船体に生じた亀裂や破孔が浸水を招いても、浸入した海水を一区画に留め、沈没回避の役目を担うこの壁を「隔壁」という。隔壁を意味する英語、bulkheadのbulkの原語はbalkであり、家屋の転倒を防止する梁材を意味する。下に付く「-head」は状態を表す接尾語である。この言語の起源を知らない者はbulkheadの訳を機械的に覚えるしかないが、英語を母国語とする、または英語に造詣の深い者は単語の構成部分の語義より意味を類推できる。

プリムソル・マーク（Plimsoll mark）を日本語に訳せば「満載喫水線標」（別の英訳はload line mark）となる。荒天時、甲板上への波の打ち込みは瞬間的に船の重心の位置を押し上げ、転覆のおそれを生む。これを抑えるには喫水線上の舷側、いわゆる乾舷の高さを一定以上に保ち、波が舷側を越えて甲板上へ流れ込まないようにする必要がある。

1875年、英国の国会議員であったサミュエル・プリムソルは、採算重視の船主の命令が海難を引き起こしている現実を問題視した。船長、乗組員が船の復原力の限界を超えて貨物を積み過ぎ乾舷を低くさせ、船が大波を食らった際に転覆してしまうケースが後を絶たなかったのである。彼は船や船員の命を守るため、本船の堪航性を超えてまで貨物を積み込ませない手立てとして、船体外板に満載喫水線の表示を義務付ける法律を成立させた。これがプリムソル・マークの由来だが、残念ながら「満載喫水線標」という日本語からは、この標識の起こりとプリムソルの偉業を伺い知ることはできないのである[42)]。

(2)　わが国の海事慣習

近代海運を知る前のわが国にも国際海運の歴史がある。古くは7世紀から9世紀にかけての遣隋使、遣唐使、11世紀から16世紀の遣宋船や遣明船、安土桃山時代の朱印船等による海上輸送である。

朱印船が行き来していた時代、日本とベトナムやフィリピン他の東南アジア諸国との間には、今にいう近海航路が敷かれていた。江戸時代には内航専門に特化せざるを得なくなったわが国の海運ではあったが、その礎はそれまでの東アジアを股にかけた伝統を引き継いでいた。

現代の海運実務に取り入れられているヨーロッパ起源と目される少なくない海事、海運慣行が、既に江戸の世のわが国に確立されていた。例えば先の満載喫水線の導入を待たずとも、「船尺一尺の法」として乾舷を高さ一尺以上に保つ慣習があった。港湾に出入りする外国船舶の安全な嚮導を担う水先人は当時、引船を伴ってわが国港湾の多くに置かれ活躍していたし、和船乗り組みの雇入れ慣習には、現在の船員法の規定に通じた思想を見ることができる[43)]。

欧米とわが国における海運慣習が一致する事例からは、地域や民族、言語、実務慣行が異なっても船や貨物という財産、船乗りの安全のための対処という、海の上で求められる考え方に大きく変わるところはないと理解できるのである。

ヨーロッパ同様、わが国由来の海運慣習を表現する海事用語は、わが国海運の歴史の中で育まれた言葉、原義から理解できるわれわれの言葉である。古文書に見られ、また現在でも使われている「潮時」(適当な時)や「船脚(ふなあし)」(喫水)、「時化る」(荒天となる)については述べるまでもなかろうが、商船の世界では既に死語となっている「おも舵」、「とり舵」は船首が北を向いた時、十二支方位の「卯(う)」の方向の東（右）へ舵を取るのが「卯面(うむ)」舵、「酉(とり)」の方位である西（左）に取るのが「酉」舵とした語源を持つ[44]。

そのような用語の母胎であった江戸時代の海事慣習は庶民の中に溶け込み、例えば多くのことわざも海運に礎を置いていたとされる[45]。「明日はまた明日の風が吹く」や「待てば海路の日和」は、海の平穏を祈願した船乗り達による掛け合いや言い回しが、庶民の中に溶け込んだものである。海は時化てもいつかは好転する、人知の及ばない自然に盾突くことなく静観すべしと、海の諸相を受け入れ自然体に徹した船乗り達の心構えは、江戸の世の陸に住む人々が日々の暮らしの中で持ち得た、生活上の知恵ともなったのだろう。

海の世界から生まれた言葉や表現は、庶民が普段の生活の中で感ずる哀歓をたとえるにわが意を得たものであったに違いなく、欧米の船乗り達の示した存在感には及ばずとも、江戸の民は民なりに、海に出る人々のもたらす恩恵を受け、船乗り達と意識を共有していたのではないかとの思いをはせるのである。

(3)　現代の海運実務における言葉

現在の国際海運における実務では、利用する専門用語に日本語の名称や呼び名があっても、敢えて共通語としての英語表現を用いるのが習わしとなっている。「海図」をチャート（chart）といったり、船の「喫水」をドラフト（draught, draft）、「傭船契約書」をC/P（Charter Party）と表現したりする。

本船上の外国人船員とのコミュニケーション、外国船主、傭船者、代理店他、相互のやり取りにおいて英語を媒体とする国際海運業界では、たとえ日本語による意思疎通に不足するところのない日本人同士のEメールのやりとり、文書の送受においてでさえ英語を用いるのが普通であり、日本語の利用は却って奇異に感じられる程である。

常に海外、外国人とのやり取りに迫られる業界では、国境を越えて理解できる共通言語の利用が効率的である上、異言語間に生じやすい誤りや誤解を生む可能性も少なくなる。わざわざ事業に携わる者のネイティブの言語を利用する必要性は見当たらず、ビジネスの透明性の確保の点からも妥当な慣行といえる。

わが国の海運は明治の初期における、西洋型帆船と汽船、大洋航海術を初めとした欧米からの運航技術、ヨーロッパ的な合理主義に立脚した近代海運に係る商慣習の習得と、国際的な産業故に不可欠な共通語としての英語の導入により、江戸時代までのわが国の海運とは比べるべくもない制度、規模共に世界に誇り得る産業を育て上げた反面、そこに高度な専門性を敷いてしまったのも事実であろう。

それまでわが国において培われ伝承や故事に起源を持ち、職業や居住の別なく庶民が慣れ親しんだ伝統的な海運は、外国由来の制度として新装、近代化され国の発展の礎となり得た反面、市井の人々が無意識の内に言葉にできた親近感は薄れ、疎遠な存在となっていったといえるかも知れない。

先の海事慣行や船、航海に関する江戸時代のことわざに見られるように、かつての船乗りの気持ちや感慨に、自らの生活感を重ね合わせて表現する風土がわが国にはあった。多くの表現は未だわれわれの生活の中に生き続けてはいるが、その起こりや背景にある事情は忘れ去られ、現在のわが国国民への海運、船、船員の膾炙には繋がっていないようである。

その一端は日本人の船員気質にも求め得るのではなかろうか。日本人船員は昔も今ものや人を運ぶという海運本来の役割以外、例えば欧米の船長や乗組員のように情報の伝達手段としての役割を求められてこなかった。しかしそれはそれなりに言わず目立たず、遠く離れた海の上、外国の港で不断に人知れず与えられた職責を黙々と全うする、端から見ても日本人好きする職業観念が日本人船員にはあるように思われる。

こうした職業人はよくも悪くも衆人環視にさらされにくい分、時に独り善がりに陥り独善を招くことがある。以前に出席したシンポジウムの席上でとある内航船の船長は、自身のプレゼンの前に「私は船員です。難しいことは何もわかりません」と言い切った。この発言を穿って捉えると、「俺は船員だ、あなた方はわれわれの世界について何もわからないだろう」という本音の裏返しとも受け取れ、複雑な気分になったのを思い出す。

5. 「船長論」とは

(1)　船と船長

海運の実働現場は船とこれを操る船員とに委ねられている。

日本の人々は人口に膾炙していないわれわれ船員を、どのようにイメージしているのだろうか。船員とはどのような人々であるか、いぶかしい存在に思っているのではなかろうか。

普通の人々、陸にある人々は朝起きて家を後にし、仕事や勉学に励み帰宅、夜遅くには床に就く、多くは同じような生活を送り、社会に生起する一般の事象に対して共通した認識があり、一様にわきまえる社会通念がある。

人々の意識や思考法は、民族や言語の壁に仕切られることのない社会を基盤とする。簡潔に表現すれば皆が理解できる大差のない情報を共有し、異口同音に噂話にふけり、流行に即した服を着て好きなものを食べ、似たような事柄に喜怒哀楽して相互に交流し合う人達の住む社会である。だが海の者は違う、言葉が同じ日本人であっても習慣や考え方、ものごとの捉え方や行動の特性は陸の人達と異なるのではないか。包み隠さずに言えば、陸の人々にはわれわれに対してつかみ所のない得体の知れない者らであるかのような、漠然とした心象があるのであろうか。

現代の船は全長が400メートル前後のコンテナ船であっても、20数名で運航されている。省力化の言い換えは自動化、機械化であり、船の上は電子機器を初めとして高度に機械化された場、人が手を触れずに済む空間と想像される向きもあろうが、現在の船には完全に機器、機械任せにできる仕事はなく、乗組員による当直、操作、調整、確認、保守整備が不可欠である。船員にとっての船とは自分達がこれを操りまた生活する場である。そこには人としての乗組員達の様々な日々の営みがある。

だから船の世界には完璧を期せない現実がある。完璧な船内社会とは、平たく表現して無事故、無違反は最低限、航海、荷役は齟齬なく達成され、船内融和も良好で乗組員は一致団結し船主、傭船者、荷主、そして船長、乗組員が公私共に満足する世界である。

しかしこのような世界は実際にはなく、望んでも夢物語に近い。たかだか20数名の乗り組みではあっても中々、一枚岩にすらなれない。乗組員は混乗に加えて十人十色、年齢、性格、考え方、生活習慣が異なり、能力や技術には個人差があり、大なり小なり不平不満は絶えず、時には共同作業や船内生活を乱す者がいる。船の中の理想と現実とが異なるのは陸の組織や集団と同様である。ここに昨今、研究が進むヒューマンエラーやアンバランスとなりやすい精神状態といわれるものが入り込む。所詮、船は人の仕切る人による組織であり、ある意味、人間社会の縮図と表現してよいかも知れない。

そして船は太古より変わらない自然環境のただ中に置かれ続け、時に鮮やかな星や穏やかな波の調べに船乗り冥利を感じ、稀とはいえ未だ絵空事にはならない、たけだけしい海の猛威に命拾いしなければならない試練が彼らを待っている。

このような船の世界は船長という、公私双方に渡る権限を委ねられた一人の職業人に託されている。船長の性格、考え方が船自体や乗組員にもたらす影響は小さくない。かつての帆船時代の船長には殆ど全ての権限が集中して洋上の君主、船の王とも称されたが如く、乗組員の運命は船長の手に握られていた。しかし科学技術の進歩により過酷な船の世界は徐々に克服され、併せて船を取り巻く国際的な規制が進み、権力者としての船長は昔日のものとなっている。七つの海を渡り生き永らえた経験を誇り、恐れ知らずな度胸を見せ、乗組員に有無をも言わせない支配者はもう船にはいない。

現代の船を動かし乗組員をまとめる船長の指揮統率とは、企業でいえば課長やチームリーダークラスのマネージメントに過ぎないとした見方もできるが、陸と海の各々のマネージメントの間には異なるところがある。自動車事故に比べて海難に係る被害者の桁数は小さいものの、海での災難では軽傷、重症、重体を通り越して大方が命を落とす。亡骸さえも帰らない犠牲者には必ず悲嘆に暮れる家族や恋人がいるのであり、僅かな他人事の不幸にも同情し、涙するのが成熟したわれわれの社会であろう。

広い海の上で人知れず起こる乗組員、船の災厄を社会全体の不幸と看做し、これを皆無に近付ける努力と責任を果たすことが、現在の船長に課せられた使命である。

逆説的に考えれば船長の権限と役割とは歴史の中での紆余曲折を経つつ、ゆっくりと狭まりつつはあっても、本質的に変わることなく伝えられてきた。船長に関する、あるいは船長自らが著した新旧の多くの文献を通して船長の声を聞けば、そこには時代を越えて引き継がれる職責や、生き続ける真摯で良好な精神を見出すことができる。

また、明治時代初期に導入された欧米起源の制度の下での船員とはいえ、日本人であればここに文化や言語、国民性や社会慣習により培われた気質が入り込む上、彼らの神髄には江戸時代の船乗りかたぎが垣間見られもする。いわば歴史上の時間的、時代的なスパンで仕切ることのできない悠遠な流れの中で形作られた精神であり、同じ日本人として誠に興味深いものがある。

(2) 船長論

本書の執筆にあたり、私のイメージする船長とは、例えば百戦錬磨の海賊船の船長や歴戦の英雄である軍艦の艦長ではない。箇条書きにしてみると、

① プロフェッショナル：海を職場とする者としての教育を受け、公的な機関から一定の見識と実務経験とに基礎付けられた海技免状を受有し、求められる知識と知恵を発揮できる誠実なる一船の責任者、その道の専門家にふさわしい常識と理性、使命感を兼ね備え、海運企業や船主により選ばれた者として、

② 普通の人：親兄弟、妻子がいて当たり前に家族を思い、素朴でひたむきに黙々と船を操り乗組員と意識を共有し彼らをまとめ、一見、スマートである反面、独善、頑固、偏屈、朴訥、口下手、筆不精、不器用で不注意な面も見逃せない者として、

③ 日本人：生まれ育った国、地域の民族や文化、言語の影響を色濃く受ける者として、

と幾つかの側面を併せ持つ船長である。

本書は題名通り船長職の何たるかについて、特にその気質や心理、精神に関して論じたものであり、具体的な内容は私がこれまで船長という職業について常日頃、浅薄な経験、浅学菲才ながら重ねてきた思索を中心とする。もともと上梓の予定はなかったが、東京海洋大学での講義の中で船長の職務と実際について触れるにつけ、船員を志す学生のために活字としてまとめてみようと思い立ったことによる。従って船長資格の取得、操船理論やマネージメント、船舶管理や関連法規を解説するハウツー本ではない。

本書において語られる船長像は、私の勤務した新和海運時代に乗り合わせまたお世話になった船長諸氏、海技大学校（現（独）海技教育機構 海技大学校）で同僚であった船長経験者、及び当時、水先教育に参加された元水先人の方々（何れも元船長）より受けた薫陶、そして自身の稚拙な船長経験を基として形成された。特に元水先人の方々による後進の指導を仰ぎ見る中、船長経験を基礎に置く職業人としての考え方や人間性より得られた学びと感銘が、本書の基部を支えている。

しかし多くの先達らより如何様に感化されようとも、私如きの若輩の咀嚼を以て世に問う書籍を編めはしない。よって書中、幾多の船長や船員の経験、知

識、知恵、一家言をお借りした他、本書の内容を検証するに際し、関連する諸学の専門家による識見を引用または参考にした（文献、資料からの直接の引用は鍵かっこでくくり、その引用中、読者の理解のために私が補足したところは小かっこでくくった）。

何よりも本書は将来、船員となり船長を目指そうとする学生や、既に航海士の職に就く方に加えて、意欲旺盛なれど不安を払拭できないでいる駆け出しの船長の方々に読んでもらいたい。そして私の曲解、誤解を質して頂き、機会あれば議論させて頂きたいとも思う。

また船員ではない方々にとり、船長は決して遠く見知らぬ存在になく、身近にいて不思議ではないことが理解頂けるよう、書いた積もりでもある。本書中の船長の一挙手一投足からは何かの手本として、また反面教師として学べるところが少なくないのではなかろうか。ご意見を賜れれば幸いこれに勝るものはない。

本書は筆者である私の個人的な思索、考え方に基礎を置くものであり、私の以前及び現在所属する組織での事実や方針を記録、記載したものではないことをお断りしておきたい。

海運企業（船主）、荷主、傭船者、旗国、そして国際社会からの要請に応え世界の海、港で昼夜をたがわず安全運航へ傾注されている船長諸氏に心より敬意を表し、現在、そして将来に活躍される船長、船員の皆様のご安航を祈念したい。

【注】

1）ロナルド・ホープ 著、三上良造 訳『英国海運の衰退』（日本海運集会所、1993年）4頁
2）ゴドフリー・ホジスン 著、狩野貞子 訳『ロイズ―巨大保険機構の内幕（上）』（早川書房、1987年）99頁
3）ホープ 前掲書（注1）26頁
4）佐波宣平『復刻版 海の英語―イギリス海事用語根源』（成山堂書店、1995年）269～270頁
5）薩摩真介「海軍―「木の楯」から「鉄の矛」へ」金澤周作 編『海のイギリス史―闘争と共生の世界史』（昭和堂、2013年）所収、52頁
6）笠井俊和『船乗りがつなぐ大西洋世界―英領植民地ボストンの船員と貿易の社会史』（晃洋書房、2017年）註8頁
7）佐波 前掲書（注4）90～94頁

8）金指正三『日本海事慣習史』（吉川弘文館、1967 年）67 ～ 68 頁
9）須川邦彦『海の信仰（上）』（海洋文化振興、1954 年）111 頁
10）斎藤善之「水主」斎藤善之 編『海と川に生きる―身分的周縁と近世社会 2』（吉川弘文館、2007 年）所収、46 ～ 68 頁
11）春名徹『漂流―ジョセフ・ヒコと仲間たち』（角川書店、1982 年）18 頁
12）鈴木邦裕「船長解題」余田実『芸予の船長たち―瀬戸内、豊予にいのち運んで』（海文堂出版、1997 年）所収、265 頁
13）藤崎道好『水先法の研究』（成山堂書店、1967 年）132 頁
14）高林秀雄『海洋開発の国際法』（有信堂高文社、1977 年）1 頁
15）日本海事広報協会 編「日本の海運 SHIPPING NOW 2018-2019」（日本海事広報協会）26・30 頁
16）竹野弘之『ドキュメント 豪華客船の悲劇』（海文堂出版、2008 年）58 頁
17）「日本統計年鑑」、総務省統計局ウェブサイト <https://www.stat.go.jp/data/nenkan/67nenkan/zenbun/jp67/top.html>（参照 2018 年 7 月 23 日）
18）「日本統計年鑑」、総務省統計局ウェブサイト <https://www.stat.go.jp/data/nenkan/67nenkan/zenbun/jp67/top.html>（参照 2018 年 7 月 23 日）
19）「食料自給率とは」、農林水産省ウェブサイト <http://www.maff.go.jp/j/zyukyu/zikyu_ritu/011.html>（参照 2018 年 7 月 23 日）
20）日本海事広報協会 編 前掲書（注 15）45 頁
21）山内景樹『日本船員の大量転職―国際競争のなかのキャリア危機』（中央公論社、1992 年）26 頁
22）J. コンラッド 著、上田勤 ほか訳「青春」『コンラッド―筑摩世界文学大系 50』（筑摩書房、1975 年）所収、384 頁
23）近藤晴嘉『ジョセフ＝ヒコ』（吉川弘文館、1963 年）161 ～ 162 頁
24）小林郁『嘉永無人島漂流記―長州藤曲村廻船遭難事件の研究』（三一書房、1998 年）183 ～ 184 頁
25）小林茂文『ニッポン人異国漂流記』（小学館、2000 年）206 頁
26）小林 前掲書（注 25）185 頁
27）バーナード・ベイリン 著、和田光弘・森丈夫 訳『アトランティック・ヒストリー』（名古屋大学出版会、2007 年）57 頁
28）笠井俊和「船乗りと航海譚―英領アメリカ植民地における貿易と情報伝達」田中きく代・阿河雄二郎・金澤周作 編著『海のリテラシー 北大西洋海域の「海民」の世界史』（創元社、2016 年）所収、44 ～ 45 頁
29）笠井 前掲書（注 29）45 ～ 46 頁
30）笠井 前掲書（注 6）245 頁
31）笠井 前掲書（注 29）46 ～ 47 頁
32）笠井 前掲書（注 29）50 頁
33）小風秀雅『帝国主義下の日本海運―国際競争と対外自立』（山川出版社、1995 年）17 頁

34）笠井 前掲書（注 6）42 頁
35）竹田盛和『やぶにらみ航海記』（講談社、1960 年）228 頁
36）笠井 前掲書（注 29）45 頁
37）高田正夫『船路の跡』（海文堂出版、1972 年）27 ～ 29 頁
38）逸見真「外航海運と法制度―外国からの継受の現在とその方向性」（「月報 Captain」第 390 号（日本船長協会、2009 年）所収、54 ～ 64 頁）の内容の一部を書き換えたものである。
39）佐波 前掲書（注 4）296 頁
40）田中稔「むかしの学生たち―開校の頃を中心に」東京商船大学学生誌編集会 編「浪声」3 号（東京商船大学学生誌編集会、1982 年）所収、17 頁
41）中谷三男『海洋教育史（改定版）』（成山堂書店、2004 年）48 ～ 50 頁
42）佐波 前掲書（注 4）78 ～ 79、264、319 頁
43）金指 前掲書（注 8）32、45 ～ 46、70 ～ 84 頁
44）金指 前掲書（注 8）135 ～ 138 頁
45）金指 前掲書（注 8）序 2 ～ 3 頁

第 1 章　職責の変遷

今、われわれがよく知る船長の名は、欧州文明の中で生まれその発展と共に歩んできた職業の一名称である。海運のみならず、現在のわが国の法令や法制度が明治期に欧州より移植されたことより、わが国の海運実務界、海事諸法にいう船長も欧州の歴史の中で形成された、船舶における最高位の職名であるといえるだろう。従って現代の船長を考えるにはヨーロッパ起源の船長、船員の制度や職責の変遷と、その過程に大きな影響を与えてきた海事に関する科学技術の発展について概観しておく必要があろう。

加えて、日本人船長の先達である江戸時代における和船の船頭の実際も、併せて取り上げることとしたい。

1.　古代・中世

(1)　古代

(i)　船員世界の黎明

古い時代の歴史と同様、ヨーロッパの古代の船乗りの身分や職制には不明な点が多い。明確な記録に事欠くため古代の壁画や彫刻、海底の遺物、沈船遺跡等を手掛かりとした推定に頼らざるを得ないことによる。

一般にヨーロッパ文明の始祖は、古代ギリシャやこれを継受した古代ローマにありとされる。何れの文明も地中海を中心としたものであり、これに付随する海運もまた主として地中海をその活動範囲とした。

この時代の船乗り達の取った航海術は大方、沿岸を視界の内に置き陸に目標を定めてその方位を測り、夜間は灯台の灯を見て自船のおおまかな位置、即ち船位を把握するものだった[1)]。地中海とて少し沖に出れば陸は望めなくなる。その場合には風、潮流の変化の他、星の位置の助けを借りて、計算により求めた船の速力を勘案しつつ船位を推測した。このような航海の手法は、大航海時代に至るまで大きな変化のないままに推移してゆく。

古代ギリシャ時代の地中海では 11 月から翌年の 3 月までの間、荒天を理由に商用の航海を控える慣行があった。当時の船で時化の中を進めば、横帆を張った一本マストが肋材に負担をかける上に、動揺激しい中で外板の継ぎ目が緩むおそれがあったという。また冬季には曇天が多く太陽や星を望めないことより、概略の船位をつかもうにも難しかったためである[2)]。

古代ギリシャの古典時代、商船には３名の幹部がいた[3)]。その一人であるクベルネテス（kubernetes）は舵を取り仕切る者、今にいう舵取りの意であり航海長、あるいは実際の船長として通常の航海中は船尾に立った。

クベルネテスは船が危険に瀕した折り、沈没を免れるために積荷を投棄する権限を有していた。船は波高い荒天時、動揺が激しくなるのと共に海水が甲板上に流れ込み、時に船体内部へ浸水し沈没のおそれにさらされる。これを防ぐために積荷を海中投棄して船体にかかる荷重を軽減、船脚（喫水）を軽くして海水の打ち込みを防ぐ、投げ荷と呼ぶ手はずが取られることがあった。現在でも認められている非常時の実務慣行である。この他、クベルネテスは船の上で発生するもめごとを裁判に訴えることもできた。ジャン・ルージェはクベルネテスの存在について「船上で神の次に位する者」と呼び、実質的な船長と見立てている[4)]。

二人目のプロレウテ（proreute）は船首に立つ者として前方の監視にあたる、クベルネテスの補佐をする者だった。最後のケレウステ（keleuste）は漕ぎ手が櫂を操るタイミングを取ったり、帆を操ったりする役目にあった。進路の決定と漕ぎ手や操帆に関する号令の担当は、クベルネテスとケレウステとに分離されていたと見てよい。この三つ役職の存在はその後のヘレニズム時代の商船の運航にも認められている[5)]。今の時代の船に置き換えればクベルネテスが船長、プロレウテが当直に立つ航海士、ケレウステが船の動力を扱う機関長となるところか。

船の運航に関するこれら幹部の他、海商行為をするエンポロス（emporos）という者がいた。彼は船の一部または全部を賃借りして商品を積み込み、自らも商品に付き添って船に乗り、港々での貨物の売買を取り仕切った[6)]。

船はそれ自体で完結する社会と表現される。原則、運航、荷役はもちろんのこと、生活上、発生する問題の全てを外部からの助けを借りずに、船長、乗組員が対処して解決しなければならない共同体である。特に重要な安全の確保のためには、乗組員が個々にあてがわれた仕事を責任を以て遂行する必要がある。

船を統括する船長、航海術を駆使する航海士からはじまり、最も下位の者は船の着け離しに必要な係留索を無難に取り扱う等、時の経過に連れ船内の業務が分業されるようになった。ここに船長一下の職制が芽生えることとなる。

最古の海法典といわれるロドスの海法（Lex Rhodia）は、紀元前400年ないし300年頃、古代ギリシャはエーゲ海入口にある、ロードス島の近辺にて使用されていた海事慣習法を集大成したものである。このロドス海法の第二部には、現在の船長、航海士、船長付助手、船匠、甲板長、甲板員、調理員に相当する職種の存在が確認できる。

とはいえ当時の職階の区別は厳密ではなく、乗組員皆は概して大差のない同僚（Camerarino）の内にあった[7]ようである。乗組員の間での役割分担はあれ、少ない乗り組みが互いの仕事を手伝いカバーする慣行の存在が想定され、それ故、厳格な職位差はなく、船長とて船の上の特権階級ではなしに、乗組員の代表であるとした意識を共有していたのではなかろうか。この点、後述する江戸時代の和船の職階に通ずるものがある。

ただ近代まで永らく、船の上での船員に対する懲罰手段の一つであったむち打ち刑（笞刑）が、早くもロドス海法の追補に規定されていた。窃盗をはたらいた海員をむち打ち百たたきに処する旨のこの規定[8]の存在は、船内秩序を乱す者に対するけじめの必要性が公的に認められたことに加え、乗組員自体にも秩序維持の重要性が認識できたこと、その維持を担う手段としての職階の形成と、上下の位置付けが明確となりつつあった証でもあろう。

(ii)　奴隷としての船員

周知のように古代ギリシャ、ローマ文明は奴隷制によって支えられていた社会である。この世界で汗水流して働く者は低い身分と相場が決まっていた。ましてや海洋という過酷な自然環境の中で、明日をも知れぬ命を頼みに仕事に就く船乗りの身分が高いはずはなかったといえる。自由人であった船主以外、船長を含めた乗組員は解放奴隷、または奴隷であった可能性が十分にあるという。

危険共同体の中での義務は分担され、これを個別に負う者が明確にされる必要があり、権利はこれら義務を負う者らの上下の位置付け、地位に従って分与されなければならない。しかし船の乗組員が奴隷の身分構成を取っていたために、船乗りの権利と義務が明確化されなかったとする説がある[9]。もともと社会の最下層に位置する奴隷同士の中での権利義務が曖昧となるのは、身分の持つ性格よりして当然の成り行きでもあったろう。

乗組員のこうした構成は商船に限らず、古代ギリシャのスパルタでは、艦隊要員に奴隷であったとするイロタという下層民が乗せられた一方、アテネでは船の漕ぎ手に平民が充てられ、緊急時や人員不足にあった場合に奴隷が利用されたといわれる[10]。

船に乗る奴隷に許された特別な権限を紹介しよう。通常の奴隷には認められなかった行為、船主のためにする自由な証言と共に、船主を巻き込んだ訴訟の提起ができたのである[11]。船は船主の居住地と異なる遠隔地へと赴く故、船主に代わりその利益を守る義務が課せられ、そのために与えられていた権限と看做される。現在のわが国の船員法にある、船長が行使できる訴訟行為の規定に通ずるものがあり興味深い（第３章参照）。

しかしまた伝えられる奴隷の運命は過酷であった。荒天時、投げ荷に加えて奴隷である船員が共に投棄されることもあったという[12]。貨物一般に比べて人の自重は軽い。ボートのようなものであればいざ知らず、少なくとも、ものを運ぶ船を奴隷の投棄により軽くしようとするなら、一度に複数の奴隷を犠牲にしなければ効果はなかったに違いない。こうした奴隷達の投棄が事実であったのなら、彼らにとっての船は荒天時、地獄に変わったことだろう。

(2)　中世

(i)　自然との共存

古代、中世期の船にとっての航海の危険は、主として荒天による沈没と座礁であった。船体がそう大きくはない上に、風という自然の力を頼みに航海する往時の船にとり、概して荒れた海に抗する術はなかった上、比較的、水深の浅い沿岸を航海する船は常に座礁の危険に曝されていた。荒天になって遭難のおそれが生ずると、いざとなった場合に陸岸へと泳ぎ着けるよう針路を陸至近へと取りがちとなり、更に座礁のおそれが高まることになる。その一方で風に頼る船の速力、大きさと数からして、現代の海難に占める程、船同士の衝突の危険はなかったように思う。

船の安全を図る有効な手法の一つが荒天の回避であった。荒天の生起は気候や季節により大きく異なるため、時化やすい季節の航海を避ければよかった。古代同様、この時代のヨーロッパには、一般に 11 月から翌年の２月まで船を繋ぎ、航海に出ない慣習があった。後に法規となって 12 月から翌３月 15 日までの黒海での航海の禁止が明示され、違反者には重罪が科せられたといわれる。同様の規制は15世紀の北ヨーロッパにおけるハンザ同盟条例や、ハンブルグ法典にも見出すことができる[13]。

要するに荒天となりやすい冬季の航海、北方では海氷の出る時期の航海が回避されたのである。1225年のノルウェー語の文献には係船の理由として、

「日がますます短くなり、夜は真っ暗であり、しけが続き、波は日増しに高くなる。海上では寒さはつのり、雨量が増し、嵐は勢力を増し、良港がなくなっていく。かくて乗組員は疲労がつのり、船荷をつなぎとめておくことが難しくなる」

と書かれている[14]。当時のヨーロッパでの航海はその水域内に限られ、遠距離が強いられない短期日の航海であったこと、当時の物流の状況等、この慣行の背景には色々な事由が挙げられよう。

現在であれば、差し詰め船の年間稼働より得られる利益と、時化の時期を休航した場合の利益との採算比較が行われるのだろうが、休航中の船のコストが高くつかず、船乗りが他の職に就け生活に困らないのであれば、却って冬季の係船は安全且つ有益であったろう。

中世紀に入ると海商活動に組合母胎の共同体が生まれ、船舶の所有が単独から複数の者に掛かり共有される制度にまで発展する。この制度の利点は、船の建造や艤装に必要とされる高額な資本の確保と、資本の分担による出資者一人ひとりのリスクの制限にあり、共有には64分の1から8分の1までの範囲の持ち分があった。共有にある船が沈んだ場合、その損失は共有者で分散できる。少なくない船が海難によって行方知れずとなる時代、船の単独所有はリスクが大きかったのである。その共有者の中には船長自身もおり、一般に高い持ち分を取っていた[15]。

(ii)　船長職の萌芽

船長が船舶共有者の一員となった事実は、船員の身分の変化を意味していた。10世紀以降の地中海貿易では、永らく奴隷を中心に低い身分の者で占められていた船員に加えて、自由人の身分を持つ者が現れる。自由人としての船員は船を使って海商を営む企業経営者の一人であったのと共に、海商により利を得る船舶共有者の一員であり、また船長職に就き自ら運航にかかる労務を提供する者でもあった[16]。

当時の船長は航海業務の他、船の修繕、水夫の雇い入れをも行う船舶管理人であった。このような慣行はいわば船員が船を所有、航海、海商の全てを司る形態を示すに他ならないが、先のエンポロスからの流れからかは知らないが、船舶管理人のみならず船に貨物を積んだ後、取引のために他の共有者が商人として同乗することがあった。彼らは船に乗り込むことにより船員としての歩合や給与を受けた他、船主としての分け前をも得ることができた[17)]。

船舶運航に係る関係者の繋がりは、船の運航に対する強力な連帯責任と平等な権利意識を養った。中世の海事法典であるオレロン海法（Rôles d'Oléron)、12世紀ないし13世紀の後期まで、フランスのオレロン島にあった海事裁判所の規則と判決を集めた法典に、これを示す規定がある[18)]。こうした起源を持つ船舶共有という船の所有形態は、近代から現代へと続く海商上の一般的な慣行となっていく。

しかし、商船の運航に重要な役割を果たす者らが共に乗務するこの慣行は、大きな問題を生むようになる。船長ら航海を担当する主務者と、商人他の船舶共有者それぞれが航海に関する知識を体得して、本来、権限のない商人が航海上の指示を出し、主務者の権限を脅かすことも珍しくなかったのである。特に荒天等、本船の緊急時には船内統制が乱れて収拾がつかず、やむを得ず乗組員の多数決を取る愚策に陥ることもあった。

こうした理不尽な対応はしばしば船の指揮系統に混乱を来し、安全が疎かとなり船の運命を決してしまうことがあったという。現代の海運にたとえれば、傭船者が船に乗って船長の運航指揮に口出しするようなものであり、正に「船頭多くして船、山に登る」の状態を現出させたのである。

このような慣行が悪弊とならないよう、ヴェニス等では本船上の船長、航海主務者、商人の３名で構成される航海委員会の設立を立法化し、当該委員会に船の航海の全権を付与するようにした[19)]。委員会の設置は、船の運航指揮に関わる船舶権力の明確化の流れとして説明できるだろうが、それでも商人の勢力は相当に強大であり、船長や航海主務者は業務の制約を受けたといわれる。

これが北の海では様相が異なっていた。アングロ・ノルマン法及び初期のハンザ法とにおいて、船長の権限はより明確に規定されていた。船長には船内の秩序を保つ義務があり、これを乱す乗組員に一撃を与えることが許されていた。船長を殴った船員は罰金を科せられたり拳を切断されたりすることもあったという。一方の乗組員にも規定上、船長の制裁から身を守る権利があった他、船長は出港時刻等の重要事項の決定に関して、乗組員と相談する必要がある[20]等、その権限はまだまだ十分とはいえなかったようである。この時代の船長権限は航海に関するものより、船内秩序の維持に主眼が置かれていたかのように思える。

大層においての船員組織には、船舶共有者となる船員として自由人の身分の者があった一方、古代の奴隷船員が残ってもいた。自由人と奴隷の区別は簡単ではなく、ガリオタス（Galiotus）と称する、地中海で使用されたガレー船の漕ぎ手は、奴隷の身分になくとも社会的身分は低く、航海者であるマリナリ（Marinari）の中には船主の下僕的な船員がいたといわれる。

その一方で、船員の社会的な地位の向上が見られるようになるのもこの時代のことである。船員達の内、上位にある者の中には地中海の海港都市における、一般海事関係審判廷の審判員となる者があった。船員が貿易商人と共に、当時の海事社会に必要な存在と看做されるようになった一例である[21]。

そしてこの中世期より、船が乗組員にとり仕事と生活双方の場であるのと共に、危険を共有する共同体でもあることがクローズアップされるようになった。船長には貨物、旅客の運送、取引等の商行為の他、船の運命を左右しかねない航路の選択権、操船法、船体や乗組員の指揮管理と広範な権限が付与され始める。いわゆる船長による船舶権力の萌芽である。

2.　大航海時代の到来

(1)　大洋航海のもたらした問題

16世紀、ヨーロッパに大航海時代がやってくる。船とその乗組員らは地中海からヨーロッパ沿岸までに留まっていた狭小な世界の殻を破り、大洋への航海へと乗り出して行く。

大洋航海ではそれまでの沿岸の顕著な目標や島という、航海の目印を失ったことより、何を目標に最終目的地を目指せばよいかの問題が生まれた。もとより地中海やヨーロッパの沿岸にあっても岬と岬との間、湾の横切り等、視界より陸地の消える航海はあったが、大航海時代以降の大洋航海は沿岸航海とは全く性格を異にするものであった。

大航海時代に新大陸や新たな島嶼を発見した船乗りたちは、さぞ緻密な航海計画の立案と、船位の把握とを駆使して辿り着けたかのように理解されがちであるが、発見航海に貢献する船位の確定法が編み出されるのはまだ先のことである。この時代の船長達は、砂時計で計った時間に船の速力をかけて出した距離を基に、羅針盤による針路上での概位を推定し、これに海流や風による影響を差し引きして船位を割り出していた。当時として利用できるあらゆる手段を用いて本船位置を推定していた[22]訳であるが、使われる要素は大様にして正確さを欠いていたために、多くの船が目指した島や陸地に辿り着けなかった他、遭難する船も少なくなかった。

洋上にある船に必要不可欠とされる船位は、緯度と経度とで表される点としての表示による。南北に走る経線と東西に延びる緯線とによって、碁盤目状に区切られた地球の表面上、それぞれの線上の目盛りを読み交差する特定の点が緯度経度によって表される。

この方法による位置の表示は海陸の別なく利用できる。ただ陸上の点は山頂や川、湖という自然の地形、学校や教会等の人工構築物やその集合体である町、都市からの距離と方位とで示した方がイメージしやすい。その反面、一部の島嶼を除き、距離と方位の起点にこと欠く海洋上の点は緯度経度によって表すのが一般的である。

おおまかな緯度であれば、太陽や星の高度の測定により簡易に知ることができる。北半球で望見できる北極星の位置はほぼ変わらず、従ってこの星の高度の変化が緯度の変化を意味することになる。

しかし何よりも、船位確定のポイントは如何にして経度を知るかにあった。困難を極めた経度の測定法の開発は当時、不老長寿や錬金術と並ぶ人間社会の夢の一つに数えられる程だった[23]。

経度の測定には時間の把握が不可欠となる。地球は日に1回転、24時間に360度回転する。1時間あたり15度、回転している勘定になる。地球を360度の経線で仕切ると、経度15度は1時間に相当する。この経度角と時間との関係から、基準となる出港地の時間と航海中の本船上の時間を同時に知ってそれらの時間差を計り、これに自転角度15度をかけて進んだ度数を割り出せば経度が知れる。理屈は簡単だが実際に経度の測定に足る時間を知れたのは、出発地の正確な時を刻む時計が開発された18世紀になってからのことであった。

スペイン、オランダやイタリア等、一定規模以上の船隊を持つ当時の名だたる強国は、こぞって経度の測定方法を模索した。英国では1714年、信頼できる経度確知の技術を待ち望む実務当事者たる、「帝国船舶の船長、ロンドンの商人、商船司令官」らが連署した請願書が出され、経度を知る技術開発のための経度委員会が発足する[24)]。

洋上にある者の死活問題として、経度の測定方法の確立を真摯に求めた筆頭は船長達であった。

(2)　経度測定の実用化

経度の測定に先鞭を付けたのが天体測定に基礎を置く月距法であった。洋上のとある地点で測定する月距と、例えば英国のグリニッジにおける時間の月距とを比較し、その差異を基にグリニッジ時と特定地点の地方時とを比較して求めた時差より、経度を求める方法である[25)]。ただこれには月と星の運行法則や天体位置の解明という、後々の天体観測によるデータの収集を待たなければならない難題があった。

最終的に経度測定への道筋を付けたのは、クロノメーター（Chronometer、時辰儀）と呼ばれる船内時計の開発であった。1735年、英国の時計職人だったジョン・ハリソンは航海中の船の動揺や湿気、短期間の内に起こる気温の変化等、陸にはない海の上の様々な障害を克服した、ほぼ狂いのない機械時計の開発に成功する。彼は月距法にこだわる経度委員会との葛藤や、数度に渡る遠洋航海での実証実験を経つつ、1761年にはより精度を高めた4つ目の機械時計を完成させている。

ジョン・ハリソンの業績に最大限の祝福を与えたのは、時計の実証航海を行った船の船長であった。1761年、ハリソンの作った4番目の時計の実証実験が、デットフォード号による航海において行われた。本船のディッジス船長は自らの測位により、自船が目的地のマデイラ島から遠ざかっているとうそぶいたが、時計の示すところは後一日で島に着くとするものだった。船長は自分が正しいと言い張るも、翌朝にはマデイラ島が視界に入る。時計の正確さと有用性とに驚嘆した船長は、ハリソンの時計が売り出されるのなら真っ先に自分が求めると約束したという[26)]。

船長にとり、確言した自分の推測が外れ実務家としての面目を失ったことより、経度の測定法が現実のものとなった証人の一人になり得た喜びの方が、遥かに大きかったのである。それほどまでに、船乗り達が正確な船位の確定方法を探しあぐねていたことが理解できる。

ちなみに現在、国際航法学会はジョン・ハリソン賞と称し、この分野において優れた業績を上げた研究者を表彰する制度を設けている。

船位が正確に測定できるようになると、船乗りの悲願ともいえる効率的な大洋航海が可能となった。特に英国では新たに発見された太平洋やインド洋、インド亜大陸という陸地沿岸部、諸島の確かな経度測定に基づく海図の作成が促された[27]。島や諸島は大洋上の航路標識の役割を果たしていたためである。

正確な時計の発明が経度を知る重要な手法となったのは確かでも、クロノメーターが安価に量産され広く行き渡るまでには尚、相当の時間が必要だった。数にしておよそ5,000個のクロノメーターが海上で使用されるようになったのが1815年、英国海軍がその配下の軍艦のほぼ全てにクロノメーターを配備したのが1860年と、ハリソンの機械時計4号機の完成よりほぼ100年が経過していた[28]。クロノメーターの船への普及は航海術の刷新とまでには及ばない、緩慢なペースであったことがわかる。

民間では東インド会社の商船において、概して英国海軍よりも早くクロノメーターの利用が浸透したとの説がある。クック船長による太平洋への発見航海が行われる1770年代まで、東インド会社の船長の大半は、推測航法や木星の衛星観測によって経度を測定していたが、その後の月距法の有用性の認識以降、会社は配下の商船にクロノメーターの導入を奨励した。1790年代には、同社の航海日誌にクロノメーターを利用して求めた経度の記入欄が設けられている[29]。

クロノメーターが浸透する過渡期においては、多くの船乗り達はそれまでの不正確な航海術にあまんじる他なかった、ということにもなろう。実際、船の位置決定には航行距離や方位、風速、風向、潮流という、不明確な要素に頼る旧来の推測航法が利用され続けたため、ただでこそ長距離の航海がより長期化して、新鮮な食物の尽きた船員の間に後述する壊血病が蔓延したり、不正確な船位が招く難破等の海難に見舞われたりした[30]。船乗り達の苦難は中々、解消されることはなかったようである。

20世紀に入っても、帆船の船長の中には数十年に渡る自身のキャリアから、本船がいまどこにいるかを察知できる能力を持つ者がいた。1918年、ドイツの仮装巡洋艦ウォルフ号に捕虜として捉われていた老練な帆船船長ラッグは、そよぐ微風と海の色とにより今、南亜のモザンビーク海流に入ったばかりと、本船の航海する海域をほぼ正確にいい当てたという[31)]。このようなエピソードは自然の力に頼らざるを得ない船乗りが、その自然の示すデータに準じて、船のおおよその居所を把握できた例証であるといえよう。

付言すれば、経度の測定法の開発に見る航海術の発達は、偏に船や船員のための安全な航海の確立を主眼に置いたものではなかった。世界の海を制覇しつつあった英国では18世紀、継続して増加の一途にあった税収の大部分が海軍費に充てられた。経済、商業の発展を基盤とした大英帝国の繁栄が、大陸列強に勝利するための条件と看做され、そのためには戦争をも辞さずとした覚悟があったためである。帝国が栄えるには貿易の保護と奨励が不可欠であり、航海術や経度測定法の改良、改善はあくまでも商船運航にかかる貿易促進の手段であったのであり、これが当時の英国の政治的な確信でもあった[32)]。

(3)　船乗り稼業の疲弊

(i)　過酷な大洋航海

沿岸、洋上を問わず海難は起こる。しかし陸が近くにあるとした意識は船乗り達に一抹の安堵感を与えただろう。沿岸航海を主体とした時代は船が小さく自然の影響を直接に受けようとも、頻繁な寄港を介した陸へのアクセスが船員をして、危険の多い船上生活に耐え忍ばせていた。

地中海やヨーロッパ沿岸という、限られたエリアの中での航海は数日、要しても半月程度で目的港に入港できた。目的地とそこまでの距離が知れた航海は、船員達に海の上での辛い日々の終わりが確実にやってくることを示唆したし、繰り返し入港する寄港地には顔なじみが少なくなく慰労も果たせたに違いない。

船の上が過酷な世界と看做されるようになったのは、主として大航海時代以降、大陸間の長距離航海が強いられるようになってからである。風任せの船はいつ終わるとも知れぬ果てしない航海を現実のものとし、陸より遠く離れた海上での遭難は船員の死そのものを意味した。また未知なる目的地は水、食料という必需品の確保に不安を抱かせたのはもとより、得体の知れぬ風土病が彼らを襲いもした。こうした環境の激変が、少なくない船員達を世界の果てでの人知れぬ死へと誘うこととなる。

ヨーロッパと米国植民地他、大洋を渡る遠距離貿易の発展は、陸沿いの航海に慣れていた船員稼業をほぼ一変させた。大洋を渡るとなれば航海日数は桁違いに増える。宇宙船の中で過ごす飛行士の様子を見れば、隔絶された場所での生活は一様に単調で、変化に乏しいものであることがわかる。船も同様であり、船員は代り映えのしない日々を月単位、当直と仕事とに追われて過ごさなければならなかった。

船員の一般的な情緒変化を描くと、航海時に低迷し上陸時に高揚する振幅傾向が読み取れる。航海日数が長引くに連れ船員には感情の捌け口なく、張り合いや嗜好を求めてもかなえられないとした沈滞ムードが生まれる[33)]。脈絡に乏しい生活は船員に感情を抑揚させる機会を与え難く、平凡な日々は喜怒哀楽を誘う刺激に乏しいのである。

古い時代より、長い船内生活で沈み込んだ船員の情緒意識は寄港地での上陸において高まり、これが過度の飲酒や過激な行動となって現れた。船乗りに酒、けんか、女はつきもの、しかも稼いだ給金の殆どを余興と娯楽に使い果たすとした悪評は、船乗りの欲求不満の解消法を端的に評したものである。こうした船員の憂さ晴らしのあり様は現在でも時折、聞かれることがある。

船員の心身双方に蓄積される疲労やストレスを解消するために、現代の船では余暇を過ごす足しにと図書や雑誌の支給、音楽や映画やテレビ番組等のCDやDVD、カラオケ設備といった視聴覚媒体の他、卓球台や簡単な運動器具が備えられたり、荷役を終えて出航、乗組員の緊張感がほぐれ一段落した頃を見計らっての懇親会、レクリエーションが行われたりする。しかし船特有の隔絶された環境の改善は簡単ではない。

帆船時代に戻れば、海という過酷な世界では、心身共に健全、体も心も簡単にはへこたれない頑健な船乗りらの乗務と活躍とが求められた。しかし大航海時代の実際においてそのような者達は集め難く、海に出る者の実態は変わり者、怠け者、時には前科者という陸の社会に居場所のない、あまりにも個性の強い者達を寄せ集めた集団となりやすかった。船の安全な運航のためにこれらの船員達を手なづけ、統率しなければならない船長の権限はいやがうえにも強化され、厳格化の一途をたどる[34)]。

近代に入っても、汽船と併存する帆船の船長は、航海日数が伸びる程に自身の精神状態もまた不安定となる上、船主の手前、速く船を走らせようとストレスが高じて乗組員にあたり、船内に陰鬱なムードが漂い乗組員の士気は低下する一方だっという[35)]。

17世紀の英国の船員、エドワード・バァーローは自叙伝を残している。その中で船員の仕事について、

「上司に訴えようとすれば、士官（職員のこと）の言うことが優先的になって、士官の思うがまま処罰が加えられる。当然のことを訴えただけで、命もろとも消されてしまう者もある。哀れな船員がいかに悲惨であるかを若い人達に知らせて、船員になるぐらいならどんな商売でもやらせたい。船員以外ならば夜は安全だし、週末には一週間分の給与が貰えるし、日曜日には良い食事が出る。私達には週末も日曜日もない。英国なら犬に食わせる物でも食べられるだけ幸いだと思う」[36)]

とまで描写している。

厳格な乗組員の監督は商船の専売特許ではなかった。北西ヨーロッパからニューファンドランド、アイスランド、スピッツベルゲン方面への遠洋漁業は「大仕事」と呼ばれ、船員が連帯して航海や仕事にあたる必要性が強調された。航海の長さ、距離、海の仕事につきまとう危険と、そのような環境の下に置かれた船内の統率に必要となったのが、鉄の如きの厳しい規律であったという[37)]。危険な海の上で、個性の強い者らを使い仕事を達成する難しさを示す好例のように思う。

(ii)　人としてのなれの果て

船の上が過酷な世界と評される理由の一つが、その衛生状態の酷さにあった。

多くの人が住み行き交う陸と異なり、海の上はもともと無菌である上、オゾンに富みよく健康の維持増進にはもってこいの環境にあるといわれる。多くの保養所が海辺にあるのを見ても理解できることであるが、帆船時代の船の上は全く逆の境遇にあった。

乗組員は暴露甲板上で風雨にさらされるのに加え、舷側が低く海水が上がりやすい帆船では当直中にずぶ濡れとなるのは珍しくなかった。また洋上は湿気が多く衣類が乾き難いために常に着替えに不足した。船内への外気の取り入れ、置換は様々に工夫されたが、その恩恵を受けるのはせいぜい船内の上部、暴露甲板から一、二段下までであり、外の空気は船の底にまで届かなかった。そのお陰で船底は多湿なままに置かれ、更に赤道に近付く程、湿気の度合いは高くなった。これに比べてベンチレーター等、機械的な通風システム、冷暖房の完備が当たり前な現在の船は天国といえる。

当時の船の底はのみ、しらみの棲み処となり、そこに溜まるビルジ（汚水）にはいつの間にかボウフラが繁殖して、蚊が飛び立つ始末だった。こうした船に棲むのは船乗りとその相棒とも皮肉られたネズミくらいなものであった。

船に薬は積まれたが種類、量共に十分ではなく効果の程も知れていた。小さな切り傷さえも化膿して悪化、眼炎により視力が落ちたり失明したりすることが珍しくなく、肺結核に罹る乗組員もいた。

人の歴史において無知蒙昧が犯した過ちは数知れない。帆船時代の船乗り病とされた壊血病は、食べ物を介したビタミンの摂取さえあれば罹る病ではない。つまりは新鮮、満足な食事が与えられれば知らずの内に済む病気である。壊血病の蔓延は裏を返せば乗組員の栄養不足、体調不良の証明でもあった。この病の原因が不明なままにあった時代、劣悪な船内環境の中で諸種の病に堪え働くためには、少年期から鍛えた壮健な体が何よりと[38)]、空しくもこう唱えるしかなかったのである。

ようやくこの病気の原因が解明されても、有効な対策となる新鮮な食材を冷蔵できず、積み込んではすぐに尽きる船の上で発症する壊血病は、船員を容易に死に至らしめる病となった。病気が進むと体はむくみ体力を失い、歯茎が腫れて歯が抜け落ちついには力尽きる。故国に帰れぬまま海に葬られた船員が偲ばれる。

これが大洋航海を強いられた船乗り社会の現実であったのだ。

3.　近代

(1)　船長への登竜門

帆船の水夫の主たる仕事は、船長や航海士の指示による帆の展張と取り込み、帆とマスト及びマストを昇り降りする際に利用する縄梯子の保守整備、索具の製作と結索、そして舵取りだった。文字にすればこれだけかのように思えるが、殆どの作業にテキストはなく、実地に仕事をしながら学ばなければならない性格のものであり、一人前の水夫といわれるようになるまでには一定の実務経験が必要だった。

込み入った仕事の習得は、単に時間や労力をかければよいというものではない。当人のやる気と機転の効きよう、いわゆる要領の良さがものをいう。これも能力の内の一つであり、作業の仕方を早く覚え、必要な時に迅速且つ的確に対処のできる水夫が重宝された。帆船である限り仕事の内容に大きな相違はなかったため、業務に習熟さえすれば船乗り稼業を一船毎、船主との契約単位とし、任期満了の度に船を渡り歩く生活が可能となったに違いない。

一水夫とはいえ、乗組員が限られる中での個々の役割は重要となる。無駄飯が許される者はいないのである。水夫自身にとっても乗組員としての自分の役割を理解して、与えられた仕事をマスターすることが航海士、果ては船長へと昇格する最低限の条件となった。

18世紀の前半、英国と植民地とを隔てた大西洋を行き来する商船の乗組員について、水夫の平均年齢が27歳、船長の多くは30代の前半であり、40代以上の船員は僅少であったとの記録がある。船の置かれた環境と仕事の内容が、体力のある若年者に見合うものであったことが理解できよう。伝統的な船舶共有の慣行より、船長の中には船の共同所有に加わり船主の仲間に入る者がある等、社会的地位はそれなりに高かった反面、水夫は自由身分、即ち奴隷以外の白人の中で最も貧しい労働者とまでいわれた[39)]。

当時の船乗りの多くは10代前半から船に乗り組み、知識や技術を学んでいった。今に言うたたき上げとして水夫より航海士への昇格は可能であったものの、大抵は20代半ばで船の幹部を目指すか船員に見切りを付けて足を洗うかした。そのため中年まで水夫のままに留まる船員は少なかったのである。

他方、船に残る者の道も険しく、水夫から航海士への登竜門は二等航海士（二航士）止まりであるのが一般的だった。当時の航海当直は二直制であり二航士が最下級の職員であった。その上の一等航海士（一航士）、最終的に船長に上り詰めるためには、専門的な航海術の知識が必須であり[40)]、これをクリアするには船長の直属の徒弟となって直接の教えを請うか、陸にいる時に家庭教師や航海学校に学び、必要な知識を習得する必要があった。しかしもともとが貧しい水夫上がりの航海士にとり、誰もが望める道とはいえなかった[41)]。

水夫の多くが読み書きに難渋していた現実も、彼らの船の幹部への登用を阻んでいたと予想される。乗船した後は船内での肉体労働に従事しなければならず、その合間を縫っての読み書きの習得は至難の業だった。

水夫の上下関係が親方と徒弟の間柄にあるのは陸の世界と同様だった。当時、船大工、鍛冶屋や樽職人の徒弟は理解のある親方に恵まれれば学校、私塾、あるいは聖職者のところに出向いて教育を受ける機会に恵まれた。しかし海の上で年月の大半を過ごす水夫にはそのような機会自体、限られていた[42]。

乗組員を人数の側面から見てみよう。船主が人件費の削減に腐心するのは今も昔も変わらない。乗組員の数は船が動ける必要最低限が目安とされた。一般に沿岸航海に比べて大洋航海の船は大型となる。大型船は船自体の堪航性、航海に堪える能力が向上し貨物の積載量も増えるが、小型船に比べてより多くの乗組員を必要とする。特に帆船は船が大きくなる程、マストや帆の数が増える上、帆自体の大きさも変わることより操帆に必要な頭数が必要となった。笠井俊和は外国文献より、17 世紀後半の帆船のトン数と乗組員との関係について、大洋航海船 132 トンで 29 名、98 トンで 16 名、沿岸航海船 35 トンで 8 名という数字を割り出している[43]。

(2)　権限の強大化

人が増えた大型船では船長や航海士の眼が中々、行き届き難く、そのため乗組員に対する監督は、彼らの質も手伝って厳格化していったと想像される。船内規律が厳正となる傾向はスペインやポルトガルからフランス、英国諸島を経て、ノルウェーの船に至るまで、海に面したヨーロッパ諸国の何れにも見出すことができる。

船の上では仲間意識に支えられた乗組員相互の奉仕や助け合いがある一方で、抑圧された世界でのストレス、生活や仕事上の行き違いから互いに嫌悪し合い、時には憎悪にまで発展、些細なもめごとによって爆発し、終いには暴力沙汰にまで及びやすかった。従って船内秩序の維持のために乗組員の規律違反には懲罰も辞さずとなる。海という危険と隣り合わせの環境が、乗組員全体や船そのものに害を及ぼす僅かな怠慢や罷業をも許容しなくなり、対して乗組員の不満は更に高じ、これを抑えるために新たな規律の厳格化が企てられるという繰り返しであった[44]。

近代の幕開けとなるヨーロッパの 18 世紀は、君主権が絶大化して専制的な政治が行われる絶対主義の時代でもあった。これを背景として、船主により船長へ付与される船主代理権もまた強大化へと突き進む。もともと大洋航海の実現により強化されていった船長権限は更に伸長し、船長を洋上の君主（master under God）と呼ぶようになるのもこの時代のことである。

船長権限の強化は乗組員の管理と統率とに包括された刑罰権に代表される。乗組員に対する最たる懲罰はむち打ち刑であった。長い歴史を持つむち打ちによる乗組員のこらしめは、船の上での刑罰の方法として法の認める、いわば国家によるお墨付きがかなえられることとなった。一例を挙げれば1665年、英国の船員トマス・フリングは同僚の衣類と船主の胡椒を盗んだかどにより、船長により開かれた幹部会議が懲罰を決定、船の索具に縛り付けての21回のむち打ち刑に処されている[45]。船上の刑罰は船長他、幹部らの合議によるべきとはいえ、実質的には権限を掌握する船長の裁量によったに違いなかろう。

船長の権限の強化は様々な問題を生む温床となった。乗組員を管理、指揮統率する者としての船長が公平寛容であるべきは書くまでもない。とはいうものの、船長といえども一人の人間であり、個々の乗組員に対する好悪感、好き嫌いがあってもおかしくはなく、些細なことで不機嫌となることもあったろう。ただこの時代の問題は、船長が公的に認められた権限の名を借りて恣意的、感情的な行為に走ることにあった。船員らの書き伝えに拠れば、少なくない商船の船長が故意に残酷でサディスティックであったという[46]。

ただでこそ海上での労働が過酷な上に、規律という建前の下で船長による身勝手な制裁がまかり通った英国の商船、私掠船では、18世紀前半の50年間だけでも乗組員達による60の反乱があり、その際には乗組員にむち打たれたり殺されたりする船長もいたという。それらの記録は氷山の一角に過ぎなかったという[47]から、海の上での反乱はそう珍しくはなかったのかも知れない。

船長による制裁の仕方は船の上のオリジナルではなく、陸の社会で行われる一般的な市民慣習の投影でもあった。この時代、主人による召使への平手打ちの他、軽度のむち打ちは雇い主による使用人へのこらしめのみならず、学校教育の一手法としても行われていた。こうした社会一般における人権侵害に係る行為、いわば封建社会のなごりが船の上の懲罰のあり方に影響したことは想像に難くない[48]。しかし陸の監視の届き難い船の上での人権侵害のあり様は船長の采配に支配され、医療措置に乏しい船の上では、懲罰の対象となった者がしばしば傷の悪化により死に至る等、深刻な問題を生んだのである。

船内での厳格な懲罰がまかり通った背景には、様々な事情からこれを肯定する見方があったことを見逃してはならないだろう。19世紀に生きた米国人の弁護士、リチャード・H・デーナーは若かりし頃、帆船に乗り組み従事した水夫としての想い出を『Two Years before the Mast, A Personal Narrative of Life at Sea』（1840年、邦訳『帆船航海記』）と題した航海記にまとめている。

デーナーが著したこの記録は、船乗りとして経験した海上生活の現実の描写に併せ、陸に職を持つ者の特異な世界に対する客観的な観察と主張とが織り込まれた、貴重な文献である。

その中に、船の上での体刑についての持論を述べたくだりがある。

「体刑を加えることは危険であり、効果も疑わしい。しかし、問題は一般に船長は何をなすべきかということではなく、すべての船長から、いかなる状況の下でも、妥当な懲罰を行使する権限まで取り上げるべきかということにある。（中略）船長が、正当な理由があれば、しかるべき体刑を課することができる、という点に関しては、法律や法廷の判決に示された慣習法や、解説者の著書の示しているところが明白に一致している。もしも処罰が過重であったり、その理由が十分正当なものでなかったとすれば、船長はそれについて責任を問われ、陪審員達は個々の件について、あらゆる事情を総合して、その処罰が適当であったか、またその理由が正当であったかを評決することになっている」[49)]

デーナーは決して体刑を肯定していない一方で、相当の理由がありさえすれば恐らくはたとえむち打ちであっても、船長の取り得べき妥当な懲罰の手法となり得ると述べている。船長による厳格な懲罰の執行は、乗組員の側に非ありとする正当な理由により許容され、船長の行為が度を過ぎたものであればこれを咎め、懲罰を受けた乗組員を法的に救済する道が用意されていると指摘している。

実際にも、一般商船の船長の中には不必要な体罰を受けたとする乗組員から訴訟を起こされる可能性があり、法廷に立つはめになった船長もいたが、その数は実情に比例する程、決して多くはなかったといわれる。

(3)　必要な権限

(i)　権限の正統性

船内での人権侵害は商船のみに見られた現象ではなかった。

18世紀の英国海軍では、軍艦の乗組員不足を一般市民からの強制的な徴募によって補っていた。強制徴募とは商船乗りから陸に職を得ている若者までを対象として、本人の意思に拘わらず軍艦へ連行し、そのまま乗組員に組み入れてしまう雇用形式である。しかし力づくで艦内に引致された者が従順に職務に服するはずはなく、崩れやすい軍艦上の秩序維持のために、船の幹部連中は厳しい処罰を以て対処した。商船とは異なり、食うか食われるかの戦いの中での秩序の乱れは重大な事態を招きかねず、軍艦における厳格な乗組員の管理にはそれなりの大義名分があったといえよう。

その厳格な管理の主役もまたむち打ち刑だった。軍艦の艦長や商船の船長による懲罰の名を借りた身体への侵襲行為、人権侵害は現在のわれわれの常識に照らせば違法はもちろん、常軌を逸した異常な制裁以外の何ものでもなく、それ自体が処罰に値する。今の時代、残虐な刑罰の執行は刑事司法の原則により禁じられているが、デーナーの主張にもあるが如く、体刑の実施にまで踏み込まなければ船内の統制は図れなかったとする、当時の社会情勢を推し量る必要はあろう。

船の上の秩序維持の重要さは昔も今も変わらない。しかし船長の能力と海技が資格で裏付けられ、船の運航が包括的に各種の国際条約、旗国、沿岸国、寄港国の法令とによって規制され、いつとはなしに船主と意思疎通が可能であるわれわれの時代と、統一的な法制度に欠け乗組員の能力の公的な証明はなく、航海術から船の仕様、船内生活の態様等、ほぼ全てが未成熟、不十分な中で船が海に出ざるを得なかった帆船時代とを比較して、その是非を問うことにこそ無理があるといえるのかも知れない。

デーナーは船長の権限について、

「私は、船上での平等ということには賛成しない。これは論外であって、人間の現状からは希望できない問題である。私の知っているセーラーの中には、勤務の規則や職階に欠陥があると見ている者は一人もいない。もしも私が残りの生涯を水夫部屋で過ごすことになるとしても、私は船長の権力を少しでも減らすことは希望しない。何を支配するにも、頭が一つで声も一つ、そしてあらゆる責任を持つ者が一人いることが絶対に必要である」

として一定の評価を置いている。彼の認識には船の上の非常時に必要なリーダーシップに対する考慮があった。

「至上の権力を突発的に行使する必要がある緊急事態も存在する。このような緊急時には協議している余裕がない。そして職務上、船長の協力者として選定される者に対しては、船長がその職権を行使することを求めるべきである。（中略）船長には非常な労苦と責任が負わされていて、どんなことも回避することは許されない。しかも突発事態に出会いがちなことは、文明人の間で権限を行使している他の人間には例を見ないほどだ。そこで船長には、起こりうる緊急の必要性に見合う十分な権限を付与すべきである。その権限の行使にあたって厳格な責任を負わすことで足りる。これ以外のやり方は、どんなものでも間違った方策であるばかりでなく不当である」[50)]

ヨーロッパの中世の時代、権限にほぼ差異のない航海主務者と商人との相乗りが来した指揮系統の混乱が招く、最悪の事態が海難であった。このような歴史の教訓を踏まえれば、船長の船舶権力は海の上では唯一無二、且つ絶対であるべきとした結論を引き出すことができる。本船や乗組員を脅かす突発的な事態への有効、効果的な対処を犠牲にしてまで船長の権限を弱める理由は、少なくとも往時の船には存在しなかったこととなろう。船長に一身専属的な権限を集中させるシステムの持つ効果は、それがもたらすデメリットよりも大きいとした評価である。

船長に拘わらず、強大な権限を付与された者はこれを行使するにあたり独善を招いたり、時に暴走したりするおそれを有する。それでも船長は船、乗組員の安全の他、全ての責任を負わなければならず、特に緊急時、これを果たすためには絶対的な権限を持って当然であり、独善や暴走を抑えるためとはいえ、その権限を規制する確たる理由は探すに難しいと、デーナーは説いている。

船内での厳格な規律統制が乗組員、特に若い者の気質や性格を鍛えるのに役立ったと評価する者もいる。ジュルダンは船内における規律の必要性の理由として、船や人に対する海の持つ無常さを挙げている[51)]。

(ii) 国家による権限の擁護

しかし冷静に考えてみれば、たとえ緊急時に必要だとはいえ、船長が強大な船舶権力を永続して振舞えるはずはなかったように思う。権利と義務とは一体であり、双方のつり合いが必要だとした考え方が正しければ、船長の強大な権限の裏には過剰な義務を負う乗組員がいたことになる。現在も非常時における船長の絶対的な指揮命令権は超越権限として認められているが、その超越の対象は法であり乗組員の権利ではない。

船長による権利の享受と乗組員による義務の負担が、極端に偏りアンバランスのままにあれば、両者で構成する組織が円滑に機能し続けることはない。一方的な義務の負担者である乗組員に、抑え切れない不平不満が噴出するのは眼に見えていたのであり、事実、乗組員は少なくない反乱を惹起させている。それぞれの権利を見比べてみても、船長による乗組員の酷使という権利の濫用と、人として扱われることを求める乗組員の正当な権利とが、バランスを保つことはあり得ないのである。このような組織が機能し続ける条件はただ一つ、乗組員の身分が権利という概念自体を持ち得ない奴隷である場合でしかない。

よって乗組員による忍耐の限界が鬱憤という形で爆発する可能性のある限り、早晩、船長の権限は縮小せざるを得なかったはずだが、そこに時間を要したのは大洋上にあり何事も陸に頼み難い船の持つ閉鎖性、孤立性と、それ故に船長への権力集中を認めた船主、荷主とこれを支えた法が存在したためであった。国家（旗国）によっても、乗組員の服従と規律の維持のために行われる厳格な管理と体罰の実施が、船長には必要と認められていたのである。だから乗組員による船長権限の侵犯は国家に対する挑戦に値した。船長に対する反抗は裁判により反乱や暴動と看做され、咎（とが）を受けた者は絞首刑を以て処せられる場合もあった[52]。

しかし乗組員による一方的な服従を船長が勝ち得た最たる理由は、船主や荷主、法による擁護の何れでもなく、デーナーの言葉にあるように船内の不十分な統制、秩序の乱れが全員の死に直結する、船という世界の持つ脆弱さに対するおそれであったように思われる。それ程までに、帆船時代の船の置かれた海は、時として想像を絶する程の世界となり得たのであろう。

(4)　人権支配

(i)　奴隷船

このような船長権限の擁護は、奴隷船の歴史の中で船長達がなし得た行状を振り返れば、即、否定論に変わるのではなかろうか。

18世紀、ヨーロッパの帆船の主たる貨物の一つが奴隷だった。1775年までに550万人の奴隷がアフリカから新大陸へと輸送された。その行く先は英国領の植民地に36%、ポルトガル領に32%、フランス領に13%、そして9%はスペイン領に送られた[53]。奴隷貿易が社会的、法的に廃止とされる1808年までに運ばれた奴隷の数は実に900万人に上り、その内、奴隷船上及び目的地で1年以内に死んだ者の数は500万人に達した[54]。奴隷達の半数以上の船出は死への旅路となった訳である。

『奴隷船の歴史』の中で著者のマーカス・レディカーは書いている。

「奴隷船の船長というのは、厳しく、情け容赦ない男たちで、権力をほしいままにし、何かといえばすぐに鞭に訴え、多くの人間を掌握する能力を持っていた。暴力的な命令は、輸送されている何百人の奴隷たちにだけでなく、荒くれの船員に対しても同様に下されたのである。規律は往々にして過酷であり、鞭打たれて死に至る水夫も少なくなかった。（中略）当てがわれる食事は貧弱で、通常賃金も低く、そして死亡率も高かった」[55)]

奴隷船の船長は他の商船同様、貿易商と船の資本の代理人だった。船長は乗組員の雇入れ、食糧の確保、貨物の積み込みと荷下ろし、アフリカでの奴隷の購入、新大陸におけるその売却と、本船の扱う取引きの全てを取り仕切らねばならず、そのために船と乗組員、主たる貨物である奴隷を徹底して管理する必要があった。しかも奴隷はものを言い時には反抗する積荷であり油断は禁物であったため、奴隷船の船長には普通の貨物船の船長以上の意思と能力とが求められた。正にこの者こそ船という世界の王と表現すべきであり、船上の秩序に必要と判断すれば躊躇なく、自らの権力を振舞える者でなければならなかったのである[56)]。

1788 年、1 隻の奴隷船、ブルックス号の一枚の平面図が英国や米国の新聞に掲載されてから、奴隷貿易の流れが変わる。この図の示す、ブルックス号の船内に所狭しとすし詰めにされた奴隷達とその輸送のあり様は、これを糾弾する世論を喚起し議会を動かした。いち早く 1792 年に奴隷貿易を廃止したデンマークに引き続き、英国は 1807 年に奴隷貿易の全廃を宣言し、米国でもその廃止法が可決された[57)]。

1890 年には多数国間条約として「アフリカの奴隷取引の抑制並びに武器、弾薬及びその販売を制限するための一般議定書」が採択された。この議定書はアフリカ沖で奴隷輸送の疑いある船に対する臨検を許容し、検査を受けた船が奴隷取引に関与していると認められた場合にはその船を拿捕し、当該船の旗国の官憲がいる最寄りの港まで引致、旗国の裁判所に付託すべきと定めた[58)]。

18 世紀から 19 世紀にかけての関係国による一連の奴隷規制の立法により、その煽りを受け奴隷の調達が難しくなった植民地は、労働者の不足に陥り困窮をきたすようになる。中でも早くから規制に踏み切った英国の植民地の労働力不足は深刻であり、他のヨーロッパ諸国との経済競争において劣勢を余儀なくされた。英国はこの事態を憂慮、他国への奴隷供給を抑えようとその貿易へ干渉し、ヨーロッパ大陸がナポレオン戦争の中で混乱の状態にあったことをよそに、戦時に認められる外国船舶の臨検の権利を利用して奴隷貿易の取り締まりを行った。英国は戦後、その取り締まりの継続のための条約をポルトガル、スペイン、オランダ、スウェーデン等のヨーロッパ諸国と締結していく[59)]。

結局、ヨーロッパにおける奴隷制度の廃止の流れは、本来の人道的な観点からではなく、むしろ政治的、経済的な理由によるものであった。

船長の仕打ちに業を煮やした船員らが反乱を企てるのは、奴隷船も同じであった。船長の扱いからすれば、乗組員の企みは人権の蹂躙をも厭わない船長の示す権威への反抗、船の上の圧制に対する抗議と表現した方が適切だろうが、彼らが反乱者として重大な違法行為を犯したことに変わりはなかった。反乱に加担した者は法を犯した者として、再び船員の仕事を得る保障はなくなり、海賊に身を落とす者も多かった。

(ii)　海賊船

海賊は海上の不法行為として古くから知られ、現在でも「人類共通の敵」という不名誉な称号を受ける集団である。しかし海賊船内の統治は当時の一般商船や奴隷船、あるいは軍艦に比べて民主的といえた。

軍艦の艦長や商船の船長が専制的であり、乗組員達に絶対的な服従を要求したのに対して、海賊船の船長は実力本位に乗り組みの中から多数決で選ばれ、また皆の意見によって罷免された。乗り組みには一連の規則が示されそれらの厳守が求められたが、規則の内容は議論の際の調整や剥奪品の公平な分配、船の安全確保等、理に適ったものだった[60)]という。デイヴィッド・コーディングリは、

「(海賊達は) フランス革命の合いことばになった、自由、平等、友愛の理想を、(革命の) 70ないし80年も前に先取りしていたのである」[61)]

と記している。

海賊船の仕事は武力本位の危険な仕事であったから、船長たるは人格、勇敢、技術、体力の諸要素において、自他共に認められた者でなければならなかったこと、商船の上には金を握る船主や傭船者が、軍艦の上には海軍という人事権を牛耳る組織が君臨していたのに対して、海賊船にはその上もその下もなく、船自体が唯一単独の組織であったことが他にない民主的、公平な統治を可能としたのだろう。

そうはいえ賊は賊である。裏切り者や船長に刃向かう者は法を顧みずに処刑された。また海賊船は普通の船のように港では補給を受けられず、修理に船渠を使うこともできなかった。食糧、水他の必需品の調達のためには本業の海賊行為をはたらいたり、沿岸の村を襲ったりしなければならなかった。そして海賊討伐から逃げ回らざるを得ず、やむを得ずに追い詰められた不案内な水域で迷い、座礁等の海難に遭うおそれもあった。この決して楽とはいえない海賊稼業を10年以上、続けた者は殆どおらず、剥奪品で裕福な生活を送れた海賊は極めて稀であったという[62]。そして捕えられた海賊の多くは斬首や絞首刑という、極刑に処せられたのである。

4. 航海術の発達の実相

(1) 航海海域の変化による影響

科学技術の恩恵に浴すると、その発展はなるべくしてなったという思いに捉われがちとなる。ニュートンの登場を待たなくとも万有引力の理論は誰かが発見したに違いなく、たまたまニュートンが見出したに過ぎないとする考え方である。ジョン・ハリソンの時計も同じこと、航海術の発達もまた歴史の中での必然の過程であったようにも見えるが、技術の進歩にはそれを促す何らかの契機があるものである。自らのたしなむ航海術に満足できず、あるいはその不便さ、不正確さにしびれを切らし、より優れた術を求めた船乗り達がいたであろうし、航海環境が変われば新しい技術が必要となることもあったであろう。

わが国における和船の構造の発達について概観してみよう。

18世紀前半に登場した弁才船は1本柱の横帆船、いわゆる基本、船首尾線と直角方向に帆柱1本と帆1枚とが備えられていたことより、2本以上のマストを備えた縦帆の西洋型帆船に比べて帆走性能で見劣りしたとの説がある。横帆は追っ手、船尾方向からの風をよく捉えて効率良く走れる一方、横方向からの風を受けた開き走りや、更に斜め船首方向から風を受ける間切り走行を苦手としたとの論によるものであるが、実際には西洋型船と同様の帆走性能を備えていた[63]という有力な説がある。例えば間宮海峡にて和船と遭遇したロシアのブリッグ帆装船（前部マストが横帆、後部マストが縦帆）が、出会った弁才船を追い抜けなかったという逸話がある[64]。

帆装様式のみで船の性能は推し量れない。商船は積荷の状況、満船か空船かで喫水に差が生じ、水に対する船体抵抗の増減により速力が変動する他、乗組員の操帆技量も船の航海能力に大きく影響する。こうした運航に係る諸要素を考慮して初めて船の性能の輪郭が定まるといえる。

和船の航海能力が劣っているかの評価が流言に過ぎないとすると、当時のわが国の造船技術にもそれなりの評価を与える必要が出てくる。どうして船大工達は本格的な外洋船を造ろうとしなかったのか。鎖国をした江戸幕府が外洋向けの商船の建造、即ち2本以上の帆柱、竜骨構造を持つ強固な船体の建造自体を制限したとの言質があるが、これも事実ではない。幕府は海商を営む私人所有の船の船型を制限しはしなかったのである。にも拘わらずこの時代の和船が西洋型の構造を持たなかった理由として、大型化した航洋船は人手と経費がかかり、運航採算に見合わなかったためとした説が披露されている[65]。

船乗り達による航海術の学びも実務に仕切られた。江戸時代以前に東南アジアとの貿易に従事していた和船の航海は、鎖国により日本周縁の沿岸に限定された。地廻りや地方乗りといわれるように、船乗り達は昼には陸の顕著な目標、夜間は現代の灯台にあたる燈明伝いに航海する沿岸航法に徹した。必然的に太陽や星の位置から船位を推定する大洋航海の要がなくなり、よって彼らがこの類の航海術を学んだり後塵に伝えたりする必要自体がなくなった。

所変わってヨーロッパは地中海での航海を中心としていた時代、ジブラルタル海峡から大西洋へ出る必要のなかった船乗り達は沿岸航海者であった。彼らは航路の選定に慎重であり、海岸線の近くでの昼間の航海を好んだ。この限りでは、彼らが大洋航海に必要な航海用具を用いたり、考案したりしなければならない必然性はなかったが、ひとたび地中海を出て北西ヨーロッパへの航海へと出始めると事情は変わってくる。

温暖な地中海とは異なる海気象、例えば中米カリブ海より大西洋を横断してヨーロッパ水域に達した暖かいメキシコ湾流に、北海から寒冷な空気が流れ込むことにより発生する霧の中で、陸の目標を頼れない航海が強いられるようになる。このような環境の変化が船の針路を定める羅針盤の利用を促すようになった[66]。

そして天文航法が発達して実用に供されるようになったのが15世紀半ばのこと。その世紀末にはポルトガルの一流といわれる航海者は、大陸よりそう遠くない航海において、緯度の観測と推測航法とを組み合わせ、誤差4%程度で自分の船の位置を見積もることが可能となったという。それに比べて地中海に留まった航海者はかなりの間、外洋航海の技術をこなすことができないでいた[67]。

(2) 江戸時代の航海術

鎖国の敷かれたわが国に、全くもって西洋の航海術が伝えられなかったのかといえば嘘になるかも知れない。日本沿岸へ漂着した外国の漂流船員や、長崎の出島に寄港した南蛮船の乗組員らにより西洋流の大洋航海術が伝えられ、当時のわが国の航海術に何らかの示唆が与えられている。この影響あってか、文化年間（1804～1815年）には坂部広胖が天象観測による航海術を工夫し、測天針路術と称した新しい航海法を船乗り達に教授しようとしている[68]。

和船自体も陸に着かず離れずの航海に徹していた訳ではない。大洋には出られないながら、陸の見えない航路を走ることは可能だった。当時の和船は和磁石を備えて自船の針路を知ることができたから、18世紀後期には、廻船の大型化に伴い一時的に陸の見えない沖合の航路が利用された。北海道の松前、箱館から九州に至る日本海での往復には佐渡海峡を経ずに、陸に沿う航路に比べて距離が短縮できた佐渡島と隠岐の島の沖合を通る、遠沖の航路が選択された[69]。

逆にいえば和船による陸との離隔航海はこれが限界だったといえる。1839年11月12日、昇栄丸は3名の船乗りにより、遠州から江戸へ向け年貢米を輸送中に遭難、北太平洋を漂流中の1840年6月9日に米国船アーガイル号に救助される。本船船長コッドマンは自身の記した手紙に、昇栄丸は小型の沿岸航海用の帆船であり、磁石以外の航海支援用具（guide）を所持していなかったと記している[70]。

陸も島も見えない大洋上の怖さの一つは方向感覚を失うことである。航海の目印の捕捉を視覚に頼る航法の最大の弱点であり、雲に覆われ下界を見渡せない空中や、海底の見えない海の中でも起こり得る現象である。針路を示す磁石があれば問題なしと思いきや、これに従って進む方角に何があるかを知らなければ、その有効利用は難しい。

太陽や星が目印となるとはいえ、それは天体が航海の目印になるのを知る者にしか意味を持たない。緯度や経度とその算出という、船位測定のための基本的なシステムの存在を知らない江戸時代のわが船乗り達は、陸を見ずに暫く走ると自船がどこにいるかを知ることが難しくなり[71]、更に遭難して陸地の望めない外洋へと漂流すれば、正にお手上げの状態に陥った。幕末から明治初頭にかけて、わが国の海運は船舶、技術、船員職制の何れをも新たに西洋から取り入れ、ようやく大洋航海術をその手中に収めるに至る。

ちなみに明治初頭の日本の西洋型商船は、船長を含めた幹部職員が外国人船員によって占められていた。明治 8 年、岩崎弥太郎の創始した三菱会社の社船 30 隻の船長以下の職員は、全て外国人船員であった。明治 25 年頃より日本人職員の乗務が始まり、明治の終わりにはほぼ日本人で運航される商船が登場するようになった[72]。

もとより江戸時代の和船乗りと、近代海運の日本人の汽船乗りとの間に断層がある訳ではない。明治維新前後に和船に乗り組み鍛えられた若年の船乗りの内には、新たに汽船に乗り組みその運用術を学んだ者が多かった。明治末には当時の大船である 3,000 トンの汽船の船長となり、郷党の誇りとされる者がいた[73]。

法律の面より辿ると、1874 年（明治 7）に海上衝突予防規則、1876 年（明治 9）には有資格者の乗船を義務付けた西洋形商船船長運転手及機関手試験免状規則、西洋型船水先免状規則、1879 年（明治 12）には西洋形商船海員雇入雇止規則と、西洋式の法律が次々と公布された。これにより 10 トン以上の西洋形風帆船の船員に関する雇用契約が定められ、北前船の船頭は船長に、乗組員である水主は水夫にとその呼称も変更された[74]。そして 1896 年（明治 29）以後の 4 年間に船舶検査法、船員法、船舶職員法、船舶法が相次いで制定され、わが国における船と船員とを規制する法制度が整うこととなる。

5.　近代から現在へ

(1)　帆船と汽船との端境期

英国に発した産業革命と共に誕生した汽船が数の上で帆船を凌駕し、国際海運の趨勢となったのは 19 世紀の終わりから 20 世紀の初頭にかけてであった。19 世紀の後半、高圧多段膨張機関及び水管ボイラーの普及により、高出力機関の信頼性が高まったのと共に、燃料である石炭の消費量が減少する。またこの時期、蒸気船の外洋への進出により大型化した機関の重量と、これが生む振動とに堪え得る鉄鋼船の需要が木造船のそれを上回り始めた。当時、木造船と鉄鋼船とを合計した建造高では、英国が世界全体の6割を占める水準にあった。建造高における木造帆船に対する鉄鋼蒸気船の優位は、1880年から1889年の間に現出する[75]。

風から機関へと動力の大転換を遂げた船の最大の利点は、運航の定時性にあった。帆船時代の商船は、積地で船長手配の貨物の買い付けにより満載となるまで出帆しない、悠長な商売であった上に、風任せの航海は季節はもちろん天候に大きく左右された。どれ程、経験豊富な優れた船長でも操れなかった条件が風の有無と強弱であり、その帆船の宿命を克服した定時の運航が汽船の激増を促したのである。

この変革は通信技術の発達と共に船の運航にかかるもう一つの伝統、長年に渡り強大な権限が与えられ続けてきた船長の船舶権力にピークをもたらす。人間の限界を超えた自然の摂理に立ち向かうために許された絶対的な船長権限は、その拠り所を失うのである。この現象は船主や傭船者の権限の拡大へと繋がり、船長の身分は船舶共有者としての性格から、賃金報酬を得て乗務する船主の被用者の地位に転化していく。

船長の船舶権力の後退は船の運航という技術の面のみならず、18世紀以降の市民社会の勃興による影響をも受けた。支配する者が当たり前のようにふるまう権力は、陸の社会でも衰退を見せ始める。その具体的な顕れが王権や君主権の形骸化であり、それと連動するかのように船、海の支配者である船長の権限もまた縮小に向かっていった。

縮小化に伴う船長権限の一部は国家権力が吸収する。19世紀以降の社会思想の発展は海へと広がり、乗組員に労働者としての権利の擁護を進捗させ、船長の権限の象徴でもあった船の上の刑罰権は国家に召し上げられた。現在の船舶権力が大きく、安全運航に必要な指揮命令権と乗組員の懲戒権とに特化したと表現される所以が、この時期の船長の権利義務関係の変化にあった。

ただ汽船の時代を迎えても尚、船乗り稼業が危険な職業であることに変わりはなかった。1890年の当時、世界一を誇っていた英国海運における船の上での船員の病死の確率は、船客の病死率の2倍、遭難死の確率は3倍、事故死の率は20倍とまでいわれていた。しかもこれらの数値すら不完全なデータに依拠したものであり、実際の病死率はこの倍はあったという。こうした船員の罹患、遭難や事故率が減少に転ずるのは20世紀、第一次大戦前の四半世紀のことである[76)]。

船員という危険な職業に人気なく、人材が集まらないのは近代の海運とて変わらなかった。船主は必要な船員の確保に難儀し、ようやく集めることのできた船員の質は望むレベルに届かなかった。英国船員の人材不足は非行に走った少年までをも船員の予備軍に加え、1856年から95年までの間に、廃船を利用した訓練船が3隻、彼らのためにと用立てられている。これらの訓練船は純粋な船員の養成に留まらず、警察から送られてきた少年達の矯正所をも兼ねていた。その他にも5隻の訓練船が貧困家庭の少年や、貧しい故に自発的に参加する少年の収容施設となった[77)]。

社会の底辺の層に求めざるを得なかった乗組員のレベルダウンは、船の上の風紀や倫理にも影を落とし、船長や職員が自身らを守るに必要な対処を余儀なくさせる。同時代に生きたデーナーは書いている。

> 「多くの船長は、自分の乗組員については、海に出てしまうまで何ひとつ知らずに出帆しなければならない。乗組員の中には、海賊や叛逆者がいるかもしれないし、一人の悪者がほかの者をすっかり感染させてしまうことも珍しくない。ある者は無知な外国人で、我々の国の言葉はさっぱり分からず力だけに頼る生活になじんでいて、マーリンスパイキよりもナイフの使い方の方が上手かもしれない。どんなに平和を愛するとしても、思慮深い船長だったら、ピストルや手錠なしで出港しようとはしないだろう」[78)]

私がかつて乗務した船の一航士は、日本人とはいえ期間雇用の船員ばかりの船での経験を話してくれた。乗組員の中には上下関係になじめずトラブルを起こす部員がいた。中には前科のある乗組員もいたらしく、通信長は本籍や住所の記載された乗組員個々の船員手帳や関係書類を厳重に管理し、船長以外にはどのような理由でも閲覧させなかった。心なき者による下船後のお礼参りへの用心であったという。物騒な話ではある。

乗組員の質の維持をわが国の海運事情に見てみよう。

1980年代の後半、急激に進んだ円高により、コスト高となった日本人船員から外国人船員へと雇用の転換が図られる中で、邦船各社は一様に外国人集めに苦労した。今でこそSTCW条約を筆頭に、外国人船員の国際的な教育と雇用のシステムとが確立されてはいるが、日本の商船隊が混乗を始めて間もないさなか、外国人船員の扱いに不慣れな日本船舶の実情も相俟って、外国人船員の質の悪さが指摘されること度々であった。

ようやく雇入れかなった外国人船員の中には、海技免状を賄賂で購入した職員、部員には失業者や陸の社会での役立たずが混じっていた。船員になる意思なく専門の教育も訓練も受けず、帆船時代さながら、犯罪歴を隠して乗ってくる者までいたのである。だから舵を操れない操舵手や当直のできない航海士に留まらず、荷役を知らない一航士までいた。

彼らのクビを切るのは簡単でも、交代で来る乗組員が期待するレベルにあるとした保証はない。日本人の乗組員らは仕方なく、教えてものになりそうな下級職員や部員の実務指導に奔走する。背に腹は替えられなかったのである。特に日本人の部員層は慣れない英語にボディーランゲージを交えつつ、外国人部員らを根気よく指導し、数カ月の海上勤務を経てそこそこに使える乗組員にしたものである。

(2) 船舶運航の飛躍的な発展

20世紀に入り、二つの大戦により世界の海運と商船とは大きく疲弊する。当時の先進国でもある海運国同士の戦いとなった大戦が、商船と船員とにもたらした災厄は未曾有のものとなった。戦後は各国、特に敗戦国はほぼ船がゼロに近い状態から再出発せざるを得なかった。

第二次大戦後、戦時中に開発された軍事技術の民間への開放をてこに、船舶運航のための技術は効率化、省力化をターゲットとして大きな進展を見せた。特に造船技術や航海計器の発展は、それまでの人類史上に類を見ない革新的ともいえる程の進歩を遂げる。特定の貨物の輸送に特化した船の大型化、高速化が顕著に進み、海上における大量輸送時代の幕明けを迎えたのである。

従来の船は様々な貨物を混載して輸送する雑貨船、在来船といわれるが、コンテナという箱型のツールが開発され、これを専門に輸送するコンテナ船が誕生した。この船種は本船任せであった従来の荷役を一新させ、専用ターミナルの主導によるコンテナの積み降ろしを実現させたのと共に、船のコンテナはターミナルを介してトラックや鉄道へ、またはその逆へと積み替えられる等、船と陸とを直結させた物流システムが確立された。このシステムは港湾労働をも変革し、無頼の仕切る日雇いの巣窟といわれた労働環境の消滅を導いた。

自動車の運搬や鉄鉱石、石炭等の個体ばら積み、原油、天然ガスという液体ばら積み貨物を担う不定期船は専用船化され、輸送の効率化が図られた。コンテナターミナルに限らず貨物毎の荷役ターミナルの整備も行われ、海陸一体による荷役作業の合理化が進められたのである。このような船型の改良、運航技術、荷役技術の発展は乗組員の減員につながり、併せて船長の職務権限を狭めていった。

以下、主要な点を整理してみよう。

ⓐ　船舶通信の発達と陸からのコントロール

船舶通信の精度が飛躍的に向上したのと共に通信可能な範囲が拡大した。船舶間はもちろんのこと、船が地球上の何れにあっても船主や管理会社との常時の通信連絡が可能となり、陸と船との離隔性を解消に向かわせた。

古来より海に出た船は孤立し、これを治める船長に絶対の信頼を置いて、強大な権限が付与されてきた商船運航における伝統的な慣行の一つが、通信技術の発達によってその合理的な根拠を喪失する。船長は必要な時に船主や管理会社へ指示、助言を請うことができようになり、海の上であらゆる事象を頼るものなく、自ら判断し決定なければならない重圧より開放されることとなった。

この陸と海との近接現象を裏返して考えれば、それまで難しいとされていた船に対する船主、管理会社、傭船者、荷主による陸上からのコントロールを可能とし、彼らによる船や船長を支配、監督する権限の強化をもたらしている。

船の運航に影響を与える事項について、船長は自身による決定が許されず、船主や傭船者に伺いを立て許諾を求めなければならなくなった。コンテナ船は荷役からして陸のコントロールに支配される船種だが、不定期船の傭船契約にも傭船者の権限の強化が見られている。傭船者や荷主は貨物の積み方にまで指示を出すことが可能となり、現にそのように対応するようになっている。船主や管理会社、傭船者らの指示に従わないことはもちろん、彼らの意向を仰がず相談なしに判断を下し行動した結果、運航に支障が生ずれば、船長はしばしば独断、越権と看做され評価を落とし、時には早期の下船交代や解雇にまで発展するケースが現出している。

ⓑ　船舶管理会社業務の拡充

船舶管理業は俗にいう3M、船体・機関の保守整備管理（Maintenance）、船員の採用と配乗管理（Manning）、航海・荷役管理や条約・法令の遵守

(Marine）とに大別される、船の運航を陸からサポートする業種である。大手中堅の海運企業は社内組織や系列企業の中に船舶管理専門の組織を置く他、国際海運界にはこれを単体で業とする法人が少なくない。

船舶管理業はもともと、船単独では処理できない運航業務について、これをアシストまたは代替する役割にあったが、現代的な要請より船の技術的、人的、遵法的コントロール全般を担うようになった。周知の通り、ISM コード（International Safety Management Code、国際安全管理規則）は適正な船舶管理を前提に構築されている。国際規制が極端に進むのと共に、周辺環境が目まぐるしく変わる現在の国際海運に従事する船は、適切且つ必要十分な船舶管理を受けなければ商業運航が難しくなっている。

国際海運の船舶管理はほぼ、海上職経験を持つ海技者が担っている。従って船長は安心して本船の管理を委託できる反面、その実は船に対する陸の管理支配が進むことにも繋がる。管理会社がしっかりと役目を果たす程、本船、船長の裁量が狭められるという皮肉な結果を見るのである。

ⓒ　航海計器の飛躍的な発達

20 世紀後半から 21 世紀に至る科学技術の進歩は、それまでの数千年に渡る航海術の発達の勢いを凌ぐ程に、急速且つ画期的なものであった。

今でこそあたりまえの航海計器となったレーダーの実用化は、今次の大戦後というこの数十年来の出来事である。レーダーは夜間や降雨、霧等、視界不良時の航海の危険を大幅に引き下げたが、現在は他船の針路、速力、最接近距離と時間、衝突のおそれまで計算表示する自動衝突予防援助装置（Automatic Radar Plotting Aid、ARPA）が付帯する他、複数の機器と一体化することにより更に高度で正確、有効な航海計器に変身している。

天体の高度観測と正確な時刻の把握に依存してきた大洋航海術は、打ち上げられた衛星の利用による新たな次元の技術となった。カーナビでもお馴染みの GPS（Global Positioning System、全地球測位システム）に代表される極軌道周回の複数の人工衛星により、船は瞬時且つ継続した位置情報を得ることができる。GPS は尚、精度を高めて誤差、数メートルという D-GPS（Differential GPS）が普及するに至っている。海の上での船位がつかめず海難に遭ったかつての時代は、今や冒険小説の中のエピソードと化してしまった。

不思議なことだが、最近まで洋上では行き交う船の情報は殆ど知り得なかった。双眼鏡を通して船体に描かれた船名、船尾の国籍が確認できてもあの船がどこに行くのか、何を積んでいるのか、暗夜になれば航海灯の見え具合で船の大体の大きさは把握できたが、コンテナ船かばら積み船かタンカーかと、船種の区別さえもつかなかった。少なくとも十数年前まではこれが船の世界の常識だったのである。

現在では本船の周囲に停泊、航行する他船の情報を表示するAIS（Automatic Identification System、自動船舶識別装置）が開発され、強制化も含めて多くの船に備え付けられている。この計器により他船の名前から国籍、針路、速力等の他、貨物、仕向地、GPSに基づく船位等、必要な情報の多くを知ることができるようになった。衝突回避のために無線電話で交信する際、従前は「こちら…本船の左舷前方の反抗船…」との不明瞭な通話をしていたものが、現在ではAISにより知り得た船名により、ダイレクトに呼び出すことが可能となっている。

今世紀に入り、究極の航海計器と呼ぶにふさわしいECDIS（Electronic Chart Display and Information System、電子海図情報表示装置）が登場した。液晶ディスプレイの基層に電子海図が表示され、この上にGPSによる本船位置、AISに基づいた他船位置及び情報に加え、ARPAの計算値を加えたレーダー映像までもが重畳表示され、リアルタイムで最新の状態に更新される計器である。

ECDISは海図は紙であるとした船乗りの常識を一変させたばかりではない。航路計画の立案から目的地への距離と到達時刻の他、航路からの逸脱距離、危険水深域への侵入等、航海者が海図に船位を記入して確認しなければならなかった種々の危険を、自動的に検知してアラームにより知らせてくれる。

こうした航海支援機器は、今後の進歩が期待される人工知能（Artificial Intelligence、AI）の利用により、更に発展するといわれている。

航海計器による恩恵を測位に限って見てみれば、帆船時代からプロの航海士としての重要なスキルであった天体による船位測定、いわゆる天測は今や前時代的な技術となり、沿岸航海中、陸の目標を利用した船位測定（クロスベアリング、交叉方位法）の労もなくなりつつある。裏を返せば、衛星測位やこれに基づく便利且つ簡易な種々の航海計器の出現は、航海術を、極端に言えば素人でも扱える技にしつつあるということである（第５章参照）。

天測をする際の加藤石雄船長の言。

「ハンドレールに腰をあてたり、その中段に足をかけて踏んばったり、よくやったものである。乱雲の中を出つ入りつする太陽を、鳩と思えばよい。太陽が雲の中にある間は呼吸する、雲を出るとき息を止め、下ッ腹に力を入れなければいけない」[79)]

私も練習船では六分儀を嫌という程、使いこなしたものだが、加藤船長の回顧はプロの航海士がその職に専属する技術に習熟して、自船の位置を齟齬のないよう求めようとする意気込みを伝えている。船位の誤りは船の安全はもとより、目的地への到着予定や燃料消費から食料の過不足にまで影響するため、天測の良否が航海士の評価を決めた。正に船長と航海士の持つ技が船を動かしていたのである。

戦時中、菅源三郎船長は日本人船員の精神性を、日本海員道と称して薫陶したものだった[80)]。「道」とは技法的、教義的な課程を意味する。時代的な懸隔は差し引いても、日本人船員として極めるべき道ありきとした信念が菅船長にはあったのだろう。日本海員の道とは長く幾重にも高低を繰り返し曲折する、決して安楽な道ではない、いわば人生をかけるにふさわしい旅路にも比せられた表現であるように思う。現在そして今後の航海術の発達は、その道程の一部を確実に短絡的な、船長、航海士の技の風塵さえも残さない道に変えてしまうかも知れない。

ⓓ　荷役システムの変貌

戦後最大の荷役革命は、既に触れたコンテナ船の出現であった。この船種により取って替えられた雑貨船、在来船の荷役は本船主体で行われていた。海水バラストを漲排水して本船の船首尾方向、横方向の傾きを適正に保ち、許容喫水を考慮しつつ貨物の種類と性質、重量とを勘案し、貨物相互の接触、損傷、荷崩れを防止しつつ、寄港地での荷卸しの便宜を図りつつ積み付けが行われた。船倉内での貨物の積載適所を定めるのは、一定の荷役経験を経た一航士が持つべきスキルだった。

現在でも同種の船は就航しているが、何れも中小型船型に限られ、船数自体もそう多くはない。中小型船は採算性の面から原則、日本人職員の配乗は稀である。

大型化した商船はコンテナ化、専用船化してタンカー等、一部の船種を除けば荷役の主体は本船から陸、ターミナルへと移っている。

専用船の歴史は古く既にローマ時代、石材や馬の輸送に専用の船が用いられていたことが判っている。船と陸とが一体となって輸送の効率化を推し進めれば、特定貨物のための船の専用化が図られるのは当然の成り行きでもあった[81)]。

荷役システムの変革にはブローカーや代理店の拡大、発展が大きく寄与している。

代理店業は国際海運が編み出したシステムであり、具体的な興りは17世紀のヨーロッパにまで遡る。その役目は荷役作業にかかる人手の手配、貨物の売買やその流通、取り次ぎと多岐に渡っていた[82)]。現在では更に荷主、ターミナルへの船の動静連絡、入出港手続き、燃料や飲料水、船用品の搬入手配、船荷証券の取り扱い、船の修繕や海難報告処理の他、多くの業務が加わり、その重要度は高まるばかりである。海運企業は船を配船する港毎に代理店と契約を結ぶ。国内外の主要港に数百を数える代理店網を有する船主、傭船者も珍しくない。

要するにここでも、永らく船長と乗組員が担ってきた業務を代理店が引き受け、負担が軽減される傾向を見ることができる。

ⓔ　定期傭船の伸長

船は主としてコンテナ輸送の定期とそれ以外の不定期とに区分される。不定期船における傭船の契約は2種、船主が荷主や傭船者より預かった貨物を所有、または他の船主より傭船した船で運送し、その運賃を収受する航海傭船契約、傭船者が船とその乗組員とを船主より賃借する定期傭船契約とに大別される。

傭船形態の流れはもともと航海傭船にあったものが第二次大戦後、定期傭船へと移行した。その結果、傭船者（荷主）の権利が強まり、船主や船長の地位は低下の基調を辿っている。

定期傭船は一定期間、船が乗組員と共に船主より傭船者へと貸し出される契約である。契約の当事者は傭船者と船主であり、船主の代理人である船長は傭船者と対等の地位にあると考え得る。しかし商慣習上、貨物とその荷役、積み揚げ港への航海について、船長他の乗組員は船主を介さず傭船者の指揮命令に従うことを求められる、いわば傭船者の被用者の立場に置かれる。このような傭船の様式が海上輸送の大きな部分を占める不定期船運航の主流となれば、海運における船主の相対的な地位は後退し、その代理人たる船長の立ち位置もまた連動して低下してしまう。

海運企業は船主業である船の貸し渡しと、船を賃借する傭船業の双方に係わるため、船主が他の船主から船を借りる傭船者として、立場が入れ替わる商慣行も不断に行われているが、船長の地位は本船が定期傭船に出される限り弱体化する以外にない。本船運航における船長の裁量権の減退は、船長が自主的に判断する意欲をも喪失させ、却って傭船者や船主に過度に依存する傾向が見られているとも指摘されている。

以上の諸例を通じて確認できることは船の管理、航海、荷役、乗組員の監督指導に関し様々に認められてきた船長の権限が、徐々に縮小に向かっている事実である。現在の主たる船長権限は、航海業務を中心とした技術者としての地位に特化したもの（運航船長）と言い得る訳である。そしてこれが海法、海商法、海運経済学等、海事に関連した諸学の一般的な理解であり、船長権限限定論が導かれることになる。

(3)　権限の新たな展開

確かに20世紀以降、船長の職務権限を職権や権能という権利として捉えた場合、その縮小と退行は否めないだろう。思えば一人の人間に大きな権限を与えて船や貨物という高価な財産を託し、旅客、乗組員が命を預けたところにどうしても無理が生じ、様々な問題を惹起させてきたというべきなのである。その無理が許されたのも海という危険領域の中で、何事をも完結しなければならないとした、船を取り巻く環境と船自身の持つ固有の性格故であった。

船の運航に寄与する科学技術の進歩に合わせて、船長の職務権限が縮小するのであれば、職責、いわゆる職務上の責任もまた軽減されてしかるべきだが、船長の責任は公私の要請の前に深度化されより厳格になっている。

ⓐ　苛烈化する国際海運競争

長年の不況にあまんじてきた国際海運界は、終わりのない国際競争に少しでも有利となるよう、運航コストの削減を際限なく図る業界体質に変貌している。船主や管理会社によるコスト管理は徹底し、船に係るランニング・コストの削減は常に至上命題である。燃料油、船用品、修繕費までが節約のあおりを受け、船長、乗組員にも船の運航に係るコスト意識が植え付けられている。

業界に共通するコスト節減の大きな柱は何かと問われれば、船舶の便宜置籍化が挙げられよう。1970年代以降、欧米や日本等の伝統的海運国の船主、海運企業は新造船の登録のみならず、既存の所有船舶をもこぞって便宜置籍国へと移籍してきた。

この手法による国際的な規制や課税の回避におけるメリットは、国連の海運、海事に関する専門組織であるIMO（International Maritime Organization、国際海事機関）による規制強化や、伝統的海運国の努力の甲斐あって減少したが、現在は主として途上国出身の船員の配乗を進めるための手段として尚、積極的な置籍活動が継続されている。

旗国は国際法上、旗国主義により登録船舶に対する優先的な管轄権が認められる一方、登録船舶の規制と監督、及び保護という重要な役目を担っている。旗国主義の前提として国連海洋法条約は、船と旗国との間にあるべき「真正な関係」を規定している（第91条第1項）が、真正な関係のもともとの解釈とは、船と旗国との間にあるべき強固な結び付きにあった。日本船舶であれば船主が日本企業、乗組員が日本人、貨物の積地または揚げ地が日本国内にあるべき等とした繋がりである。現在の真正な関係の理解は、こうした結び付きはなくとも、旗国が国際法、条約に則り登録船舶を適切に指導管理すれば足りるとした理解に変わっている。

便宜置籍船とは正しく、旗国と登録船舶の関係者との間に、特筆すべき何らの関係をも持たない船である。世界的な便宜置籍現象は船と旗国との関係を希薄化させ、法的に様々な役割を担うべき旗国の責任に形骸化を招いている。こうした旗国が登録船舶に対して持つ責任意識は弛緩化せざるを得ず、例えば登録船舶上の乗組員への保護意欲の減退が挙げられる。パナマ船舶に乗る日本人乗組員の保護に関し、パナマが積極的な行動を取るか否かを想像すれば、容易に理解できるのではなかろうか。

国際海運における便宜置籍船の趨勢化は、引いては旗国への信頼の喪失をもたらしている。これにより日本が保護すべき船は日本船舶であるとした伝統的な解釈は、便宜置籍船であっても本船船主の親会社、実質的な船主が日本の海運企業であったり、日本の海上輸送に従事していたりすれば日本が保護するに足りるとした理解に変わりつつある。例えば後述するソマリア沖の海賊等、海上不法行為より旗国が守り切れない船を、実質的に所有する船主の国籍国、いわゆる先進海運国が船籍に別なく保護しようとした、国連主導による対応があげられる。

現在、日本人船長の乗る船の多くは便宜置籍船である。船長は自己の指揮する船が便宜置籍船である場合、その運航に際してもたらされるかも知れない、上記の問題点を理解しておく必要があるだろう[83)]。日本船舶に乗る日本人乗組員が一旦緩急、外国である沿岸国、寄港国の水域で何らかの法的な責任を問われた場合、日本政府が外交的な保護に出てくれるとした感覚を、便宜置籍国に同様に期待できるかは難しい。IMOの定める条約の効力は旗国の別に拘わらず、万国共通であるとした短絡思考は危険である（第3章参照）。

便宜置籍国が旗国の責任において、登録船舶の乗組員を法的に扶助してくれるとは限らなければ、船長は自身の国籍の船に乗る以上に、本船と乗組員とを齟齬なく指揮統括して、沿岸国や寄港国の法に触れないように管理しなければならなくなる。

ⓑ　途上国船員の教育と指導

戦後の国際海運における競争の激化は、船主をして船員の人件費の削減に奔走させ、乗組員の中核は先進国から途上国へとシフトした。

船員出身国の途上国化は船内の下部組織である部員に留まらない。船長や機関長、航海士、機関士にまで境なく見受けられ、これに伴い運航に求められる乗組員のスキルの低下が顕在化するようになった。その結果としてより人為的な海難が誘発されるようになったこと、船舶の高速化、大型化が海難の被害規模とこれに伴う損害額の拡大を後押ししたこと、既述の便宜置籍国の登録船舶に対する管理責任の意識が希薄化したこと等、複数の要因が交錯し、1980年代から今世紀初頭にかけて世界各地で大規模海難が頻発した。

窮地に陥った国際海運界はIMO主導の下、様々な施策を用いて海難の発生防止に努めてきた。例えば船員の資格要件を厳格にしたり、海難により甚大な被害をもたらすタンカーの二重殻化を促進したりする等、条約を通した対策により大規模海難は低減の傾向を見ている。

ここには船が個々に乗組員の指導と管理を行っている現状がある。船長をはじめ機関長、主管者である一航士、一機士の従来の役割に、進む混乗化とこれに伴い配乗される途上国乗組員に必要な教育をし、彼らの業務を指導監督する仕事が加わったのである。

船員の育成と教育とはその出身国のみならず、彼らを受け入れる船舶の旗国の双方に課せられるようになっている。旗国による指導は船主、最終的に船における指導となり、特に旗国の積極性が期待できない便宜置籍船では顕著といえる。安全運航の最期の頼みが乗組員のスキルであればこそ、如何に彼らを管理統率して安全な運航を達成するかについて船長は日々、腐心しなければならない立場に置かれている。

ⓒ　海洋環境保護の厳格化

戦後、国際的な環境保護に関する法体系は国際法の一領域となった。環境保護の必要性は海においても唱えられ、国連海洋法条約、MARPOL 条約等により厳正な海洋環境の保護と規制とが執り行われている。

海の上での海洋汚染の多くは船によるものであり、最終的には乗組員に対する処罰となって現れる。汚染の容疑を受けた船員の処罰は従前の旗国によるものから沿岸国、寄港国へとシフトしている。要するに汚染場所で罪に問われ刑罰を受けるのである。国際的な環境保護の機運は、海洋汚染を絶対悪とするかのような意識を国際社会に根付かせ、過失や不可抗力による汚染であっても厳罰に処せられる事例が後を絶たない。

厳罰化は時に人権侵害といわれるまでの執行を許す場合がある。戦後の国際的な人権保護意識の高揚にも拘わらず、外国船舶による海難と、これに引き続く海洋汚染の発生を嫌疑として船長や乗組員の不当拘留、不当処罰が行われることも稀ではない。他国の領域に拘留されれば旗国や船長、乗組員の国籍国がこれを保護しようにも容易ではなくなるのである（第3章参照）。

そうであるなら公海、沿岸国、寄港国の領域と、船の移動に伴い変動する複雑な法的環境の中で、特に沿岸国、寄港国の国内法の遵守に心掛けるよう、乗組員はもちろん、船長自らも注意を払わなければならないことになる。

環境保護規制の深度化は留まるところを知らぬかのようである。機関排気の規制は進み、海域によっては燃料を切り替える必要が出る等、海洋における環境の保護は陸の規制に促され、過剰ともいえる程の状況を呈している。沿岸国至近を通航あるいは領海、内水の他、条約の認める自然環境が敏感な海域に入域する外国船舶の船長は、自己の指揮する船が貨物や燃料の漏洩、貨物の残渣や廃棄物の投棄によって海洋汚染を引き起こすことのないよう、細心の注意を払いつつ運航しなければならない時代を迎えている。

ⓓ　海上不法行為の凶悪化

海賊をはじめとした海上不法行為の発生数は20世紀の後半に一時、落ち着き、公海に関する条約を制定した第一次国連海洋法会議では最早、古典的な海賊の出没は稀といわれるまでになっていた。しかし前世紀の末以降、再び隆盛の兆しが見え始め、例えばインド洋と南シナ海とを結ぶマラッカ海峡での海賊行為が横行し、国際海運の大動脈が武力集団の脅威にさらされるようになった。

2008年以降、紅海のアラビア海入口にあたるアデン湾でソマリアの海賊が跋扈し出し、商船、乗組員もろともに拿捕して億単位の身代金を要求するという、それまでには見られなかった凶悪な海賊事件が頻発するようになった。2010年の事件数は237件にまで達し、数百人の船員が人質のままにあるといわれた。国連の安全保障理事会は対策を協議、決議を通して関係各国に軍艦や警備艇の派遣を要請、船籍を越えての商船護衛によってようやく下火となっている。

現在はアフリカ沿岸、東南アジア沿岸国領域での海賊襲撃が問題となっている。

海賊や武装集団による商船の襲撃は世界の何れかの水域で発生し、皆無となることはないのが20世紀末から現在までの流れであり、船長はこのような海上での不法行為の回避に十分な注意が求められている。

海上不法行為への対処として、IMOは商船において武器を携帯した民間武装警備員の乗船を認めた。わが国をはじめとした商船には、海上不法行為の危険度の高い一定海域での同乗が許され、効果を上げてはいる。

本船上での武器の使用及び取り扱いについて、船長は新たな責任を負うこととなった。本船上での武器の管理や警備員への使用の指示は、船長の職務権限の中に置かれている。しかし例えば、徴兵制度のある韓国の船員は武器使用の訓練を受ける等しているが、日本人船員にそのような機会はない。わが国の法令（司法警察職員等指定応急措置法第1条）は、日本船舶の船長に対して司法警察職員の職務を執ることを許してはいるものの、船長はそのための研修を受けている訳でもない。

日本人船長は乗組員と本船とをこうした海上の脅威から保護する役目を負い、そのために意に添わずも武装警備員を乗船させ、その武器の使用と共に、本船上に搭載された武器の管理にまで及ぶ重い責任を科せられるようになっている。

ⓔ　国際海運規制の強化

もともと国際海運は船主、本船船長と乗組員、本船の旗国とが自主的に律してきた世界であった。国際海運の秩序維持が海洋の秩序維持に繋がるとした、国際法の定める旗国主義の具現である。

IMOは各種の条約を通して、第一に、途上国船員が主体となった国際船舶の技術革新を主導してその安全性の確保、人命の尊重を図り、第二に、国連海洋法条約で定められた国家管轄権の拡大に準じ、従前の旗国の責任を補完するかたちで沿岸国、寄港国を取り込み規制の網を張り、且つそれを強化した。これにより国際基準に満たない船、いわゆるサブスタンダード船の摘発と船主、旗国による船、乗組員の管理監督の強化に成功している。

その結果、今や寄港国によるPSC（Port State Control、寄港国による外国船舶の公的な検査）、オイル・メジャー、バルク輸出国の荷主による一連の傭船の検査、検船は厳格にまた繰り返し実施され、船長や乗組員はその対応に追われるようになっている。ここには船長が船主や管理会社により乗船を命ぜられる船が、サブスタンダードの状態にあり得る現実がある。

加えて航行と海上の人命に対する危険、麻薬等の密輸や不正取引、果ては大量破壊兵器の輸送等、違法、不法な活動によって平穏な海上交通が侵食される弊害は、海運関係者の私的自治、旗国のイニシァティブでは解消できないレベルにまで拡大している。

既に船に対する幾つかの規制を概観してきたが、2017年のバラスト水管理条約の発効[84)]の他に予定、予想される海運、商船に対する主要な取り決めを見てみると、2020年より始まるMARPOL条約による新たな船舶燃料の硫黄分規制と、これに追随する沿岸国領海での規制の強化や罰則の新設、自動船舶動静監視システム（Automated Behaviour Monitoring, ABM）の導入による船舶運航の監視の他、船舶の自動化、自律化運航の進展、サイバーセキュリティの確保等がある。また地域的な影響として緊迫化の続く中東、湾岸情勢、北極海航路の実用化と沿岸国による規制、南シナ海やインド洋における中国の覇権化等、目白押しの状況にある。

このような海洋の秩序維持のための規制の強化や国際的な影響が直接、降りかかるのは本船とその船長、乗組員である。

(4) 現在の職責

船長実務の現状を鑑みれば、現代の船長とはさしずめ国際社会、国際海運を取り巻く目まぐるしい環境の変化に順応しつつ、本船、貨物、乗組員を自ら保護し、海洋環境の保全に心を砕く新たな現代的責務を担う職であるといえよう。

ここまで規制が進むと、ことある毎の船長と乗組員のみでの解決は難しい。船長はことの次第をよく吟味して必要であると判断すれば躊躇なく、船主、管理会社、そして旗国に伺いを立て、必要な時には支援を求めるべきである。ISM コードが示すように、陸と海との距離が急速に縮まった分、船のもたらすトラブルは海運企業、船主、旗国の問題ともなり、その解決には関係者が一体となって取り組む姿勢が求められている。

こうした船長の職責の拡大と負担の増加は、自身の疲労の蓄積を増大させている。2013 年から 16 年にかけて行われた船員の仕事量とストレス、疲労に関する調査研究、MARTHA（Final Report）によれば、船長の疲労度は乗組員の中で最も高く、下船の間際で最高潮に達しその反動からか肥満気味となり、睡眠は低質化して蓄積した疲労が解消され難くなっているとした報告がなされている。具体的な疲労の原因として、新しい規則とこれに伴う職務上の要求、増加の一途にある検査への対応や諸規則の求める事務作業（ペーパーワーク）の負担、乗組員の資質の低下や職業意識の低さが影響する船務への対応が挙げられている[85)]。

列挙してきた国際海運、船の現状が船長の職責にリアルに重石となっていると、この報告は如実に語っているのである。

業務量の増加については第一に、事務員、通信士の廃止により担当者のいなくなった仕事を、既に多忙を極める機関長や他の航海士に任せる訳には行かず、結局は船長に委ねられたことも見逃せないだろう。技術革新は人とその役職の合理化を生みはするものの、業務内容自体は完全にリストラできない。その分、船の中の誰かが肩代わりしなければならず、船長職がその受け皿とされてきたのである。

第二に、普段は表に出ない、わが国の国際海運業界における船員勢力の後退も、船長の業務負担増の間接的な一因に数えることができる。急速に進んだ円高の影響による1984年の緊急雇用対策以降、日本人船員の長期的な減少が業界、海運企業における日本人船長、船員の主張や自身の権利擁護を支えるパワーを削いできた。企業の生き残りに不可欠と突き付けられる様々な合理化、組織改編、採用減が繰り返されるに連れ陸員（海技士資格を持たない陸上社員）の指導力が強まり、船員の相対的な地位が地盤沈下した内実も、船長の業務負担を増やす方向へ働いていると見て誤りではない。

船主、管理会社、傭船者はもちろん旗国、沿岸国、寄港国当局、引いては国際社会全体に対して負うかの如くの船長の責務は、1980年代頃までのそれとは比較にならない程、大きく且つ重いものに変質している。船が小さい上に現在の倍以上の乗組員がほぼ全ての船務を消化し、船の指揮管理と入出港操船以外は「何にもせん長」と揶揄された時代は、遥か昔の想い出となってしまった。

権利が縮小する反面、義務は強化されて過大な責任が求められているのが現代の船長の職責であり、義務の不履行に対する責任、懈怠や違反に対する制裁は過酷なものとなっている現状は指摘しておかなければならないのである。

【注】

1）ジャン・ルージェ 著、酒井傳六 訳『古代の船と航海』（法政大学出版局、2002年）23～24頁
2）J.B.ヒューソン 著、杉崎昭生 訳『交易と貿易を支えた 航海術の歴史』（海文堂出版、2007年）3～4頁
3）ルージェ 前掲書（注1）174～180頁
4）ルージェ 前掲書（注1）177～180頁
5）ルージェ 前掲書（注1）203頁
6）ルージェ 前掲書（注1）179頁
7）小門和之助 著、小門先生論文刊行会 編『船員問題の国際的展望』（日本海事振興会、1958年）15頁
8）小門 前掲書（注7）77頁
9）デヴィド・カービー、メルヤ-リーサ・ヒンカネン 著、玉木俊明 ほか訳『ヨーロッパの北の海―北海・バルト海の歴史』（刀水書房、2011年）258頁
10）ルージェ 前掲書（注1）101頁
11）ルージェ 前掲書（注1）180・182頁
12）小門 前掲書（注7）66頁
13）小門 前掲書（注7）22～23頁
14）カービー、ヒンカネン 前掲書（注9）102頁
15）カービー、ヒンカネン 前掲書（注9）202～203頁

16）小門 前掲書（注 7）66 頁
17）小門 前掲書（注 7）19 頁
18）カービー、ヒンカネン 前掲書（注 9）272 頁
19）小門 前掲書（注 7）24 ～ 25 頁
20）カービー、ヒンカネン 前掲書（注 9）259 頁
21）小門 前掲書（注 7）15 頁
22）デーヴァ・ソベル 著、藤井留美 訳『経度への挑戦　一秒にかけた四百年』（翔泳社、1997 年）20 ～ 21 頁
23）ソベル 前掲書（注 22）15 頁
24）ソベル 前掲書（注 22）57 ～ 58 頁
25）石橋悠人『経度の発見と大英帝国』（三重大学出版会、2010 年）26 頁
26）ソベル 前掲書（注 22）131 ～ 132 頁
27）石橋 前掲書（注 25）254 ～ 255 頁
28）ソベル 前掲書（注 22）179 ～ 181 頁
29）石橋 前掲書（注 25）179 ～ 180 頁
30）石橋 前掲書（注 25）28 頁
31）長谷川伸『印度洋の常陸丸』（中央公論社、1980 年）123 頁
32）石橋 前掲書（注 25）83 ～ 84 頁
33）矢嶋三策 編『小門和之助先生追悼録』（小門先生追悼論文集刊行会、1979 年）41 頁
34）薩摩真介「海賊―「全人類の敵」？」金澤周作 編『海のイギリス史―闘争と共生の世界史』（昭和堂、2013 年）所収、195 頁
35）カービー、ヒンカネン 前掲書（注 9）300 頁
36）皆川三郎『海洋国民の自叙伝―英国船員の日記』（泰文堂、1994 年）20 ～ 21 頁
37）ミシェル・モラ・デュ・ジュルダン 著、深沢克己 訳『ヨーロッパと海』（平凡社、1996 年）233 頁
38）ジュルダン 前掲書（注 37）246 ～ 247 頁
39）笠井俊和『船乗りがつなぐ大西洋世界―英領植民地ボストンの船員と貿易の社会史』（晃洋書房、2017 年）179 頁
40）笠井 前掲書（注 39）180 ～ 181 頁
41）笠井 前掲書（注 39）183 頁
42）笠井 前掲書（注 39）255 頁
43）笠井 前掲書（注 39）30 頁
44）ジュルダン 前掲書（注 37）233 頁
45）皆川 前掲書（注 36）87 頁
46）篠原陽一『帆船の社会史―イギリス船員の証言』（高文堂出版社、1983 年）157 頁
47）笠井 前掲書（注 39）196 頁
48）篠原 前掲書（注 46）154 頁
49）R. H. デーナー 著、千葉宗雄 監訳『帆船航海記』（海文堂出版、1977 年）313 頁
50）デーナー 前掲書（注 49）307 ～ 308 頁
51）ジュルダン 前掲書（注 37）247 ～ 248 頁
52）マーカス・レディカー 著、上野直子 訳『奴隷船の歴史』（みすず書房、2016 年）172

頁
53) バーナード・ベイリン 著、和田光弘・森丈夫 訳『アトランティック・ヒストリー』（名古屋大学出版会、2007年）57頁
54) レディカー 前掲書（注52）318頁
55) レディカー 前掲書（注52）6頁
56) レディカー 前掲書（注52）52頁
57) レディカー 前掲書（注52）282・312～313頁
58) 林司宣『現代海洋法の生成と課題』（信山社、2008年）236頁
59) 瀬田真『海洋ガバナンスの国際法―普遍的管轄権を手掛かりとして』（三省堂、2016年）64頁
60) デイヴィッド・コーディングリ 編、増田義郎 監訳、竹内和世 訳『図説 海賊大全』（東洋書林、2000年）12～13頁
61) コーディングリ 前掲書（注60）13頁
62) コーディングリ 前掲書（注60）14～15頁
63) 安達裕之「日本船舶史の流れ」四国地域史研究連絡協議会 編『「船」からみた四国』（岩田書院、2015年）所収、20頁
64) 春名徹『漂流―ジョセフ・ヒコと仲間たち』（角川書店、1982年）25頁
65) 小林茂文『ニッポン人異国漂流記』（小学館、2000年）54頁
66) ジュルダン 前掲書（注37）154頁
67) C.M.チポラ 著、大谷隆昶 訳『大砲と帆船―ヨーロッパの世界制覇と技術革新』（平凡社、1996年）210頁
68) 小門 前掲書（注7）468頁
69) 安達 前掲書（注63）20頁
70) 小林郁「遠州船昇栄丸の漂流とチリ渡航―掛川市の子孫宅に残る文書の調査報告」（日本海事史学会発表資料、2017年7月）3・10～11頁
71) 小林 前掲書（注65）52頁
72) 中谷三男『海洋教育史（改定版）』（成山堂書店、2004年）19頁
73) 須川邦彦『海の信仰（上）』（海洋文化振興、1954年）13～14頁
74) 金指正三『日本海事慣習史』（吉川弘文館、1967年）94頁
75) 松本三和夫『船の科学技術革命と産業社会―イギリスと日本の比較社会学』（同文舘出版、1995年）99～100頁
76) ロナルド・ホープ 著、三上良造 訳『英国海運の衰退』（日本海運集会所、1993年）57～58頁
77) ホープ 前掲書（注76）32頁
78) デーナー 前掲書（注49）312～313頁
79) 加藤石雄『海ひと筋に―船と港とパイロットと』（日本海事広報協会、1966年）295頁
80) 森光繁『菅源三郎』（大政翼賛會愛媛縣支部、1942年）21頁
81) ルージェ 前掲書（注1）201頁
82) カービー、ヒンカネン 前掲書（注9）208頁
83) 逸見真『便宜置籍船論』（信山社、2006年）
84) 逸見真「法」逸見真 編著『船長職の諸相』（山縣記念財団、2018年）所収、230～

241頁
85)「月報 Captain」第438号（日本船長協会、2017年）16～18頁

第 2 章　指揮管理と教育

組織や集団の構成員は、これらを指揮し管理する者によって大小の影響を受ける。単に利益を得る、不利益を被るのみならず、組織、集団自体の存亡の他、指揮や管理の結果によっては構成員の命に係わる場合もあり得る。従って指揮管理者は必要とされる一定の教育を受けなければならず、且つ指揮管理に寄与する相応の経験が不可欠となる。その教育や経験は実務に関する知識や能力に限定されることのない、人格の涵養に至る程に幅広く、奥深いものでなければならない。指揮管理にはその者の人間性が大きく反映されるからである。

1.　リーダーシップ

(1)　職務の培う気性

(i)　職務分掌

商船の乗組員を組織構造で捉えた場合、船長をヘッドとして横割りでは職員（officers, engineers）層と部員（ratings）層とに大別できる。船長、機関長を含む職員を高級船員、部員を普通船員と称することもある。両者は何れも船員手帳（seaman's book）を有する船員であり、相違は職員が海技士資格に準じた職位である点にある。

職員と部員の教育は異なり、昇格はその層の中で完結するのが一般的である。部員は昇格しても職員層には入らずその逆もないが、職員資格を取得すれば職員層へ加わることは可能であり、現に部員からの登用職員も少なくない。海技士資格を持たない部員の職員としての利用は不可である反面、本人が了解すれば職員の部員としての雇用は可能である。期間雇用の外国人船員には、乗る船が少ないことを理由に、部員として乗務してポストの空くのを待つ職員がいるし、わが国の内航海運では新卒の資格持ちを、キャリアの一環として部員より船務に就かせる会社がある。

船長の下に位置する職員組織には航海士（officer, mate）、機関長（chief engineer）と機関士（engineer）がある。

縦割りで捉える部署は三つに分かれる。

① 甲板部：航海士の他、甲板長（boatswain）、甲板手（able seaman、操舵手（helmsman、quarter master））を含む甲板員（rating）らで構成される。帆船時代の水夫層はここに入る。

② 機関部：機関長と機関士、操機長（No.1 oiler）、操機手（oiler）らが所属する

③ 事務部（司厨部）：船内供食の管理と調理とにあたる司厨長（chief cook）、司厨手（cook）、司厨員（steward、mess man）を含む。かつての商船には船内事務、船外との文書のやりとり、寄港地での庶務手続き等を所管する事務長、事務員が配置されていたが、現在は練習船や客船にしか見られない。

船長は航海士より昇格するから、以前は甲板部に属していたこととなる。この他、

④ 医務部：国際航海に従事する客船や遠洋航海に出る練習船には、一般商船には配乗されない船医（doctor）や看護師（nurse）が置かれる。

⑤ 無線部：通信長（chief radio officer）、通信士（radio officer）が所属する。無線・通信機器の進歩に伴い、船長や航海士が必要な無線資格を取得しての代行が可能となった現在、特定の船舶を除き廃止されている（Global Maritime Distress and Safety System、GMDSS、1992年より海上安全のための通信システムとして実施）。

船長自身の職位は上記の何れの部署にも属さず、船内の各部署を統括する独立した地位にある。

海運企業や船舶管理会社の職務分掌により、多少の相違はあるが通例、一船に乗り組む航海士は３名である。航海当直は一（当）直４時間、日に２直（8時間勤務）をまかなう３名の航海士による輪番交代制による。停泊、荷役当直もこの当直体制に準ずることが多い。

初めての乗船では、次席三等航海士（fourth officer）や見習い航海士（apprentice officer）として一航海あるいは数カ月、乗務した後、正規の三等航海士（三航士、third officer）を命ぜられる。出港時、船橋での準備として操舵機器の試運転や航海計器の立ち上げ、機関室の主機と船橋のテレグラフとの間の遠隔操縦トライアルの他、船長による入出港指示の伝達及び補佐、航海当直（通例0800～1200、

2000 ～ 2400（midnight））、荷役当直と一航士の荷役業務の補佐、荷役に係わる諸計算等を担当する。

二等航海士（二航士、second officer）は他の航海士同様の当直（通例 1200 ～ 1600、2400 ～ 0400）に従事するのと共に、航海に関する業務一般を取り仕切る。航海（航路）計画の作成、海図の改補（修正）、諸誌の整理、航海計器の調整、気象や航行警報等、航海に必要な外部情報の収集、荷主や会社への定期報告書（撮要日誌、abstract logbook）の作成、救命・安全設備の管理及びチェック等である。

一等航海士（一航士、chief officer）は甲板部及びその業務を統括する主管者である。航海中は航海士の一人として当直（通例 0400 ～ 0800、1600 ～ 2000）に入る他、船体、積荷や荷役機器の管理を担当し、甲板部の日常作業を指揮、人員を管理する他、荷役の責任者として荷役計画を作成し、停泊中は積荷役、揚荷役を掌握する。この職位は船長が何らかの理由により職務が執れなくなった場合、その代行となるために重要であるといえる。下級の航海士らはまずこの一航士を目指して船内業務に励む。

甲板部職員は三航士より順に一航士へと昇り、最終的に船長職に就く。

乗組員の職務分掌の大枠はヨーロッパの帆船時代に形成された。もともとは甲板部と司厨部しかなかったところへ、汽船の登場により新たに機関部、無線部、事務部が加えられ、更に現行の体制となっている。国際海運従事の一般商船は大きさや船種にもよるが、総勢でも 20 数名で運航されているのが普通である。

各部署の中でも特に甲板部は操船と舵取りや荷役、機関部は機関の運転と、船の運航に直接、携わる職務の持つ重みを自覚し、強い使命感を持つ。従って船の職務分掌は厳格に仕切られ業務上、互いの職域は侵さない。船長たりといえども機関部のあれこれに通常、口を挟むことはないし、航海士、機関士がお互いの仕事を批評したり注文を付けたりすることもない。

例えば航海中、機関長が主機に問題があるので数時間、機関を停止させて修理したいと申し出てきた時、船長はどうして、何故とは深く質さずに機関長の申請を受け入れ、いつどの海域で船を止めるのがよいかと検討する。

私が海運企業にいた折り、航海士はエンジンのことになると全くわれ関せずだと、ある陸員が評していた。船員には職制に準じた当然の振る舞いと理解できても、一つの船の上にあってそこまで厳格に職務分掌する必要があるのか、狭い船内なのだから部署が違っても仕事の一部は共有していて当然という、先入観があるのか、船の中をよく知らない者には不可思議に思えるようである。

船内部署が異なれば資格も内容も全く異なる上に、それぞれの部署にはプロ故の一種のセクショナリズムがあるといっても過言ではない。

(ii) 部署により異なる気性

船内職務の体制は、同じ船の乗組員でも職種により異なる気質を育てている。

航海中の航海士業務は当直の繰り返しであり、航海士３名は普段、当直交代時や食事の時間以外に接する機会が限られている。船長は港湾内や船の輻輳する水域、狭水道の他、必要に応じて船橋に立つが、その外の海域では航海士と操舵手の２名当直となる。加えて視界良好且つ行き交う船の少ない日中、操舵手は甲板部の作業を手伝うために航海士の１名当直となる場合がある。

各々の航海士にとり、船の仕事とはそれぞれの役割をそれぞれの職務時間で果たすという観念が生まれ、協働するとした意識が育ち難い。航海士より昇格する船長職はこのような気質を引き継ぐこととなる。

他方、大洋航海中の機関部は日中、作業にあたる。夜間、機関は無人の自動運転となり、必要な折りに当直となる機関士らが対応する。この部の仕事は原則、職員、部員による全員参加の共同作業であり、航海士の業務とは異なる気質が育ちやすい。協働故、一人ひとりの仕事の技量を見比べてのレベル判断ができる分、機関士による部員の評価に限らず部員から機関士を見る目も厳しいものになりやすい。

よく甲板部の仕事に比べて機関部の業務は一桁、違うと表現される。航海士が小数点以下一桁までの正確さを要求すれば、機関士のそれは二桁まで求められると。機関部の仕事の緻密さ、精確さの的確なたとえといえ、その分、職員、部員の別なく協働する意気込みには、航海士にはない特色があるように思う。機関部は仲間意識が強く団結が求められる行動、例えば組合活動は甲板部よりも機関部出身者の方が熱心だという見方がある。

個人を主体とした航海士の業務環境は、思わぬ弊害を生むことがある。普段の当直を個人で処理している故か他者を呼ぶ、他の部署に依頼する必要のある際、及び腰となる傾向が出るのである。

経験の浅い航海士は航海当直中、本船と他船との見合い関係により取るべき避航操船に迷う場合がある。出会った他船が行き会いか横切りか、横切りか追い越しか、あるいは何れの判断もつき難い状況に陥った場合、どうするべきかと思案している内に避航のタイミングを失うおそれである。そうなる前に船長を呼び操船を託すべきところだが、若年航海士が当直中に引き起こす衝突事故には、上位職への依頼の躊躇が見え隠れする。

船舶の輻輳海域、視界が制限状態にある場合には機関をいつでも使える状態とする旨、法は定めている（海上衝突予防法第6条、第19条第2項）。車両と同様、航海中の海難回避のための重要な手段の一つが、機関の操作による減速や後進、停止である。船は定常状態（navigation full speed）で航走している時、簡単には減速できない。機関の回転数を調整して加減速するためには、定常から準備常態（standby full speed）に移行させる必要がある。

とすると航海士が当直中、漁船の集団に出くわした、視界が急激に悪化した等したら船長に連絡する、あるいは直接、当直の機関士や機関部に連絡して機関を使用できる状態にしてもらう必要があるが、当の航海士がその依頼に戸惑う場合があるのである。

業務ににわか慣れした若い航海士の中には、誰にも頼らず避航操船をしようとする者が出てくるが、おそれを知らない未熟者の勇み足と戒められなければならない。船長は自らの経験をも踏まえて若年航海士の心理を読み取る故、そのような気配を見せる航海士には注意を払う。神経質な船長は若い航海士の当直時、いつも船橋にいるようになる。

他船との接近が予想される場合には状況の許す限り、針路の変更による早目の避航動作を心掛けること、十分に距離のある内から数度程度、変針しつつ経過観察して避航する余裕を持つことが肝要である。

(2)　船頭のリーダーシップ

(i)　和船乗りの実力主義

既述の通り、江戸時代の和船の乗り組みの昇格は実力主義によった。船頭の出だしは最下位の炊や水主から始められた。水主達からして、一船の船頭に昇りつめた者の権威には見上げるところがあったようである。船内の上下関係は厳然とし、例えば船頭の上陸や帰船の際には本船より降ろされた伝馬船に水主らが乗り組み、さらしのふんどしをしっかりと締め込んで拍子を合わせつつ櫂を操り、船頭を送り迎えしたという[1)]。

その一方で、日本の古くからの労働慣習を家父長的な制度と看做せば、船頭には船の長というより乗り組みの代表といった観があったようである。和船の上での乗り組みらの食事は一つの釜の飯を車座で食べるのが通例であり、その中の船頭の位置はといえば、車座の中の上座という程度であった[2)]。

1813年、船頭重吉の率いる名古屋の船、督乗丸が荒天に遭遇した暗夜、乗り組みの1名が海中に転落して行方不明となる。落水から数時間を経てはいたが、残る者らは転落者の救助を試みたとの証にすべく、船に積んでいたはしけ船を海へ放棄しようと重吉に進言した。重吉は、はしけ船がなければ港についても陸に上がれないとして反対したが、乗り組みの一同が捨てよと言い張り、やむなく流している[3)]。

重吉は齢29、既に15の時から海に出、督乗丸には沖船頭の叔父の代わりを務める仮船頭として乗り組んでいたが、経験を積んだ一船の船頭であることに変わりはなかった。

この後、督乗丸は遭難漂流する。重吉は心に動揺を来し、ともすれば自暴自棄になろうとする乗り組み達の気を引き立てるべく、折に触れてはその努力を続けたという[4)]。

弱冠、14歳で乗り込んだ船が遭難、米国船に助けられて渡米し米国籍を取得したのが彦太郎、後のジョセフ・ヒコであった。

彼の乗った栄力丸は嘉永3年（1850）10月26日に浦賀を出帆した後、西へと向かうが強風にあおられ遭難する。当時の和船には荒天時、帆が破られ操船が不能となった段階で、用なしとなった帆柱を切り倒す慣習があった。乗組員達は倒す、倒さないと押し問答した挙句、神頼みのくじ（鬮）を作り引いたところ切るなと出たが、尚も続く乗組員達の応酬に齢60の老船頭であった万蔵は、普通なら船頭が何れかに決めて命ずるものの、非常のことより衆議によれとして自ら判断することを避けたという。

春名徹は万蔵の処し方について、以前に別の船を失った経験が遭難時に取るべき指揮に対する自信を喪失させたからか、自らが感じていた統率力の不足を、乗り組みの合議を許して補おうとしたからか、あるいは連達の船乗りとして自然の力の前に畏敬の念を表したからかと、幾つかの見方を挙げている[5)]。私はここに年齢的な意思の減退、いわゆる弱気を加えるべきと感ずるが、何れにせよ万蔵は、上意下達に徹したリーダーシップを発揮する船頭ではなかったようである。

明治初頭に西洋型の海運制度を取り入れたわが国の船舶職員のための教育は、導入の当初より特定の教育機関で行われた。商船教育機関で一定の教育を受けた者が航海士、船長に、機関士、機関長となるシステムが出来上がると、乗組員は職員と部員とに隔てられるようになる。

(ii)　日本的リーダー像

ここに挙げた遭難という、非常時にある和船の船頭らの振舞いには、船主から全権を委任され強権を発揮する欧米の船長とは、本質的に異なる趣きがある。江戸時代は士農工商に見られる階級社会であったが、商人の階層に位置する船乗りそれ自体を、更に細分化する階層は存在しなかった。船の上の役柄や勤めに従う上下関係はあっても、職員と部員とに区分けするかのような新たな階層を作ることはなかったようである。

当時の船員慣習や気質を考慮する必要はあるとしても、重吉は乗り組みの意見を受け入れ重要な属具であるはしけ船を捨て、経験に不足のなかろう万蔵が、帆柱一本の切り倒しにも明確な意思表示をしなかった事実を省みれば、双方共に一船の船頭の取るべき対処であったとは言い難い。しかも督乗丸、栄力丸共に非常時にあり、船頭のリーダーシップが求められる局面でもあった。乗り組みの意見を聞くことに異論はないとしても、船と乗組員にとり重要な判断は船頭がするとした決意を示して、船を統括しなければならなかったはずである。

ルース・ベネディクトは『日本人の行動パターン』の中で、日本に根付く責務に関する体系では、順応と受容とが目下の者から湧き出るのであり、責務が果たされるか否かは年下の者や従者、女性や臣民にかかっているとし、例えば日本人の村の会議では満場一致により決定に達し、重要な事柄を決めるために集まった親族会議では、不思議にも決定権を持つ者は一人もいない、個々人の権力はある地位を好むが、権力の行使は他人任せにし、権力自体にしがみつくことは稀であると観察している[6)]。

日本の社会にはもともと強力なリーダーシップを発揮するトップがいないから、集団や組織の目指す方向を決めるのはその大勢でなければならず、実際にも大勢が方向付けを行うとベネディクトは語っている。ベネディクトのいう日本人論は江戸時代の和船の船頭に特化せず、米国にとり太平洋戦争当時の敵国日本を観察したものであり、それを著した意図や目的をくみ取るべきではあるも、重吉や万蔵による対処に関する弁明とも捉え得るかのようである。

時代は下り、1960年代に中根千枝は日本人のリーダーについて述べている。

「実際、上に立つ者、親分は、むしろ天才でないほうがよい。彼自身頭が切れすぎたり、器用で仕事ができすぎるということは、下の者、子分にとって彼らの存在理由を減少させることになり、かえってうとまれる結果となる。(中略) 天才的な能力よりも、人間に対する理解力・包容力をもつということが、何よりも日本社会におけるリーダーの資格である。どんなに権力・能力・経済力をもった者でも、子分を情的に把握し、それによって彼らと密着し、「タテ」の関係につながらない限り、よきリーダーにはなりえないのである」[7)]

中根が論じたのと同じ頃の1970年に、全国で20歳から69歳までの男女を対象とした社会調査が行われた。その中での理想のリーダー像に関する質問において、好まれる上司とは人的な関係を巧みに取り纏めていける「人間関係の能力者」をはじめ、何らかの意味で信頼感や連帯感を持てる人であるとの回答が最多を占めた。リーダーの資格として要求されるのは仕事をこなす能力を持つのは当然でも、それ以上に部下の能力をうまく引き出す人間的な魅力の持主であり、思い通りに部下を動かし、仕事を進める権威主義的なリーダーはむしろ嫌われるとしたデータが得られ[8)]、中根の主張がほぼ裏付けられている。

何れも督乗丸や栄力丸の遭難より時を経て唱えられる日本人論ではあるが、重吉や万蔵の対応と、それらより類推される彼ら乗り組み達の考え方を評するかのような指摘である。そこにはヨーロッパの帆船の船長に見られるむちによる乗組員に対する威嚇や脅し、船長、乗組員相互が憎しみ傷付け合う姿は見られない。

しかし欧米と日本人のそれぞれの船員の単純な比較はできない。欧米の船とは異なり、和船が過酷な外洋に出なかったわが国の時代背景を勘案する必要はあろうし、日本人が真面目、勤勉であり、過労死という言葉を生み出してしまう程、せっせと仕事に励むとした現代的な視点から、日本人を部下に持つリーダーは特段、強いリーダーシップを発揮せずに済むのではないかとした類推も可能ではあろう。

こうしたわれわれの先達である船頭への登用に用いられる実力主義とは、俗にいう頭脳明晰、知力体力、統率力に恵まれた者の抜擢とは異なる、日本人の上に立つ日本人のリーダーとしての評価を加えなければならないと思われてくるのである。

(3)　船長のリーダーシップ

心理学者の国分康孝の考えを基としたリーダーシップは、大きく３点、

①　集団の目標を掲げること、いわゆる管理上の業務指導

②　個々のメンバーへの配慮である、個人への管理指導

③　集団をまとめること、人間集団についての管理指導

に区分される[9)]。

管理とは一般に責任のある対象の全般を扱い、その対象が一定の水準を保つように取り計らうことであり、託された財産や施設の現状を維持しつつ、それらの持つ目的の範囲内での利用や改良、改善を図ることと説明される。つまり管理はその対象を問題がないように維持することだから、対象に何かあれば管理者の責任が問われることになる。

世間一般にいう管理業は、マニュアルにより執り行われているのが普通であろう。コンビニやレストランの従業員の仕事はマニュアルで管理されている。しかし顧客のクレーム対応の全てがマニュアル化されているとは到底、思えない。現実は想定できず複雑であり、奥の深い仕事程、何が起こるか知れず、事案毎にケース・バイ・ケースの対応が余儀なくされる。

船長の仕事も同じではなかろうか。

ⓐ　管理上の業務指導

船の運航には目的がある。LNG 船には液化天然ガスを運ぶという目的が、バルカーにはばら積み貨物、タンカーには油を運ぶ目的がある。

山に登るという目的の達成には道しるべがある。頂上までの道のりを示す目標である。これと同様、船の運航目的を果たすためには、一航海毎の積地や揚地への航海、貨物の積み揚げ等、具体的な作業目標が必要である。目標の達成が積み重ねられて目的の達成に繋がるとした理解である。不定期船の運航目的を示すのが傭船契約であり、船主や傭船者による航海毎の航海指図書（sailing instruction, voyage order）は、目的達成のための具体的な目標の指示である。

船が船主、傭船者の指示の下に動くのは乗組員の誰もが知るところである。目的となる傭船契約は船主と傭船者との合意であり、その主要な部分は船長

のみならず、一航士や機関長も理解しておく必要があるし、航海指図書の内容は実働部隊となる乗組員の全員によく、知らしめておかなければならない。これは船主または傭船者から船長、そして乗組員へという一方通行の管理手法といえる。

個々の目標には乗組員が理解して取り組むことができる、客観的な実現性と正当性がなければならない。実現性とは例えば積荷役、貨物の輸送、揚荷役が可能かどうか、正当性とは目的港への航海が道理にかなっているか、業界や社会常識に照らして妥当か否か等が挙げられよう。積荷役を指示された貨物量が本船の船体強度の許容値を超える、制限喫水を超えるとしたら目標の実現性に欠け、港の海図水深に確からしさがなく本船の入港に不安全である場合や、地域紛争の影響により入港時に危険となる可能性があれば、目標の正当性が失われる。実現性、正当性の双方はもちろん、何れかが欠けても目標の達成はかなわない。

本船の安全運航に照らして、指示された貨物の積載に一航士が異を唱えれば（実現性の欠如）、船主、傭船者に対して航海指図書のオーダーの再検討を求め、目的港の地理的な環境や政情より安全に対する危惧があれば（正当性への疑問）、現地に赴く前に外部の情報を集めて分析を試みるのと同時に、船主、管理会社とも打ち合わせる必要が出てくる。

特に正当性の判断については正確な情報が得られなければ、白黒を付けるのは容易ではない。しばしば行く、行かないで船主、傭船者との間での訴訟に発展する場合のある程である。海図に記載のない浅瀬の情報一つにせよ、情報の出所はどこか、その存在は事実か、事実だとして事故の有無は、潮の干満や別ルートでの避航が可能か等、様々な検討が必要となる。ここでは本船よりも管理会社や傭船者の情報収集能力がものをいうが、最終的な正当性如何の判断は船長が行わなければならない。

実現性、正当性のない目標に本船が向かえるはずはないと、乗組員の誰しもが思うに違いなかろうが、雇い主や指揮命令権者の指示に反してもの申すにはいくばくかのパワーがいるものである。船長に必要なパワーとは、船主、傭船者による自分への評価を省みない、客観的な立ち位置を保つことである。船長にそうしたパワーを与えるのが、船を指揮する者としての使命感、乗組員を率いる責任感であろう。

自身も船員であった旧労働科学研究所の西部徹一は、乗組員が一般的に望む船長の資質について、公平で責任感が強く、態度が一貫していること[10]とまとめている。西部のいう使命感、責任感は本船運航における目標実現の判断に不可欠な資質と思う。

そうはいえ、本船、乗組員側のフォローに傾き過ぎた使命や責任を前面に押し出すと、目標の是非を本船寄りに品定めしてしまう短絡思考に陥る可能性があるが、船主の社員としての被用者の立場にある日本人船長には、安全第一とそう簡単にわきまえられるはずもない。本船の安全はもとより、船に指示を与える者と船の乗組員との間にある船長として、自分がどうすべきかにつき冷静に考えなければならない。

ⓑ　個人への管理指導

現在の船長に求められる要件には強権的な、部下に有無を言わさず服従させる、カリスマ的なリーダーシップは求められていない。乗組員を職位や経験、馴染みの長短に拘わらず公平平等に扱うのは言うに及ばず、乗組員にとり親近感のある親和的な船長、必要な時に感情のぶれなく適切な対応ができ、私情を挟んだり曖昧な対応を取ったりすることのない船長が理想とされる。

この意味するところは部下への一方的な奉仕ではない。船長は船の安全運航についての最高責任者として、本船を齟齬なく管理しなければならないから、安全の帰趨を決する乗組員には緊張感を持った仕事振りを要求して当然となる。彼らの業務上の懈怠や正当な理由を欠く不手際には厳しく接する必要がある。

このリーダーシップには一面、船長という職位に付帯すべき孤独が投影されている。船長は乗組員の仲間ではあっても同僚ではないし、友達でもない。船長の孤独とは全てまたは特定の乗組員と一定の距離を置くこと、なあなあにならず付かず離れず、誰に対しても打算なしに接する公平平等な姿勢をいう。

乗組員に対する打算のない公平平等な姿勢とはいえ、たやすいとはいえず、その前提としてまずは自分の資質を高めなければならない。ここではキャリアと同時に教養による人格の陶冶も必要であろう。自分の資質を高めるとは船の運航の他、陸上勤務の経験等を通して培われた見識の広さ、乗組員に対して直接の業務知識以外の話ができたり、彼らの求めるところを理解して助言ができたりする人間性の涵養を意味する。つまり船員として、海技者としての一定の経験や適した人格がなければ、個人の業務から精神にまで及ぶ指導、助言は難しいということである。

かような意味からすると、船長には乗組員の教育者としての側面も求められることとなる。

ⓒ　人間集団の管理指導

トップに立つ者に必要なものは、重要な場面や岐路に立った時の判断力だといわれる。よくある判断の躊躇には、判断を誤った場合にもたらされるリスクの大きさに対するおそれが関係する。特に船、乗組員の運命を左右する問題に求められる判断はその典型といえよう。

リーダーとして不適格とされる者の理由の一つが必要な、また適切な判断ができないことにある。主体的な判断ができない者にリーダーシップは取れず、そのような者は部下や他人の意見に頼ろうとしがちとなる[11)]。リーダーが明確不変の意思を示すべきところで、優柔不断や日和見、気後れや臆病な姿勢を見せれば部下の信頼を失いかねない。しかし全てのケースに妥当する判断をし、これに基づく指示を与えるのは必ずしも容易とはいえないのである。熟練の域に達した船長が判断に躊躇したり誤ったりすることもあり得る。そこでリーダーには自分をアシストしてくれる、自身の判断の誤りを指摘、忠告してくれる部下が必要となる訳である。

そもそも乗組員のトップに立つ船長は、リーダーシップの発揮に必要な要件を具備している必要があるが、実際の船長がその職位に求められる全ての要件を満足する保証はない。リーダーシップを取る器量の一部や、最悪、その全てに欠ける者が船長として乗り組んだ場合、船内融和が乱れたりトラブルを円滑に解消できなかったり、船の安全がおろそかにされたりするかも知れない。その際の最善策は船長以外にリーダーシップを取るべき者が現れ、その者に全権を委任すべきこととなるが、船長は資格に基づいた船主の任命であり、その権限は唯一無二だから船長の負う責任は崩さずに、船の幹部との間でのリーダーシップの分担を図るのが望ましい。

職階制の理解の一つは、限定的ではあるも船長一下、それぞれに責任の付帯する複数の職位が船長のリーダーシップを部分的に担当する、分権的な統括によってバランスが保たれ得る点にある。船長をはじめ職員は原則、その下部組織である部員の階層秩序に直接、入り込む必要はない。部員層には職長として甲板部の甲板長、機関部の操機長、司厨部の司厨長という各パートのヘッドがおり、業務はもちろんのこと同じ部にある部員の船内生活のケアも心掛けている。

甲板部の管理は甲板長が取り仕切り、その上にある主管者としての一航士は普段の業務や生活で直接、甲板部員を統括することはない。甲板部の部員の間で起こった問題はまず甲板長が原因を追究して処理、再発防止を図り一航士に詳細を報告する。一航士は報告の内容を精査し、甲板長の対応でよしとすればそれで手仕舞いとしつつ船長へ、情報の共有として機関長にも伝える等である。

問題が甲板長のレベルで収集できなければ一航士、更には船長へと上げられ対処を仰ぐこととなる。特に船長名による懲戒に及ぶ問題は、権限者である船長がリーダーシップを取り、取られた措置の内容は他の乗組員にも知らしめるのと共に、船主や管理会社へも報告する必要が出てくる。こうした組織統治の仕方は陸の企業における部、グループ、課、チームのラインでも同様に行われるものであり、組織の中で働く者なら誰しもが理解している事柄である。ただ重要なことは、船長等、トップに立つ者は改めて自身の組織の仕組みと運営の仕方とを理解しておくべき点にある。

船の上でのリーダーシップの要件に通底することは、船長以下、上にある者は部下をよく知るべきとする点であろう。甲板長なら甲板部員を、一航士なら甲板長を含めた甲板部全員を、船長なら各パートの責任者を通じ全乗組員について知ることである。普段の仕事具合や姿勢、性格や癖、長所と短所、出身地や家族構成まで、船長が主管者や職長を通じて乗組員全員のプライベートについての概要を知るべきこととなるが、数カ月乗り合わせる中で、船長が個々の乗組員について知るのはそう難しいことではない。そして、これができれば何ごとにも対応しやすくなる。

1970年代頃までの日本船舶の乗組員は日本人全乗、一船につき50名前後の内、部員が8割近くを占めていた。船内秩序の良否は部員層の仕事や生活の仕方如何にかかり、各職長はその点を自覚して秩序ある職人社会の形成に努めていた。最下層の若い部員にとり職員は見上げる存在であり、その上の船長は正に雲の上の人であったようである。小柴秋夫は1960年代の甲板員としての初乗船の体験記を記しているが、その中に船長はおろか職員についての描写すら見られず、当時の部員と船長、職員との精神的な距離感が伺える[12]。

しかしそれも昔の話である。乗組員の合理化、減員の流れは、国際的な人権思想の発展と共に船長のリーダーシップにも大きな影響を与えている。20数名の乗組員にとっての現在の船長は何れの者にも目を配るべき、配ることのできる父性的な存在となっている。

複数の分権がそれぞれの枠に収まり切らずに、拮抗してしまうおそれがある。権限を持つ者の仲たがい、船長の指示を一航士が翻す、船長のいうことを機関長が聞こうとしない等、私自身が見聞きしてきた経験でもある。プロ達の世界での話であるから、多くは運航に支障の生じない範囲の中で収束するが、キーマン達の不仲は下の者らへ好ましくない影響を与える可能性がある。

何れにせよ最後は船長権限に集約されるから、従うべき者が従わない現状の放置は避けるべきである。そのために船長は問題の様々な解消方法を検討、試みる必要があるが、船内秩序の維持にとり不可欠とあらば、船主や管理会社と相談、規則に則り権限を発動して和を乱す者の下船も考えなければならない。そうした手合いは他の船でも同様の評価を受けている場合があり、改善の見込みのない不仲な関係をだましだまし続けるのは、乗組員にも船にもよいとはいえないのである。

(4) 船内融和

(i) 信頼

船長が安心して乗務できる条件を二つ挙げよといわれれば、一つは船の安全が確保されていること、もう一つは船内の融和が保たれていることとなる。船の安全と乗組員の融和の二つの条件は分離、独立したものではない。乗組員の中に何等かの不和があれば、船の安全運航も脅かされる可能性がある。

1980年代後半の緊急雇用対策により、海運企業を退職した100名以上の船員にインタビューをした山内景樹は、

「長い航海生活を送るときの大切な心得は何であるかと私は何度か質問したが、船乗りたちは異口同音に「船内融和」と答えた。船長にとっても甲板長にとっても、船内において船員同士の“和”を図るよう心掛けること

が大切な務めになる。（中略）なによりも“和”を貴ぶ意識が日本人の心性を染め上げていて、それが強力な社会規範として働いてきたことに驚くのである」[13)]

と述べている。船内融和は日本人全乗、混乗に拘わらず日本人船員の強く求めるところであろう。

乗組員の人間関係から浮かび上がる問題は様々である。仕事、生活の別なく単なる行き違いによる誤解や言動の如何、言った言わないが高じたけんかから性格の不一致、前の船での乗り合わせによる不仲の再燃等、直接の原因の他、職員と部員、経験と年齢のアンバランス、異国籍の者同士等、間接的な要因を加えれば限りがない。

たまたま2人の部員同士が不仲であるに過ぎないとしても、狭い船内のことである。両人は昼も夜も顔を合わせ、部署が同じであれば作業の協働は避けられない。周りの者とて何だかんだと気に係る。同じ当直に入る職員と部員とが仲たがいすれば、コミュニケーションが図れずに情報交換できず、事故を惹起するおそれすらある。このような環境でプライベートと仕事とは別だと簡単に割り切れるものではないし、むしろ職場と私生活とが併存する船の上だからこそ、乗組員の不仲の解消は積極的に図られるべきなのである。

各部の乗組員の管理は主管者の仕事であり、甲板部は一航士、機関部は一機士の役目となる。しかし主管者は他の職員に比べ、技術、人扱いの双方で労務負担が大きく、船内で最も多忙な職位にある。ここに船長の役割が求められてくる。

船内の乗組員の統制について小門和之助がまとめている。

「私は、船長はじめ船内の各上長者は、自分と部員との「信頼関係」を良くすることに、十分の関心をもたれたいことをのぞみたい。船のなかのことはめいめいに割り当てられている仕事をやっておればよいので、そこに指導＝被指導関係の入る余地がないと反論する人もいる。しかし、めいめいに割り当てられた仕事を忠実にやっておりさえすればよいとしても、それぞれの仕事は、ある一つの目的を達成するための分業にすぎないものである以上、それらの分業を一つの目的のために［船でいえば、航行の安全と正常な運航能率の保持という大きな目的達成のために］円滑につないでゆくことが必要となるわけで、そのためには、上長者と部員とのあいだに関係がもたれなければならない。それが船のごとき集団における、現代の意味での統制であり、また指導である。（中略）すなわち、ここでは、指導者は「部下をいわゆる上から指導する」のではなく、集団のもつ組織と特性に規定されつつ、部下との関係を相互信頼にもってゆくのであり、それが指導の本質なのである」[14)]

至当の考え方であると思う。

信頼について、一定の期間を経て観察した相手の理解、特定の事象に対する行動や言動より生まれる揺るぎない信念とした定義がある。信頼とは相手の考えや行動について、自分で如何に評価して信じるかという問題に集約される[15)]。

信頼を抱き、抱かれるにはお互いの人間としての理解が必要となる。ある者を信頼できるか否かはその者の普段からの仕事ぶり、行動や言動の他、注意深い者であればその際の相手の表情や顔色まで観察、斟酌して性格や考え方を把握しようと努めるかも知れないが、誰もができる技ではないし、そこまでしなければ信じられないのかとした煩わしさすら感じてしまう。好き嫌いや信頼の是非に絶対的な基準はなく、自分なりに設けた基準を誰にでもあてはめられようはずもない。好意と信頼とがペアとなるとは限らず、好感は持てないが信頼できる、今一つ性格がつかめないが信じられる場合もあるだろう。

分け隔てのない人との交流が信頼の何たるかを知り、信頼の条件を悟る母胎となると理解すれば、陸の社会と違いコミュニケーションの場が限られた船員には、不得手となりがちな人間行動とはいえまいか。そう考えると、信頼とは格別に高尚な心象形成のような大仰なものではなく、船の上では乗組員各自が与えられた普段の業務を真摯にしっかりこなせば足り、船長は先のリーダーシップの要件に準じて船を統括、運航すれば乗組員からの信頼を得ると理解できるように思う。

信頼は更に心の平穏、生きる上でのモチベーションにもつながるとした考え方がある。

「一般に「信」の成立は人間性の良い発展と結びついている。恵まれたこどもは、その信じる成人から決して見棄てられることはないと思う故に、安んじて遊ぶし、おのれにたのむところを得るのである。信ということは、常にひとつの「賭すること」である。何故ならば、信とは、前もって他者の誠実さを先取りすること、だからである。したがって、信はその性質上、いわば盲目なものである」[16)]

「前もって他者の誠実を先取りする」ためには何をすればよいのか。一つ逆説的な見方を挙げよう。小杉俊哉が『トランスナショナルカンパニー』（スティーブ・チャン、ジェニー・チャン）という書籍から、リーダーは仮面を剥いで弱さを見せてよしとする意見を引いている。

「"Be yourself, be the best part of yourself"…自由に自分自身になり、自分の最良の潜在的資質を発揮せよ… コミュニケーションが困難で、ほんとうの自分を表現せず、愛想や沈黙、または怒気でほんとうの自分を覆い隠すと、他人に誤解を与えやすい。「自分自身になる」には、まず最初に自分に対して自信を持つとともに、相手との相互信頼を確立することが基本」[17)]

という、考えさせられる言説ではある。一見、船長職には不向きな助言だが、これができれば却って楽になると思えないでもない。

(ii)　融和のための手法

船内融和の障害の一つは乗組員のストレスである。いらいらしている者同士が鉢合わせすると、たわいのないことでもいざこざに発展することがある。船内で楽しみが見つけられればストレスの解消に効果的である。これといって何もない船内の楽しみの一つが食事であろう。

船員法には船内で供されるべき食料表（「船員法第80条第2項の規定に基づき食料表を定める件（平成9年運輸省告示第61号）」）があり、本法の適用される船の船主はこれに準じた供食を行わなければならない。

司厨部には主管者となる職員がいない。日本船舶でも司厨部が外国人の乗組員である現在、船内供食は船長の重要な主管業務の一つとなっている。船長は食事に関する計画、購入から保管貯蔵、調理作業までの全般を見る必要がある。

井上一規船長は、自身の体験を踏まえて船内給食についての論考をまとめている[18)]。

「集団供食で発生するトラブルの多くは、供食担当者と喫食者相互の理解不足、協力不足に起因している。こうした相互理解に努めなければならないのが、集団給食施設の栄養士や給食担当責任者である。船内給食ならば司厨長や調理担当の司厨手（Chief Cook）であり、更には最高責任者である船長の理解と管理等、直接、間接の指導に左右される」[19)]

という。

井上船長は乗組員の健康維持、体力の向上、福祉増進と、陸の供食施設と変わらない船内供食の基本原則を唱えつつ、乗組員の栄養のバランス、カロリー計算、嗜好を考慮する他、食べ残しも分析して、供食内容の向上を目指さなければならないと提言している。

船の上では食種毎の調理人を抱えられないから、司厨手には和食、洋食、中華とオールマイティが求められる上、多国籍の乗組員の持つ文化や宗教に根差した規律までを考えて調理しなければならない。更には在庫、予算管理から食中毒の防止と対応、皿の選び方、盛り付け方法まで、混乗ならではこその食の奥深さがあるとした井上船長の説示には、目からうろこの落ちる思いがする。

食より発展したストレスの解消法として、定期あるいは不定期の懇親会、パーティの開催がある。日本船舶では古くから正月行事が行われてきた。航海中の元旦、朝8時頃、当直者を除く乗組員の全員がサロンに集まり、船長の挨拶を受けた後におせちや雑煮を囲みつつ新年を祝い、本船の安航と家族の平安とを祈る、慎ましくも厳かな雰囲気の漂う恒例行事である。

混乗となった現在では日本人、外国人乗組員が共に楽しめる懇親会が増えている。船種や就航する航路にもよるが、乗船者歓迎会、下船者送別会、積荷役を終え出航した後の慰労会等、職員から部員まで分け隔てなく参加、交流し、カラオケやディスコ、寸劇等の余興も楽しめる。私も三航士、二航士時代は余興の担当として頭をひねり、趣向を凝らしたものである。

外国人の乗組員は仲間のための小規模な誕生パーティを好んで開く他、キリスト教徒の船員にはクリスマス・パーティが欠かせない。

また懇親会に先立ちゲートボール、デッキビリヤード、簡単な競技会等のレクリエーションをし、その勝者を宴会で表彰、簡単な賞品が付けば乗組員のモチベーションが上がる。これに知恵を得て乗組員の表彰制度を設けるのも一考である。ニアミスを発見し防いだ者、直し難い故障を修理した者、奇抜なアイディアを出して認められた者等、船長、機関長と主管者が選んでもよし、乗組員の投票で選抜してもよし、きっと船内融和に寄与するだろう。

こうした懇親や表彰制度は乗組員相互の良き交流、分かち合いの場となり得るが、船内の人間関係をうまく治める特効薬となる訳ではないし、度を越せば上下関係や指揮命令を受けるに必要な緊張感を緩める可能性があり、注意が必要である。

船内融和のために船長が心掛けることの一つは、先の人間集団の管理指導に加え乗組員に落ちこぼれを生まないことである。落ちこぼれの意味を集団や組織から脱落する者とすれば、船内での仕事、生活の中で不満や不平が高じて仕事に後ろ向きとなる者、仕事の出来不出来や感情のもつれより、乗組員から仲間外れにされて船内生活が難儀となる者等、パターンは様々であろう。

乗組員は生きる糧を求めて船に乗るのだから、お互いを認めて職務に就くのが普通だが、稀に輪に入れない者が出てくる。しかも船内生活は長期に渡るのであり、疎外感や必要以上の孤独を感じながらの生活は、その者に耐え難い精神的な苦痛をもたらすかも知れない。だからこのような乗組員を主管者や職長を通じてキャッチアップする、必要であれば船長が機会を見計らい話を聞いてやる、信頼できる乗組員にフォローを依頼する等、些細な心配りが実は船長の大事な役割といえる。

特に特定の乗組員に対するいじめには普段よりの留意が必要である。外部へと逃げられない船の中のいじめは陰湿で凄惨なものとなり得、家庭の中での子供の虐待と同じく、中々、表に出ない。

ただ船長が、全ての乗組員を手中におさめて船内融和を図るのは容易ではないし、限界もあろう。加えて如何に心配りしても期待を裏切る者がいる。そう多くはないとはいえ、乗組員の間で決まってトラブルを起こす、常習的な入直の遅刻、何かと虚言を吐く者、盗癖者等、船員としてあるべき姿勢に欠ける者がいる。指導、注意しても態度を改めない人としての本質が問われる者であり、外国人に限らず日本人船員の中にも散見される。

端から見てどうしてそんなことをするのか、また繰り返すのかと、首をかしげざるを得ない者の多くは概して性格や精神に問題があり、単なる指導や注意での根本的な改善は難しい。これを仕方なしとして放置しておくと、他の真面目な乗組員の不満を買ったり、自分もと同調する者が出たりする。船内融和の維持の如何は、乗組員個々のモラルと相関する場合があるのである。

船内融和には裏の顔がある。融和の上辺を繕い、このような者を取り込もうとする事なかれ主義である。乗組員は問題児に当たらず触らず触発しないように付き合い、それをよいことに問題児も自分の素行を改めようとしない。他人とのもめ事を嫌うのは海の者も陸の者も同じだし、見て見ぬ振りをするのは船員に限ったことではない。しかし四六時中、居場所を共にする船の上での問題の放置は、それこそ船内融和の障害となる。船長が諭しても叱っても治らず、処置に困る場合には管理会社と相談し、本船幹部の同意を取り付け、契約満了を待たずに早めの下船交代を図るのが無難であろう。

2. 人格形成

(1) 規範意識と人格

一事が万事という言葉がある。服装の乱れた者、紙屑の類を平気で路上に捨てる者、並んで待つ列にためらいもなく割り込む者の生活は、秩序に欠け不規則で殺伐とした状態にありがちだといわれる。人の挙動は内実の顕われであるとした見方である。

人の持つ安全に対する意識と遵法精神とは互いにリンクするとされ、シートベルトの着用を怠る傾向のある者に交通違反や事故が多いともいう。安全の維持に不可欠な注意義務の懈怠は、違反者の安全意識の低落や欠如と無関係ではなく、法的な責任は安全意識の喪失に係る責任の置き換えや言い換えと表現しても過言ではなかろう。

これより転じて職責、即ち職務に対する責任の理解に必要な要素として、規範意識の醸成を挙げることができる。規範意識とは守るべきもの、ことを守ろうとする意識である。対象や範囲に応じて様々な規範、例えば習俗規範、宗教規範等があり、法律も法規範と呼ばれる規範の一つである。安全を確保しようとする意識の基礎は、具体的な決めごと、約束ごとの遵守にあり、社会一般では安全の構築や維持のために定められた法規定、ルールを守ろうとする規範意識により醸成されるのである。

船の運航に携わる者にとり安全の確保は自明の理である。とはいえその確保を如何に図るのかが重要なのである。船の上の安全は法令に準拠して確保すればよいとした単純なものではなく、規則に従う以前に船員の常務として、普段よりの準備と確認を怠らないことが大切であると、乗組員の誰もが自覚していなければならない。とすると安全意識と規範意識とは互いにリンクし、何れが欠けても問題となる。

ここには人格という要素が大きく係わるように思う。

人は親から受けた遺伝的な要素をベースとして家庭、学校、職場という社会生活の場において、その社会に固有の文化や伝統を体得し、学問、芸術等の実利的、精神的な教養を学び、知らず知らずの内に自身の人格を涵養する。同じく社会生活の中で好悪に拘わらず誰とでも分け隔てることなく築き、また築かざるを得ない人間関係の中で、悲喜こもごもの精神的な鍛錬を受ける。およそ人格とは人として学ぶ教養文化と共に、様々な人々と交流する社会の中で育まれるものといえるだろう。

俗にいう人格という言葉の概念は多様であるが、ここでは道徳の求める人格と法の求める人格とに区分してみよう。

① 道徳の求める人格：自律的な意思を持ち、理性に基づき状況に応じた適確な判断、決定が可能である人格

② 法の求める人格：与えられた権限を行使し求められる義務を負う能力を有する人格

規範意識は正しいことをしようと心掛けるのみならず、正しいこととは何かを理解しようとする、個人の持つ道徳観念により支え得るように思う。道徳とは個々人の内面的な規律であり、人が人間社会の中で成長するのに伴い、一般的な常識や倫理観を踏まえて養われる。よくいわれる人格とはものごとの是非、善悪、良否を判断して、道徳的に行動できる主体としての個人の表現である。規範意識はこの道徳的な人格の中身に負うところが大きい。

法の求める船長の人格は、公法の認める権限の執行者及び契約の当事者（第３章参照）として、権利を有し義務を負うに足る信頼を得る人格であろう。例えば船員法の求める人格は法の与える権利を正当に行使し、求められる義務を履行できる人格である。法は道徳に対して外面的規律と称される。道徳は個々人の内面からその者の行動を律し、法は法令や法律として人を外から律するとした概念である。

道徳と法とは同じ規範ではあれ性格が異なる反面、互いに重複するところがあり、法哲学のホーン岬[20]、南アフリカ南端にある航海の難所と例えられる程に、相互の関係性の理解は難しい。

両者の端的な違いは強制力の有無にある。法は、例えば罰則を以て人に何らかの義務を強制できる一方、具体的な制裁を観念できない道徳自体に強制力の発揮は求め得ないため、個人が道徳に従うか否かは、その者が自分の意思に頼る他ない。しかし義務や不利益を好んで受け入れる者はおらず、違反せずとも脱法や法律回避を図るのが人の常であるから、法の持つ効力には限界ありと言

わざるを得ない。ここに道徳的な人格の持つ価値が見出せる訳である。

人格の形成には道徳と法それぞれの人格がバランスよく融合しなければならない。法的な人格の生成を成就させるためには規範意識の醸成が不可欠であり、主にその意識は道徳的な人格によるところが大きいため、道徳的な人格形成は決して無視できない。

では求められる船長の人格とは何か。

(2) 教養

(i) 社会との隔絶

船員生活に強いられる洋上の孤立は離社会性として、人間の自然の欲求である文化的享受を阻害し、人間間の交流を狭隘化して社会人としての人格形成を制約する。よくいわれる「船員は社会に疎い」とした言説は、このような船の上の環境に根差していると見てよい[21)]。

日本人船員は20歳を超えた若年時より、船に乗り組みキャリアを磨くのが一般的であり、人格未完成の状態で、一般社会より距離を置いた世界に身を置かざるを得なくなる。

戦後のわが国の海運における船員の育成について、

> 「船員は生真面目で陸上の人のように打算的ではない。それだけに、誠実に人の癖をみて指導に工夫すれば、たとえ火の中、水の中でもといった使命感を持っている。それが船員気質なのだ。その反面、使い方が悪いと労働と生活が直結しているだけに始末が悪い。甘やかしてもいけない。厳然と規律は守らせる。仕事に遅れるとか勝手に休むなどということは許してはいけない」[22)]

と説く船乗りの言がある。海に生きる者に宿る本質を見抜き、一人前の船員を養うには熱い内の鉄を打つが如くに、若い頃からの公私に渡る教育指導の重要性が説かれている。

単に実務のノウハウを教えるに留まらず、船の上での生活を律することも忘れてはならないとした指摘には、陸での生活に比べてケアの劣りがちな精神的な成長、陸であれば職場、家庭、友人や異性を介して当人の成長を育む場が船と一つに限られ、その分、後進の親身な指導に尽くさなければならないとした、船乗りの気構えが感じられる。実務経験のみが、常に良い意味での船員の人格形成に寄与するとは限らないとした箴言であろう。

もともと外部からの情報が限られる船内では、人格形成に寄与する様々な啓蒙や文化的な刺激が僅少となる。加えて、頼るものなく一船での完結が求められる共同体においては、どうしても仕事が優先されて指導の厳しさが前面に出てしまう上、時として乗組員によるコントロールの効かないケースにも遭遇する。特に帆船時代の船がそうであった。その上で幾星霜を積む者は自身の出自も影響して偏屈、偏向的な態度を取るようになるとした、デーナーの指摘がある。

「船長は、一般にフォクスル（船の前部に位置する水夫の居住区）住まいの水夫から身を起こしていることを理解すべきである。そしてどんな人でも、とくに低い位置から身を起こした人は、絶対の権限を授与されると、その人となりに大きな変化を生じやすい。私が知っている多くの船長は、海上では冷酷で横暴だが、それでも友人や家族の間では、彼が子供の頃に得た評判を失わない。事実、船長は家にいることはめったにないし、家にいてもその期間は短く、その間は彼に対して親切で思いやりのある友人に取り囲まれているので、彼にとってすべてが楽しく、同時に自制を呼び起こす」[23)]

船の世界がそこで働く人々に対して、陸にあるのとは別の人格を呼び起こすとの示唆であり、船長として船、乗組員の頂点に立ち、得られた権限を行使するにあたり、自らの出自と成長とが大きな影響を及ぼすとした観察である。もともとの自分の生い立ちでは到底、望めない権力に酔い、冷酷、横暴と極端な権利の濫用に走り、陸にある家族や友人の前で見せる謙虚さは見られないという。

船の上、あるいは家庭と何れで見せる人格が船長の本性なのか。何が船長の得られた権限をして見境のない濫用を許すのだろうか。苦労の末に勝ち得た職責が精神的、肉体的な安逸を呼び、船長こそに必要な自制の喪失に繋がるのだろうか。ビゼット船長の言葉から。

「帆船の船長達や士官達は（中略)、この職業の特質である絶え間ない心配事やフラストレーションのために気難しかった。船長の給料は（中略）その課せられた責任や試練あるいはじっと堪えている気苦労の割には、決して高い報酬とはいえなかった。彼等の不機嫌な振る舞いを見て、私はそれを見ならう気にはとてもなれなかった。もし帆船にとどまったとしても、彼等のように不機嫌になるばかりだと思えた」[24]

帆船を指揮する船長や、その予備軍としての航海士には絶えず不安と不満が強いられる上、負う責任に見合う報酬も得られないとあらば、彼らが陰鬱な気持ちに浸り乗組員に対して不機嫌な、果ては横暴な振る舞いに及んだのも理解できなくはない。結局、船長に昇り詰めても船の置かれた危険と隣り合わせの環境が変わるではなし、トップになれば肉体的には楽になれる一方で、新たな責任を負わなければならない身の上が、デーナーやビゼットのいう船長の行動となって現れたのだろう。

(ii) 出自と教養

出自に関していえば、帆船時代の英国の船長の多くは水夫上がりであった。若い頃から船に乗り組み、運航に係る経験と一人前になるための努力を重ね、幹部よりその才能と機知とが認められてのし上がった者である。俗にいうたたき上げであり、過酷な海での仕事を治める地位に最も適したプロモーションシステムであったといえる。事実、能力主義の中で選ばれた船長には操船技術については優れたものがあった。

ただ当時の船員稼業は教養ある者達、学校に通えたそこそこに裕福な家庭の出を惹きつけるに足る職業ではなかった。船長となった殆どの者は教育を満足に受けないまま船に乗り組んだから、一般的な教養を身に付けていなかったという[25]。

教養が自身の人格の涵養から実務にまで直接、寄与するとした実感は得られ難い。社会の低い階層から自力で這い上がり志を果たせた者、特段の教育の恩恵を受けずとも望み難い地位を得た者に、教養、教育の何たるかを諭しても聞く耳を持たないかも知れない。高度な数式が解けないにせよ、古典をそらんじ得ないにせよ船は動かせるのであるから。とはいえ、教養が人格形成に影響を及ぼすのが事実だとしたら、彼らは自身にとり大切なものの一つを得ることがなかったともいえよう。

帆船時代、船長を偏向的な権力者にした要因は教養の欠如の他にもあった。

実績がものをいうといわれつつ、実際の船長への昇進は第一に情実、第二に機会、最重要たるべき技術は第三の要件に留まっていた。当時の船長が皆、実力本位で選ばれたとはいえなかったのである[26]。17 世紀以降の米国や英国植民地では船長にとり船への出資者、積荷を委託する者らとの堅固な信頼関係は不可欠であり、船長に指名される者は自ずと出資者の親類や荷主らの顔見知りとなった。水夫同様、船長の雇用契約も一航海単位で結ばれたが、多くの場合は船主や荷主により同じ人物が繰り返し指名された[27]という。

17世紀の英国船員、エドワード・バァーローはその自叙伝の中に書いている。

「船長以下は奴隷同然で、ただ支配されるだけ。自分の意志が通らぬ以上、苦しみを我慢する外はないのだ。だから私は何とかして船長になりたかったのだ。船長には船員の誰もあづかり知らぬ利得がある。船長の中にも能無しで、幸運に恵まれてその地位に就いた者もある。しかし船を買うには莫大な金がかかり、しかも私には頼りになる人はほとんどいない。私を助けて船長にしてくれれば私自身のために、また彼ら自身の儲けにもなることを知っているが、友人がいない」[28]

帆船時代の船長には目的地に到着した後、積荷の売買という重要な役目があった。貨物の手配が傭船者や荷主に一任され、彼らにより予め用意された貨物の積み込みと、その積み卸しに専念する現代の船長とは大きな違いである。

貨物の需給や市況に関する情報が得られ難く、得られたとしてもその利用の時宜を失しやすい、あるいは情報自体の価値や信憑性が高いとはいえなかった当時、船主や荷主は現地の取引きを始め、積地の選択から支払い条件までの全権を船長に握らせざるを得なかった[29]。風任せ故、母港を出て再び帰港するまでに、1年以上を要することも珍しくはなかった船を託す船長には、彼らにとり一定の信頼がおける知己、顔見知りが重宝されたのである。

しかしそれだけではなかった。実入りの多い船長職はその地位にあるべき経験や技術が無視され、権利として身内や知り合いに売買されたりした[30]。19世紀の東インド航路に従事する貿易船の船長職は、高額売買の対象とされていたという[31]。教養なく人格に足るといえない上、船主や荷主による情実の恩顧を受け、果ては金の力によって船長となり得た者は少なくなかったのだろう。船長に不可欠であるはずの指揮統率、運航に係る能力の要件は遠のいてしまうばかりであった。

このような悪弊が衰退するのは船長の地位を売買する慣習が廃れるのと共に、19世紀中頃に海技試験制度ができ[32]、船長職が資格制となってからのことである。

(3) 資格と人格評価

(i) 資格制度

産業革命後の19世紀、英国は工業、貿易、金融の何れにおいても他のヨーロッパ諸国をしのぐ大国となり、その商船隊の船腹量は飛躍的に拡大した。これと相乗するかのように、海での事故も顕著な増加を見せたため、1836年に海難の原因調査のための特別委員会が設置された。

委員会は海難の発生に係る幾つかの要因を挙げた。船舶建造の問題として安全性に欠け修理も不十分なままにある設備、船の安定性を損なう貨物の不適切な積み付けや過積載がまかり通っている現状、船を操る船長の能力欠如、職員、乗組員の性状、例えば横行した泥酔癖という今にいうヒューマンファクターの問題等が挙げられた。特に乗組員のレベルの低さは深刻であり、当時の英国海運では経験不足の若年者が乗り組み、経度の計算すらできない者が船長、職員になる例が少なくなかったという。

特別委員会は取りまとめた報告書の中で、航海学校の開設や船員福祉事業の充実に加えて、船長、職員に関する資格制度の新設と資格取得のための試験の実施、特に商船の建造と船長、職員の資格要件に関する法律の制定を勧告した。

真っ当な指摘ではあったものの、確固たる資格制度の確立までには紆余曲折があり、船主勢力を背景に持つ商務省がこれに反対する。船主は船長が自身の利益の確保に忠実でありさえすれば、資格の有無にこだわらなかったからである。しかし1845年、ようやく船長、職員の海技試験が実施される運びとなり、1851年からは制度化され強制となった[33)]。

十分な海上経験を持つと看做されても、個々人の知識や能力に差異は生じて当然であり、船長職をこなすに適格であるかを客観的に評価する必要性は船の安全、引いては海運の隆盛のためにも必要であったはずである。17世紀、あるいはそれ以前からの伝統を受け継ぐ英国の海運界ではあったが、船長、航海士の育成に必要とされる専門教育、実務経験に係る一連の過程が個々の履歴として俯瞰できた反面、それが果たして職責を全うするにふさわしい、彼らの知識や能力の習得につながっているか否かの、客観的な判定方法がなかったのである。

その船長たるべきレベルへの到達度を如何にして推し量り得るかの問題が、ようやく19世紀の後半、実務試験とこれによる資格の導入というかたちで解決された。遅きに失した感はぬぐえないが、世界をリードする海運国において、試験というハードルを越えた者に与えられる資格とこれを証する免状が、船長適格者としての公的な証となったのである。

資格試験の設立は大きな副産物を伴ったと想像できる。船長候補者や航海士を志望する者に対して、最低限の教養の習得が求められるようになったに違いない。まず読み書きが満足にできなければ、その時点で船長への道は絶たれることになったし、船位の確定のための計算や航法の理解には数学の素養が必須となった。加えて受験のための勉強として学んだことを考え理解し覚え、記憶した内容を論理的にまとめて試験の際に披露する力が求められた。航海や荷役に必要な知識を理論立てて説明したり、答案用紙に文字で表現したりする能力である。

逆にいえば船長、航海士に試験勉強をこなす能力と一定の教養がありさえすれば、資格試験の合格はそう難しいものではなかっただろう。

現在、国際航海に従事する船の船長資格を保証するのは、船長の乗務する船の旗国である。旗国は自国に登録されている船舶を運航する船長として適格、適任である旨の証明たる国家資格を定め、一定の要件の下に付与している。どれ程、操船に長けた者、経験豊富で船長実務を知り尽くしている者でも、資格がなければ船長職を執ることはできない。この資格は定められた年数にかかる乗船履歴と共に、当該職を執るにふさわしい技術知識と能力とを質す筆記及び口述試験の合格により与えられる。

船長に対する資格要件の決定はこれを付与する旗国の裁量にあるが、その要件までもが旗国の随意となれば、国に応じて資格取得の難易が生まれ、世界を渡り歩く船長の客観的な能力評価を困難としてしまう。よってSTCW条約（附属書第２章）により船長、職員の資格要件が国際的に統一され、旗国は条約に準じて船員の資格制度を定めている。国際海運に従事する船長の資格は「一級海技士（航海）」（First Grade Maritime Officer（Navigation））であり、旗国の資格制度に基づいた船長、職員の資質や適格性の公的な証明が海技免状（certificate of competency）となる。

STCW条約の他、諸種の法令の甲斐あって、船長免状を発給する旗国や船長の国籍に拘わらず、国際海運に従事する船長の資質、能力に大きな差はなくなり、船主や管理会社はこの資格の受有者を船長として雇い入れできるようになっている。

(ii) 人格評価

更にこの上に船と人とを扱う人格を有するか否かの評価を、特に船長資格の審査に加えるべきとはいえ、この資質を画一的な試験や経験の量的な評価によって見抜くのは容易ではない。船主や船に束縛されない、期間雇用の職にある船長の評価は簡単ではないし、船員を常勤により雇用するわが国の海運企業においても、船長として船を任せるに足る適任、適格性の判断に人格陶冶の如何が試されるとは見聞きし難いところである。船長たるにふさわしい人格の評価をするとすれば、これを雇用者の客観的、公平な観察、それも当人の航海士時代を含めた長期に渡る実務評価によるべきこととなろう。

かつての日本陸軍では人格や識見、判断力や勇敢さが部隊を率いる者の重要な資質と看做されつつも、具体的にその鍛錬をすることはなく、海軍では受験エリート、学校秀才と頭がいいだけの者が参謀になったといい、軍人に必要な人格教育、個々の人格評価はなされなかったとの指摘がある[34)]。一定の職に就くにふさわしい人格形成のための教育、実際の人格が適格か否かの評価共に簡単ではないということでもあろう。

船長職に適する人格教育、評価も同様と見てよいだろうが、その如何は無視できない。船長に求められる人格について、デーナーは書いている。

> 「実際に船長が模範を示し、あるいは思慮深くするなら、船長の権限を行使することによって、船とその乗組員の品性を高めることができるだろう。外国の港では、船は、その船長によって評判が決まる。というのは、商船全般に共通の規則はなく、どの船長も自己の流儀でやり方を決めるからである」[35)]

船長の人格は船、乗組員の管理のみならず船の持つ個性の対外的な顕示、船全体のイメージにも繋がる指標となり得ると説かれている。乗組員にしてみればあの船長が乗っている船に乗りたい、船主や傭船者からはあの船長の指揮の下にある船だから信頼できるとした、船長の人格が船の擬制的な人格へと投影され、評価のバロメーターとなり得るとした指摘であろう。こうした考え方は長期の停泊、帰港の頃合いの見えない帆船時代の商船程には強調されないものの、現在の船にも通ずるところがあるように思う。

海技稚拙という技量の不適格はもとより、指揮統率の仕方に恒常的な欠陥があったり、より端的に無能であったりという、人の上に立つ者としての資質に欠ける人格不適格者は、小説や映画において格好の材料とされてきた。著名な「バウンティ号の反乱」や「ケイン号の反乱」に見る分不相応な船長の描写はその好例である。

彼らの共通点は乗組員の管理に齟齬をきたし、特に非常時、直接にまた間接に船、人命を危険に曝す可能性のあるところにある。小説や物語の世界であれば脈絡に富み、読み手の興味を捉えて離さないキャストの一人となり得るが、実際の船の上でそのような船長を頂いた乗組員はたまったものではないし、船主（上記の2隻は軍艦）や傭船者にただならぬ影響を及ぼす可能性すらある。

ここには幾人かの船乗りが同じ教育と訓練を経て、同じような船に乗ってほぼ共通のキャリアを得、その結果として、理論上は同じ資質や同一の能力を備える船長となっているはずが、実はそれぞれに固有の能力、性格を形成し違った思考法を取り、異なる行いをするとした暗示がある。一般論からしても同じようなキャリアを持つ者の全てが当然の如く、一つの地位に同定できる人格を形成するとは限らないだろう。一定の専門教育を受けた航海士らがほぼ同じ経験を積んだ結果として、一律にふさわしい資質を備えた船長となるとは明言できないのである。

とすると、船長の人格評価の重要性が改めて理解できる訳だが、それが容易ではないとなると、船長候補者自身も事前に自分を冷静に値踏みしておく必要が出てくる。航海士時代に共に乗船する船長の姿を見て将来、この職をこなせるかについて自身を客観的に見直すべきであり、自分には船長の資質がない、役職にかかる責任と重圧とに耐えられないと自覚するならば、船長職の引き受けはできないことになる。

帆船時代、船長にふさわしい人格を擁するか否かの評価手法がオーソライズされていたら、少なくない航海士達が船長職に就けなかったことだろう。幸いに海運ビジネスと船そのものが近代化され、通信技術が整い陸からの指示が確実に伝えられ、履歴と試験とによる資格制度が確立されている現状では、そこまで船長の人格や資質を厳格に見るべき必要性は求められていない。もし厳格な評価により船長に昇格できない確率が高くなれば、日本人船員の数の現状からしてわが国商船隊の維持に支障を来すとも考えられよう。

(4) 養成と評価

(i) 優秀さ

とはいえ、一船を預かる船長が優秀な者であることに越したことはない。優秀な者の意味については議論があろうが、単に頭脳明晰であるのみならず法を遵守し、船主、傭船者に従い船、乗組員を指揮管理する意味において専門職にある者、及び人間として優秀な者が求められる。

私が考える優秀な船長とは、

① 健康であること

船長にとり突発的な疾患は別としても、体調不良や病気により職務に影響を及ぼすことのないよう、自身の健康管理はいわずもがな、精神的な健康の維持も重要である。ここには精神医学上の症状までには及ばない、本船や乗組員の管理に影を落とすかのような異質な性格の改善や忌避が包括される。

船長の年齢層にあたる中高年は体に不調の出始める世代であり、普段からの体調管理が求められる。船の上では運動不足となりやすい上、供食の内容は高温の環境での肉体労働を強いられがちな、機関部職員の消費カロリーを目安に組まれるため、船長、航海士が満足に残さず採ると栄養過多に陥りやすい。また中年以降に発現する生活習慣病は若い頃からの不摂生がたたるといわれ、航海士時代や陸上勤務時も含めた長期的な健康管理が望まれる。持病化しても乗船中の医者通いは難しいし、日数的に前もっての投薬量は限られる。

船員は年に一度の健康診断が義務付けられ、船員手帳の中に診断結果を記載しておかなければならないが、この健康診断には精神的な健康のチェックは加味されていない。そのため船主や管理会社は船長業務一般に係るストレスの客観的な推量（例えばストレスチェック結果の平均値）を行い、船長職の業績評価に反映させる等、船務に就く船長の精神面への健康配慮が必要となろう。

② 職務権限を客観的に理解できること

その実は危険共同体の責任者としての自覚を持ち、且つ現代的なビジネス上の要請に応え得ることであり、より具体的には船舶、積荷、乗組員の安全を守るに必要、適確な判断と行動のできることである。

③ 社会的責任を自覚できること

法令遵守、海洋環境の保全や船外の第三者への支援等、船員として、より広く人として負うべき社会的責任の自覚を挙げたいと思う。

ひとかどの船長は技術的、海技的な専門教育によるのみで生まれるものではない。特に②と③の条件には船員としてのキャリアや職務に対する意識、姿勢に加えて就学時までの教育が大きく影響する。

船長に就くべき者を養成する一般的な流れを見てみよう。

ⓐ　就学前

生まれし者のほぼ全てが家庭教育において親兄弟、姉妹より人としての基本的な常識をしつけとして受けることにより、人格形成の端緒が開かれる。

ⓑ　初等・中等・高等教育

物心の付いた頃から、大人に近い意識や社会的な感覚を持ち始めるまでの間は、多感、旺盛な好奇心を以ておそれず、あらゆる事象を学習、吸収できる時期にある。ここまでは将来に就く職業一般に共有される修学時期となるが、勉学や運動を通じた知力体力の育成はもとより、学校の中での団体行動、交友等、家庭外の他者との付き合いを含め、孤立狭小となる船上生活に適し、またこれに堪え得る人格の形成にとりつとに重要な時期である。

ⓒ　専門教育機関（商船系・水産系大学、高等専門学校、海上技術学校（短期大学校）等）

将来の船員就業を明確に意識し、これを目標に置いて進む時期にあたる。一般教養、船舶の運航に関する技能、専門知識の習得や練習船での航海実習を通して船員としての資質が涵養される一方、学生自身が船員職業に対する自己の志向と適格性、順応性の度合いにつき自問自答して、実際に進むべきか否かを見極める機会を得る。

特に学内外の練習船での実習は、海と船を体験できる絶好の機会を与えてくれる。

ⓓ　実務教育

志望する海運企業（船主）による、修学期間で得られまた涵養された基礎学力、専門知識、人格、コミュニケーション能力、適性に対する評価を経て採用、職業船員となり、船上でのOJT（On the Job Training）を通しての実務教育が施される。

船員に求められる海技の向上と共に職業、職位における使命感、職責を理解し自覚するのと同時に、陸上で海上経験を母胎とした海技者業務に就く中で社会人、企業に勤務するビジネスマンとしての常識や考え方をも併せて学ぶ。こうして船員、海技者、海運企業人としてキャリアを積み、公的な船長資格を得た後、船主より船を託すに足る船長に適任と目され辞令の交付を受ける。

ⓔ　船長職の実職

船長の実職を執りキャリアを重ねる。

(ii)　**昇格**

海運企業に勤務する船員の昇給昇格のシステムは原則、人事の管掌下にある標齢という、勤務年数に従った給与の階段を登る年功序列である。初任から役職定年の年齢までの基本給は、乗下船に別なくほぼ右肩上がりの直線的なカーブとして描かれ、体系化されている。

標齢の登段には取得資格の有無や業務考課が組み込まれるから、同期入社組が一律に同じ段数を登り続けるとは限らない。

早ければ航海士時代に仕事が滞り職員として、より船員としての適性がないと判断されたり、油濁や衝突等、船主に無視できない損害を生むかの失敗をしたりした者は懲戒をはじめ、他の職場への転出や退職勧奨を受けることもある。ただそうした事例は極めて稀であり、人により遅速の差が生ずるにせよ、資格の取得を最低条件とすれば船長、機関長という海上職の頂点には大方、到達できるシステムである。

これらの要職に就くにあたっては、職員時代の評価をベースとして職責にふさわしい資質、能力を持ち合わせているかが吟味される。海技という技術を扱う船員の人事は資格や技能の面で特殊であり、その分、昇格や配置について組織的なセクショナリズムが表出する可能性があり、特に会社の人的、物的財産が託される船長への昇格と評価は、限りなく公明正大の内に行われなければならない。

現在の海運企業の船員の人事は陸員人事と一元化され、そのトップには陸員の役員が就くのが普通である。船員が主管するとはいえ、単独で自分たちの人事を差配することはできず、船員自身の職場の重心が海から陸へとシフトしている現状、客観的には船員人事の透明性や公平性、客観性は確保されているといえるだろう。

しかし内実は必ずしもそうとは限らない。まま、船長人事に直接、加味されないような個人的事情が斟酌される場合がある。この事情の斟酌には、船で何度か乗り合わせ気心が知れている等の他、学歴、例えば同じ学校の後輩先輩の間柄、学生寮の中での上下関係や同じ部活動の出身である等、昇格評価をする者自身が船長候補者と同一の、あるいは似たような経歴であることを知らずの内に、また違和感なく参考に付したりする例がある。要するに特定の人事に私情が入り込む可能性があるということである。

こうした属人的な斟酌は、順当に昇格する者の後押しとしてではなく、何か引っかかりがある、船を任せ切れない事情が伺われる候補者の評価に用いられるのが通例である。本人の業績評価は及第点だが真摯に努力している、他の同期入社と差を付けたくない等、個人の長所や良い面を探して積極的に評価しようとする恩情の表れともいえようが、個人的な交流や仲間意識に基づく評価にはどうしても主観が入り込み、客観性に欠ける点は否めない。

極端にいえば不適格者を適格者とするかの扱いが生じ得るのである。面子や気心の知れた候補者に情実が働くのは同じ船乗り仲間として無理もないのであり、だからこそ客観的、公平、慎重な対応が欠かせないといえる。換言すれば誰のため、何のための人事かを明確にすること、船、乗組員、貨物に加えて荷主、傭船者、そして船主のための船長人事である旨を忘れないことであろう。

大企業であっても役員人事は会社幹部の引き合いで決まるといわれ、そうであればその下の部単位、課単位の個人評価や昇格から、私情を完全に排除するのは難しいということになる。結局、人事は人による人の扱いだから、完全な情実の排除は不可能なのであろう。未だに中途採用が人材確保の傍流に位置する日本社会には、優秀だからとはいえ見ず知らずの者とする仕事には違和感を覚える等、プロパーを大事にする気風があるように思う。わが国の海運企業の中で行われる日本人船長の評価の仕方は日本人故に認め、認められる手法であると表現できるかも知れない。

評価の客観性を高めるために、現在では多くの企業が普段の業績評価に加え種々の性格テストや、専門のカウンセラーを利用した性格、人格評価を実施している。海運企業においても外部の第三者に依頼した船長の人格、職務適応の可否の判断が可能ではある。

しかし会社が採用して以来、時間と経費とをかけて育成し、これといった不手際なく、職務上の失点も報告されていない者の絶対的な評価を第三者に委ねるには正直、抵抗感がある。また元来が好不況にさらされやすい業界体質より常に採用数を限定、故に希少価値の高い船舶職員の昇格昇任の是非を第三者評価により単純に割り切れる程、海運企業には人材に余裕のないのも事実であろう。

そして何より従前、現行のシステムによって辞令交付した船長の殆どが、会社の期待より大きく外れることなく、無難にそつなく大役をこなしているとした実績が説得力を持つことになる。

3.　資質教育

(1)　実務教育と教条主義

実務教育は将来、あるいは既に実務に就いている者にとり直接に役立つのと共に、教育後の即効性が期待できる職業教育であるべきといえる。危険や事故を皆無にできない職業に関する実務教育は、あいまいさや中途半端を排除して正確に、時には厳しく教え込む必要のある反面、その反動として教えを受ける者の意思や自主的な判断力、思考力の形成を妨げる方向へと導く可能性がある。いわゆる教条主義に準じた教育に陥るおそれである。上の者が下に対して「言う通りにやれ」と、ことある毎に口にして指導するような職場、従業員の創造性や意見具申を評価しない職場では特に留意すべき点であろう。

この実務教育のもたらす問題が英国の海軍教育の歴史において指摘されている。

18 世紀までの英国海軍では、軍艦の士官になる道として艦長の従者になり取り立ててもらう等、縁故が幅を利かせる状況にあったが、1857 年以後はポーツマス、その後はダートマスに停泊する軍艦上に設置された士官学校での教育を経て、海尉候補生となるシステムに一元化されていく。1873 年にはグリニッジに、海軍士官への教養や専門知識の教授を目的とした王立海軍兵学校が設立された。20 歳となった海尉候補生らは副海尉として本校へ通った[36)]。

田所昌幸の研究に従えば、この一連の教育課程では数学や物理学等の科目の他、当時の帆船におけるシーマンシップ、操船術のルーティーンが極度に重視されて教育されたという。その教育方針は厳格に尽き、若年で入学した者らへの教育は体罰を含み、命令への服従が刷り込まれた。たとえ理不尽な命令であっても抗弁は許されず、よって候補生らは教育の厳格さ自体に反発、反抗する機会を失い次第に無感覚となっていく。この教育の結果、自分で物事を考えるようになる前の年端もいかない少年の心は、何事にも受動的に服従するよう手なずけられていったという[37]。

これを問題視した1886年の王立委員会報告書は、

「将校を、人格的にも文化的にも、世界でイギリスを代表する立派で有能な人材とすること」

を忘れてはならないとし、年少者に対しては上辺のみの技術的な知識を叩き込むことより、英語やラテン語というリベラル教育が重視されるべきと勧告している。将校候補の年少者に有無を言わせない詰め込みを強いる教育制度は将来、国家組織のリーダーとなる者に欠かせない大局的な判断力や戦略観を養うに有害であるとした主張であった。

しかしこうした勧告も海軍教育の本流を変えるには至らなかった。第一次大戦までの英国海軍の士官教育では、厳しい海上生活に堪え得る規律や忍耐、上官への機械的な服従という海軍実務の上での実効性が強調され、自発的な思考やイニシアティブは徹底的に抑圧された[38]。自ら考え行動する精神は奨励されないどころか抑え込まれた一方、操船や装備の運用を誤りなくこなし、上官からの命令を完璧に遂行することがまずもっての昇進に繋がったのである。

そしてこの教育を受けた者らにより構成された巨大な官僚組織によって、英国海軍は結果的に侵食された[39]と評されている。ここには時代と共に複雑化する艦隊行動や新たな技術の運用が加わり、それらを使いこなすシーマンシップが過度に求められたため、将校達は率先垂範や経験より戦略的な大局観を学ぶという、帆船時代より重視されてきた伝統を喪失してしまう[40]。

こうした教育課程がもたらしたものが、第一次大戦における英国海軍の戦果であった。個別の艦船の操船、艦隊行動は教えられた通りに果たせたとしても、艦隊運用や戦略面での実績は好ましいものではなかったとの指摘がある。

組織を担う者に対する教育の重要性を疑う者はない一方、ここには不十分な、あるいは誤った教育が省察されることなく、組織を挙げて数十年と繰り返される内に伝統教育といわれるまでに昇華し、信奉されてしまうおそれが秘められている。特にその教育を受けて育った組織の幹部は、自分達の受けた教育の欠陥を認識できたとしても、その改革にはためらいがちとなる。教育の改変はわれらが学びを否定し、自らの資質や能力への批判を許すことに繋がるからである。この英国海軍の事例は、強い組織を作るための教育が、却ってこれを弱体化させる方向に働いたとする、貴重な教訓であろう。

同様な指摘はかつての日本軍における教育でも示されている。半藤一利は朝枝繁晴（元陸軍参謀本部作戦課所属）より、

「（陸軍大学校の生徒は）上から言われたことだけをするように教育され、本来やわらかかったはずの自分の頭がどんどん固くなって、前の時代のやり方を踏襲するような思考方法しか教わらなかった」[41)]

との証言を引き出している。

(2)　船員稼業の性格と目標

深慮を欠く盲従的な資質は、軍隊における定型的な教条教育によってのみ養われるものではない。

物事に対する判断力は先の初等・中等・高等教育にあたる、幼少の頃より大人へと成長する過程において育まれる。身近に生起する人間関係、様々な出来事から受動的な影響を受けつつ、具体的な事物を対象として、実際に試行錯誤を繰り返す能動的な対応によって身に付いてゆく。

道徳的人格の発現である自主的な判断という、人間として大切な行動を学ぶ過程において、無意識の内に親や教師、友人等、身近な者の決定への追従に習熟することがある。物心のつく前の幼少期の教育は概してその傾向が強い。これが成長期に至ってもしつけられるまま、ことあるごとに親や個性の強い教師の価値観を植え付けられた者、一流高校、大学への入学等、示される特定且つ明確な目的の下で、勉強や試験という具体化された目標に素直に、持ち前の明晰さ、要領のよさも手伝いわだかまりなく従う者がある。

反面、彼らは意欲旺盛な多感な時期故の恩恵ともなり得る迷い悩むこと、内面の葛藤、彷徨的な機会を得ることなく成長してしまうかも知れない。

日々の行動目標はおろか人生の目的すらも与えられ、これを抵抗感なく受け入れられれば自問して悩む必要はなくなるだろうし、思い悩まない分、却って精神衛生に寄与するといえるだろう。しかしこのような成長パターンは何故、目的が示されるのか、どうして示された目的を目指す必要があるのか、自分で目的を選べないのかとした、他者の決定に対する疑問や反抗心を欠き、自主性の醸成を損なわせる可能性があるのである[42)]。

自ら判断する力が十分に育たない内に大人になり、独り立ちしなければならなくなったとしたら、判断が必要な時には誰かに頼り他人の考えを右から左へと受け入れたり、従前の行為を単純に踏襲したりする[43]ようにはならないか。
商船の目的は貨物、旅客の海上輸送にあり、順当な航海を続けられる限りこの目的が絶えることはない。船長、乗組員は平穏無事な航海を続け、安全確実に貨物を積み卸しする目標を以て船に乗務し、一航海を達成する度に新たな目標に向かって船を進める。船員にとり体の一部と化しているとも表現可能な典型的な業務のパターンであり、船の上の平凡ともいえる日々の繰り返しである。こうした目標の喪失が船員の心理にどのような影響を与えるか。船乗りの疑うべくもない仕事という目標を失った感慨について、デーナーは書いている。

「たぶん、（下船を）長い間待ち続けていた興奮があまり大き過ぎたので、それが無事に実現してくると、張り詰めていた気持や力が、一時がっくりとくるのだろう。（中略）入港準備のための色々な作業、船の目覚ましい前進、陸地の初認、港への接近、視界にひらける懐かしい光景、これらは肉体ばかりではなく精神にも生気をよみがえらせたが、期待が満たされ働く必要がなくなると、すっかり沈静して、ほとんど無関心に近い平静さにとってかわられ、それから立ち上がるには何か新しい刺激が必要だった」[44]

今まで空気のように疑いもなく実現され繰り返されてきた当然の目標を、下船を間近にして失う心の動揺が表現されている。後任に引継ぎをして下船する際、家に帰れる喜びにあふれる一方で、手塩にかけて動かしてきた船との別れに一抹の寂しさを感じた経験は、船員であれば誰にでもあるのではなかろうか。目標に向かい邁進してきた者が、それを失う際に突如として感ずる寂寥ともいえよう。

ここには乗組員にとり、空気の如くに取り立てて意識の対象には昇らずも、日々の営みの先に向かうべきれっきとした目標があるとの示唆がある。船の上で日々、当然にこなしている仕事や生活それ自体が、既に特定の目標へと向けた着実な活動なのであると。その活動はルーティーンではあっても例えば海気象等、全く同じパターンが繰り返されるとは限らず、また個々の航海に不測の事態が生じて、乗組員の裁量の発揮が求められることもある。

真実、船乗りが言われるまま、命じられるままに盲従する機械的な存在であったなら、仕事から解き放たれた時に感ずるのは純粋な解放感のみであり、デーナーのような感慨には至らないのではなかろうか。その感慨とは、船の運航には一定の緊張感、張り詰めた気持ちが欠かせないと無意識の内に悟り、実際にもそう対応してきた充実感を一挙に喪失した途端に味わう、空虚な感情であると思う。

総じて職業、仕事とは一見、単純極まりないように見えても実は奥深く、業務計画の慎重な立案、業務における注意の傾注、緊張感等、その達成には職業に応じた能力が必要とされる。複雑な仕事、変化に富む仕事程、従事者に独自の判断という裁量が許され柔軟な結果が認められる一方、ルーティーンワークを主とすればその習熟が当然視される分、不手際や失敗の許容範囲は狭められる。

船員の仕事とはこの中間に位置し、与えられた目標に向かい黙々と従事する姿勢が求められつつ、不測の事態に対しては自ら判断して対処する能力が必要な業務である。特に陸上勤務が増えて海技の汎用的、発展的な業務に携わるに従い、海技者として独自の判断が必要とされる機会は増えているといってよい（第5章参照）。

盲従ではあっても指導や指示に従う通常の対応と看做されれば、行為者に内在する決断力未成熟の欠陥が表面化することはない。自主性のない故の盲従と叱責され、批判されるのを免れるどころか組織から高い評価を受けることさえある。そしてこれが組織全体で繰り返される様子は組織に生きる、生きた経験がある者なら誰しも思い当たる節があるのではあるまいか。

しかし人間は組織や社会の中で経験を経る程、あるいは単純に歳を取るだけでも成長する。行為の是非も判らないままに盲従を続けようとする者は少ないにも拘わらず、敢えて繰り返されてしまう現実がある。この先に不祥事があるのであれば厄介な社会的、組織的習性であるといえる。

(3)　旧商船大学学生寮

指揮官の対応が戦いの雌雄を決し、ついには国の運命にまで影響を与える軍人の教育に比肩する程、商船船員の教育は厳格ではないし、厳格である必要もないだろう。しかし船と人の運命、貨物を預かる商船乗りの教育が教条主義化するおそれは否定できず、実際にも過去、教条的な教育がなされた歴史がある。

商船系教育機関における軍事教育は、明治44年の東京商船学校の当時、軍事教練徹底のために教授として海軍の現役将校2名が派遣されて始まり、船員となるまでの課程に海軍砲術学校での半年の訓練が組み込まれた[45)]。以降、太平洋戦争の終了まで現在の商船系大学（現国立大学法人 東京海洋大学海洋工学部、同神戸大学海事科学部）の前身である高等商船学校の卒業生は、一定の海軍学校で研修を積み海軍予備士官の資格を得た。商船勤務に就いた卒業生は、いつでも海軍に応召されて軍務に就かなければならない身分にあったから、商船教育は海軍軍人がなることもあった校長一下、海軍教育に準じた教条的な指導に近似したものとなった。

戦後の商船教育は一変し軍人、軍国教育は一掃された。高等商船学校は戦後、新制大学となって文部省（現文部科学省）の所管に移され、更に一般大学となりその教育もリベラルなものとなっている。現在の商船系大学において旧海軍、あるいは自衛官の教育と同一または関連した教育は行われていない。

しかし戦後も尚、教条教育に近い指導が暗黙裡に受け継がれていたところがある。旧商船大学の学生寮であった（以下、旧東京商船大学の越中島の学生寮について言及する）。

新制商船大学への入学は男子にのみ許され、学生寮には寮生自治の下での全寮制が布かれていたが、その後、全寮制は廃止されて自由寮となった。私が在学していた頃の入寮はあくまでも本人の自由意思によるものであり、入寮せずに自宅や下宿、賃貸アパートより通学することも可能だった。ただ実質的には全寮制に近く、在学生の9割近くが寮生だった。寮では寮生が運営する寮務委員会による集団指導体制（ほぼ自治）が採られていたが、寮務委員長の権限は絶大だった。

各寮室には原則、1年生から4年生が各1名、計4名で居宿する縦割り入寮制が取られ、必然的に上級生が下級生の寮生活を指導した。入居する寮室は入学時のくじ引きによって決まり、入室後の4年間、変わらないのが普通であった。1年生はボットム（bottom、底に位置する者）と称され、居室の掃除や食器洗いはもちろん階掃といわれ居住階、共用の洗面便所の掃除が課せられた。

寮室は部屋長と呼ばれる最上級生の性格や考え方によって支配され、下級生の意思を尊重して比較的、自由を許す上級生がいたかと思えば、理不尽に振舞う者もいた。今にして振り返ると、私も含めた寮生の多くはその中間的な存在だったように思う。寮はこうした個別の寮室の集合体であり、それぞれの寮室にはいわば一つの船のような観があった。上級生が自分の部屋のまとまりや下級生の待遇を考慮したマネージメントを実践するのが理想でも、所詮は年端の行かない青二才の舵取りだから、各部屋とも似たり寄ったり、1年生は一様に苦労を強いられた。

1年生はこの生活の中で、昼間は道一本を隔てた大学で講義を受け、放課後は課外活動をし、夜は寮へ帰って勉強しなければならなかったが、自身が起居する寮室では上級生が幅を利かせ、ボットムのプライベートな時間等、ないに等しく、トイレに入る時、寝ている時が唯一の自由時間とまでいわれた。

1年生が進級しその下に新入生が入ると、新2年生である彼らは晴れて雑用から解放され楽になった。上級生となれば立場が逆転して下級生の指導を手掛け、これが連綿と受け継がれていくのが旧商船大学の学生寮であった。

部屋長である4年生とボットムの1年生との間に待遇の格差はあれ、両者共に20歳前後、たかだか3～4歳という年齢差ではあったがここに生涯、付いて回る年次が生まれた。入学順に回生ナンバーが付き、越えられない形式的な上下関係ができる。回生は新制大学の第1回入学生より通しナンバーとして数えられるものであり、回生の下の者は上の者に言われるがまま、従わなければならないかのような感覚が養われていった。学生時代、いつも威張り散らす先輩が、OBの前では礼儀正しくこぢんまりとしてしまう姿を見て、この回生の持つ重みを感じたものである。

社会人となると勤務する職種や企業が異なることより、回生間の意識は大分、緩和されるが、在学中の上下の意識は鮮烈を極めた。傾向として従順で定められた、命じられたことをそつなくこなす下級生は上級生に評価された。数は少なかったものの、上級生に盾突くような者は敬遠されいじめの対象となったりしたが、それ以上の仕打ちを受ける者らがいた。

極めて少数ではあったが、入寮早々、寮生活に辟易して退寮する者がいた。寮生主体の大学で退寮し寮外からの通学生となることが何を意味するか、学生自身がよく知っていた。自由寮であったにも拘わらず、寮生による通学生いじめがあったのである。通学生は同期、皆が上級生の指導に堪えていた中で寮を逃げ出した者であり、商船大生にあらずとまで揶揄されることもあった。通学生は寮生の集団から外れた者なのであり、いわば商船大生の恥とした愚かな認識がまかり通っていた。

日本人はよく同質性を重んじる民族であるといわれる。皆のしているのと同じことをする、同じことができる能力や姿勢が評価されるとした言説である。集団や組織から出た者は落伍者やはみ出し者と看做され、何故、皆と同様のことをしないのか、できないのかと責められる。同じことが学生寮でも起きた訳である。

(4)　学生寮教育の功罪

(i)　自戒と弁明

旧商船大学の学生寮において、このような体制が維持、継続された背景の一つには、進級するに従い寮生の立ち位置が変化するのと共に、その意識もまた大きく変わっていったことが挙げられる。１年生の時分の寮は上級生による恐怖の支配する館であったものが、上級生の身となれば一転、安楽の境地となった。上級生に対して抱いた畏怖、不満、怒りは１年生をして、続く後輩に同じ轍は踏ませずと誓わせたものだが、彼らは上に立った途端、一斉に上級生へならえして権威主義に陥り、寮生活のあり方を変えることは愚か再考することもなかった。

下級生が上級生にものを言う術を持ち得なかった寮生活で唯一、その世界を変え得る権限は上級生のみにあった。しかも彼ら自身、自分達が振舞う行状の多くが世間一般の常識にかなうとは思っていなかった。にも拘わらず伝統を受け伝える者と自認し、また自身が苦労した分、殿様気分を謳歌しなければとした気持ちからか、苦労する身から苦労させる身に転じてゆく。

常識に欠けた行為との自覚は、寮生活の一部始終を話そうという気になれない私の気持ちより推し量ったものである。同期や前後の同窓と昔話にふけり懐かしむことはあっても、少し年代が異なれば同窓でも、ましてや大学と全く関係を持たない者に寮の想い出話を進んですることはない。そんな自分自身、かつての寮生活に無意識の内に負い目を感じているのか否かは判然としない。

哲学者である向坂寛は、日本人の恥の感覚は自らの属す「場」、「世間」や「きまり」から自分が外れること、取り残されることだと説明する。環境を変えよう、変革しようとする強さの欠如が恥の原因であると理解しつつも、これを克服しようとせず、自らが属する集団という場に依存して救済を求める集団依存性があるとし、この日本人の習性は場における秩序に強く規制される性格を持ち、恥に対する恐怖感によって統制されると説いている[46)]。私の抱く上記の感慨が見透かされているかのようである。

20歳前に親元を離れて暮らす寮生活は、一時的にも商船大生から見栄や虚栄心を剥ぎ取った。それまで何不自由なく暮らしてきた青年が突如、否応なしに4人部屋に押し込まれて上級生にこき使われる。下級生にはプライベートという言葉が存在しなかっただけでなく、休日の外出やアルバイトをするにも上級生の裁可を仰がなければならなかった。宴会の世話や付き合い、一芸の披露は当たり前、上級生の強制に対する拒否権の発動等、想像だにできなかった。

高校の卒業を機に萌芽し始めていた、社会人予備軍としての自覚やプライドはご破算となるだけでなく、不満や怒り、羞恥心、孤独さえも感ずる暇のない生活の陰で、同じ寮階の同級生同士、いたわり励まし合った思い出がある。

しかしあからさまな暴力、虐待や人格無視に曝されていた訳ではない。多くの上級生は自らの経験をトレースしつつ、最後の一線を越えてまで下級生に無理強いすることはなかったし、心ある上級生は絶えず眼差しを向けることを忘れなかったために、下級生は真の孤独や絶望を感ずることなく耐えることができたのである。それが判るには少し時間がかかったから、寮生活に耐えられずに退寮するケースは1年生の初期の頃に集中した。

私の学生時代の確かな思い出はほぼ寮生活と部活動、練習船での実習にしかなく、友人、上級生、下級生とのつながりは全て寮を介して培われた。今更に省みればここで鍛えられ一皮も二皮もむけたとの自負はあるし、先輩への敬慕、後輩愛、母校愛なるものの原点はあの寮生活にあったとの自覚もある。私にとり旧商船大学学生寮の寮生であったことが、商船大学の学生でもあったのである。だから私は寮生でなかった大学生活を想像することはできず、寮生でなかったなら商船大学の卒業生とは胸を張って言えないのではないかと思う。この意識は卒業して30年以上を経た現在でも変わらないし、恐らくは生きている限り変わることはないだろう。

現在の東京海洋大学越中島キャンパスに隣接する学生寮は、新たに海王寮と命名されている。中央の共用棟を挟み、4階4棟が立ち並ぶ居住まいは私のいた当時と変わらないが、居室は同級生同士が入る2人部屋となり、一部を女子学生の専用棟とする等、一般大学のごく普通の学生寮に変貌した。寮生活の全ては大学が管理し、上級生、下級生間にあった封建的な上下関係は完全に撤廃されている。寮生以外の立ち入りや寮内での飲酒は禁じられ、規則を破る学生に対しては大学が懲戒を行うシステムが構築されている。

寮室の収用定員が一室4名から2名へと変わったことにより、寮の収用定員は大きく削減された。それ故、保護者の収入を考慮、下宿やアパートの賃借が大きな負担となる地方出身の学生の入寮が優先され、勉学と居住に不自由のない環境が整えられている。寮制度が全く異なるシステムとなった現在の寮生気質、より広く海洋大学海洋工学部の学生気質は、旧商船大学の時代のそれと分けて考える必要があるだろう。

理由の如何を問わず暴力はまかりならぬと、上級生が下級生に手を触れるのもたじろがせ、飲酒は厳禁、懇親もコンパもしらふでならと厳格に縛り上げ、規則破りには懲戒、退寮処分を出すにいとわない現在の海洋大学の学生寮は、他の大学の寮と同様、平穏になった。何か事を起こせば背景も事情も知らない者らがネット上で炎上し、大学当局が頭を下げなければならなくなるご時世を前にした当然の変貌ではある。もうかつての私の過ごした寮の時代は誰にも理解されず復活もあり得ない。

(ii)　一つの人間教育として

学生時代の思い出として、入学して学び卒業した大学よりも、寝泊まりして暮らした学生寮の影響の方が遥かに大きいのが、当時の商船大学だった。あまり見聞することのない風変わりな大学であった訳だが、他の大学でも体育会系クラブでの活動に明け暮れていた学生は、学業に励んだ記憶に疎いとした同様の感覚を持つのではなかろうか。

寮生活が学生に与えた影響は旧制第一高等学校においても語られている。一高の教育の神髄は教室における授業ではなく、自治寄宿舎における生徒仲間との生活（「ヒドゥン・カリキュラム」とも表現される人格教育）にあったという[47)]。

私の母校を旧制高校と同じテーブルに乗せる積りはない。ただ越中島という東京の東の片田舎にある単科大学の学生には、都心の総合大学の持つ複数の学部と多くの学科、幾多の教員と千人単位の学生にもまれない分、それを補うかの特色が必要であったし、良くも悪くもそれがかつての商船大学の学生寮であったように思う。そこそこの無秩序は否めなくも、厳格な上下関係の下での新入生の早朝持久力訓練、寮階対抗カッターレース、入寮、船舶実習突入、卒業生追い出しの各コンパの恒例行事、学生の8割以上が参加していた部活動から個々人のコミュニケーションの鍛錬まで、今様に表現すれば色濃い人間教育であったように思う。

こうした環境は旧神戸商船大学や、同時期の商船高等専門学校の学生寮にも見られたという。

今時の海運企業の採用担当が求める学生像として、寮生活を送った自分達と同じような経験をし、似たような性格や気質を継ぐかのような者をイメージするとも聞く。船舶職員の採用にあたっては、かつての寮生の雰囲気、元気がよく覇気のある者を求める傾向が見られるようである。

そうした背景には、海運界においてわれわれの世代の果たしてきた役割への自負があるのではなかろうか。船の安全運航はもちろん、緊急雇用対策を起点に、わが国の国際海運が日本人全乗から外国人との混乗へとシフトする中で、若い時分には外国人と船務をこなし、船長以上となれば海陸双方で彼らの管理と育成とを手掛け、厳格化する一方の国際規制に適合する自社船隊を整備し、船務と運航のIT化を積極的に進めてきた、それ以前にはない新たな海運の激動の時代を船と共に歩んできたとの自負である。そのわれわれの歩みを支えてきたバイタリティ、原動力の源の一つに、かつての寮体験があるとした意識があるように思う。

商船系教育機関では、旧航海訓練所（現（独）海技教育機構）による汽船、帆船、及び学内練習船での実習が、私の時代と変わらずに堅持されている。学生は在学中、半年に及ぶ実習を通じ厳しい訓練を受け、規則正しい生活、学生同士、乗組員との密なコミュニケーションを学んでいる。学生らもほぼ例外なくここでの自身の成長を感じており、かつての寮生活のない分、商船教育を支える大きな柱となっている。

ⅲ　船員社会の長幼の序

船の業態に携わる者にとり、旧商船大学とその寮生活や練習船による実習で受けた教育、学んだ経験は船員の資質形成の母胎となり得、一定の効用をもたらしたように思う。

自分なりにかつての学生寮での生活を振り返ると、寮は将来の商船乗りとしての心構えが醸成されるところであった。職住一体である船の上での基本的な職務、生活態度の養成は寮生活に通じるものであった。寮の利点は船という閉鎖環境とほぼ似た集団生活が提供される点、及び上級生から下級生へと学生なりに観念する、稚拙とはいえ船乗り魂なるものが伝えられる点にあった。OBもよく訪れて食事に誘ってくれたり、仕事の話をしてくれたりした。商船大学の学生とはいえ船員の実際を殆ど何も知らないが故に、却って夢想してロマンチックになれたともいえる。

それは後輩の指導にも表れた。商船において若い航海士が船長や一航士の、機関士が機関長や一機士による親身の指導に素直に従い、指示を守りくじけずに働く気構えと姿勢は、乗船後の一夜にして身に付けられるものではない。乗組員は新卒の船乗りが殆ど役立たずであり、手間暇かけて育てなければならないと知りつつも、自分の辿った道程を歩んで来た後進への親近感や期待感が、そのような労苦をいとわせない励みともなった。

しかしこのような船員気質には短所もあった。後進が期待された資質を持たず考え方に隔たりがあると分かると、期待感は落胆に変わる。人は十人十色、異なった性格、考え方を持っていてあたりまえなのにも拘わらず、どうしても自分の歩みに照らして後進の資質、人格を捉えてしまう視野の狭さが露呈されることがある。

阿部謹也は日本人の特質である強固な絆が、日本人の人間関係を示す言葉であるのと共に日常、営む生活世界をも表す「世間」を排他的にしていると説く。団体旅行もまた小さな世間であるとすれば、旅行者達は列車内でためらいもなく宴会を催し、乗り合わせた他の客の迷惑に疎くなる等、団体という世間の利害が何よりも優先される例を挙げ、世間は排他的であり差別的であるという。福島原発によるがれき処理の受け入れに対する、全国市町村民の猛烈な反対運動を思い出す。

阿部の言う強固な絆の一つは掟である。特に葬祭慣行の背後にある世間を構成する原理、長幼の序という年功や生まれによる単純な序列、贈与・互酬、即ち受けたものに対してほぼ相当なものを送り返す、義理という行為を常識的な慣行と解する、二つからなる原理である。

長幼の序はそれが支配する世間の内部に競争の排除をもたらす。あまり有能とはいえない者でも、世間の掟を守っている限り排除されることはない反面、能力のある者が相当の評価を受ける保証もない。こうした世間は競争社会ではないから、その中で生きることには労苦がない。しかしこのような世間の人間関係の中では、周囲に気遣いして交流し、闊達とはいえない雰囲気を作ってしまうと、阿部は指摘する[48)]。

その例証として、第一に、現在でも旧商船大生であった私の意識を支えるものを挙げよう。商船大学の卒業生であることが心地良く感じられる現象、心理学にいう同一化である。同窓と出会い回生が判ればすぐに先輩後輩の中で自分を順位付けし、上級生には敬意を払い下級生からは侵されずとした卒業生間で保たれる礼節により、物理的にも精神的にも座るべき椅子を見つけ得るという安堵感である。先輩であれば優れ後輩であれば劣るという形式的、機械的な割り切りがあり、そこから生まれる誇るでもない優越感と恥じるでもない劣等感を、抵抗なく受け入れる素地を同窓の皆が持っている。

ただここに実際の能力や会社の優劣が入り込むことがある。大企業の後輩は中小企業の先輩に必ずしも敬意を払うとは限らない他、同じ会社や組織の中で能力が低いと看做された先輩の権威はしぼまざるを得ず、しばしば序列の意識的な逆転を招くことがある。そうはいえ社会人としての節度を以て大学の序列に緩やかに従い、穏便な付き合いをするのが卒業生の傾向といえよう（日本人船員の義理の観念については第５章参照)。

第二に、議論の欠如である。旧商船大学の学生寮では納得の行くまで議論をするという環境は生まれ難かった。下の者は上の者の言うことを聞くべきとした理解が骨身に染み付いているから、大事なことを決めるにも徹底した議論にまで進まないのである。上下の垣根を超えた議論はご法度といった雰囲気があったし、そのような環境に生きた下級生自身、上級生と議論する前に身を引いてしまう。同期はともあれ、回生が異なる仲では議論という観念自体がなかったと表現した方が適切かも知れない。同様の傾向は厳格な体育会系のチームにも見られると聞く。

こうした環境で育った連達により構成される組織のトップに立つ日本人、例えば船という組織のトップにある船長、陸の関連組織の上に立つ海技者が、先に示した、別の日本人の性向である強固なリーダーシップの発揮を控えるのであれば、日本人の乗組員や部下の海技者達もまた深い議論と検討をしないために、改革が必要な組織であっても現状維持か、さもなくば問題の本質に迫ることのない見かけだけの対処に留まり、またこれを繰り返してしまうのではとの思いは、私の杞憂に過ぎないのであろうか。

(5) 教条教育は偏向教育か

(i) 似て非ならぬ教育

旧商船大学の学生寮と同じような事例がある。

「「平民」と呼ばれる新入生は、それぞれ、「二歳馬」、「乳牛」、「一号」と称される二年生から四年生までの上級生に、好き勝手に弄ばれたからだ。後者は絶大な権力を持っていた。他の士官学校でも、新入生は、呼び方こそさまざまであるものの、蔑称で呼ばれていた」[49)]

これは米国陸軍士官学校ウェストポイントの上級生と1年生との関係を表したものである。ウェストポイントでは上級生により伝統的に、可能な限りの身体運動、肉体的な虐待を含めた「しごき」と呼ばれる下級生教育が行われていた。「しごき」は「平民」が意識を失って倒れるまで続いた。1年生は「個人的な嫌がらせ」にしか過ぎない「しごき」の1年が終わり、初めて士官学校の生活を楽しむことができたといわれる。そして上級生となった彼らは先輩と同様、「嗜虐的な小隊長」に化けたのである[50)]と。

ウェストポイントの新入生には、この野蛮で野卑なジャングルとも呼べる世界のルールに奴隷の如く従う以外、そこで生き残るための選択肢はなかった。1年生個々人の逸脱がたわいもないささやかなものであっても、何らかの罰の対象となり、そうした理不尽な旧態を変えようとする型破りな思考等、教わらないどころか一層、抑えるように仕向けられた。

この教育方法は、定められたドクトリン（教義、教説）や規則の枠外に踏み出そうとしない、視野の狭い将校を生み出す危険があったと評され、その要因については「しごき」に限らず正規のカリキュラムも含めて、「個人の特性を表す機会がまったくといってよいほどかけている」学校で教育を受けたからである[51)]と説明されている。

また米国の陸軍将校の昇進では、評価の記された書類を通して優れた能力の持ち主を選出するのではなしに、お互いに気心の知れた将校連による、仲間内での推薦が重要視された。同窓である多くの将校達はウェストポイント在学中よりお互いをよく知り、その知己が個々人の能力の評価にも影響を与えたという[52)]。

私がかつて過ごした学生寮と類似した大学生活を送る他国の事例には、興味が尽きない。卒業生、上級生が堪えて踏襲する伝統教育であるとした一家言により、不合理、理不尽な行いが金科玉条のように大事にされて伝えられてしまう。その伝統の墨守が将来、国を守る軍隊組織の幹部が体得すべき資質や能力に寄与するどころか、障害、弊害となって顕われてしまうおそれを、ウェストポイントの事例は示している。

心理学者の国分康孝はいう。

「集団の規範がきびしすぎるために、気の弱いメンバーはそれに服従し過ぎて、創造性の乏しい人間になることがある。いわれたことしかしない受身的人間の集団に化するおそれがある。しめつけの強い学校には非行がおこらないことを誇りにするものもあるが、逆に生徒が骨抜きになることもありうるのである」[53)]

国分は加えて、集団の厳しい規範の招く問題として、個性化の妨げに反発する反逆者が育つ他、面従腹背の狡猾な者を生む温床化を挙げているが[54)]、高校までは素直に勉強に励み、一定の基礎学力を備えて大学の門をくぐった、18や19の無垢な未成年が厳格教育の対象となれば、大方は没個性的な従順な性格に仕立て上げられると見てよいように思う。

(ii) 創造性・抱擁性への影響

この育成教育の弊害についてもう一つ、碩学の言葉を挙げよう。

「タテの人間関係があまり強いと、上のものと下のものとが密着してしまい、自由に発想し、自由に行動するゆとりがなくなってしまう。これは、師のもっているものをそのままの姿で、できるだけ効率よく弟子に習得させる徒弟制度の教育である。免許皆伝であって、古い文化をそのままの姿で伝えるということであればそれでよい。しかし、現代のような技術革新の時代に生きる私たちは、文明の開発になんらかの寄与をしなければならない。そのためには、先人から受けついだ遺産を、そのまま次の世代に受けわたすのではなく、何かをプラスしてわたしてやるべきである。ここに創造の営みが要請されるのである」[55)]

英国海軍教育、旧商船大学の学生寮、米国陸軍士官学校の教育と眺めてきたが、一般社会の中にはない一定の危険と隣り合わせの、非日常的とも表現できる業務と生活とを余儀なくされる組織を構成、維持する者の教育は、どうしても教条的にならざるを得ないのであろうか。そうしたタテの人間関係が強く維持され続けると外部的な刺激、例えば技術革新の波に洗われた時、柔軟な対応ができなくなると時実は指摘している。

先輩より教えられ自らも行使する技術の価値を、その伝承的な意義と共に信奉してしまうと、それが旧態化したところに新しい技術やシステムの導入が唱えられても、斜に構えるような保守的、懐疑的な意識が生まれやすい。J.B. ヒューソンは書いている。

「才能の乏しい航海者の多くは、先人が伝えた習慣を放棄するのに疎く、改良に疑わしげであり、慣例に執着していた。今日でも多くの船で太陽の子午線高度の観測がされる正午の儀式は、海上での古い習慣が非常にゆっくりとしか変わらない証拠である。しかし多くの習慣と異なり、これには人気の持続する理由が若干はある。そのまったくの単純さが、多くの人にとって、船員に位置確認の機会をおろそかにしないように教えている良きシーマンシップのもっともな金言の実行に、抵抗しにくくさせているのであろう」[56)]

船員は伝えられる技に素直に順応する反面、創造的な意欲を醸成せず、航海毎、航路毎に日々、繰り返される環境に甘んじてしまう惰性的な傾向を示す[57)]。第1章で見た、クロノメーターの遅々とした普及には、こうした旧弊に固執する船乗り気質が加担していたのではなかろうか。ここには陳腐化しつつあっても、自身が苦労して習熟した技術であればこれにすがり、新規な手法を頭から疑い、その信頼性が確かめられたとて受け入れにためらいを覚えるとした、プロにありがちな負の心理がある。

今でこそ備えて当たり前となっている法定備品のレーダーだが、導入間もない頃にはこれを軽視、視覚依存の航海術に執着する船長がいたという報告[58)]があり、また衛星航法が導入されてもしばらくの間、天測による船位の把握に固執した船長のエピソードは、そうした船員の頑なさを示したものである。

ヒューソンの言葉を借りれば、このような傾向も基本に忠実でありぶれることのない、良きシーマンシップの顕われと善意に解釈することは可能である。航海にせよ荷役にせよ繰り返しを基本とする業務の性格が、先達より受け継がれてきた職業経験とその熟練の度合いをして、船員のキャリアを推し量る目星とさせる。この点については旧商船大学の学生寮での生活パターンが特段、抜本的な改善もされずに繰り返されていた事実と奇しくも一致する。

熟練者程、自身の技術や知識を誇りとし、それらに固執する傾向にあるのは船員に限らず、他の職業にも見られる現象だろう。しかし社会の中で伝え続けるべきと衆目が一致する伝統芸能と異なり、合理性と効率性を追求する船の運航業務には、GPS による測位と天測とを同時並行に維持する余裕も必要性もない。法律の主要な部分が大幅に改正されると法律の解釈のみならず、それまでの判例、学説も大きく変わることより、老練な法律家の引退を早め法曹界の新陳代謝を促すとした言説は、船員の社会にとて言及できるのかも知れない。

4. 経験により培われる能力

(1) 航海士としてのキャリア

(i) 航海士の経験

船長の資質の養成には実職で得た経験と同様、航海士時代のキャリアが重要である。

乗り出して日の浅い見習い航海士、及び本船の運航に責任を有する職員のラインに組み込まれる三航士時代（三航士が外国人等の混乗船では二航士を執職する場合あり）は、船員としてのキャリアの地盤を形成する重要な時期である。

この時期は業務上、初めて目にし耳にすることが短い間に連続し、経験に乏しいために対処法が分からなかったり、応用が効き難かったりする反面、体力や気力に富み、学びに抵抗感なく記憶力に冴え、好奇心旺盛な上、失敗して落胆しても立ち直りが早い。恥も外聞もなく誰にでも何でも質問ができ、些細な誤りであれば責任を問われず大目に見てもらえる、役得の時期といえるかも知れない。

加えて業務のノウハウに限らず、外国人を含めた他の乗組員との共同生活を通し、船の上での過ごし方、コミュニケーションの取り方、立ち居振る舞いのイロハを学ぶ。将来の船長としての基礎の形成に、大きな影響を与える時期であるといえる。

見習いから三航士勤務の初期の段階での留意点は、自分の仕事が船内でどのような意義を持ち影響を与えるかについて、大局的に理解できないところにある。船の中では完全に独立した仕事はない。誰のどの仕事であろうと同じ部署、場合により他の部署の誰かの仕事とリンクしているから、一人の一つの仕事の失敗は、他の者の失敗を誘引する可能性がある。例えば三航士の計算した航海時間に誤りがあれば、機関長の燃料計算が狂う等である。

経験の浅い内にはこの仕組みが見えないために、要領の良い者程、早く仕事をマスターしようとして機械的に覚えてこなそうとする。このような姿勢に徹すると仕事のポイント、外してはならないところが悪気なくも理解できず、自分の仕事が船全体に対してどのような意味、意義を持つのかを知らずの内に見過ごしてしまう。

こうした仕事の仕方が癖になると、二航士、一航士とプロモートする段階で苦労が強いられる。例えばケアレスミスが恒常化して、他の乗組員の信頼が揺らぐ場合もある。混乗の進んだ現在、日本人の航海士は、三航士の時期を少しかじった程度で二航士業務を任される時があるから、尚更、見逃せないヒューマンエラーとなる。駆け出しの頃の若年航海士については船長以下、上位にある航海士が注意を怠らず、船内の仕事の繋がりを常に念頭に置くこと、ケアレスミス対策として例えば3回、見直すこと等、必要に応じて諭し指導してやらなければならない。

二航士の通例の夜半の当直は、乗組員の睡眠の時間帯にあたる。また船長や他の職員と共に採る食事は夕食のみとなる上、海図や航海計器、船用品、安全設備の管理と、託される業務は本船の安全運航に欠かせない反面、多くを一人でこなす業務柄、孤独に支配されやすい。

通常のプロモートにより二航士として勤務する時期は、船内の仕事や生活に慣れ、外国人乗組員の扱いも無難にこなせるようになる頃だが、大きな責任を担う一航士を目の前にした中だるみに陥りやすく、自ら初心を質すべき時期ともなる。

一航士は甲板部職員としての基礎と応用とをマスターし、甲板部の主管者となる重要なポジションである。自らの航海、荷役当直はもちろんのこと、荷役と船体保守の管理責任を負うのと共に、下位職の航海士と甲板部の部員層を指揮監督する役目を負う。

船種により、例えば原油タンカーではその業務量の多さを鑑み、一航士を航海当直から外して、荷役他の管理業務に専念させる海運企業もある（代替当直のための航海士を追加配乗する）。

この職位は実質的な副船長（実際の職位はない）に相当する。また主管者故、航海士としての実務はこの一航士の執務時代に完成を見るのであり、三航士、二航士にはなかった責任を負う分、新たな緊張感が生まれ仕事の充実感、船乗りとしてのやりがいを肌で感じる脂の乗った時期といえるだろう。

一航士に就く年齢層は20代の終わりから30代と、体力、知力共に充実しある程度の無理がきく。執務の取り始めの頃は業務に忙殺され、昼も夜もひたすら仕事に追われるが、航海を重ねるに従い要領をつかみ余裕が持てるようになる。一航士業務の醍醐味を感ぜられるようになるのはここからである。仕事のおもしろみが判るようになると、荷役を事故なく完璧にこなしたい、船体を滞りなく保守整備したいとした気持ちが生まれ、この船をどこに出ても恥ずかしくないようにしてやりたい、船主や荷主の意向に沿い船長を支えたいとした意識が芽生えるようになる。

二航士までは船長や一航士の指示に従いこつこつと業務をこなしてきたが、一航士となり荷役、甲板部全体に責任を持つ立場より、広く船内を見渡して状況を把握し、必要とされる判断をしなければならないことに加え、少し先を見越して障害の発生や事故を予防する能力を養うことが肝要となる。別言すれば船長職の予備員として、船を統括できるプロとなるべく自身の持てる人格の奥行きを醸成、メンタルの涵養を図るのが一航士の執務期間にあたるのである。

この時期の貴重さは自分の上に船長がいて必要な指示を仰げる他、公私に渡る相談ができることである。一航士経験に加え、船長としての経験を併せ持つ先輩から教示を受けることのできる、長く三航士の時代より続いた上位航海士に何でも聞ける環境は、この職位を最後に終焉を迎える。

尚、業務に習熟したところで上位航海士の業務を手伝い、おおまかな仕事の内容や流れをつかんでおくと、実職を取った時に苦労しない。

航海士達へ託す船長の一番の願いは、彼らがしっかりと自身の役割を果たすことである。優秀な航海士には信頼が置け、その分、船長にとり気苦労がいらなくなるが、そう粒はそろうものではない。思えば海技大学校の練習船の乗組員は極めて優秀であり、船長の私は何もすることがなかったような記憶があるも、それは極めて稀な例であるといってよい。

(ii) 早まる船長の実職

航海士から船長への昇格に要する期間は、海運企業の方針の他、雇用する船員数や配乗隻数により左右される。2000年代当初までのわが国の海運企業における船員の採用数は、好不況の影響を受けて変動し続け、これに運航隻数の増減が加わり、船長への昇格の時期に変化を見ていた。しかし1970年代初頭のオイルショック以降、恒常的に低迷し続けた採用数が、後々の人事計画に大きな影を落とすことを身をもって知った海運企業は、中国バブル以降の採用数をほぼ一定としているため、昇進のスピードに大きな変動はなくなっている。

一般的に見習い航海士から船長となるまで、乗務する船種や履歴による免状の取得、個人の資質の醸成を考慮に加えれば、10年前後の航海士歴が必要と見られていたが、その年数は短縮の傾向にある。海上履歴の間には休暇や陸上勤務の期間が加わるから、大手中堅海運企業の船長の実職開始は初乗船より約15年、以前の40代半ば過ぎから前倒しされ、30代の終わりへと移りつつある。

これは上記の新卒を中心とした採用数の一定化により、雇用船員の平均年齢が下がる傾向にあること、進む船の技術革新が業務の習熟に必要な時間を短くしていること、事故の防止には船慣れ、荷役慣れが必要と理解され、乗る船種が限定されるようになっていること、一航士以降の陸上勤務が徐々に長引くに連れ、従前の昇格方式を継続すると船長の実職が遅れ気味となること、資格で職位が決まる外国人船員との混乗は、船長に歳相応のキャリアの必要性を減じていること、資格さえあれば30代でプロモートする外国人船長の活躍が、日本人船長の昇格にも影響していること、等が挙げられる。

しかし既述した通り個々のキャリア形成は一様ではない。採用年次が同じ、昇格が同時でも、金太郎あめを切るかの如く同質の船長が誕生し続ける訳ではないのである。海運企業それぞれの持つ、船長育成に係るポリシーが大きく影響する点に異論はないものの、無視できないのが様々な不測の事態とのめぐり合わせによる、能力や資質の充実である。

いわば突如として訪れる予想外の苦労体験であり、心身がダメージを被らない限り、また船員としてのキャリアに傷が付く責任負担の生じない限り（例えば法令違反）、苦労は一般に技術面はもちろん人間的、人格的な成長の糧となり得る。小規模の故障や事故とその復旧、過酷な気象海象の中での運航体験、人間関係での苦労等、ないに越したことはないが体験するに損のない経験が後々、ものをいうようになる。

船長実職の年齢が下がるに連れ、上記に挙げた苦労はもちろん、船長としての全般的な経験不足は否めなくなり、一旦緩急の際に円滑なリーダーシップが図れないケースが出てくると予想される。海運企業はこのような事態を想定し安全管理システム（Safety Management System、SMS）の充実、陸からの積極的な支援を図るようになっている。

航海中に台風に遭遇、船長一下、乗組員の活躍により無事、難局を乗り切った船橋で、

「船乗りがすっかりいやになってしまった」

と吐露した船員に、

「誰だ、いま船乗りがいやになったというのは。こんな苦しい思いを体験して、はじめて船乗りの性根が据わるもんだ。君、止めようたって、そう止められるものかね」[59)]

と言って笑う、船長の姿が伝えられている。

(2)　実務を通しての成長

船長の権限に関しては、関連する法令や海運企業のSMSに具体的な規定が見られるが、指揮管理の実践の多くはケースバイケースでの対応が主となるため、テキストや講義、研修を通した画一的な教育が難しい。

仕事の本質的な理解は実際の現場で実務を取ることに尽きる。先に見た航海士としての職務経験を基礎として、乗り合わせた船長の執る実務の実際を学びつつ、個々の船長の人格、人柄や発揮するリーダーシップを見習い、反面教師からも糧を得て、船長の職位に就けばいよいよ自らが職務を実践することとなる。それもただ教えられた通りに遂行するのではなく、何をするにしても自分なりに考えて判断し、許容される中での試行錯誤、時には失敗する等して深い理解を得、ようやくその道のプロといわれるようになるのである。

矢嶋三策船長は1961年、雑貨定期船、淡路山丸で初めての船長職を執った。40歳であった。

本船はギア付きの三島型在来船であり、日本を出てシンガポール、スエズ、地中海から大西洋、米国東岸、パナマ運河を経て太平洋、日本へ至る西回りの世界一周航路に就いていた。

船長としての初めての航海では様々な苦労を強いられたが、矢嶋船長は貨物を可能な限り積む努力を惜しまなかった。それが商船乗りの務めと心得ていたからである。一航士と相談しながら船倉に貨物をフルに積み込み、積めないものは暴露甲板上に積み付けた。その中に南仏のカサブランカ港で積んだ大理石24個、計171トンがあった。船央ハウスの前後、両舷に6個ずつ積載しワイヤーで固縛した。

地中海よりジブラルタルを通り2月の大西洋に出、北米へと針路を取って数日後、東に向かう低気圧の影響を受け時化に入った。その後も荒天は収まる気配なく船は動揺し、波が甲板に上がるようになる。西風の最大風速は34ノット、7、8メートルのうねりを約3分間隔で受ける中、乗組員より甲板上の大理石が動いたとの報告を受ける。風に向かう航走によって船首より受けた波が甲板に落下、その衝撃で大理石が持ち上がったのである。

矢嶋船長は「とうとうこいつが来たかと内心思」いつつ、一航士に固縛の締め直しとワイヤーの増し取りを命じた。1個が7トン以上もある大理石が甲板上で暴れ出したら、周辺の設備にダメージを与えかねない。通風筒に激突して破孔を生めば、船倉内に海水が侵入するおそれすらあった。その後、波を後ろより受けるように針路を調整するが、追い波となったうねりは13メートルを超えるようになった。

船長は船の動静について本店宛、打電した。

「(次港ニューヨークには) 10日到着予定。多大の遅延を生じ申し訳なきも異常低気圧のため波高13メートルに及び甲板積み大理石171トン24個積載のため (操船) 自由を得ず」[60)]

本船は大理石を気遣って度々、速力低減、針路変更を余儀なくされるが、離路による燃料不足の心配が生じたため、距離の損失を防ぎつつ低気圧の回避に努めた。機関の回転数を上げると波が甲板に打ち上げ、落とすと舵が効かずに船体が風に流されて横波を受け、それに伴い横揺れが激しくなる。嵐の中、正しく一進一退が続いた。

矢嶋船長はこのような事態を予測せずに、大理石を積んでしまった自分の浅はかさを嘆く。航路と季節とを考えれば大理石積みは断わるべきだったのだと。が、船長はこれを成長の糧にと誓うひたむきさも忘れなかった。

「定期船の船長として大理石を積んだ (自分) の (評価) はゼロだという寂しい気持は、しょせん己の欲心の表れであることに気がついた。それは自分のうぬぼれに対する天の制裁であり、己の真の姿を知らされた悲しみである。悪かったと思う。こんなはっきりしたことはない。船長というものはこういうものなのだということがおぼろげに分かってきた。そしてこのように真剣な仕事のできる機会を与えられる船長という職を有難いと思った。「若き日の修行によって生涯おそれを知らぬ人となれ」とは先人の教えであるが、おそれていては本体はつかむことが出来ぬであろう」[61)]

淡路山丸は時化と戦うこと16昼夜、幸いに甲板上の大理石も大事に至らず、一週間近くの遅れでニューヨーク港に入港した。

本船が運んだ大理石は、シカゴ郊外にあるノートルダム大学の図書館の柱に使われた。大理石の受荷主は矢嶋船長に、輸送の難儀に対する丁重な礼状と共に、その大理石で製造した灰皿を進呈したという。

この航海より7年後、矢嶋船長は当地を訪問し、今や一学府を支えるその大理石と再会を果たすことになる。

「大理石の灰皿は「海が私に教えてくれた人生」の記念碑として今も大切にしている」[62)]

と、船長は結んでいる。

(3) 操船シミュレーション

(i) シミュレーションの効用

航空機のパイロットが訓練で利用するフライトシミュレータは有名だが、船長、航海士や水先人もシミュレータを利用して操船の訓練を行っている。海運企業での船員の業務は既に陸と海、それぞれの勤務期間が逆転している。不足しがちな乗船経験の間隙を埋める一手法として、操船シミュレーションが一役買っている。

陸の施設の中に船橋を模した設備を据え付け、その前面に航行海域、港湾がプロジェクターとスクリーンとによって再生されるシミュレータシステムでは、訓練用の仮想の世界とはいえ航路、バースと実際に存在する港湾施設が遠望をも含めて忠実に再現され、ここに種々の航法に応じたシミュレーションシナリオが組み込まれる。

操船者は予めプログラミングされた航路航行、見合い、行き会い、タグボートを利用した着離桟等のシナリオに従って訓練を受ける。シミュレータの傍らにはシミュレーションの環境をコントロールするオペレーターが控え、他船の動向を調整して操船者の訓練をより現実に近付けるようにアシストする。またシミュレーションでは再現海域上で操船する船種の選択や、昼夜薄明、天候、視界、潮流、波浪等、操船環境の設定の変更も可能である。

従来、実船、実海域での運航を経て訓練されてきた操船経験に、このシミュレータを利用して実乗船さながらの技量が積めるようになった。実船では船種が決まり、本船の航行する水域以外での操船はかなわないが、このシステムを利用すれば、東京にあるシミュレータで北海道の苫小牧港での着離桟、瀬戸内海の備讃瀬戸航路の航行の他、シナリオさえ整えられれば世界各港での航路航行や入出港体験が可能となる。フライトシミュレータと同様、将来、乗船履歴の一部がシミュレーションの消化時間数によって、認定されるようになるかも知れない。

シミュレータは荷役の分野でも活用されている。LNG やタンカー荷役のためのシミュレータまで、複数のシミュレーションシステムが実用化されている。

このシミュレータが大きな役割を果たしているのが、わが国の水先人の養成教育である。

従来、資格の取得に一定の船長履歴を条件としてきた水先人が、船員の減少と共に候補者の枯渇が見込まれるようになり、船長経験者をベースとしていた水先制度そのものが見直され、2006 年の水先法の改正により新たに等級制が導入された。それまでの船長経験者を一級に置き、船長履歴に一航士履歴を加味した二級、海上経験に乏しい若年航海士や海技免状を取得したばかりの商船系、水産系教育機関の新卒を対象とする三級の各水先人に、再編成されている。

彼らの内、実船経験の少ない、あるいはほぼ皆無の三級水先人が、如何にして水先のスキルを身に付けるかにあたり、役立つと期待されたのが操船シミュレータによる訓練であった。船長経験者であれば長年の海上経験をベースとして、入会する水先人会の水先区の地理、環境、法令とタグボートの利用法を学習しさえすれば、そのまま業務に入れるが、練習船での訓練の他、満足に操船実務の経験のない者らにとっての最良最善の訓練手法として、操船シミュレータが利用されるのである。逆にいえばシミュレータがなければ、水先制度への等級制の導入は困難であったといえるだろう。

(ii)　経験の重みの証明

水先養成コースのある海技大学校では年度初めより、募集に応じて採用された一級から三級までの水先人候補者が共に研修に入る。新制度の開始前後には、経験豊富な一級水先人候補者がシミュレーションの上達も早いと見込まれていたが、実際に研修を進めると特に桟橋、岸壁への船の着け離し訓練においては、三級水先人候補者の方が早く習熟する傾向が明らかとなった。

その理由として、第一に、三級候補者は平均年齢が 20 歳代と若く学習速度が早いこと、第二に、スキルのない分、操船に個人的な癖や先入観のないこと、第三に、世代柄、携帯の利用やゲームに長けて、その感覚の延長よりシミュレーションに難なく順応できること、そして第四に、船員実務、海運実務に疎い分、事故はおろか操船経験にも欠けることより、却って雑念なく教えられるままに素直にシミュレートできること等が考えられた。

特に最後の理由は、当時の元水先人のインストラクターや海技大学校の担当教員らに不安を抱かせることとなった。一級水先人候補者はそれまでの自身のキャリアにより最悪、事故に至った場合の損害、責任や賠償の観念がシミュレーションに臨む意識の背後に隠れ、良くも悪くもこれが学習効果の発現を妨げている一方、三級水先人には同様の意識が抜け落ちているために、上達が早いのではないかと推測されたからである。

岸壁や浮標への着離桟の操船法は一定の定式化が可能である。機関を停めても即座には停止できない船の運動特性から、例えば係留場所までの距離と速力の低減の目安を5L（length）5ノット、岸壁までの距離が船の長さの5倍までの距離に達した時点で、本船速力を5ノットに落としておくとした安全率の表現方法がある。しかし豊富な経験を持つ一級候補者は訓練当初、このような定式の実践に躊躇しかねないのである。

わずかでも速力過大のまま着桟すれば、岸壁のフェンダー（防舷物）に衝撃を与えてダメージを生むかも知れない、本船機関が不調になったら安全率はご破算になると、少しでも頭をよぎると過度に速力を落としてしまう、思い切って速力を上げられない、港内で回頭する際に岸壁、他船との接触を意識して舵を中途半端のままに取り、より危険な状況に陥る等の現象がシミュレーションに現れるのである。

ここには内航海運、フェリーの船長とは異なり、国際海運従事の船長の殆どが、船の実際の着離桟操船を水先人となって初めて行う実務慣行も影響している。商船の船長は地理環境に不慣れな外国諸港のみならず、わが国の港湾内での航行や入出港、着離桟において水先人の乗船が強制される場合が多い。特に危険物船の場合、任意であっても船主や傭船者より水先利用の推奨を受けるのが一般的である。また操船実務上、大型船では離着船にタグボートを利用するため、その扱いに慣れた水先人を利用した方が効率よく安全でもある。

私は商船の船長時、自身による数回の離桟以外、全ての着離桟に水先人を依頼した。自分で操船の全てを賄ったのは海技大学校の練習船を預かった時のみである。共に船橋に立つとはいえ水先人に嚮導を任せるのと、水先を取らず自身で動かすのとでは係る緊張感が大きく異なる。

実際にシミュレーションでは衝突しようが座礁しようが、物損は起こらず損害賠償も発生しないから、緊張感を持って操船しようにも限度があり、実務経験に乏しい三級候補者は思うがまま、教えられた通りにシミュレーションをこなしてしまうのである。

他方、操船シミュレーションのもう一つの訓練となる航路や湾内での航行では、三級水先人候補者の伸び悩みが観察された。

着離桟シミュレーションは、いわば動かない目標に船を着けたり離したりする訓練であり、合理的な計画を立案し風や潮流を的確に押さえさえすれば、本船の機関、舵、タグボートの使用の段取りをうまくつけてほぼ計画に沿った操船ができる。しかし航路航行時に出会う他船との行き会いや横切りの発生は予測できず、従って前以ての避航計画が立てられない。加えて視界や潮流の変化の他、本船と相手船の速力や操縦性能、至近の第三船の状況等、考慮すべき要素が多い。水先人候補者はこれらの条件を把握して、他船との適切な避航距離、切るべき舵のあんばいと、避航を開始する頃合いを見計らって操船しなければならない。

航法に則りいつどのタイミングで避航すべきか等の決定においては、操船者の経験と勘がものを言う。特に操船経験が皆無に近い新卒の三級候補者のシミュレーションでは、経験と勘の欠落が如実に露呈され、度々、危険な見合いの状況が現出する。その現実の例証が、大阪湾において2艘引き漁船を転覆させた、実務経験のない三級水先人による海難事故であった。

現在はこの教訓を踏まえ、新卒の三級候補者につき水先コースに入る前の2年間、商船の航海士としての乗船訓練が課されている。

水先養成において得られたこの経験則は、航行操船の技量の向上には実務経験が重要であるという点であった。操船に対する緊張感やおそれの感覚は、シミュレーションという仮想現実での訓練のみでは学び難いのである。

子供が戦争ゲームに興じて撃ち合いを繰り返しても、自分は傷付かないためにおそれを感ぜず、また殺傷した敵兵にあわれみを抱くことなく、よって心底から戦争の悲惨さを学ぶことができないのと同じである。

(4)　判断力と直感力

(i)　論理思考と直感思考

船員にはキャリアを積むことにより直感力（直観力とも書く）が養われる。

直感力とは、具体的な事象を根拠として説明したり証明したりすることなく、個人的な感覚や心象によって必要な判断を下す能力である。特に十分に検討、考慮する時間が割けない中で、何らかの決断をしなければならない際には威力を発揮する。

人の思考には論理思考と直感思考とがある。新崎盛紀によれば、論理思考とはものごとをミクロ的にその部分部分に対して注意を集中、理屈で間接的に捉える思考法であり、直感思考とはその逆、マクロ的にものごとの全体に注意を分散させつつ、勘を働かせて直接に感じ取る思考法であるという[63]。人は思考の折り、まず直感が起こり続いて論理が働く。直感と論理それぞれは思考の両輪のような関係にあり、片方のみでは成り立たず必然的に交互に機能する。そして思考の鍛錬の過程で双方が進化してゆく[64]と説明される。

直感、論理の思考能力は特定の職務に就く者の特有の能力ではない。日常生活の中で人の行う多くの判断はこの直感に依っている。論理的な思考は具体性や説得力に富みはするものの、人は自分の行為の全てを熟慮して行うものではないし、判断に係る効率性や経済性を考えた場合、論理的な思考に要する時間や労力が負担となることもあろう。このようなデメリットのない直感は、人の生活をスムーズに運ぶための重要な能力ともいえる。

業務に必要な判断は、普段の何気ない行為のための判断とは異なる。人は業務上の課題、問題に対して日常生活におけるのと同様、常に果断に判断できるとは限らない。また組織の中での地位の変動に応じて責任負担が増えるに従い、それまで苦もなくできていた決断に迷う、躊躇するようになった経験は少なくない者が持っていよう。船の上では例えば一航士なら簡単に判断できることが、船全体に責任を有する船長には難しいというケースがあり得る。

判断にはその根拠となる情報が必要となるが、欲しい情報が得られても判断が楽になるとは限らず、情報の質や量によっては却って判断が妨げられてしまう場合もある。直感は検討すべき対象から得られる、具体的な情報に基づかない推知であるため、理論的な説明に難しいものが多い分、職務権限や情報の影響を受け難い。

この推知は個人の経験が下地となる。即ち直感の根拠とは、自己の経験や教訓から無意識の内に導き出されるのである。「ゴー！」と判断すべきだが直感としての何か嫌な予感、胸騒ぎがする場合には嫌な予感とは何か、何故、胸騒ぎがするのかを論理思考に切り替えてよく考え、具体的な情報によって分析できるまで、ゴーサインを控えるのが正攻法といえる。

分析の結果、単なる思い過ごしや気後れと知れた直感は無視しても構わないが、実は過去、ある経験があり、今回のケースはそれに近似するために判断を控える、あるいは他の選択肢を採る等、慎重な行動の呼び水とするのが直感の使い方でもある[65]。論理的思考に必要となる的確な情報を見抜くのも直感と言ってよいだろう。従って経験のない者、薄い者には中々に望み難い能力となり、船の上では最も経験の豊富な船長、機関長に多く潜在する、また彼らが持つべき能力であるといえるのである。

初めての仕事、慣れない業務に直感は働き難いし、業務への消極的な取り組み姿勢も直感の生起に影響する。直感の素材となる経験に即した記憶を欠く、あるいは記憶する意気込みに欠ける故である。確実な記憶には時間が必要であり、時間をかけて脳裏に焼き付けることが直感力の基礎となる[66]。航海や荷役当直というパターンの繰り返しは関連する種々の記憶の定着を促し、これが積り積もって直感の基礎を形成するのである。

棋士の羽生善治は、

「私は、人間の持っている優れた資質の一つは、直感力だと思っている。というのも、これまで公式戦で千局以上の将棋を指してきて、一局の中で、直感によってパッと一目見て「これが一番いいだろう」と閃いた手のほぼ七割は、正しい選択をしている。将棋では、たくさん手が読めることも大切だが、最初にフォーカスを絞り、「これがよさそうな手だ」と絞り込めることが、最も大事だ。それは直感力であり、勘である」[67]

と言っている。棋士と船員の直感力を同じレベルで論じるのには無理があろうが、船員の直感にも羽生の示すところと共通する部分があるように思う。船舶の輻輳海域、漁船の集団を前にして、どの船との見合いが危険かをとっさに察知できる能力がそれである。

(ii)　船の上の直感力

船の輻輳する海域で避航操船をするにあたり、海上交通法規に準じて危険な船との見合い関係を把握、レーダー等の航海計器により避航対象船との最接近距離・時間を求めて避航したり、自船の針路を保持したりする。他船一隻一隻に優先順位を付けて処理、警戒の対象となる最も危険度の高い船から片付けていくのが、教科書の示す避航法である。

問題はその優先順位の付け方にある。

航海経験の豊富な船長や航海士は、行き会う船との距離感をつかむのと共に、その船の方位変化、進行方向と本船の針路とを比べるだけで、該船がどの程度、危険か否かを大筋で判断できる。複数の船舶と行き会う状況にあっても、その中から危険度の高い船を抽出できたり、おおまかな避航の順位付けをした操船ができたりする。これらの判断は安易、不適切なものではなく不思議にも理に適ったものであることが多く、経験によって養われた直感が働いていると見ることができる。

直感力は事象をマクロ的に概観する他にも働いている。判断に係る情報を絞って分析の負担を軽減する役目である。船の輻輳時、衝突のおそれのある全ての船を網羅して、それらの危険性を逐一分析する負担は過大に過ぎる。直感でこれらをある程度に絞り込めればその効果は大きい。

須川邦彦船長は自身が仕えた経験豊富な老船長の「勘」について述べている。

> 「(老船長は) ときとしては、「勘」で航海することもあった。しかし、常に変化する天候、それに従って変化する海、即ち生きている海、その海を航海する船、結局、生きものの如く絶えず活動する自然界と船とに対して、「当て推量による勘」では覚束ない。老船長の「勘」は、永年の経験と、でき得る限りの研究をして、苦心の挙句に体得した「理詰めの勘」であって、自信に満ちた行動で、直感によるあろう、だろう、の科学を無視した勘ではなかった」[68]

須川船長の言う「勘」は直感と論理とによる思考法に支えられたものであろう。

船長や一定の経験を有する航海士は、行き会う他船の危険度を推し量る際にまずは相手船を視認した後、双眼鏡でその動向の把握に努め、危険と判断した場合に航海計器をのぞいて当該船のデータを得るという動きをする。直感思考から論理思考へと移る過程の中で問題の処理を行う訳である。経験に乏しい航海士は相手船を視認する前、あるいは視認してもすぐに航海計器に飛び付き機械的なデータに頼ろうとする、論理思考の偏重が見られる。しかも的確な視認を怠っているために、レーダー上の船のエコーと実際の対象船とが異なるという、論理思考に必要な情報の一致を確認できずに、失笑を買う場面が見られることもある。

直感力は操船実務等、業務に関わる事象のみにはなく、例えば乗組員間に生じた問題についても過去、似たような経験をしていれば処理の方策が頭に浮かぶよう手助けもしてくれる。たとえ過去の対応に失敗したとしても、そこから一定の教訓が得られていれば、同様の事象に対して以前の教訓に基づいた直感が湧くことがある。

しかし乗組員の差別や虐げ等、偏向的な経験に由来する直感は同様な手の内を示すだけとなる。かつての奴隷船で、乗組員にも奴隷にも過酷な船内環境を強いた船長達の直感による対応とは、そのようなものであったに違いない。

直感力そのものに依存し切るのは得策とはいえない。直感はあくまでも判断をアシストする能力に過ぎず、余裕があれば具体的な情報を得て論理思考に切り替え、判断した方が無難である。そうであれば判断そのものに余裕を持つ心掛けが、実務には必要ということになる。即断即決は時間的な猶予のない、やむを得ない場合の判断法なのである。

また直感力は能力であるため個人差がある。あの船長ができたから私にもという理屈は成り立たないし、直感より常に論理思考を好む船長がいるだろう点には留意の必要があろう。

この直感力は欧米人よりも日本人の方が一般には優れているという。

(5)　操船のセンス

操船者にとり同じ操船環境が繰り返されることはない。視界が悪ければ速力を落とし、風の影響により針路を変え、潮に流されれば当て舵の度合いを調整する。陸で車両が毎日、同じ時間帯に同じ道を走っても、天気はもちろん車の行き交い、人通りは違うだろうし、運転手の気分や体調が芳しくないことがあるのと同様である。

よく航海計画は航海の数だけ必要といわれるが、船の運航の特性を端的に表したものといえる。よって狭隘、浅瀬がある等、地理的に危険な海域や航路の航行、着離桟では、少なくとも気象海象で操船に不利となる状況を避けた計画が立てられる。視界が悪化しやすい時、潮の流れや方向が許容される以上となる時間帯は避けるのが普通であるが、どれ程、周到に計画を立てようとも、不測の事態の完全な排除は不可能である。

船の科学技術が日進月歩である現在でも、実のところ操船に応用できる万能な定式は殆どないと言ってよい。教科書に記載の岸壁、桟橋への着離桟操船、浮標への係留操船法は、海気象の状況による多少の修正を要しても原則、有効ではあるが限界は否めない。

定式や教科書の限界とは何か。シミュレーションの項で触れた、行き会い船を避航するに際してどの時点で針路を変えるかというタイミング、どの程度の距離で避航を開始するかの距離感、針路を変えるにあたっての舵の切り方等は、一般に操船者の裁量の内にある。この個人的な裁量の良否がセンスという言葉で表現される。ここには直感同様、操船者の経験という下地が大きな役割を果たしている。だから定式により明解な操船法を算出しようが万能とはならず、それよりも先の直感力のような漠然とした勘ではあれ、応用の効く経験則が重宝されるのである。

船長であれば予め、一般に航海士時代を通じた十分な航海経験により避航操船のノウハウを心得ているとされ、繰り返される実際の操船が客観的に安全、適切な避航行動と看做される場合、その総体的な能力をセンスありと称するのである。

センスは直感力と同じ類の感性であり、ものごとの微妙な動きや変化を感じ取る能力と説明される。ある特定の事項の取り扱いにセンスがあるとの表現は、本質的にその取扱いに長けている、能力があるという意味になる。直感の英語は「six sense」である。センスと直感は区別し難く、同じ意味合いのものと理解して誤りではない。

多くの操船者は不測の事態を考えて早め、小まめな操船を心掛けるのが通例である。そしてベテラン程、自分なりの操船のための準則を持つといわれる。思いついた時こそ避航のタイミングという言説には、思いつきという操船者の直感の重要さが示唆されている。このような性格の避航操船とは、操船者が最適な操船を臨機応変に取れるかに尽きるのであり、その良しあしによって操船者のセンスが評価される。

避航、着離桟操船の他、あらゆる操船技法に言及できるセンスは、能力の一つと理解できるから個人差がある。通例はキャリアの長短がセンスのあるなしを決めるように感じられるが、必ずしもそうではない。中にはいくら経験を積んでも全くセンスの感じられない操船者がいる。

ごく稀に危険と見ると委縮し、過度に緊張してパニックとなり、何もできなくなるような者もいないではなく、そのような者は航海士の初期の段階で脱落する。

また水先人の仕事は港湾内での短距離航海、バースをターゲットとした離着桟と、正に操船そのものであるが、私が水先教育より得られた情報に基づけば、日本の水先人の中には商売道具たる操船のセンスを欠く者が存在するという。操船のセンスを欠くとは、例えば数年のキャリアを持つ一般的な三航士の方が、操船に長けているということである。このような不適格者を除いた上でのセンスのあるなしはと問えば、その多くは紙一重に近い。

風や潮流という、操船に影響を与える状況の把握が、通常の操船者と異なるような者もいるが、転舵に15度取るべきところ10度しか取らない、操舵手への号令が一呼吸遅い、避航の開始距離が１ケーブル（185.2メートル）短い等、僅差ではある。操船実務を通底する確たる定式がないのであるから、僅差は操船者の個性として見過ごせるかと思いきや、この差が積り積もって明らかな差となり得るのである。問題なく操船をこなすプロの眼から見ると何故、ここで舵を切らないのだろう、そんな中途半端な減速あるいは増速でよいのかとの疑念が生まれ、最終的にはセンスに欠けるとの評価に至る。

船長の操船センスの度合いは乗組員の意識に影響する。操船を無難にこなす船長には、船橋で側に立つ航海士も操舵手も安心してアシストできるが、お世辞にも上手とはいえない船長の下では不安を抱かざるを得ない。水先人の操船が稚拙であり安全の確保が難しいと判断される場合には、本船船長や航海士は法の定めるところにより、その操船権を取り上げることができる（水先法第41条第２項における船長責任）。これが船長となると、その操船によって危ない場面に迫られても、航海士が口を挟むのは職位の関係のみならず心理的にも容易ではない。だからか船長や航海士の操船のセンスのあるなしは、本人のいないところでよく乗組員の話題に上がる。

しかし事故を起こせば終わりなのであり、特に船の輻輳する湾内や港内で、航海士は船長のノー・センスを補うようにアシストする他ない。

操船が下手な船長程、慎重となるために事故を起こし難い、却って誰もが認める操船上手が自身の過信、気の緩みから海難に遭うとした奇説が、まことしやかにささやかれることがある。何れにせよ、操船のセンスのなさを自覚する船長は早い内に船を降り、船長、航海士のキャリアで培った操船以外のノウハウを生かせる職種に就くべきだろう。

5.　指揮管理の一側面：乗組員の懲戒

(1)　公平性

乗組員に不利益を与える懲戒にあたっては差別せず、公平を期すことが肝要となる。

以下、橋本進船長による咸臨丸研究から引用する。

1860年2月10日、勝海舟他の遣米使節を乗せた咸臨丸は、三浦半島の浦賀を出帆､サンフランシスコへと向かった。本船には日本人94名の乗組員と共に、名目上の水先案内としてジョン・マーサー・ブルック米海軍大尉他、10名の米国軍人が同乗していた。本来であれば日本人の乗組員が日本船である本船を運航すべきであったところ、総指揮の任にあった木村摂津守軍艦奉行が、日本人乗組員にとり初めての遠距離航海故、何等かのトラブルの発生を危惧し老中を介して米国公使ハリスに依頼、彼ら米国人らが手配されることとなった[69)]。

事実、米国への往航途上、荒天も手伝って日本人乗組員の殆どが満足な業務を果たせず、ブルック以下の米国人達が実質的に運航を取り仕切ることとなった。

航海中、船内では清水の使用の節約が命じられたが、一人の米国水兵がその清水を使い下着の洗濯をする。これを発見した日本人の事務官、吉岡勇平が水兵の顔を足蹴にしたところ、水兵は呼んできた仲間らと共に吉岡に拳銃を構えた。対する吉岡も刀のつかを握ったところへ、他の日本人乗組員らとブルック大尉が駆け付けた。

騒ぎの原因が明らかにされたところ、ブルックは米国人の部下らを制して日本側に、共同生活のおきてを破った水兵を切ってよしと明言する。最終的に日本側の許しにより該の水夫の処分はなされずに済んだが、この事件をきっかけに、ブルックをはじめとした米国人に対する日本人の心象は良い方向へと変わっていった[70)]。

咸臨丸の船内では当初、日本人乗組員と米国人らの航海技量に大きな差のある一方で、日本人は正規の運航者であるのに対して米国人らはアドバイザーにあった点、つまりは双方の立場と実力とが逆転していた事実が、両者の間に不和を呼んでいた。日本人乗組員にしてみれば自分達の実力からして自業自得の状況にあったとはいえ、おもしろくなかったのである。もしここでブルックが掟を犯した米国人水兵の肩を持つ素振りを見せたなら、両者の対立は更に深まったに違いない。

本船運航の主導権を巡り、対峙していた日本人と米国人との関係よりすれば、吉岡は水兵を切れなかっただろうし、切ろうとしても日本人の幹部が静止するとした読みがブルックになかったとは言えず、ブルックの対応は計算されたものと見ることは可能だろう。

懲戒、それも切るという死刑とまでいえる措置には何らかの法的、規則上の根拠が必要であり、単なるシーマンシップを理由に下せる処分ではなかったが、また一方でお互いに深く理解し尽くしていない外国人同士の問題でもあった。二つの集団が不仲な上、船の上での貴重な水の取り扱いをめぐる案件という、重大且つデリケートな問題に関しては生半可な対応は許されなかった。ブルックの対応はそのような船内の環境を考慮に入れた、当を得た対処であったといえるかも知れない。

注目したいのは、ブルックに計算があったとしても、彼が直接の部下の処罰を異国人である日本人に許している点である。ブルックは元来が誰にでも平等に接する誠意誠実な人物であったようである。サンフランシスコに到着した咸臨丸より、任務を終えて下船しようとしたブルックに対して、木村奉行は感謝の言葉を述べると共に、千両箱を開け好きなだけ持って行くようにと勧めたが、ブルックは、

「私は日本人をアメリカへ案内し、アメリカ人に紹介した先駆者となったことで満足です」

と答え、何も受け取らなかったという[71]。

1858年、ブルックは小型帆船、クーパー号の船長としてサンフランシスコを出帆、日本へと向う際、漂流民の経歴を持つ先のジョセフ・ヒコを同乗させる等、彼と旧知の間柄となっていた。本船が神奈川港に入港し上陸したブルックとヒコ、米国領事ドールが食事を採っていた時、ヒコがとある人物の批判をしようとしたところドールが怒りだし、ヒコを非難した。ドールのあまりの言動にブルックは、親友に吐いた無礼な言葉は聞き捨てならないと抗議、ドールとの間で言い合いとなり、ついにブルックは決闘を申し込むが、周囲の者らの取りなしでことなきに済んでいる[72]。

咸臨丸の事例で逆のケース、日本人が水の無駄遣いをしているところに米国人が鉢合わせしたら、日本人の責任者はブルックと同じ判断を下しただろうか。掟を破った行為は見逃さないとしても、日本人は身内の中で問題の者を処罰する、身内の恥は集団の恥として内々での処理に及んだのではなかろうか。

「「情け（利他的行動）は他人（ひと）のためにならず」という日本に古くから伝わる格言は、「情け（利他行為）は社会（全体）のためなり」と言い換える必要があるということである。人間の良心や道徳心にもとづく行動や利他的な行動は、それを行う個人の利益や都合をベースに説明するより、社会全体の利益や都合をベースに説明したほうがはるかに納得がいくということでもある」[73)]

ブルックが示したのは情けではない公平、厳正な対処であった。それも水の節約という利他的行動の掟を犯した者に対する必要な対処であり、吉岡のためでも他の乗組員のためでもなく、犯された罪の重大さとその後の本船全体の利益を考えた行動であったといえよう。

(2)　裁量

続いて現代の事例。船医であった久我正男医師の乗船手記からの引用である[74)]。

乗組員の全てが日本人であったタンカーにおいて、日頃から優秀と目されていた甲板手がとある出港時、こともあろうに泥酔状態で船首配置に就き、船橋にいた水先人の操船に「何やってやがんだい」と毒づいた。本船は船橋と船首とが近かったから、甲板手の暴言は船長や水先人にも届いたに違いない。共に船首にいた甲板長は怒り心頭となり、よろける甲板手を配置から外し、他の乗組員に船内へ連れていくよう指示した。

数日後、船医は自らの所業に落ち込みクビを覚悟していた甲板手を連れ、船長に謝罪させた。船長は、

「悪いことはわかるな、上陸禁止 2 航海、重ねて禁酒も 2 航海、万一陰で違反したら覚悟せよ」

と処分を伝えた。ペルシャ湾航路のタンカーは 1 航海が 2 カ月、上陸と禁酒は 4 カ月に及ぶ苦業となり、乗組員にとり厳しい処分ではあったものの、会社に知れれば免職となる事案であり、寛大な処置ではあった。

この処分に関し依拠された法令や規則、また船内で懲戒会議が開かれたか否

かについても定かではないが、恐らくは船長の独断による裁可であったのだろう。著者の久我医師はこの懲戒に対し、現場をよく理解した船長による大岡裁きであったとの評価を与えている。船長は該の甲板手をことごとく理解し、こうすれば反省して立ち直ると確信した上で、この懲戒を下したのかも知れない。甲板手本人はこれを機会に心機一転、立ち直り、定年退職まで禁酒を続けたという。その契機を与えた船長の判断と取扱いは、船内の「和」に熱意をもって対処する姿勢との評価を受け、乗組員一同に慕われていたと結ばれている。

私も心情的にはこの懲戒を評価したい。しかしこうした判断の事例を私は学生を相手にどのように伝えたらよいか、その方策が見当たらない。本件は船長の裁量が如何なく発揮された懲戒であり客観的な定式はない。船長自身の豊富な経験と性格、普段からの船内融和への取り組み、乗組員の性向からその将来をも見据えた理解とが、このような判断を導いたと評するのは容易でも、これを合理的に説明するのはたやすくないのである。

船内での懲戒は対象となる乗組員の行為の具体的な事実とその原因とを確認し、客観的に評価した後、必要と判断されれば公明正大に定められた不利益が強制されるべきものである。従って懲戒は法令とこれに準じて船主、管理会社により明文化された社内規定に則って行われる必要がある。とすると、上記の案件は確かに心を打つ懲戒であったには違いないが、前掲事件の咸臨丸の件と同様、現代に求められる本来の懲戒のあり方とは距離を置くこととなり、必ずしも模範的とはいえなくなる。

加えてこの懲戒は日本人船長による日本人の懲戒という、いわば身内の中での処置であった。

日本のリーダーの影響力、威力は部下との人間的な直接の接触を通して初めてよく発揮されるものであると、前掲の如く中根千枝は語る。集団の能力は親分自身の能力によるものよりも、寧ろ優れた能力を持つ子分を親分の人格に惹きつけてうまく統合し、子分達の全ての能力が発揮されるようにするところにあり、実際に大親分といわれる人は必ず人間的に非常な魅力をもち、子分が動くのは親分の人間的な魅力のためである[75]と述べている。

本船の日本人船長は日本人乗組員の長としてこそ、この懲戒を為し得たと考えることもできる。

(3) 透明性

竹中五雄船長は任されたトラブル続きの混乗船で、前任までの複数の船長の緩い管理を一掃、乗組員の引き締めを図ろうと厳しい管理へと転換させた。船内の問題を矢継ぎ早に積極的な是正を図ったが、船長の厳格な管理に一人のフィリピン人乗組員が業を煮やし、船長に対して酔った勢いで暴力を振るおうとした。幸いにもフィリピン人機関長が止めに入り、大事には至らなかった。

船長は船内紀律の維持を目的として管理会社の規程に則り、本人及び乗組員からの事情の聴取と併せて懲罰委員会を設ける。そして機関長他の乗組員の同意の下、本人の雇止め解雇を決断、管理会社と打ち合わせて外地の寄港地にて下船させた。

その後、下船となったフィリピン人乗組員から船長宛、自分の非理を恥じた詫び状が届いたという。

現在の船においてはどのような理由であれ、暴力行為が許容されることはない。特に船長に対する暴力は船舶権力への反抗、更には船主に対する違背行為にも値し、理由の如何を問わず厳しい懲戒の対象となり得る。本件での船長の取った対処法に問題はないと考える。重要な点は、懲戒の決定に際してルールに従うこと、当事者に申し開きの機会を与えること、その申し開きを本船幹部職員、場合により職長らを含めた懲罰委員会により検討して、懲戒の是非を決める必要のあることである。

乗組員をして任期満了前の雇止め下船という厳罰を下すことは、その者の収入源を一時的に断つこととなる他、今後、船主や管理会社による再雇用がかなわなくなるおそれがあり、家族への影響も考慮した慎重な対応が求められる。本件のように船長が被害者であったとしても、船長の個人的な独断差配は許されない。

現在、本船で船長の取り得る最も重い懲戒は、雇止めによる下船命令となる。この措置は乗組員の雇用契約や管理会社の規程、SMS 等に明文化されなければならず、外国人の乗組員には乗船前、雇用契約書に当該規定のあることを了解させ、署名を取る等しておく必要がある。

船内懲戒について船員法は、船長は懲戒権限を持ち（第 22 条）、懲戒の内容は上陸禁止及び戒告の 2 種とし、上陸禁止の期間は初日を含めて 10 日以内（停泊日数のみ参入）とする（第 23 条）、更に船長は懲戒にあたり、3 名以上の海員を立ち会わせて本人及び関係人を取り調べた上、立会人の意見を聴かなければならない（第24条）と定めている。乗組員の所業が同法第21条の船内の秩序を乱す事項に相当すれば懲戒の対象となる。

しかし更に厳しい処分が必要な場合には［雇入契約の解除］として、

「第40条　船舶所有者は、左の各号の一に該当する場合には、雇入契約を解除することができる。」

のであり、上記の事例でいえばその該当事由は「4　海員が著しく船内の秩序をみだしたとき」である。この処分の最終決定者も船長である。本船にわが国の船員法が適用される場合、これが懲戒及び雇止めの判断のベースとなる。

懲戒には同情や情けに偏らないドライな感覚も必要であり、逆に捉えれば、契約を重視する外国人船員への懲戒は、日本人船員の懲戒とは異なり割り切った対処ができる有意な点もある。しかし公法は契約や社内規定等に優先する。特に懲戒懲罰という人に不利益を与える規定の取り扱いに関する原則論からすれば、契約や社内規定に公法である船員法よりも厳格な規定は置けない結論となる。外国船舶にあっては乗組員の懲戒懲罰に関する船主規定、社内規定、雇入れ契約を定めるにあたり、旗国法の内容を調査して整合を取らなければならない。

さて乗組員の構成から見たこの懲戒は、日本人船長による外国人乗組員の懲戒であった。船長は職務権限において持つ懲戒権を、正当な手続きを経て行っている。該当する船員は不服があっても従わざるを得ないが、稀に母国の不当労働の救済機関に訴える例が存在するので、乗組員の懲戒や下船措置は根拠規定に基づき適正であるのと共に、他の乗組員の同意を得て決定された旨を証する書類を作成し残しておくべきである。

(4)　日本人による懲戒

日本人が大野幹雄船長一名の他、フィリピン人船員との混乗船での話である。

飲酒していた操機長、操機手、司厨員との間でけんかとなり、操機手が他の2名に殴られた。操機手は事態の仔細を機関長に訴え、機関長は船長へ通報した。

船長はけんか両成敗として処理する旨、3名の当事者に通達し謝罪文の提出を命じた。操機長と司厨手はこれを提出したが、操機手は自分は被害者であるとして提出を拒む。後日、船長は機関長、一航士同席の上、事件の当事者を集

め、今回は何れの当事者にとっても初めての不祥事であることに加え、操機長、司厨手らが反省していることを了解し、

「君たち２人は十分反省をしているので、これからは、このことを一日も早く忘れ、またこれを埋め合わせるためにも、今まで以上に職務に頑張りなさい。私が君たち２人に忘れなさいということは、船長の私自身も忘れなければならない」

と言い、その場で謝罪文を破り捨てた。船長の行為にその場にいた全員が一瞬、あっけに取られたが、厳罰を覚悟していた操機長と司厨手は涙をこぼして謝罪したという。

大野船長はこの対処の理由について、被害者とはいえ操機手に何も問わないのであれば、けんか両成敗の建前からは手を出した操機長、司厨手共、無罪放免としなければならなかったこと、主管者である機関長と一航士に船長の判断を理解させ、併せて他の乗組員への影響を考慮する必要のあったこと、そして船の安全を確保する狙いがあったことを挙げている[76)]。

前例のフィリピン人船員の下船措置の事例と同じ類の懲戒ではあるが、大野船長は先のタンカーにおける日本人甲板手の懲戒と似た手法、即ち外国人船員に対して日本人船員に対処するかのような懲戒を行っている。

本来であれば暴力という如何なる理由であっても許されざる行為に対して、下船も含めた懲戒を検討すべきであったものの、その後の本人達の仕事の継続とモチベーション、彼らを含めた乗組員全員の統率を考慮に入れ、敢えて懲戒しなかったのである。経験豊富な船長ならではの冴えた解決手法であったといえようが、乗組員の意表を突いた分、同じ船、同じ乗組員を相手にした懲戒としては一度しか使えない対処の仕方でもあった。無罪放免の繰り返しは紀律を崩し、船長の権威を損なう可能性があるからである。

大野船長の目論見は本人も示唆している通り、暴力事件自体の解決よりも乗組員の円滑な統治の維持にあった。事件の処理の仕方により関係者及び他の乗組員の意識に波紋を生み、船内融和や本船運航に影響の出ることを恐れたのである。暴力に対する処罰を曖昧とした点は問題を残すとしても、同様に処すことのできる船長は少ないように私には思われる。

大野船長の対処には乗組員に対する情が感じられる。日本人は一般に長く暮らしを共にする者に情が湧く。外国人であっても、船長の目線から見た乗組員

に対する情は、日本人に対するのと同様に生まれるものである。より発展していえば、混乗船でこのような対応を取れるのは日本人船長しかいないように思う。

(5)　船の上の懲戒の難しさ

一般に規制と自由とは両立しても同じレベルで並立することはない。規則やルールが厳しければ乗組員の自由は制限を受け、穏当なルールにあれば彼らの自由の範囲は拡大する。しかし規則やルールが如何ようではあっても、それを杓子定規に適用するのと、事案毎に適用の可否や程度を斟酌するのとでは、乗組員の船内生活への影響は雲泥の差となる。規則、ルールの適用の仕方は統括する者の裁量に大きく依存し、最終的には船長がどう考えるかに集約される。いわば船長の経験、能力、人格を通した対応にウエートがかかるのである。

船の上での乗組員の懲戒は決して簡単ではないといわなければならず、特に何事も穏便に済ませようとしがちな日本人船長には、最も苦手な役回りといえよう。

西尾幹二はおおよそ次のように言う[77]。

日本人はもともと自己主張の強くない民族であるから、エゴイズムの衝突はあっても摩擦はそれ程、激烈なものではあり得なかったし、対立には相対的な次元で曖昧に解決をつけることに慣れている、従って日本人には（西欧の社会のように）「個人」に徹することが、同時に「社会」に参与することになるという逆説的な人間のあり方がどうしても理解されないし、またそういう西欧の精神上の訓練を積む地盤が全くなかったところ（明治時代以前の日本）へ、社会機能の工業化のみが急速に進められたため、われわれの周辺に見られるのは依然として欲望のままに赴く個人のエゴイズム（例えば子供を執拗にかばう親の利己主義）か、さもなければ個人を完全に吸収してしまう集団主義か、常に二者択一の何れかの道でしかない、と。

その一方で良くいえば、これは日本人が何よりもまず和を尊ぶ民族である証でもあると、西尾は評価する。もともとキリスト教にいうような根源的な罪悪感を持たない日本人にとって、生活にまとまりを付ける価値の尺度となっているのは一種の美感、あるいは乱れや歪みを嫌う清潔感である、小さなサークルや会合では常に和気藹々（わきあいあい）としていなければならない、そういう意味で、村落共同体的な小さな集団の内部での民衆の秩序感覚は素朴に健全であるように、物事にスジを通すことよりも、常に波風の立たないことを好むのが日本人社会である、と評価する。

しかしこのように日本人が人間相互の和を尊重し、集団の乱れや歪みを嫌う民族であるということは、私的な小集団の範囲内では「長所」に作用することがあっても、公的な大集団の場ではそれがそのまま「弱点」にもなり得る、その理由の一つとして、われわれはもともと秩序破壊を好む国民ではないのと同時に、秩序を大規模に破壊するだけの実行力を持っていない国民であるからと、西尾は強調している。

懲戒は船員法等の旗国法や船主、管理会社の規程、雇入れ契約と、法令や雇用上の取り決めに従い、公平平等に淡々と取り扱うのが原則である。船内秩序の維持のためには厳正な対処もまた必要であり、中途半端な感傷的、温情的な対応は却って悪影響を生む可能性がある。またマネージメントから見た懲戒は、本人はもちろん他の乗組員の気持ちの引き締め、率直にいえば威嚇ともなり、船の上では陸とは異なる意味で必要なこともある。

とはいえ私は、ルールに則った懲戒の律儀な適用が妥当であると思わない。しかしまた、それは「常に波風の立たない」ように船内を維持することでもない。

取り上げた懲戒事例を見て感ずるのは、船長は乗組員の行為の可罰性をよく吟味する必要があるということである。ルールが許すから懲戒する、懲戒しなければならない訳ではない。懲戒の対象事案の事実関係の調査や当事者への聞き取り他の適正な手続きは必須として、更には事案とは直接に関わりのない本人の性格、仕事の評価、生活態度、地縁血縁、国籍の他、船内融和への影響も考慮に入れる必要がある。一船上、頭数の限られた乗組員らは仕事や生活を共にする仲間である。過去にも乗り合わせ今後も同じ船の上の身となるかも知れない。中には故郷が同じ、家族も知り合う乗組員がいることがある。

こうした要素の考慮は一見、公平を欠き、私情を挟む恣意的な検討のように見受けられるが、船の運航において安全を第一に仕事をし、生活を送る乗組員の懲戒という特性を考慮する必要があるのである。船の中の人的環境での懲戒はその場、その時で終わらず、後々までの影響を考えるのが混乗船に乗務する常識ある船長であり、西尾のいう、私的な小集団における長所として生かそうとする日本人船長の考え方ではなかろうか。懲戒を好んで行う船長はまずいないといってよいし、単純画一的な懲戒対処はその時点において、四方八方まるく治まるように見えても、後々に副産物を残す可能性ありやと、慎重な船長ならば考えるように思う。

そのためには乗組員の普段の行いや姿勢、性格をよく把握しておく必要があるように思う。乗組員個人の不平不満への対応からしでかした問題の懲戒まで、その者をよく知るのと知らないのとでは対処の仕方が異なるし、取られた対処の良しあしも違ってくる。これは船長が職員や職長という分権者を飛び越して部員にあたるということではない。リーダーシップの項でも触れたように、船長は普段の業務を分権者に一任し分権者より報告、相談を受け、必要な時、個々の乗組員にあたる際に役立つという意味合いである。

【注】

1）須川邦彦『海の信仰（上）』（海洋文化振興、1954年）111頁
2）春名徹『漂流―ジョセフ・ヒコと仲間たち』（角川書店、1982年）57頁
3）村瀬正章『池田寛親自筆本「船長日記」を読む―督乗丸漂流記』（成山堂書店、2005年）132～133頁
4）村瀬 前掲書（注3）10頁
5）春名 前掲書（注2）29～30頁
6）ルース・ベネディクト 著、福井七子 訳『日本人の行動パターン』（NHK出版、1997年）77頁
7）中根千枝『タテ社会の人間関係―単一社会の理論』（講談社、1967年）148頁
8）佐橋滋 編著『日本人論の検証―現代日本社会研究』（誠文堂新光社、1980年）172～174頁
9）国分康孝『リーダーシップの心理学』（講談社、1984年）134・180頁
10）西部徹一『日本の船員―労働と生活』（労働科学研究所、1961年）149頁
11）清家洋二『決められない！―優柔不断の病理』（筑摩書房、2005年）106頁
12）小柴秋夫「初航海のころ」海上労働協会海上の友編集部 編『航海記―海と船と人と』（海上労働協会、1957年）所収、7～34頁
13）山内景樹『日本船員の大量転職―国際競争のなかのキャリア危機』（中央公論社、1992年）57頁
14）小門和之助 著、小門先生論文刊行会 編『船員問題の国際的展望』（日本海事振興会、1958年）133～134頁
15）清家 前掲書（注11）100～101頁
16）霜山徳爾『人間の限界』（岩波書店、1975年）41頁
17）小杉俊哉『リーダーシップ3.0―カリスマから支援者へ』（祥伝社、2013年）224頁
18）井上一規「指揮管理」逸見真 編著『船長職の諸相』（山縣記念財団、2018年）所収、26～54頁
19）井上 前掲書（注18）29頁

20）星野英一『人間・社会・法』（創文社、2009 年）29 頁
21）矢嶋三策 編『小門和之助先生追悼録』（小門先生追悼論文集刊行会、1979 年）36 ～ 37 頁
22）武内賢一『海上労働に生きて―日本海運と船員の苦闘』（海流社、1988 年）130 頁
23）R. H. デーナー 著、千葉宗雄 監訳『帆船航海記』（海文堂出版、1977 年）315 頁
24）ジェームズ・ビゼット 著、佐野修・大杉勇 訳『セイル・ホー！―若き日の帆船生活』（成山堂書店、1990 年）318 頁
25）篠原陽一『帆船の社会史―イギリス船員の証言』（高文堂出版社、1983 年）174 ～ 176 頁
26）篠原 前掲書（注 25）174 ～ 176 頁
27）笠井俊和『船乗りがつなぐ大西洋世界―英領植民地ボストンの船員と貿易の社会史』（晃洋書房、2017 年）47 頁
28）皆川三郎『海洋国民の自叙伝―英国船員の日記』（泰文堂、1994 年）44 頁
29）笠井 前掲書（注 27）48 ～ 49 頁
30）篠原 前掲書（注 25）174 ～ 176 頁
31）坂本優一郎「海と経済―漁業と海運業から見る海域社会史」金澤周作 編『海のイギリス史―闘争と共生の世界史』（昭和堂、2013 年）所収、98 頁
32）篠原 前掲書（注 25）174 ～ 176 頁
33）篠原 前掲書（注 25）256 ～ 257 頁
34）半藤一利『日本型リーダーはなぜ失敗するのか』（文藝春秋、2012 年）88 頁
35）デーナー 前掲書（注 23）320 頁
36）薩摩真介「海軍―「木の楯」から「鉄の矛」へ」金澤周作 編『海のイギリス史―闘争と共生の世界史』（昭和堂、2013 年）所収、74 頁
37）田所昌幸「組織の「近代化」に向けて―19 世紀のロイヤル・ネイヴィーの人事と教育」田所昌幸 編『ロイヤル・ネイヴィーとパクス・ブリタニカ』（有斐閣、2006 年）所収、141 頁
38）田所 前掲書（注 37）142 頁
39）田所 前掲書（注 37）144 頁
40）田所 前掲書（注 37）143 頁
41）半藤 前掲書（注 34）80・86 頁
42）清家 前掲書（注 11）132 頁
43）清家 前掲書（注 11）132 ～ 133 頁
44）デーナー 前掲書（注 23）305 頁
45）小門 前掲書（注 14）481 頁
46）向坂寛『恥の構造―日本文化の深層』（講談社、1982 年）83 頁
47）高田里惠子『学歴・階級・軍隊―高学歴兵士たちの憂鬱な日常』（中央公論新社、2008 年）205 ～ 206 頁
48）阿部謹也『「世間」とは何か』（講談社、1995 年）12 ～ 30 頁
49）イエルク・ムート 著、大木毅 訳『コマンド・カルチャー ―米独将校教育の比較文化史』（中央公論新社、2015 年）82 頁
50）ムート 前掲書（注 49）92 頁

51）ムート 前掲書（注 49）118 頁
52）ムート 前掲書（注 49）23 頁
53）国分 前掲書（注 9）70 頁
54）国分 前掲書（注 9）70 ～ 71 頁
55）時実利彦『人間であること』（岩波書店、1970 年）127 頁
56）J. B. ヒューソン 著、杉崎昭生 訳『交易と貿易を支えた 航海術の歴史』（海文堂出版、2007 年）111 頁
57）西部 前掲書（注 10）137 頁
58）中川久『泣き笑い、航海術―ある巡視船船長の回想』（舵社、1994 年）82 頁
59）谷木重雄「揺れる鉄の箱」海上労働協会海上の友編集部 編『航海記―海と船と人と』（海上労働協会、1957 年）所収、104 頁
60）矢嶋三策『船長』（日本海事広報協会、1981 年）267 頁
61）矢嶋 前掲書（注 60）273 ～ 274 頁
62）矢嶋 前掲書（注 60）364 頁
63）新崎盛紀『直観力』（講談社、1978 年）15 頁
64）新崎 前掲書（注 63）26 頁
65）会田雄次『決断の条件』（新潮社、1975 年）130 ～ 131 頁
66）新崎 前掲書（注 63）97 ～ 98 頁
67）羽生善治『決断力』（角川書店、2005 年）58 頁
68）須川 前掲書（注 1）15 頁
69）橋本進『咸臨丸、大海をゆく―サンフランシスコ航海の真相』（海文堂出版、2010 年）58 頁
70）橋本 前掲書（注 69）152 ～ 154 頁
71）橋本進「歴史」逸見真 編著『船長職の諸相』（山縣記念財団、2018 年）所収、161 ～ 208 頁
72）近藤晴嘉『ジョセフ＝ヒコ』（吉川弘文館、1963 年）34 ～ 53 頁
73）門脇厚司『社会力を育てる―新しい「学び」の構想』（岩波書店、2010 年）88 頁
74）久我正男『ある老船医の回想―船と海の 20 年』（日本海事広報協会、1993 年）160 ～ 161 頁
75）中根 前掲書（注 7）155 ～ 156 頁
76）大野幹雄『フィリピン人船員と危機管理』（成山堂書店、2000 年）86 ～ 89 頁
77）西尾幹二『個人主義とは何か』（PHP 研究所、2007 年）131 ～ 150 頁

第３章　海難と法

私は船員としての現役時代、自分の乗っている船が海難に遭う夢をよく見た。決まって座礁や乗揚げ、衝突に遭う直前で覚める夢だった。航海当直中、はっと気付いて船橋から下を見やると、波打つ岩礁がすぐそばにあったり、ドックや岸壁、網を引く幾百もの漁船の群れ目掛けて全速力で突入する中、決まって乗揚げ、衝突が不可避と絶望の淵に立たされて目が覚めるというものだった。当直を共にする外国人の操舵手が、何と日本語で「もうだめだ！」と発した声が明瞭に聞こえたかの夢もあった。

教職に就いた今でもこの手の夢を、稀にではあるが見るのである。

こうした海難にまつわる夢の体験は、少なくない船長や航海士が共有している。船に乗り合わせた者や会社の同僚からも似たような話を聞いたし、船員の著した航海記や随筆の幾つかにも描かれている。

田中善治船長の手記から。

> 「航海士にとって、どんな大時化の中でも、また、他の船がどの方角から何隻来ようが、座礁や衝突を避けなければならない責務がある。この重圧が長年精神的な負担を生み、深層心理となっているのであろう。そうして、その深層心理の様相がレム（急速眼球運動）睡眠中に湧出するのかも知れない」[1)]

不思議なのは同じ船員でも機関士等、職種が違う者に同様な経験は皆無なことである。

仕事の絡む夢は船員の十八番ではない。私が海運企業にて不定期船の営業部署に籍を置いていた時分の上司は、寝言で運賃相場を叫んでいたし、とある陸員であった者は退職しても未だに海運市況の暴騰、暴落にうなされる夢を見るという。

海難の夢は決して夢見心地といえるものではないが、夢のままに終わればそれにこしたことはないだろう。

1. 衝突

(1) ニアミス

石川吉春船長は載貨重量トン数48万トンの巨大タンカーを率い、日本からペルシャ湾へ向け航行していた。復航の満船状態での航海を思うと、積荷のない空船での往航は幾分、気分が楽だった。シンガポール海峡を西へと通峡後、マラッカ海峡に入り北西へと進み、最後の難所であるワン・ファゾム・バンクに向かう。ここはマラッカ海峡の北西、インド洋に近い船舶通航の関門であり大型船、中でもインド洋から海峡へと入る満船の深喫水船はここを通過しなければならない。

以下は1979年頃の話である[2)]。

本船の当該バンク通過は夜中となる目論見だった。石川船長は当直の二航士より、スコールが来襲して視程が悪くなったとの報告を受けた。予定よりも早く船橋へ上がると二航士より、スコール域に入る前に、反対方向から来る行き会い船を確認したと知らされる。船長はレーダーを覗き込み、相手船とは右舷対右舷で航過できると判断した。スクリーン上の映像より見て向こうも巨大船である様子であり、恐らくは中東帰りで原油満載の状態だろうと察しがついた。

海上の航行ルールは右側通行である。海上衝突予防法では行き会う2隻の船それぞれに、左舷を相対しての航過を定めている（第14条第1項）が、この時の両船はそのまま進めばお互いに右舷を見せつつすれ違うのが安全と、石川船長は判断したのである。相手船までの距離が3マイル程となったところで、船長は注意喚起のための霧中信号を自動にセットして吹鳴を開始した。

しばらくするとスコールが止み、二航士が肉眼により相手船の紅い左舷灯を確認したと報告してきた。左舷灯が見えるということは、相手船は進路を変えて本船の前方を右から左へ横切る態勢であると察知され、船長はこれに呼応するかのように右舷一杯（hard starb'd）に舵を取った。このまま進めば当初の右舷対右舷から一転、お互いに航法に準じた左舷対左舷で通過することとなる。既に両船の距離は1.3マイルにまで接近していた。

本船の右への転舵直後、二航士は再度、相手船の舷灯を確認する。そして相手船が喫水制限船の灯火、貨物の積載により喫水が深まり、他船を避航しようにも自由に進路の変更ができない状態にあるとした、紅灯の縦連携（海上衝突予防法第28条）を確認、先の船長への報告はこの紅灯を赤い舷灯とした見間違えだったと告げてきた。

これが事実ならば相手船は当初の進路を変えず、即ち本船の船首を横切る意図なく進んでいることになる。既に右一杯に取った舵で本船は右に回頭し出している。ここで臨機に左舵を取っても、巨大船の回頭はすぐに止まり反対舷に振れ出すようなものではない。左舵を取って進路が変わる内に衝突してしまう可能性が高いと判断した船長は、このままと即断して右回頭を続けた。

小降りとなった雨の中、船長が右舷（ママ）ウイング（船橋右外の張り出し部分）に飛び出すと、闇夜の中に相手船の黒いシルエットが見えてきた。自分がウイングから号令を出しても、自動で吹鳴している本船の汽笛に遮られ、船橋内の二航士には届かないと判断した船長は、彼に汽笛を止めるように指示する。しかし二航士は何を勘違いしたのか、いきなりテレグラフ（機関回転数の指示機）のレバーに飛び付き、機関停止の位置に引いてしまった。機関が停止してスクリュープロペラが止まれば、プロペラから舵への水流がなくなり本船の回頭速度が一挙に落ちる。船長はこれら本船の安全を脅かす予期せぬ出来事の連続により、パニックに近い状態に陥った。

船長がウイングより凝視したところ、相手船の右舷灯と二本のマストが見えゆっくりと左転していることが分かった。お互い眼と鼻との先でこちらは右転、相手は左転という、最も好ましからざる避航法が取られていた。舵による回頭速度が適切でなければ衝突し、たとえお互いの船首が相手船をかわせても、キック現象により本船船尾が回頭舷と反対の左舷へと突き出て、左回頭中の相手船と接触する可能性もあった。

両船共に無事にかわることを祈る石川船長は、極度の緊張感で心拍を早め、顔から血の気が引いていくのを感じていた。船橋に入りレーダーで相手船との距離を確かめる余裕もなく、身体が硬直したかのようにウイングに立ち尽くすのみだった。その後、相手船の船尾が遠ざかっていることが確認され、幸いにも何とか避航がかなったことが知れた。

二航士は何故、船長のオーダーを聞き間違えて機関を停止させてしまったのだろうか。二航士が学生の頃に学んだ他船との衝突等、船に急迫した危険のある場合には機関を停止、舵を右一杯に取り、更に全速後進にすべきとの教科書の教えが刷り込まれ、船長の次の指示は機関停止だろうと機械的に思い込んでいた故と、船長は分析している。

石川船長は大事に至らなかったニアミスについて吐露している。

「「よかった」との安堵感と共に、その場に崩れ落ちたいような虚しい虚脱感を覚えた。（中略）こんな時の気持ちは惨めで、大事な仕事をやり終えた時のような充実感とはほど遠いものである。自分の誤った判断によって招いた危機であり、そこから脱出できたとしても、自分の未熟さのみが悔やまれ、虚しさと後味の悪さが残るのである」[3)]

二航士は何故、行き会い船の右舷灯を見なかったのか、喫水制限船を示すマスト上の紅灯３個の縦連携を、それよりも低い位置にある１紅灯の左舷灯と見間違えたのかについて、石川船長は明らかにしていない。ただ二航士により相手船の左舷灯確認の報を受けた船長は、即座に自らも視認して確認すべきであったが、既にお互いが至近距離にあったこと、そしてそれ以上に二航士への暗黙の信頼という、船長によくある心理的な盲点のなせる業であったといえよう。

既述の通り、現在の国際航海従事の大型船では、装備されたAISの示す情報により相手の船の名前が分かる。夜間やスコールの中で視界が悪く相手船が視認できない状況でも、AISで確認できる船名、針路、速力、レーダーによる距離等の情報を基に無線電話で呼び出し、お互いの操船の意図を確認しあえば、事故やニアミスの起こる確率は低下する。

しかしそれでも危険が完全に解消するとは言い切れない。両船が無線電話を通じた音声により明確に、危険回避のために取るべき操船法の確認を行った後に、今回のケースのような当直者による相手船の動静の誤認が発生しないとも限らない。AISやレーダー、ARPAより、相手船の針路を確認できたとしても、双方あるいはどちらかが回頭中、またはその直後であれば針路解析が間に合わず、しばし不正確な情報を表示する場合があり得る。とすると、無線電話の相互確認がご破算となり、再確認の時間のないままに、それぞれが独自の判断で進路や速力を変更するおそれが生じ得るのである。

(2)　信頼と航海の基本

(i)　航海士への信頼

船長は一定の信頼を置く航海士からの報告を逐一、自身で再確認することはない。用心深い船長は別として、船長と航海士との関係における一般論として言及できるように思う。

同じマラッカ海峡での私の経験談である。

ペルシャ湾で原油を積み込み、満船での帰途にあったVLCCの三航士だった私は、船長とフィリピン人操舵手の3名で夜間の当直に入っていた。本船は海峡の北西側にある、ピラミッドショールという名の変針点に差し掛かろうとしていた。ここはショールに位置する浮標を目印に、本船のような深喫水船は右転して専用航路に入り、その他の船はそのまま直進できる航路の分岐点である。

私は視認とレーダーとを用いて変針点を示す浮標を確認し、船長に本船と浮標との間の距離を刻々と報告していた。浮標に差し掛かり本船回頭を目前に控えた船長は、私に後続する船、追い越し船がいないか聞いてきた。私はレーダーにより他船の映像が皆無であることを再確認、回答した。船長は直後に、

「スターボード・テン！」（面舵10度！）

と、舵を右に10度切るよう操舵手に指示する。

少しの間を置いて本船の船首がゆっくりと右に振れ出した。すると、それまで浮標以外のエコー（映像）がなかったレーダー画面上の右後方に突如、大きな塊が表れた。私はとっさに双眼鏡を手に取り右のウイングに飛び出して見たところ、本船に追い越しをかけて迫る大型船があった。しかもかなり近距離である。浮標との距離の計測のためにレーダーレンジ（画面の映像範囲）を近距離に設定していたところ、本船よりも脚の早い追い越し船が、たまたま本船の煙突の陰に入り、レーダー電波が一時的に遮断されて映らなかったのである。

「キャプテン、右後ろから後続船です！」

と私が叫ぶや否や、船長も右ウイングに飛び出し確認、すぐに舵を中央、続いて反対舷へハード（最大舵角35度）に取るよう号令した後、間髪を入れず無線電話に取り付き、追い越し船へ本船を避けるよう警告しようと試みた。しかし満船である本船の回頭は容易に止まらない。再び後ろを見ると相手船の両舷灯がはっきり見え、向こうの船橋でも当直者が慌てている様子が見えた（夜間であり本船同様、暗い船橋内は見えないはずだが、そう錯覚して記憶するほどに切迫感があったのだろう）。

送受話器を片手に通信しようとする船長は声が上ずり、うまく話せない様子、私は昼間信号灯で相手船へ警告信号を送った。間一髪だったが追い越し船は右に大きく回頭し出し、本船の船首を右から左へと横切った。かわせた具体的な

距離は覚えていないがかなり近かった。結果として何事もなく、ニアミスに済んだのである。闇夜のシルエットと速力から、相手船は20ノット以上のコンテナ船であることが分かった。

もし追い越し船の発見がもう少し早く、本船がもとの進路へと取り直した場合、そのまま浅い航路へと進入することとなり新たな危険が生じたともいえ、結果論からすればよかったということとなろう。

(ii) 航海士の教育と指導

船員の常務に照らして考えれば、このケースでは当直航海士である私が見張りの基本に立ち返り、進路を変える際にはたとえレーダーで問題なしと確認できても、敢えて視認により確認すべきであったこと、強いて述べるなら船長自身も確かめるべきであったことの二点が指摘できる。対処法として追い越し船をより早く察知し、無線電話により本船が深喫水であるため右転しなければならないとして、相手船に左舷からの追い越しを依頼すべきであったこととなる。

加えてこの水域を通り慣れたコンテナ船であれば、喫水制限船の灯火を掲げている本船が、この場所で航路を変えるために右転することを予想して当然であり、そうならば予め機転を利かせ、本船の左舷側から追い越しをかけるべきとなるが、コンテナ船がそれを知っていたかは定かではない。

しかし私のミスはミスでも、船長自身に再確認を求めるには無理があったように思う。私とその船長とは既に数航海同乗しており、数度に渡り日本とペルシャ湾とを結ぶ航海に就いていた。船長が私に一定の信頼を置いていたことは自覚していたし、私自身、業務にベストを尽くしているとの自信もあった。そのような関係にある中で、三航士の報告を一つひとつ自分自身で確認することは余程、慎重か、三航士を頭から信用していない船長でなければしないだろう。そうであれば、船長を補佐する立場にある航海士は、自身の責任の重さを改めて自認しなければならないということになる。

洋上等、特段に危険のない海域での航海当直について、船長は航海士を信頼して船の運航を任せ、常時、船橋に立つことはない。心配であったとしても、万能を期せない人としての船長は四六時中、船橋に留まる訳にはいかない。そう考えると、船長が任せるに足る当直に徹するのが航海士の最低限の義務となり、これを怠り安全を蔑ろにする航海士は船長の信頼を即、失うこととなる。逆に船長に信頼されていると自覚する航海士は、仕事のモチベーションも上がる。だから船長は航海士に安心して任せられるよう、彼を育てる必要も出てくるのである。

石川船長の事例と私の経験は共にニアミスで済んだが、実際に事故に至った船長の精神的なダメージには大きいものがある。当直航海士による適切な操船がままならずに衝突した、内航船の船長の述懐がある。船長は行き会い船との衝突の危険に陥った時点で船橋に呼び出されたものの、時、既に遅かった。

「私のこれまでの楽しかった思い出はすべて吹っ飛び、今に至るまで私の心をさいなんでおります。何故あのとき、串ヶ瀬瀬戸にさしかかる前にブリッジに立たなかったのだろう。何故あのとき、霧が少しでも深くなれば船長に必ず報告するよう伝えなかったのだろう。何故あのとき…と、既に五年が経ち過去の出来事は今更悔やんでも取り返しのつかないこととわかっていながら、いまだに自問自答をくりかえす毎日です。（中略）この反省は心の中で一生消えないと思います」[4)]

衝突に係る船長の法的な責任は免れたとしても、当直航海士のミスが本船の責任者としての船長の心に、大きな禍根を残した一幕である。

2.　座礁

台風やハリケーン、サイクロンといった激甚な暴風雨は、船員が最も恐れる自然の猛威である。洋上で遭遇した船は巨大な波浪とうねりとに翻弄され、船体の動揺による貨物の荷崩れによって転覆のおそれが生じ、浸水を来せば沈没の危険が生ずる。本船の転覆、沈没の前に退船できるとして、荒天下での海上への脱出は救命艇、救命筏（普段は小型コンテナに収められ、非常時に手動または海面落下の衝撃により内蔵する圧搾空気によって膨張、浮揚する強化ゴム製の筏）を降ろせるか、乗り移れるかという初歩的な問題に加え、たとえ救命胴衣を身に付けていたとしても、海へ放り出されればすさまじい嵐を容易に乗り切れるとは限らない。

陸岸近くでは波浪と強風とに吹き寄せられた船の座礁が招来される。座礁は船が陸に押し上げられて擱座するばかりではない。乗り揚げた船が安定性を失って転覆、浸水すれば即、人命に危害が及ぶ。1954年9月、台風15号による函館湾での洞爺丸の遭難沈没は、座礁に引き続く転覆により船長、乗組員、乗客併せて1,155名を犠牲にした悲劇であった。

商船の船底として平底が一般的となった現在では、中小型船でも横殴りの波浪やうねりを受けなければ、着底後の転覆の可能性は少なくなっている。

(1) 海平丸の座礁

(i) 台風に追われて

1964年9月、材木船海平丸（総トン数3,163トン）は日本よりフィリピンへと向かい、ルソン島北東岸のサンビセント湾において台風18号に巻き込まれ座礁する。以下は本船と台風との遭遇、座礁、そして自力離洲という大前晴保船長以下、32名の乗組員による奮闘の記録である[5)]。

9月8日、海平丸はルソン島北岸のアブルグ港で積荷役を行っていた。その頃、フィリピン本島へと近付きつつあった台風18号は、ルソン島北方のバシー海峡を通過すると予想され、本船はその直撃を受ける可能性が出てきた。当港の水先人の推奨もあり、船長はラワン材を1,500トンと半載の状態で同日、アブルグ港から西へ6時間の行程にある、同じくルソン島北端のサンビセント湾に移動することとした。この湾は暴風圏外との予報であったが最悪、台風の影響を受けてもその右半円より風の弱まる左半円での航過となり、また大前船長自身、この湾において過去3回の避泊の経験があった。

しかし本船の移動後、台風の進行は予想より南に偏移し、サンビセント湾を直撃するコースを示す。最悪の事態が予想されたが今更、他の場所に移動する時間はない。大前船長は水深15メートルの水域に、両舷の錨鎖を最大限まで進出させ来るべき強風に備えた。

午後10時、湾は暴風圏に入り気圧は急激に降下、最大風速は45メートルを示した。船長はラワン材を収める船倉に海水を注水して本船の喫水を深くし、水面上の船体側面積を減じて風の抵抗を小さくする手はずを取った。

日付が変わった午前1時、気圧970ミリバール（現行単位ヘクトパスカル）、風速42メートル、最大瞬間風速75メートルとなる。午前2時前には大波により船橋のガラスが破損、レーダーの電源がショートして使用不能となり、本船位置の確認が難しくなっていた。風が70メートルを超えて風速計が振り切れ、船体が錨を起点に左右に大きく振れ回るようになる。船長は機関と舵とを使用し、船首を風に立て風圧を軽減する策を取った。

午前2時20分頃、最も恐れていたことが起こる。一時的に復旧したレーダーで確認したところ、錨が海底から外れ船が流され始めていた（走錨）。併用していた音響測深儀による水深の確認も困難となり、船長は座礁を覚悟して通信長に緊急通信を命じた。

午前2時35分、本船は海岸に座洲する。左舷に7度、傾いて泊まるも浸水沈没は免れ、また乗組員に死傷者の出なかったことが不幸中の幸いであった。風は風速85メートルを超え、気圧は905ミリバールで底を打った。

大前船長の言葉を引こう。

「(本船は) 暴風に叩かれ波にうたれ、綺麗に化粧していたペイントを剥ぎ落されてしまっている、海平丸の船腹を私は労わりさすってやった。「乗組員の生命を暴風から救ってくれて、本当に有難う。私が必ず浮揚させ救助してあげるから、いましばらく我慢してくれ」。何回となく一人言を繰り返し、本船に囁きかける私の目はいつのまにか涙で曇ってしまった」[6)]

(ii)　不屈の闘魂

台風が去り荒天が終息した後、船長は今後、本船が座洲した位置から動いて船体に傾斜の増加と損傷を生じないよう、船首から沖側へ2錨、船尾から同じく1錨、及び陸側へ1錨を入れ擱座させ、海岸線の砂洲にほぼ平行な状態で船固めした。

船長は乗組員と打ち合わせ、会社との相談の後、自力での離洲を決意する。積荷のラワン材を海上へ揚げて喫水を軽くし、満潮を見計らって船固めに利用している錨を巻き込み、船首を海側へと振り出して沖出しする手はずだった。9月12日、南方の穏やかな海を前に船首の錨を巻き込み離洲を試みるが、一つのウインチのワイヤーロープが切断して失敗する。

13日に船主の計らいで向けられた僚船、江戸川丸が至近に到着、本船の離洲のために予備錨が貸与され海平丸側で離洲の準備に利用した。船首を振り出しやすくするためにトリムを船尾脚とし、船首の喫水を軽くした。

12日の離洲の失敗の後、船長は台風遭遇以来の不眠不休からか激しい腹痛に襲われていたが、その痛みも治まりつつあった14日、再度の離洲を図った。期して満潮を待ち、ウインドラスと船首のウインチを併用して錨を巻き込むが、2時間余りの作業を以てしても船はびくともしなかった。

2回の失敗は実質、本船の自力での離洲が難しいことを船長と乗組員とに知らしめた。船主は日本からのサルベージ船の救援を検討していたが、フィリピン政府の許可が下りなかったため、船長は地元の業者に離洲のアシストを求め、来援した429トンのタグボートと契約を結んだ。

9月18日、2回目以来の満潮を持して3度目の離洲作業が行われた。船首のほぼ正横方向に打ち据えられた、3つの錨の内の2つの把駐力を高めるために、それぞれに錨1つずつをダブルで連結させた。都合、2個2組と1個の計5個の錨から引いた錨鎖と、これに連結させたワイヤーロープ3本の本船による巻き込み、及びタグボートによる船首の牽引が始まる。船首はゆっくりと動き出したが、14度回頭したところでタグワイヤーと錨のワイヤー1本が切断してしまう。

その後、本船の救助艇を使い、切れたワイヤーを四つ目錨を引き摺りつつ探して見つけ出し、離洲の体制を組み直した。

以降、9月21日まで、初回から数えて13回の離洲が試みられたが、何れも空しく失敗に終わる。大前船長の談、

> 「一進一退の毎日毎日が本当に苦しかった。この艱難辛苦は筆舌には到底尽し得ない。「賽の河原の石積み」ではないが、崩れては積み上げ、積んでは崩れ落ち、失敗に失敗を重ねる乗組員の労苦は、想像に絶するものであった」[7)]

ただこの一連の努力のお陰で、当初の船首方位から54度、船体を沖側へ振り出すことに成功していた。船長は継続して船首の横方向への引き出しを試みるより、現在、船首の向いている方向へと真っ直ぐに引き出す策に転ずる。喫水を船首尾同じとするイーブン・キールとなるようバラストを調整し、22日未明の満潮が最後のチャンスと目して決行した。

午前3時25分、タグボートが曳航開始、左舷前方の2錨ずつダブルで組み合わされた2本のワイヤーを船首に巻き込みつつ、満潮と共に漸進を開始、午前5時15分、ようやく海平丸は完全に離洲し、浮揚に成功したのである。

船長と乗組員とが一体となって離洲に挑戦し続けた回数は実に14回、本船は13日間の敢闘の末、当初の目的を達成した。その後、本船は自力でアパリ港に廻航し船体に特段の異常のないことを確認した後、ラワン材を満載して日本への帰途に就いた[8)]。

(2)　船長と乗組員のレジリエンス

ダメージを受けたものが回復する、失われたものがもとに戻る現象はレジリエンス（resilience）と説明される。昆正和はレジリエンスの特徴を、どのよう

な困難にも柔軟に対応する力、ダメージを受けたときに発揮される力、状況の変化に適応する力の3つにまとめている[9]。海平丸について考えれば船長、乗組員がほぼ一様に、この3つの力を兼ね備えていたと認められる。

海平丸の船長は、海難遭遇による自らの精神的なダメージを短時間の内に回復させた。そして乗組員を鼓舞して離洲を図るプレッシャーに耐えなければならなかった中で、限られた人員と機材の効率的な利用の段取り、離洲に最適な潮の見極め、食糧、水の残量及び乗組員の体力、精神力を勘案し、乗組員、本船の安全を第一に、困難な条件の中での本船の離洲を果敢に果たしたのである。

もとより海平丸自身の幸運も考慮に入れる必要があろう。座礁自体による乗組員の死傷がなかったことの他、のし上げた海底が柔らかな砂洲であり、船底にほぼ損傷なく機関、舵にも不具合のなかったこと、船の大きさが3,000総トンと小振りで、乗組員による自力脱出が可能な大きさであったこと、天候の変化に見舞われ難い南洋海域であったこと、付近住民により積荷の一部が盗難に遭ってはいるものの、海賊のような凶暴な暴徒に襲われなかったこと等の好条件に恵まれた。

現在の大型船が同様な状況に置かれた場合、自力離礁は物理的に難しい他、よしんば潮の助けを借りた離礁の可能性が残っていたとしても、乗組員数の絶対的な不足、船体ストレスの変化により船体がダメージを受けるおそれ、機関の馬力不足、一定数以上のタグボートの手配等、実施の条件を整えるのは容易ではない。しかし海平丸の座礁の時分と比べて通信システムが発達した今日、衛星電話のみならずEメールによる本船と船主、管理会社との間での意思疎通、頻繁なデータのやり取りが可能であり、平常、異常を問わず、船長はいつでも彼らの助言を請うことができる。

ISMコードは、船の非常時には会社と一体となって対応すべきと定めている。例えば本船が大規模な油濁事故を起こした場合、とても船長、乗組員のみでの処理はかなわない。本船はSMSに則り定期的に船主、管理会社、いわゆるSMS上の実体のある会社との間で、油濁防除のための共同の操練を行っている。会社、船とが一体化した取り組みは、ISPSコードに準じたセキュリティのための訓練でも求められている。普段からの訓練を介した船長、乗組員、会社の要員に対する心構えと意識付けはいざとなった時、一定の効果の発揮に貢献することだろう。

船と会社とが協働してことにあたる非常時、必要となる意思決定はどこで行われるべきか。ISO（国際標準化団体）はISO22320という「社会の安全：緊急対応：事故対応要件」を定めている。この要件では、非常時の対応の判断は最も下位のレベルで行われるべきとし、最上位のレベルは調整と支援とに徹するべしと規定されている[10)]。

これに準ずれば海上での非常時、現場の意思決定は本船が行い、会社は本船の支援や、関係方面との調整にあたるのがベストということとなる。本船で問題が発生した場合、その状況と推移とがよく見えるのは本船であり、臨機応変の対応も期待できる（現場のempowermentと評される）。本船船長に対して問題対応に係る裁量が与えられるのは当然といえ、船長はもとより会社もその点を自覚しておく必要があろう。海平丸の事例は船長、乗組員が離洲のための全ての計画立案、準備と実行とを果たし、会社は本船離洲のための調整、支援に徹した好例であった。

会社から本船をバックアップするスタッフらも、船員を中心とした海上職経験者で占められるのが通例であるから、原則、船と会社との間の意思疎通がぎくしゃくする、噛み合わない事態には陥り難い。しかしその分、会社は船を統括する目線でオーダーを出し続ける可能性があり、それらのオーダーは船長の裁量を制限してしまうおそれがある。会社という組織を幹、船を枝と考えればそうなるのもやむを得ないが、必ずしも現場の状況を把握しているとはいえない組織の中枢より、トップダウンで出される指示が現場を混乱させ、その対応能力のみならず現場の意欲までをも削ぐ可能性があるのである。

その事例として、東日本大震災直後の福島の原子力発電所に対する、東京電力本社の対応が想い浮かぶ。この事例ではプロ意識、スキルとそのノウハウ、管理能力と組織の運営手腕の何れにおいても勝ると自認した中枢が、全てを取り仕切ろうとする企業体質が露呈された。こうした観念に侵された中枢は現場を信頼せず、現場もまた疑心暗鬼のままに中枢からの不十分、不明確、あるいは誤った指示に従うという負の連鎖が生じ、あるべき現場の機能を失わせてしまう。

非常時には組織運営の誤謬が起こり得る点を、船長はよく認識しておく必要がある。ケースによっては本船のみでの解決が難しい場合もあろうが、本船の非常時の際には第一に自分がリーダーシップを発揮、指揮統率して乗り切るのだとした自覚と覚悟とが、船長には必要であろう。船長によるリーダーシップの発揮には、これに従う乗組員の信頼が不可欠であるが、船主、管理会社の指示に盲従する船長は、それにより事態が悪化した場合、乗組員からの信頼を失うかも知れない。

3.　魔の潜む岸

(1)　船板一枚下

人は陸の上では二本足で自立してどこへでも赴くことができ、寒暖、風雨から身を守る衣服を得、棲み処を確保し食を手に入れることができる。また人は家族を持つ他、他人とも集団、組織、利害関係、志向、趣味と繋がりを持ち、広く社会という概念を形成する。全ては陸というエリアの中で生まれる人の営為である。

海や水域での移動と停泊が船の用途ではあっても、航海の行き着く先の目的地、停泊の場所は特定の入り江、湾、港とほぼ全てが陸に接するポイントである。海での仕事や生活は船という乗り物があってこそ叶えられるが、水充つる海は人に対して陸と同様の環境を提供できず、心身双方の安全、安定を含めた生活の質の面からして、船は陸が与えるのと同じ役割を果たせない。そう見ると人はもともと陸に生まれ暮らす生き物であると、改めて理解できるのである。

船の危険性と陸の災害との単純な比較は難しい。車両や鉄道と同様、船が移動という危険をはらむ動態をその本質とする上に、陸とは異なる海や水域を動態の場所としているからである。要するに意図的に移動するものは常に危険であるとした本来の性格を有する上に、不断に移動する場所の持つ性格によりその危険の度合いが押し上げられるのである。

よく臨終に望ましい場所として挙げられる畳の上とは、日本の家屋での末期（まつご）との意味ではなしに、住み慣れた家で家族に見守られつつ安らかに旅立ちたい、回顧に値する人生を送り、それにふさわしい臨終を迎えたいとした願いの比喩であろう。異常な場所での異常な死に方、例えば海で死ねば家族に看取られず、遺体、遺骨も失われてしまう確率は高い。この世から完全に抹消されてしまうかの落命は不幸以外の何ものでもなかろう。陸で生まれた人は陸で死ぬ、それが人のありていに望む人生の終着といえまいか。

海での事故とこれに付随する死傷、物損を海難という。大洋の真っただ中での海難と陸に近い水域でのそれとでは、乗組員や乗客の生き延び得る確率が異なってくる。沈没や難破した船から運良く救命艇や救命筏に脱出できたとして、周りに陸、島がなければ漂流という新たな苦難が強いられる。運が良ければ他船に救助されるまでの数時間で終わる漂流が、時として月単位に及ぶ死を賭した旅となり得るのである。

遭難場所が陸至近、島に近いと知れれば距離によっては泳いで辿り着けたり、風向きや潮の影響によって陸岸へと寄せられる望みが持てたりする分、大洋での遭難と比べた生に対する意識、生きる意欲の差には大きなものがあろう。この海の先には人の棲む地があるとした望みと、果てしない海しか見えない絶望との差と表現してよいと思う。

しかし陸が船員にとって安住の地、命を繋ぐ希望の地であるとむげなく思うのは早計であるかも知れない。陸は時として海よりも非情で恐ろしい場所となり得るからである。

(2) 難破船・難船者の運命

(i) 略奪・略取の伝統

船が沿岸で難破、座礁したが陸に揚がれた、海岸に打ち揚げられた船乗り達はこれで海の藻屑とならずに済んだと安堵するに違いない。しかし沿岸、海岸にある人々が常にあわれみをもって、難破船や難船者へ救いの手を差し伸べるとは限らない。海岸を治める者やそこに住む者の眼に船と遭難者が神からの贈り物と映れば、船、彼らの運命は暗転する。救われるべきもの、人が実際に上陸地の為政者や住民達の意のままにされてきた歴史がある。

古代、地中海のとある地方には、住民による難破船からの収奪の権利を認めた慣習があった。全ての難破船、海に投げ出された者、海岸に放り出された者はそれらの発見者、あるいは難破船の揚がった沿岸に権限を持つ者の財産となった。船であれ積み荷や人であれ、沿岸住民にとっては降って湧いた貴重な収入源となったのである。

特に難船者は捕らわれの身となる運命にあり、これが古代社会における奴隷の供給源の一つとなっていたという。海難救助という人命、財産に対する普遍的、人道的観念が確立されている現代より見れば、信じ難い慣習といわなければならないが、むしろ奴隷として売りさばかれるのはまだよい方であり、難船者の多くは疑わしき者として処刑されたともいう[11)]。

ヘレニズム時代になるとこのような非情な慣習は衰退する。船による商業活動の阻害要因となっていた難破船収奪の禁止は、ギリシャの諸国家と沿岸域を治める地方の国家との間の協定により取り決められ、後にロドス海法に明文化された[12)]。

しかしこの脈絡は紆余曲折を辿る。古代ローマの時代、海より救われた苦難にある者の救済という正義の観念は後退し、難破物は発見した者の所有とする法が再び陽の目を見るのである。後世、この法を根拠に沿岸住民が難破物略奪を正当化したとする説がある。

ヨーロッパの中世期、海岸近くの都市に人々が集まり栄えたのは事実でも、それは例外であり、沿岸地帯の多くは人が住むに適さず、荒涼とした人気のない場所であった。その地にあった僅かな居住者らは、砂丘や湿地で掻き集めたものや海岸に打ち上げられた浮き荷、投げ荷を糧とした惨めな生活を送る、未開で野蛮な屑拾いとまでいわれていた。そうした境遇にあった彼らはこれぞとばかり、海難に遭遇した船乗り達の命を奪い財産を略奪した[13)]。

後の慣習法典、オレロン海法は改めて難破船の略奪を禁じ、難船者の意思に反して貨物や財を持ち去った者は破門の上、それらを返還しない場合には窃盗犯として処罰する旨、規定した。ただこの慣習法がどの程度、遵守されたかについては明らかとなっていない[14)]。

1275年、英国でも難船者略奪を禁ずる法が制定され、略奪者には投獄と罰金とが科せられた[15)]。中世の英国では一般人による難破物の略奪は非合法化されたが、それは国王から教会、領主が、自分達の領域に揚がった難破物を所有する権利を与えられていた故に過ぎなかった。この所有には難破船の船員も含まれ、生き残った者らは古代さながらの奴隷として捕えられた[16)]という。

近代に入り、フランスでは難破船略奪の規制が進む。1681年の海事王令は国家による航海の安全保障の見地より、船体や積荷を所有者へ返還すべきとして、難破船に対する王権の排他的な権利を主張した。ここでは遭難船舶とその乗組員、積荷の救助活動に海事裁判所が積極的に関わっている。難破船の通報を受けた裁判所は現地に係官を派遣し、収奪を図る地域の住民より人命や積荷を守り、本来の所有者への引き渡しに努めた。しかし実際には難破船略奪に奔走する住民の勢いに圧倒され、略奪を黙認せざるを得ない事案が多かったという[17)]。

こうした輩の一派は船の難破を待つばかりでなく、自ら海難を仕掛けることもいとわなかった。英国の南西岸には海岸から明かりを送り灯台と欺き、沖を通る船を暗礁へと導く愚劣な者らがいた。彼らは月のない暗夜にことを起こす者らとして、ムーンカーサー（moon curser、月を呪う者）と呼ばれた[18]。

1713年の英国法には座礁船舶の破壊行為に対する死刑が規定されている。

歴史の流れを見ると、難破船の略奪は大筋、沿岸住民の求めるがままに行われ続け、これを為政者達が時に赦し時には禁ずるという、パターンの繰り返しであったことが判る。略奪の実質的、恒久的な禁止は難しかったのだろう。

一方で18世紀、難破船を処理する者が残酷で無慈悲な者達だとした確かな証拠はないとした、オランダにおける主張がある。沿岸住民は溺死のおそれのある者の救助に消極的であったかも知れないが、収奪に手を染めた理由として、住民の中に海難は船や乗組員に対する神の懲罰と看做す者がいたこと、この思想が曲解され、遭難者を救助した者は海に捧げられるべき犠牲を奪った者として、将来、同じ運命を辿ると信じられていたからだという[19]。私には住民の犯罪行為を正当化するための詭弁としか聞こえないが。

現在でも略奪がなくなった訳ではない。2000年代に入っても英国は南西岸のコーンウォール州で、座礁船から流出した木材が持ち去られたり、漂着したコンテナの中身が当局の警告にも拘わらず、地元住民により奪われたりしたとの報告がある[20]。

(ii) 救助美談

さて、わが国における全く異なる扱いの事例を引用しよう。

元海上保安庁の西山義行船長による、出羽国山浜通り由良浦漁師一同のしたためた、由良浦漁師遭難船救助誓文の紹介がある。寛政弐年（1790年）、現在の山形県鶴岡市にあった由良村の漁師達は、遭難者の救助のための「救助十訓」を著した。その内容は、沖合で遭難した船を見た場合には航海をやめ救助に尽くすこと、遭難船の漂流を発見したならば村方一同にて救助に尽くすこと等、沿岸の遭難者を救うための指針であり、「若し遭難者をみのがして救わざる漁師は浦浜組合から除く」とする厳しい通達であった[21]。

この十訓の中で興味を引くのは、海中に落ちて凍えた者や気を失った者はたき火で暖を取ることをせず、女性の肌またはわら火によって温める旨の規定のあるところであった。

野間寅美船長は南西諸島に伝わる同様の救助法について記している。海が時化、船が遭難し、流れ仏と称する水死体や溺死寸前の乗り組みが岸に打ち上げられ、発見されればホラ貝が鳴り響き、村人らがはせ参じて溺者らを近くの家に担ぎ込む。濡れた衣服を脱がせ雨戸が閉められた後、集まった村の女達が泡盛をあおり、体温が上がり次第、入れ替わりつつ溺者の体を抱いて介抱したという[22)]。

最後にヨーロッパの面目躍如として一つの美談を紹介しよう。

英国は中部東岸に位置するファーン諸島のロングストーンに灯台があった。1838年9月、暴風の中で沿岸航路従事の汽船が座礁した。灯台守のウィリアム・ダーリングは平底の手漕ぎボートで救助に向かおうとしたところ、21歳の娘のグレースが父のみの救助向は危険と同乗し、2往復で女性1名、男性8名を救助する。ダーリング親子の勇気ある行動は称賛され、これを契機に英国の社会に救難機関の必要性が叫ばれ、遭難者救助への組織的な取り組みが始められたという[23)]。

4.　船員の不当拘束・処罰

海岸に流れ着いた船員や難船者が沿岸住民により収奪され、果ては奴隷として売り飛ばされる無常無比の時代は過去のものとなった。しかしこれに代わるといってよい、船員にとっての新たな受難が生まれている。違法、不法行為をはたらいたとの嫌疑を受けた船員が、沿岸国や寄港国に不当に拘束され処罰を受けるおそれである。多くは嫌疑をかけた国の国内法に則った合法的な拘束、処罰であるとはいえ、国際法や諸国の一般的な法原則に照らして、不当と看做される取り扱いや処罰を船員が受ける事案である。

(1)　過失犯の処罰

犯罪行為に至った者は国民、外国人の別なく行為地である国の国内法による処罰を受ける。日本で犯罪をはたらいた外国人は、わが国の刑法によって処罰されることとなる。同様に寄港国の内水や沿岸国の領海で、外国船舶の乗組員が何らかの違法行為をすれば、当該国の国内法による処罰を受ける。領域内での犯罪、違法行為に対する国内法による処罰は、国際法の認める領域主権に基づいた法の適用と執行であるが、国際法の体系の内の一つである海洋法は、特定水域における外国船舶の通航に一定の保護を置いている。

領海は沿岸国が海岸に設定した基線から12マイル以内で定めることのできる、沿岸国の主権領域である（国連海洋法条約第3条）。沿岸国は外国人が自国の国内に入る際の出入国管理に準じ、領海を航行しようとする外国船舶に対して、何らかの規制を行うことが可能なはずである。しかし領海の規制が領土と同様になれば、外国船舶や漁船の自由な通航にとり障害を生むため、他国の領海を航行する外国船舶には無害通航権が認められている（同第17条）。外国船舶が沿岸国に対して害を及ぼさない限り、その領海を自由に通航できるとした海洋法の原則である。

無害通航権が反故となるのは、国連海洋法条約に定められた一定の要件に抵触する場合である（第19条第2項）。沿岸国法令の違反行為、沿岸国の防衛や安全を害する情報収集、故意かつ重大な汚染、無許可の漁業活動等を行えば、沿岸国は当該外国船舶の無害通航を停止し、臨検や拿捕を行ったり、領海外への退去を命じたりできる。

領海基線の内側に位置する内水は、沿岸国、寄港国の完全な主権下にあり、領海同様の無害通航は認められていない。わが国では東京湾や伊勢湾、大阪湾、瀬戸内海等が主たる内水に該当する。外国船舶は人や貨物の積み降ろしのために内水に入らなければならず、その際にはいわば完全な寄港国の主権の下に置かれるが、ここでは国際礼譲より公海にあるのと同様、一般に外国船舶の旗国の管轄権を優先する配慮がなされている（旗国主義）。旗国主義が排除されて寄港国の法令が適用されるのは、寄港国の平和と安寧を乱す犯罪行為等が、停泊する外国船舶の乗組員によって行われた場合である。

刑事法の適用の対象は故意犯であることを原則とする。窃盗にせよ殺人にせよ、罪を犯す意思をもって、あるいは起こり得る結果を認識して犯罪に踏み込めば処罰を受ける。沿岸国領海を航行中の、及び寄港国港湾に停泊中の船舶にある船員が、故意により違法行為に及べば当該国の法令により処罰される。

しかし犯罪は故意によるものだけではない。海洋汚染、例えば荒天により生ずる船の不具合や沈没、座礁に起因した原油、精製油等の貨物油や燃料油の流出、荷役中のバルブの開け閉めのミスによる油の船外流出等の多くは不可抗力や過失、いわゆる不注意による事故であるが、過失であっても敢えて犯罪と認められればその行為者、船のオペレーションに起因した事故では、船長や乗組員が過失犯として処罰される。

故意ではない過失行為は一般に刑罰対象の例外と認識されている。わが国では刑法第38条［故意］第1項にその旨の規定があるが、現実は過失を犯罪と看做し積極的に処罰する傾向にあると見てよい。その理由として、科学技術の進展により社会のシステム全体が高度化、複雑化し、人の少しの気の緩み、不注意によっても事故が惹起され損害が発生する現状、過失を犯罪と捉えて処罰の対象に付し事故の防止に繋げるとした、社会一般の認識と要請がある故と説明されている。

しかし積極的な処罰は人権侵害に繋がるおそれを生む。

1966年に国連総会で採択された人権保護のための「市民的及び政治的権利に関する国際規約」、いわゆる自由権規約第9条［身体の自由及び逮捕又は拘留の手続］第1項は、

「(中略) 何人も、強制的に逮捕されまたは抑留されない。何人も、法律で定める理由及び手続きによらない限り、その自由を奪われない」

と規定している。

国際海運従事の船員の過失犯処罰は業務柄、船の旗国、船員の国籍国ではない外国である沿岸国、寄港国で行われる可能性が高い。こうしたリスクを考えると、過失犯とはいえ軽微な過失は見逃されてしかるべきであり、よしんば過失行為が処罰されるとしても、

① 罪刑法定主義の顕示として、沿岸国、寄港国の国内法に処罰の根拠となる明文の規定があり、定められた処罰に係る正当な法的手続きを要すること

② それらの国内法の関連規定が諸国の刑事法に共通する原則、国際法の原則に則り制定され、容疑を受ける船員個人の人権に配慮して適正に執行されること

が確保されなければならない。

(2)　不当拘束・処罰の事例[24)]

(i)　不可抗力による海難

船員に対する寄港国、沿岸国による処罰の中には、船員の行いが無害通航権の除外事項に抵触し、あるいは港内の安全や平穏を乱す国内法令の適用の対象であったとしても、刑罰対象の例外たる過失行為に対して、稀とはいえ、国際法や国内刑事法の諸原則を省みない不当な処罰が行われる事案がある。

著名なエリカ（Erika）号の海難。1999年12月のフランス西部、荒天下のビスケー湾を航行中に船体が折損して沈没した油タンカーより、本船の貨物であった2万トンの重質燃料油が流出し、北フランス沿岸をおよそ400キロに渡って汚染した。汚染被害国のフランスは自国領域に大規模汚染をもたらしたエリカ号の船長を拘束し、刑事罰を科している[25)]。

エリカ号は船齢25年の老朽船であった。タンカーやばら積み船では重量のある貨物を満載した状態と空荷で航海する場合とで、船体のコンディションが大きく異なる。貨物の積み揚げ毎に繰り返されるコンディションの変化が、船体へのストレスを大きく変動させ船体構造に経年劣化をもたらす上に、長期に渡り海水を出し入れするバラストタンクの内部には錆が発生、浸潤して部材の強度を引き下げ、果ては微小なクラックが生じ拡大して、外板に至る亀裂となることもある。

かかる現象はばら積み船の多くに見られ、古い船に海難が多い原因の一つに挙げられている。こうした本船に無理な操船を強いた結果としての海難であったのなら、船長は汚染行為のみならず本船、乗組員をも危険に陥れた嫌疑により処罰を受けて当然となる。

しかしエリカ号は順当に定期入渠していた他、諸機関の検査、検船を受け、船体に不具合を指摘されつつも都度、必要な修理を施し合法的に運航されていた[26)]。また本船は船体に亀裂を生じ危険な状態に陥った際、沿岸国であるフランスに緊急入港を求めたものの拒絶され、沈没の憂き目に遭っている[27)]。

同様な事例に2002年11月、スペイン領海の沖、170マイルにて沈没したプレステージ（Prestige）号の海難がある。本船の積荷であった重質燃料油により汚染されたスペインは、本船の船長を長期に渡り拘留、刑事罰に付した[28)]。

本船がどのような気象・海象下で海難を起こすか等、乗組員はさも船体コンディションの全てについて了知し尽くしていると思われがちである。しかし船体構造及びその経年劣化の傾向について、一定の見識を持ち合わせているとはいえ、彼らはこれらに精通するプロではない。自家用車の全てに精通するドライバーが殆どいないのと同じである。

また本船の状態を知るにも、乗船前に船主や管理会社より受ける事前研修において、本船の船体や機器が過去に起こした不具合と、その修理の履歴について触れられる程度であり、船員は一般に数カ月という、限られた乗船期間の間に発生した問題とその原因を詳しく知るのがやっとである。どのような荒天に置かれれば沈没の危険に直面するか等、独自に判断できる知識も術も持ち合わせていない。こうした現実は船齢25年のエリカ号や、同じく老朽船であったプレステージ号の遭難を、乗組員の運航責任には求め得ないことを示している。

そしてもし船主や管理会社が、本船の不堪航な状態を知りつつ船長に通知せず、あるいは十分な説明をしなかった上での海難であったとすれば、海難の被害国により処罰を受ける船長、乗組員は彼らの人身御供以外の何ものでもなくなる。

エリカ号、プレステージ号が時を置かずして、ヨーロッパの海岸を汚染したインパクトは大きく、これを契機としてIMOによるタンカーの構造規制が進んだ。現在、国際海運にオペレートされているタンカーは全て二重殻（ダブルハル）化され、衝突や座礁に直面しても油の漏洩が起こり難い船体構造に変化を遂げている。

国連海洋法条約は外国船舶による領海外での海洋汚染、海洋環境保護違反に対する刑事罰の原則を定めている。条約に従えば、領海外で汚染行為を引き起こした外国船舶の乗組員に対して、沿岸国が科すことのできる刑罰は金銭に係るもののみであり、拘禁、収監等の身体刑の執行は認められていない（第230条第1項）。本条約の締約国であるフランスはエリカ号の、スペインはプレステージ号の乗組員の取り扱いにおいて、条約の規定に抵触する対応を取ったこととなる。

(ii)　海洋汚染処罰の厳格化

2007年12月7日、韓国南部忠清南道の領海内にて発生したVLCCヘベイ・スピリット（Hebei Spirit）号の海難がある。本船が積載していた原油の漏洩による油濁事故において、インド人船長及び一航士が韓国当局によって約550日に渡り拘留され、控訴審において罰金刑（船長2,000万ウォン、一航士1,000万ウォン）が科された上、船長には懲役刑（18カ月）が言い渡された[29)]。

同じく国連海洋法条約は外国船舶による沿岸国、寄港国の領海内での海洋汚染に対し、故意且つ重大な汚染行為を例外として、金銭罰のみの科刑を認める規定を置く（第230条第2項）。条約に従えば、重大な海洋汚染が故意に引き起こされた場合には、寄港国による乗組員の拘留や懲役刑が許容される。

しかしヘベイ・スピリット号の事案は、曳航索の切れたクレーン船が強風によって圧流され、錨泊中であったVLCCに接触、これにより船体に生じた破口より積荷の原油が流出したものであり、油濁の発生原因を乗組員の過失、ましてや故意には求め得ない。条約の締約国である韓国当局による本船乗組員の取り扱いは、明らかな条約違反と看做される苛酷な執行であった[30]。

例示した国際海運従事の船員に対する不当な拘束、処罰は跡を絶たず、更に厳格化する傾向にある[31]。中でもその際、必ずといってよい程に不当処罰を受けるのが本船の船長である。海洋汚染の多くが、衝突や座礁した本船船長の指揮監督責任に基づくとした理解があるためである。

国連海洋法条約は締約国に対し、海洋汚染防止のための法令の制定義務、協力義務を定めているが処罰についての具体的な規定はない。条約は処罰の内容を締約国の国内法に委任する構成を取っている。このような条約の姿勢が、締約国の処罰規定の厳格化を許容しているともいえるのである。

また犯罪類型に照らせば抽象的危険犯、即ち犯罪の構成要件、法律に規定された違法行為の定型に該当する行為があった段階で、法益に対する脅威が生じたと看做し、具体的な危険の発生を必要としないままに処罰できるとした、刑事法の考え方にも問題があるといえる。抽象的危険犯の採用は、環境犯罪の因果関係を立証する困難さを回避できるという利点があるものの、過度な刑事処罰の前倒しをもたらすとも指摘され、その適用には慎重を要すると唱えられている。こうした過失犯処罰の考え方は韓国法のみに特異なものではない。

外国船舶によって近海や沿岸を汚染された沿岸国、寄港国の国内では、汚染事故の規模や発生した損害が大きければ大きい程、そのインパクトは増幅する。事故前の海岸の白砂はどす黒い油に覆われ、強烈な臭気の漂う中で無残にも荒廃した海や海岸、油まみれとなり死んだ、かろうじて生きてはいても数日、数時間の命となった鳥類、魚類のあわれな姿、強風と荒波を受け疲労にあえぎながら、海辺及び生態系の復旧、回復に努める軍や市民ボランティアの姿がメディアによって連日、伝えられるのが常である。

事故の直接の発生原因が荒天という不可抗力によるものであり、船員に故意や重過失が認められなくとも、上記の映像が突き付けられた一般市民、国民の感覚からすれば、ある日、突然にやって来た外国の船とその船員がしでかした許し難い暴挙であると、市民感情を激高させてしまう。そのような感情的な世論に左右されない事故の内容、原因の適正な調査と、これらに基づいた船長、乗組員の法的責任の判断が適正に行われるよう、求められるのである。

(3)　外国人船員処罰の不合理性

青い海は果てしなく、一見、何も変わることのない同じ様相を呈してはいるが、実は眼に見えない境界線が複雑に引かれている。公海の他、排他的経済水域、接続水域、領海、内水と、国際海運の船員が航行する海域は幾重にも連なり、乗組員はそれぞれのエリアを航行するに際し、適用される法が変動するという法環境に置かれている。

船員が何らかの嫌疑により、沿岸国や寄港国より拘束を受け刑事責任が問われるにあたり、更に不利な状況に置かれると予想される事項について考えてみよう。

ⓐ　沿岸国、寄港国国内法の理解の困難性

刑事罰を定める法律は刑罰という制裁を成文化し、どのような行為が違反にあたるかを予告して、法の適用の可能性のある者を心理的にコントロールすることにより、人を犯罪より遠ざけようとするシステムである[32)]。法律で罰せられる行為とは何か、予め知っておくことが万人による法律違反の防止に寄与するとした思想の反映といえる。既遂犯の処罰のみならず、人のものを盗めば処罰されるから窃盗はしないとした、人が自身の内面に抱く道徳心ともいうべき観念を醸成するのが、法の定める制裁の目的の一つであるとした解釈である。

こうした法の持つ威嚇効果は故意犯の防止に寄与する他、過失に至らないよう注意深い行動を促す効果も期待できる。であれば、法に抵触する可能性のある者は事前にその法の定める内容を知り、違反を問われないように行動すべきこととなる[33)]。

確かに船長が他国の領海を航行する前に、その領海の沿岸国の法令を知る、入港前、寄港国港湾で留意すべき国内法の内容を概観し、船長が乗組員に注意する等できれば理想的ではある。しかし国際海運に従事する船員が航海する先々の沿岸国、寄港国は限りなく多く、水域毎に適用される法令を知り注意する事前措置はとても講じ得ない。よって本船に対する沿岸国、寄港国の法律の適用は、大仰に表現すれば法的な不意打ちと表現しても過言ではなくなる。

もとより日本人船員が必ずしも日本の法律に明るいとはいえないし、船員はもともと法律に不慣れであろうから、どこでどのような法律にさらされようと、そう変わるところはないといえるかも知れない。しかし自分の国ではない場所で法律違反を問われる恐ろしさには、言い知れぬものがあるのではなかろうか。

ⓑ　異言語を介した意思疎通の障壁

外国船舶の船員の母国語は沿岸国、寄港国の言語と異なるのが普通である。それらの国の官憲が、拘束した船長や他の乗組員より海難の詳細を聴取する際に、あるいは船長らが刑事訴訟の被告人とされ訴追を受ける場合[34)]、当局と船員との意思の疎通には通訳を介さなければならない。この双方の言語の相違より、取り調べ側と被疑者との間での事実関係の確認に障害がもたらされたり、刑事手続きを進める上で被疑者が不利な立場に置かれたりするおそれが生ずる。

海難に係る事実関係の調査は詳細に渡るため、これらを異言語の中で当局に明確に理解させるのは簡単ではないだろう。加えて船員を含む一般市民にとり、法律用語は母国語であっても聞き慣れず、普段の会話の中にもめったに顔を出さないから理解に難しい。船員が適正な弁護を受け得るか、十分な能力のある通訳に恵まれ得るかという問題を含めて、言語の相違による問題が本人の人権擁護に大きな影響を与える可能性がある[35)]。

この問題は国際海運の共通語である英語が、意思疎通の媒体となり得るとしたレベルにはない。

ⓒ　拘束に伴う身体的、精神的重圧

海難によって本船が損壊し、場合によっては乗組みの仲間を死傷に至らしめ、沿岸に汚染被害をもたらした船長、乗組員の精神的な重圧には大きなものがあろう。更に法的な追及が開始されて拘束されれば、たとえ有能な弁護士等により、適切な法的扶助を受け得たとしても、いつ解放されるともわからない異国の地での拘留と取り調べが、彼らに対して如何に精神的なダメージを与え得るか。ここには拘留地での扱いや環境が船員の身体に与える負担も含まれる。

拘留が長期に渡れば家族への思いが募り、拘置所の中での罪人扱いや慣れない飲食の事情ですら影響して、本船乗組員への精神的、肉体的なストレスはより重くのしかかるようになる。故国で彼らの身の上を按ずる家族にせよ、同様の心労が招来されるだろう。

船員の拘束において最も憂慮されるべき点であり、沿岸国、寄港国の対応によっては典型的な人権侵害となり得る事項である。

ⓓ　国際海運における船員の雇用慣行の影響

既述の通り国際海運従事の船員の多くは期間雇用の境遇にある。そのような中で、特定の船主の下での乗務や一隻の船舶に繰り返し乗る率は高くないという、就労の実態が生む問題がある。

給与や船種、乗船期間、就航する航路により自らの意思で船主を、船を変える期間雇用の船員に対して、船主に対するロイヤルティだの船自体への愛着だのを求めることには限界がある。同様に船主や管理会社が所有、あるいは管理する船の乗組員に対して持つ意識も、契約のみの繋がりと割り切りがちとなる。その乗組員が沿岸国、寄港国に拘束されたとして、船主や管理会社に求められる積極的な支援、救済活動に係る出費を伴う行動には、どうしてもためらわざるを得なくなるように思う。

(4)　IMOによる船員保護のためのガイドラインの制定

船に対する旗国主義が認められる前提として、国連海洋法条約には旗国の義務が置かれている（第94条）。その主たる義務とは、登録船舶が世界の何れの海域にあっても、旗国の法令及び関連する国際条約を信義誠実に遵守するよう、指導監督することにある。この旗国の義務には登録船舶の乗組員に対する保護義務も含まれる。

第1章で指摘したように、現在の国際海運に従事する船の半数以上の登録を許す便宜置籍国は、旗国としての義務を負う意思や能力に欠けているとの批判がある[36)]。派生して便宜置籍船上で問題が発生しても、便宜置籍国による対応には必要以上のコストや時間を要するとした報告もある[37)]。2002年4月7日、公海上のパナマ籍船、タジマ号で発生したフィリピン人船員による日本人船員の殺害事件に対する、旗国を含めた関係国の対応はその好例である。これらの指摘よりすれば、船員の国籍国は自国民である船員の保護を、旗国に依存し切るには限界のあることを認識しなければならない[38)]。いわゆる旗国主義に対する信頼の揺らぎである。

旗国主義を揺るがすのは便宜置籍国に限られない。不法、違法行為を働く登録船舶を放置する一部の途上国や、不審船を操る等して国際的なテロの温床となっている、いわゆるならず者国家の漸増も、旗国の信頼喪失に拍車をかけている。

こうした国際海運における現象は、旗国に対する相対的な信頼を引き下げ、これに代わり、寄港国や沿岸国が外国船舶に対する規制を強める要因の一つとなっている[39]。国連海洋法条約は沿岸国が外国船舶による汚染等の海難より、自国の沿岸や漁業を保護するために、沿岸国の領海を超えての管轄権の執行、外国船舶に対する取り締まりを認めている（第221条）。このような沿岸国管轄権の強化を未だ不十分とする指摘も少なくないが、大要において国際的な評価を受けているといってよい[40]。

沿岸国における外国船舶の船員の拘留、処罰の厳格化を目の当たりにしたIMOは、2006年、「海難事故における船員の公正な取り扱いに関するガイドライン」（Circular Letter No.2711, Guidelines on Fair Treatment of Seafarers in the Event of a Maritime Accident）を作成、旗国、沿岸国、寄港国に提示した。

このガイドラインは海難事故の際、沿岸国や寄港国の公的な機関によって、船員が拘留された場合の行動原則となるべきものとされ、船員の人権擁護の点より、また刑事法における適正な手続きの点より、船員の不当な取り扱いが回避されるよう、船員の拘留国、本船の旗国、船員の国籍国、本船の船主らが協力して対処すべきとした、総合的な指針として取りまとめられたものである。本ガイドラインの必要性の認識は、船員の人権擁護に関わる問題がより深刻化し、船長や乗組員自身での解決が難しくなっているところにある。

ガイドラインの具体的な内容として寄港国、沿岸国に対しては外国船舶の船員の人権を尊重すること、やむを得ず拘留、処罰をするに際しては適正な手続きに従って船員を保護すること、自国内に留め置かれる船員が家族、船主、旗国他、外部との連絡が取れるようにすること、旗国に対しては船主が船員を保護するように指導することを含め、船員の公正な取り扱いを確保するためにあらゆる手段を講ずること、船主には沿岸国による船員拘束が短期日で済むよう、海難に係る証拠保全にあらゆる手段を講じること等が示されている。

制定されたガイドラインは、国連傘下の国際機関による指導的な対処の表れとして注目に値するが、ガイドラインは条約と異なり法的拘束力を欠くため、具体的な実行とその効果はIMOの加盟国及び関係者の自主的な対応如何にかかっている。

本船では第一に、海難を起こした本船船長がその事故対応と共に、本船と乗組員の身を物理的、法的に守るイニシアティブを取らなければならない。時を置かず船主、管理会社、旗国へ事故の発生を知らせ、継続して事故の概要を報告し続け、併せて必要と判断される指示を仰ぐこと、沿岸国、寄港国の介入があれば原則、それに従うこと（不服従は違法を問われる可能性あり）、事故発生時の本船の状況の他、事故に至る経緯、事故後の本船対応等、文書、映像を問わず可能な限りで記録を残しておくこと等が必要であろう。

第二に大切なことは、沿岸国に船長、乗組員が拘留された場合の船長の役割である。先の不合理な問題と共に拘留が長期化すれば、乗組員の中には肉体的に不調、精神的に混乱をきたす者が出てくるかも知れない。そうした乗組員をまとめ、船長として自身と乗組員の権利とを主張し続け、開放される日まで精神的な支えとなって彼らを励ます役割は、船長にしかできないのではなかろうか。その意味において、同じ困難な境遇にありながら、船長には乗組員に求められる以上のタフさが必要となるように思う。

5.　法的な責任

国家資格に基づく船長職に係る権利と義務は、法により明確に定められる必要がある。その意味において船長は公的な職業と看做し得るが、民間の商船の船長は船主の被用者でもある。加えて近年は、海洋環境の保護と維持の一翼とを担う国際的な要請を受ける等、多面的な側面を併せ持つのが、現代の船長の法的な地位である。

船長が権利を持ち義務を負うとしても、誰からどのような権利を与えられ、誰にどのような義務を負っているかが明確にされなければならない。

国家間の規律としての国際法は原則、商船や船長、乗組員を直接、法的に律することはない。私人の所有、または私人そのものであるこれらの対象を実質的に規制するのは国内法である。国内法は国家が制定し自国領域としての国内で施行される、あるいは国籍をリンクとした自国民に適用される様々な法を一まとめにした呼び名であり、よく国際法の対概念として説明される。

国内法は個々の法令のみならず、法令の成立目的や性格により幾通りかに分類できる。その中でも国内法を公法と私法とに大別する考え方は簡明である上、法の目的と性質、効果、適用の対象を比較する上で広く用いられる分類法である。

(1)　公法の求める義務：船長の公権力

公法（public law）とは国家の持つ統治権、国家権力の発動に関する法である。公法の場所的な適用範囲はほぼ国家領域に一致する。公法による統治の目的は国内社会の秩序維持にあり、一般的な適用の対象は国家により統治される国民や、国内にある外国人と彼らの行為、及び生活である。国民や外国人による違反や違法行為により国内の秩序が乱される場合、その是正のために公法を通して国家権力が動く。

公法に属する法令として、統治の基礎法であるのと共に統治される国民の権利を擁護する憲法、法益といわれる社会的な利益の保護のための刑事諸法、権力の分立と行政の権利義務とを定めた行政法等が挙げられる。公法違反となる行為に対しては刑事法、行政法を根拠に国家制裁としての刑罰（懲戒、罰金、懲役等の法定刑）が科せられる。

公法上の船長は、船上という特定の範囲において認められる行政権の執行者であり、公法より体現された国家の意思へ従属して、その職務を果たすことが求められる。国家の意思への従属とは、国家の定めた公法の規定に準拠して職務に務めることである。船長の職責に係わる公法の例には船員法の他、船舶安全法、海上交通法規、海洋汚染防止法等がある。

一般に公法に定められた公権力は公的な職業に就く者、例えば官庁勤務等の行政事務官、警察官、消防士等といった公務員によって行使される。商船の船長は民間人ではあっても、行政や警察に代わり公権力の行使が認められ、そのために一定の公法上の権利が付与され、併せて義務をも負っている。この公法上の権限は船長の職にあることを根拠に授与され、また課されるものであり、雇用契約の関係にある船主（雇用者）の意思に左右されない。船長の公法上の権限は、船主との契約において合意した権利義務を超越するのである。

船長に特定の公権力を授け公的な義務を負わしめる理由として、船長の権力作用を受ける船が洋上にあり、地理的な孤立を余儀なくされているため、国家行政による保護、支援の及び難い点が挙げられる。船舶は職場と生活の場とが併存する特殊な環境にある上、海という外部支援の得難い環境にある故の行政的な措置である。

海の上では、乗組員が罹患や傷害を負っても救急車の手配をはじめとした有効な医療サービスを受けられず、事件や事故に巻き込まれたとして、警察に取り締まりや保護を依頼する等、法的な扶助が望めない。そのような船の性格上、陸で得られる公的なサービスの内、船舶の運航に必要とされる権限が限定的に船長に託されている訳である。

船員法第7条は、

「船長は、海員を指揮監督し、且つ、船内にある者に対して自己の職務を行うのに必要な命令をすることができる。」

として、船長の指揮命令権を定めている。

本条は特段の変哲のない至極、当然ともいえる規定である。会社の社長や学校長といった組織や集団の長であれば、その配下にある者を指揮し、これらに必要な命令を下すのは当然であろう。乗組員とその組織によって動かされ、場合により乗客他を乗せる船舶の長たる船長にも、同様の職権が認められなければならず、敢えて本条のような通則的な条項を置く必要性ありやと思われもする。

本条の置かれる意義は、洋上に孤立する船とその乗組員とを船長に指揮統率させることを、国家の意思として明文に規定して示すのと共に、登録船舶内の秩序維持は旗国主義に則った旗国の義務であり、これを実際に履行するのが船長である旨を明確にしたところにある。

船の上で必要とされる権限の帰属が不明確な場合に憂慮されるのが、海難に陥る可能性を含めた緊急時である。いにしえのヨーロッパに見られた通り、船長の指揮権が曖昧模糊な場合、例えば同じ船に船長権限を侵し得る者がいれば、指揮命令の系統が混乱を来して乗組員の統率が難しくなる。最悪、乗る者の命を危険にさらしかねないのは、現代でも変わるところがない。このことからも陸の支援を得難い船の性格を考慮し、敢えて置かれた規定と認識できるのである。

船の上の指揮命令の重要性はかねてから認識されてきた。13世紀のバルセロナにおいて、当時の地中海沿岸地方の慣習法が編纂された、コンソラート・デル・マーレ（Consolato del Mare）には既に、

「海員は航海中、船を指揮する者の命令に従わなければならない。」

との規定が見出せる[41]。ここには船長の如き指揮命令権を持つ者の存在と、その指揮命令に従わなければならない船乗りの関係が示されているように思う。

実務上、船長の資格を持つ者が特定の船舶での船長の実職に就くのは、前職船長から引き継ぎを受けて正式に本船船長となった時からであり、職務の終了は自分の交代の船長に引継ぎが完了した時となる。唯一無二の船長に一身専属する船舶権力の考え方よりすれば、公法の認める船長の権利義務に、職責の引継ぎを介した開始と終了があるとした解釈が成立する。前任の船長から引き継がれる前の後任、後任の船長へと引き継いだ前任の船長が同乗する際に、何れかが公法の認める船長であるかは、引き継ぎの実施とその旨を、通例は船主規定の書式により正式に確認し合うことにより明確化される。

(2)　私法の求める義務：船主の代理人

一方、私法（private law）とは、平等な私人としての人々の関係を規律する公法以外の法をいう。当事者の合意に基づき締結される契約一般を含む民法や、民法の特別法となる商行為、商慣習規範を成文化した商法が該当する。私法に対する違反、違法行為により発生した損害は、損害の発生前の状態に修復して再生、または金銭等を用いた賠償により補填、保障されるよう、契約当事者や関係者の責任に応じた公平な負担が図られる。

われわれ日本人に法律と聞いて何を思い浮かべるかと問えば、大方の者は刑法の名を挙げるという。欧米人に同様に尋ねれば民法、あるいはそれに類する民事に関する法を唱えるといわれ対照をなす。欧米人にとっての法律とは第一に、個々人の間のもめごとをいさめるための公平中立な手段であるのに対して、日本人のそれは無意識にも「お上」による庶民取り締まりの方便と捉える顕れといわれる。

現代私法の淵源であるローマ法は、もともとローマ市民の間に起きるいさかいを治める法であった。社会に住み暮らす人々の間に起こる土地建物に関わる権利の存否、財産の相続に係る紛争、人による不注意な行為が招く物損や死傷等、いわゆる普段の私生活の中で頻繁に起こり得る問題は、私人としての個人や企業等の団体との間で起こるのが普通であり、この類の紛争を扱う法律問題の多くが私法によって処理される。

私的な紛争とはお上のお叱りを受けるいざこざではなしに、社会生活における摩擦と表現した方が理解しやすいだろう。欧米人は普段の私生活において、必要な際には抵抗なく利用できる、ローマ法からの流れに由来した私法の存在を身近に感じているのかも知れない。

さて船長、船員に係わる私法の領域には、商法の内の海商法や商法の特別法である国際海上物品運送法の他、広く船員の雇用、傭船や運送に関わる契約がある。

私法上の船長は、船主と雇用契約を取り結ぶ被用者であるのと同時に、船主の代理人でもある。公法が船長に国家の意思への従属を求めるのと同様、私法が船長に求めるのは雇用者、使用者としての船主の意思への従属である。船長は船主と取り決めた雇用契約の範囲において、船務を通じ船主の利益を増進させ、損失を回避する義務を負う反面、従事した労働の対価として船主より報酬を得る権利を持つ。この意味から捉え得る雇用契約は、当事者双方が義務を負う双務契約である。従って雇用契約上の船長の立場は船主への一方的な従属ではない。

船主には船長の業務の執行を監督し必要な指示をする権利があるが、洋上の船舶に乗務する船長に対して船主が権限を行使するのは容易ではない。このような船固有の性格より、船主は船長に自己の代理権を付与して一定の裁量を認め、間接的に本船管理を図る仕組みが確立されている。換言すれば、船長の私法上の職務権限は船主による代理権の授与（特定の船舶の船長としての任命行為）により、初めて実行が可能となるのである。

現代の社会では企業にせよ官庁にせよ、組織は巨大化、複雑化し、少数の幹部の意思決定による組織全体の運営は得策とはいえない。代理とは一般に、組織や集団の上位にあり業務上の決定権を有する者が部下等、他の者に自己の権限の一部または全てを付与し、組織や集団の効率的な運営を図る制度である。

船長の持つ船主代理権の意義はこの考え方によるが、船主と船長との関係は陸の社会が用いる代理権と比べて特殊である。海という環境が双方の円滑な意思疎通、船主の指示命令の通達とこれへの船長の従事に障害となることを主たる理由として、伝統的に広範な権利を認める代理制度が取り入れられていると見る必要があろう。

内航海運に適用される海商法第708条第１項は船長の代理権について、

「船長は、船籍港外においては、次に掲げる行為を除き、船舶所有者に代わって航海のために必要な一切の裁判上又は裁判外の行為をする権限を有する。

一　船舶について抵当権を設定すること。

二　借財をすること。」
と定めている。条文が船長に認める権利の一つ、裁判に訴える権利は船の寄港地において船自体や貨物、乗組員に関する法的な問題が起こっても船主は対応できず、船長に認められた代理権に包括させたものである。

上記の海商法の条文を現在の実務に見合うように解釈すれば、乗組員の雇入れや雇止め、食糧、船用品といった必需品の購入、本船の遭難時に救助者と結ぶ契約他が船主より付与された船長の代理権の行使にあたる。これらを欠けば船の安全が疎かになりかねない重要案件である上、何れも金銭的な支出を要する分、船主自身に負担を強いるものであり、船長の判断と利用に任せる意義は大きい。

第１章に既述した通り地理的、時間的な制約なく船主と自由に通信、意思疎通ができる今日の海運実務における代理権の行使は、極めて限定されたものとなっている。積地における貨物の手配は荷主や傭船者が、寄港地での船用品の手配、乗組員の雇用と配乗は船主、船舶管理会社が行っている。また裁判に訴えることのできる船長独自の権利の行使は権限として認められてはいても、現実に行使されることはないと見てよい。

船主の代理権が認められる船長の法的地位において、船主との雇用契約の期間は重要となる。私法上は船主との雇用契約の開始と終了が、船長の契約上の権利義務の有効期間と解される。船員法における船長の雇用は、雇入れで始まり雇止めで終了すると見てよいが、実務慣行上の雇入れ・雇止めは日本船舶であれば運輸局等、公的機関の公認により乗船日、下船日にさかのぼり有効と看做され、何れも効力の発生を日単位として扱う。

移動体である船は船員の雇用の発生・消滅毎に常時、公認を受ける訳にはいかず、事後的に公的な確認、いわば追認を受けるのが現状である。公法の求める権利義務と同様、前任、後任船長間の実務的な引継ぎによって契約が開始、終了するとした解釈が妥当となろう。船長の法的な権利義務の有効性に齟齬のなきよう、雇用契約には明確に記載されるべきとなる。

船主、海運企業の常勤社員としての船長の実職は、継続する雇用契約の中の特定期間（雇入れ雇止めの期間）となるに過ぎず、引継ぎを介した職務の開始と終了を実質的な乗船期間と見るべきである。ただ乗船履歴のカウントでは特段、引継ぎを境にする意味はない。従来通り乗船日より開始、下船日で終了として処理されるのが妥当であり、実務でもそのような対応がなされている。

(3)　公法と私法との交錯

(i)　重複する法的な義務

人は通例、権利よりも義務に関心が向く。義務はしばしば不利益を伴うからである。公法、私法とそれぞれの法領域において負うべき船長の義務を整理する必要性は、その法的な責任を明確化するところにある。個人に無限の責任を負わせることはできないし、不明確な責任負担は当人はもちろんのこと、関係する者らにとっても問題を生みかねない。本来は傭船者が負うべき責任を船長が引き受けたら、船主にも責任が降りかかるおそれが出てくる。また自分に厳しい、あるいは小心な船長がこれもあれも自分の責任だというと、却って周囲を混乱させてしまいかねない。

船長は船の最高責任者だから、船に関することの全てに責任を求めるとしたスタンスは一見、理に適っているかのように見えるも、極めて理不尽な理論である。一個人が負うべき責任には限界があるのである。重要なのは責任の範囲と内容とを整理して、その負担者が理解し負えることである。数ある責任の中でも、法的責任は権利の行使と義務の履行とによる結果と観念でき、法令として成文化され明確であり、これを基に船長の責任を具体化できる。船長は法の規定に基づき自らの責任を理解することにより、如何なる権利を有し義務を持つかについて知ることができるのである。

公法、私法それぞれに関わる船長の権利義務の性格を見てきたが、実際のところ両法の厳密な区別は難しい。事実、公法の範疇にある船員法は、船長の私法上の職務権限と看做せる規定を包括している。船員法第8条[発航前の検査]、

　「船長は、国土交通省令の定めるところにより、発航前に船舶が航海に支障ないかどうかその他航海に必要な準備が整つているかいないかを検査しなければならない。」

は、船の運航にとり最も基本的な事項といえる堪航性確保の規定である。類似の規定は旗国の定める公法上の強行規定として、各国の関連法規に見ることができる。

私法のレベルでは、海商法が個品運送の第739条第1項に、運送人は本船の発航時、

　「船舶を航海に堪える状態に置くこと。」

と定め、船主がその所有船舶の傭船者や貨物を船積みする送り荷主（シッパー）に対して、出帆時の本船が安全に航海に就ける旨、堪航性を確保する義務を置く。条文の名宛人は運送人（船主）でも、本船の安全の具体的な担保は船主の代理人たる船長の義務であることは明らかである。船員法第8条と海商法第739条は表現こそ違え、規定の目的と示す内容は同じと見てよい。

また船員法第18条［書類の備置］は、

「船長は（中略）、次の書類を船内に備え置かなければならない。」

とする。「次の書類」として定められる「五　積荷に関する書類」は、積荷や旅客を扱う商船の責任者である船長が船主、荷主等の利害関係者に対して直接、負う貨物、旅客の内容を記録する義務の規定と看做すことができる。積荷に関する書類は海商ビジネスのための書類であり、本来は商法等の私法に置かれるべき規定であろう。これら船員法の一部の規定を見ても、商船の持つ性格より船長の法的な地位を公法に定める、あるいは私法に定める権利義務と単純に区別できるものではないのである。

(ii)　医師は誰のためにあるか

公法と私法、社会的な法益の確保に対する契約上の義務の履行と、それぞれに負う職責の中での交錯は船長職のみに見られるものではない。船長と同様、国家より公的な資格を付与された専門家はおおよそ、こうした権利義務が交わる中でのジレンマに陥る場合が少なくない。

例えば医師については公法である医師法の第19条第1項に、

「診療に従事する医師は、診察治療の求があつた場合には、正当な事由がなければ、これを拒んではならない。」

との規定がある。患者より診療の求めがあった場合にはこれに応じなければならず、診療を拒否するにはこれを正当化する理由が必要とした、応召といわれる医師の義務を定めた規定である。

この義務は元来、私人である患者に対する義務、患者と医師とが結ぶ医療契約上の義務ではなく、医師免許を付与した国家に対する公的な義務と理解されてきた。医師の資格は医師として必要な能力と技術とを具備する証明であるのと共に、医師自身の持つ能力、技術を必要とする患者の求めに応ずるべきとした、国家の意思の下に付与されるとの解釈である。

医師が患者の診療要請を拒否した場合、当該拒否に正当な事由があったか否かにより、応召義務違反の是非が判断されることとなる。その際、正当な事由なしとされ違反が認定されても、医師法上の行政処分の対象となるに留まり、患者に対する私法上の問題が問われることはない。

一方、医師と患者との関係は、診療契約上の当事者同士として理解されている。医師に診療を断られた患者がその後に症状の悪化、死亡を来したとしても、診察、治療にまで進まない応召拒否の段階では、患者との医療契約は未だ成立しておらず、私法上の違法性が認められて損害賠償を問われることはないとするのが、学説上の通説であった。

しかし最近の判例には、医師の応召義務違反と共に、民事責任を肯定するケースが表れている。例えば、

> 「法条項（第19条第1項）の文言内容からすれば、右応召義務は患者保護の側面をも有すると解されるから、医師が診療を拒否して患者に損害を与えた場合には、当該医師に過失があるという一応の推定がなされ、（中略）患者の被った損害を賠償すべき責任を負う」（神戸地裁平成4年6月30日判決）

としたものがある。

この判例では、公法としての医師法第19条の義務が私法上の義務をも包括するとした解釈が取られている。医師の応召義務を国家に対する義務と解するのみならず、医師に診療を依頼する一般人の求めに応ずるのもまた、医師の義務且つ役割であると看做し、公法と私法、それぞれより求められる医師の義務が必ずしも分離・独立したものではないとした点が注目される。

判例の示す医師法と医師との関係の意味するところは、応召義務の拒否がこれを求める国家の意思のみに背くとは簡単に割り切れない、国家資格者の置かれる立場である。

考え方の原点には、医療が誰のためのものであり、医師が誰のために存在するのかという命題がある。医師に課せられた応召義務の中身は医療行為の実践であり、この義務が医療行為の対象である患者のためにあるとした考え方は、道義的に見ても妥当ではなかろうか。そしてより広く、人に医療を施してこれを救うとした行為は法律、国家、患者という枠組みの中での議論を超えて、人としての当然の行いであるとした普遍的な意義を忘れてはならないように思う。

同様に公法、私法、実務が交錯する現象が船長の職責にも見られる否か、考えてみたい。

6. 航海における直行義務

(1) 直行の必要性

船員法には、船舶が船主や傭船者より指示された目的地へ直行しなければならない義務が規定されている。やむを得ない事由のある場合を除き、船は目的港へ迅速に航海しなければならない。その第9条は航海の成就として、

> 「船長は、航海の準備が終つたときは、遅滞なく発航し、且つ、必要がある場合を除いて、予定の航路を変更しないで到達港まで航行しなければならない。」

と規定する。

船員法の示す「必要がある場合を除いて、予定の航路を変更しない」義務の意味するところは何か。船が正当な理由なく所定の航路から外れ離路すれば、これにより距離が伸長した分、航海時間が延び燃料を余分に消費するために、経済運航の建前が崩れてしまう。加えて航海時間の延長や距離の延伸は、本来は遭わずに済んだはずの気象海象の急変、例えば荒天や霧中航海の羽目に陥ったり、航路によっては浅瀬や暗礁に近付くおそれに加えて、海賊の襲撃等といったリスクを高めたりと、新たな危険に曝される可能性を生むため、これを戒めて理由のない離路を禁じたものと説明されることが多い。

直行義務に反した離路による遅延が許されるのは、海難救助の他、荒天等、自己の指揮する船舶に急迫した危険がある場合（第12条）である。

船員法と同様の内容は私法にも定められている。ボールタイム定期傭船契約書式（1939年（1974年改訂版））の「9. 船長」は、

> 「船長は全ての航海を極力迅速に遂行し、本船の乗組員をもって慣習上なすべき助力を提供する。（後略）」

とする。

傭船契約の規定は端的に「極力迅速」な航海を求めて、運航採算の向上に努めるべきを示したものである。不定期船では一船当たりの積荷のためのスペース（船倉）に容積としての上限が、積荷の総重量について船体ストレス及び喫水の制限がある。船倉が埋まればそれ以上の積荷はできず、たとえ間隙があったとしても、貨物重量が船体強度上の制限を受けるかも知れず、容積や重量に余裕はあれ、満載喫水線や積地、揚地の許容喫水を上回っての積載は不可となる。こうした制限は船主にとり積荷の生む運賃収入、傭船者にとり貨物量を頭

打ちにする。

一方、速力を一定とした燃料費や船員費等、日々の出費は航海日数が長引くに連れて嵩むため、結果として船主が負担する船費や、傭船者の支払う傭船料というランニングコストを極力、抑えるべく迅速な航海が求められるのである。

船員法と傭船契約の直行義務は、公法、私法それぞれの異なる目的の下に定められているといえようが、双方の規定が関わりなく独立したものとする解釈は妥当ではない。同じ商船の運航に係る規定であるから、船員法規定の「航海の準備が終つたときは、遅滞なく発航」せよとの文言には、商業運航への配慮が含まれ、また傭船契約が本船の安全を優先するのは当然といえ、ここでも公法と私法の交錯が看取できるのである。

上記の二つの条文には最短時間、最短距離を取るべきとした文言はない。航路計画上、航海時間や消費燃料を考慮に入れた最短の距離や時間での航海が、必ずしも安全と効率的な航海の成就を保証するとは限らないからである。

一般に航海時間と消費燃料とは相関関係にある。よって直行とは最短距離のルート、例えば大洋を東西に渡る長距離航海では大圏航路の選択をいうのが通例だが、向かい風、うねりや波浪、潮流の影響を受けて速力が出なければ、距離は最短であっても航海時間が伸びて燃料消費が増える。そのため本来の航路に比べて距離が伸びても、速力に影響のない航路を選択して航海時間を減らそうとしたり、所定の航路航行を維持して航海時間が延びるのを覚悟の上、速力を落として燃料を節約したりする選択肢がある。

航路の選択は航海時間や距離、燃料消費によるのみではない。積荷の性状、状態や乗組員にけが人、病人がいる場合には配慮が必要であるし、目的地からの要請の他、大型でも馬力の小さい船や中小型船は風向風力、風浪波浪やうねりと、外部環境の影響を大きく受ける。先に挙げた海難や海上不法行為のおそれをも考慮すれば、最短直行はあくまでも原則であって、船長は航路の選択にあたり海気象や地理的な状況をよく吟味する必要が出てくる。

大洋航海の航路選定に利用されるウェザールーティング、即ち予定航路上に発生が予測される荒天域の回避のために、敢えて距離の嵩む航路を選択する手法がある。目的港までの行程における最適な燃料消費、航海時間にかかる航路を求め、併せて本船の安全を確保する航法であり、専門の気象予報会社が本船航路上の海気象データを解析して最適航路を選択し、本船船長にアドバイスするシステムが日常的に利用されている。

従って直行義務とは、第一に安全であり、次に最短の所要時間または距離、あるいは最少の燃料で航海できる航路の選択義務と理解でき、船員法、傭船契約の定める両直行義務に海技的な差異はないことになる。

船員法、掲げた傭船契約の何れの条文共、主語が「船長」であることより、本船航路の選択、決定権限は船長にあると理解できる。しかし現在、少なくとも、私法上の船長権限は絶対とは解されていない。まず運航の指揮命令権者である傭船者の意向は無視できない。英国の貴族院（わが国にいう最高裁）判例には、荒天域の回避のために船長が離路した分、傭船者が余計に支出した燃料のコストを損害賠償として船主へ請求、勝訴した事例がある（Hill Harmony case, 2001）。この事件は航海実務における航路決定権が船長に専属するとした、伝統的な慣行を覆す事案として国際海運業界に大きな波紋を生んだ。

本件の背景には船長同様、傭船者も本船の航行海域の海気象の状況、船舶交通の実際に関するほぼ正確な情報を知り得る、現代の海運事情がある。従来、海の上の情報は本船が最も知り得る立場にあったものが、関連する科学技術の発達した現在では誰もがいつでも知り得るから、傭船者も気象予報会社より船長と同じ情報を共有して議論し、権利主張できるようになっている。

実務界では依然、航路選択は船長の専権事項であるとした見方に変わりはないものの、こうした慣行の変化は第１章に既述した、不定期船における傭船者の権限拡大の一例ともいえる。傭船契約上、航路選択の権限が船長にありとする特約が認められている場合であっても、船長は自身の選択する航路につき、船主や傭船者に確認しておく必要があると考えるべきであろう。

(2)　船長が仕える者

法の一般的な原則や船舶権力の考え方より、公法に定められた職務権限は私法上の権利義務に優先する。公法上の義務の多くは遵守しなければならない、いわゆる強行規定であり、その履行は義務を負う者の意思に拘わらない。船員法の義務には原則、正当な理由の存在を条件とした免除はあっても、その条件に企業活動の目的である利益確保のための義務の緩和や回避は含まれない。

また船主との雇用契約において、予め公法規定に反する取り決めがなされたにせよ効力は生じない。例えば救助のための離路より目的地への直行を優先せよとの規定が置かれたとして、強行法規の意図的な回避や公序違反、公共の秩序を乱す取り決め等と看做され無効とされる。よって公法に抵触する契約規定が置かれることはなく、たとえ置かれたとしても船長はこれに従う必要はない。

しかし法律の世界は矛盾なく構築できる一方、実務の世界には様々な慣行や事情、当事者の意識が入り込む。

デーナーは船主に対する船長の普段の対応を観察し、以下のように表現している。

「船長は、雇われている船主に対するときや、一般の商人や保険業者の間にいるときは、自分自身の主人として、また彼を取り巻くすべての人間とすべてのものの主人として海上にある船長とは非常に違った人間である。彼はそうした人々とそれらの人々から良い評判を得ることによって彼のパンが得られることをよく知っている。彼らの証言は船長の海上にあるときの行状がどうであるかを判断するのにほとんど役に立たないし、自分の権限下（即ち本船上）にある者を虐待したり、騙したりする船長は、本国の船主にはもっとも従順で丁寧にふるまうものと考えてよい」[42)]

デーナーは率直に、船長の乗組員に対する態度と、船主や商人、保険業者等、自分の立場に影響を与え得る者や、利益を左右する者らに対する姿勢とは異なると言い切っている。

デーナーの観察は19世紀のものであるが、彼の著わす船長と同様の意識を持つ船長が、われわれの時代にいないとは限らない。船長の公法上の立場、公法により求められる義務より雇用主である船主、傭船者からの指揮命令を優先する者がいてもおかしくはない。

旗国より受ける船長資格とこれを表す免状の取得は、雇用に際しての必須条件となる。旗国によって船長と認められなければ船長になることはできないのである。しかし実際に免状受有者に船長の職を与え給与を支給するのは船主である。加えて陸の企業同様、船主が船長の仕事振りを評価して昇給昇格の査定を行い、期間雇用であれば再雇用の可否を判断する。だから公法の求める職務権限に対して、船主や傭船者の意思と意向を劣後させる船長がどれ程いるのだろうかとの、疑義が生まれる訳である。

不定期船の貨物には、積み期といわれる契約上の積み込み期間が定められている。何らかの事情により積地への到着が遅れ、積み期を徒過した船の積荷役は後回しにされて余分の停泊を余儀なくされたり、最悪、貨物が他船に取られて積荷役ができなくなったりする場合がある。積み期を逸したことにより次の貨物を待つ間の停泊の延長分、本来であれば不必要であったはずの滞船時間は契約で保障されない限り、船側に過分の出費を強いて運航採算を悪化させ、船主や傭船者の損害として顕実化する。

傭船者や荷主はこのような事態を避けるために、積み期のリミットに遅れる可能性のある船の船長に最短距離、最大限の速力で積地へ向かえと指示を出す。航路の選択は船長によるのが原則だが、傭船者らは船長の航路選択権に介入して、より距離の短い航路を取れと命ずることも稀ではない。

フィリピンやインドネシアのような群島国が積地へのルートの途上にあれば、群島の外海を回らずに、群島水域内部の島嶼部を縫うようにして、最短距離を目指せと指示するが如くである。海洋法上、群島水域内を航行しようとする外国船舶は、無害通航権を行使できるから法的には問題はないものの、島の間の不慣れな水域は思いがけない浅瀬の点在や、予期しない潮の流れがあり得る上、途上国につきものの海賊への注意が必要と、船長にとっては採りたくない航路である場合がある。しかしそうした理由を盾に、船主や傭船者の指示に抗せる船長がどれだけいようか。

揚げ地への入港や揚げ荷役の遅れも同様に、傭船者らの余計な出費を強いる。船長には貨物の需要を考慮する、受荷主の意向に沿った入港が求められる場合がある。一般に機関出力がそう大きくなく、海上のコンディションに左右される不定期船の運航でありながら、貨物の需要に従ういち早い揚地への入港が要請され得るのである。

1967年の原油タンカー、トリー・キャニオン号の座礁海難は、英国南西部のコーンウォール半島の海岸、及び対岸のフランス沿岸に大規模な海洋、海岸汚染をもたらした。本船の船長は揚げ地である、英国サウスウェールズのミルフォード・ヘブン港に入港できる満潮時に遅れまいと、距離の短縮をはかり、通過点にあたるシリー諸島外側の通常航路ではなしに、内側を強行通過しようと試み座礁した。船長は航路の選択に当たり、明らかな商業的な圧力を感じてこれを優先し、本船の安全を二の次としたのであった[43]。

(3) 救助に赴くべきか否か

(i) 法の求め

国連海洋法条約は海上の遭難者に対する救助義務を定めている。第98条

［援助を与える義務］第1項である。

「いずれの国も、自国を旗国とする船舶の船長に対し、船舶、乗組員又は旅客に重大な危険を及ぼさない限度において次の措置をとることを要求する。」

として、

「a. 海上において生命の危険にさらされている者を発見したときは、その者に援助を与えること。b. 援助を必要とする旨の通報を受けたときは、当該船長に合理的に期待される限度において、可能な最高速力で遭難者の救助に赴くこと。(c 項略)」

と定めている。

この規定は旗国の義務であるが、わが国の船員法第14条は、現場での救助の実行者となる船長に海難救助の義務を定めている。

「船長は、他の船舶又は航空機の遭難を知つたときは、人命の救助に必要な手段を尽さなければならない。但し、自己の指揮する船舶に急迫した危険がある場合及び国土交通省令の定める場合は、この限りでない。」

これに従えば、船長は救難信号の聴取や他の船からの情報により、他船や航空機の遭難を知った場合、あるいは目前に視認した場合、これを救助する義務を負うこととなるが、併せて救助の義務を免除する事由が認められている。

第一に、国連海洋法条約は「船舶、乗組員又は旅客に重大な危険を及ぼさない限度」、船員法は「自己の指揮する船舶に急迫した危険がある場合」として、救助活動にあたる船舶が遭難するおそれ、いわゆる二重遭難の危険がある場合には救助の義務を免除している。遭難船や遭難者が自船にとり危険な荒天下にある場合等である。救助船が遭難船と同じ運命に陥っては元も子もないし、商船はもともと救助を意図して造られている訳ではないから、法とはいえ無理な注文はできないのである。

第二に、船員法にいう「国土交通省で定める」免除に該当する場合である。省令である船員法施行規則第3条にはその例外事項として、遭難者の所在に到着した他の船舶から救助の必要のない旨の通報を受けたとき、やむを得ない事由により救助に赴けない、特殊の事情により救助に赴くことが適当でないか必要でないと認められるとき、等が規定されている。

「やむを得ない事由」とは本船に既に病人等がおり、他船の救助を待つか最寄りの寄港地に向かっているところである他、満船で脚の入った船であれば陸岸近くの救助には座礁等、不測の事態をおそれ救助に向かうのを躊躇せざるを得ず、この事由に該当するかも知れない。

「特殊の事情」は遭難船舶が武力紛争海域にあり、そこへ赴くことが危険であったりする場合、高い確率で海賊等の不法行為を受ける可能性のある場合等が考えられる。

「やむを得ない事由」と「特殊の事情」の区別は容易とはいえないが、上記第一または第二の条件が満たされない限り、船長は救助に向かわなければならないとするのが公法の求めるところである。当然ながら海難救助は上記の免除事項に該当する場合を除き、同じ船員法の直行義務はもちろん、私法上の同様の義務にも優先されなければならない。

(ii) ジレンマ

しかし船長は私法上の直航義務を盾に、本来の航路より離路して遭難他船や遭難者へと舵を切るべきか、船主や傭船者の航海指図書の行間に示される黙示的な意向を優先し、本来の航海計画に従った航行を継続すべきかとした、板挟みに直面することがある。本船が先の積み期内での積地への到着や、揚地からの早期の入港要請を受けていれば尚更といえる。船長の負う旗国に対する義務と船主や傭船者のための利益確保との相克、言い換えれば救難活動という人命の保護に尽くすべき普遍的な義務と、自らの雇用者（船主）や商業上の指揮命令権者（傭船者）の指示に従う義務とのジレンマにあう可能性の指摘である。

深く考えずとも選ぶべきは人命救助と即断できるが、船長は限られた情報から様々な状況を想定する。救助には他の船が赴くのではないか、遭難現場に着いたとして既に救助が完了していたら無駄足になる、最悪、遭難通信がガセネタだったとしたら船主や傭船者に対する面目はなくなるし、遭難者は何人いるのか、救助できたとして医療や供食の面でケアできるだろうか、救助した者らをどこの誰に引き渡せばよいか、引き渡しが簡単に行かずに時間を要したり、更に航路の変更を余儀なくされたりしたら等、本船運航への影響を思いあぐねる葛藤が始まるのである。

遭難者の所在が本船から離れた海域にある他、遭難情報が不十分且つ遭難の事実の確証に乏しいケースに比べて、遭難者が視認できる、目の届くところにいれば救助の決断はたやすいと思われがちである。しかし本船進路の視界の中に、手を振り助けを求める遭難者が確認できたとしても、少なくとも救助後の船内でのケアや引き渡しの問題は生じ得る。

1980年代半ば、政変によってベトナムを追われた難民を乗せる、いわゆるボートピープルの救助談を紹介しよう。中東にて原油を満載したとあるタンカーが南シナ海を北上中、助けを求める難民ボートに遭遇し、これを視認しつつもそのまま通り過ぎてしまう。その時の船長の胸中の描写である。

「船長の心は通り過ぎた難民船にとらわれ続けていた。台風の影響が大きくなればあのボートは必ず沈む。現に今だって傾いて沈みかけている。救助してやりたい。だが、そうすれば後々ややこしいことになるだろう…会社、荷主、多くの人を巻き込むことになるのだから。組織の中での自分の立場と責任、そして人としての良心…船長の孤独な葛藤が続いた。それだけではない。乗組員は自分を含め二十三人。（中略）水も食料も日本へ帰る分だけ、余裕はさほど持たない。それにこのタンカーは途中、（日本に帰るまで）どこにも寄港しない。果たして、あれだけの難民（73名）を救助して水や食料はもつのだろうか。心は揺らぎ続けた」[44)]

遭難者を実際に自分の眼で捉え救助の必要性を強く認識しながらも尚、船主や傭船者に対する立場、更には本船乗組員への影響を考慮せざるを得ない船長の心理が描かれている。

本船の船長は思い悩んだ挙句、最終的に救助を決意、乗組員に告げた後、船を反転させて難民を救助した。そしてこの報を受けた船主の奔走の甲斐あって、フィリピンのマニラ湾に離路し無事、難民達を託している。

20世紀の末より人権の尊重が国際的な潮流となっている現在、救助活動の実施は船、船主が失う時間的、金銭的な利益を越えた実益に繋がる可能性を帯びている。

救難活動が船員の精神的なシーマンシップの発露であることに疑いはない。既定の航路から外れ、遭難して救助を待つ同胞に向かおうとする船長の決断を、批判する乗組員は少ないはずである。寧ろ船長の英断に賛同し、自身の家族を探すかのように遭難者の発見に尽くす乗組員もいよう。その行動は乗組員の団結を高める数少ない契機となり得、併せて救助の決断者である船長の評価をも高めるだろう。

こうした利他的な考え方は船以外の関係者にも及び得る。配下の船が救助活動に尽力したとの報道は船主や管理会社、引いては傭船者の社会的な評価にも寄与することだろう。もっとも救助活動があくまでも人道的な行為であるとした理解よりすれば、救助に対する社会からの称賛の目論みは打算につき、救助活動の本義を反故にするともいえる。

(4)　救助の実際

(i)　本船の安全確保

海難救助にあたり船長の抱く大きな迷いの一つが、救助に際しての本船の安全確保である。船長は第一に、他船救助に優先して自己の指揮する船の安全を考えなければならない。

2006年8月、原油を満載した総トン数14万6,000トンのタンカー、ブライト・アルテミス号（Bright Artemis）は勇躍、東部インド洋上にて火災を起こした1万総トンの貨物船、アマール号（Amar）の救助に向かったが、現場海域で風潮流に流されたアマール号の接触を受け、船体に損傷を受けてしまう。善意が仇となったともいえる船長の無念に思いを馳せるのと共に、操縦が容易とはいえない巨大船による救助の難しさを物語る事案であった。

満船の危険物巨大船は船の性状からして、救助を断念できるやむを得ない事由に相当するように思う。

冬季、コンテナ船に乗務していた佐伯優船長は日本近海を航行中のある夜、本船より250マイル離れたところにいる材木運搬船よりSOS（モールス送信による救難信号）を受けた。材木船は中国大陸からの強い寒気の吹き出しを受ける海域を航行中、風浪により約50度傾斜して積荷の材木が流出し、沈没のおそれありとのことだった。遭難船舶の救助を船乗りの義務と認識していた船長だったが、今すぐに現場へ船を向けても到着は翌日の昼頃になること、そして、

> 「「(現場で）大時化の中、速力を落とすと（本船の）動揺が激しくなるが、上甲板のコンテナは大丈夫か？ 材木が多数漂流しているだろうから（スクリュー）プロペラがやられたらアウトだ。本船より近くを航行しているほかの船もいるだろうか。夜中だし管理会社へ連絡が取れるかどうか？どうする船長？」と頭の中で色々な事が駆け回り、（自分に）逃げようとする気持ちがあるのか決断はつかない」[45]

との自問自答を繰り返していた。

救難活動に対する自船の安全確保の優先が、先の船員法施行規則の中の救助

を断念する「やむを得ない事由」に相当するとして、具体的に何を以てそれを事由に断念するのかは船長自身が判断しなければならない。

佐伯船長が考えあぐねていた数時間後、海上保安庁の管区保安本部から該の材木船に関するテレックス（無線電信）が入る。

「「遭難船が沈没の危険あり、付近船舶は支援されたい、又、情報があれば連絡ねがう」と言う内容である。このTLX（テレックス）を受け今までモヤモヤして落ち着きの無い気持ちが吹っ切れ、本船機関長に状況説明した後、躊躇する事無くインマルサット（衛星）電話で管理会社の担当部長に事情説明と救助に向かう為、離路する旨の了解を取り、針路を（中略）向けた」[46)]

遭難通信を受けた後、保安本部からの救助要請により現場へ向かう決断をするまでの流れは、救助の重要性を認識しつつも、自分の船及び乗組員の安全を忘れてはならない船長の心理過程であったといえる。佐伯船長の船は現場に到着後、案の定、散乱する材木の中で決死の救助活動に入り、材木船の７人の遭難者を救助した。

(ii)　遭難者発見の難しさ

遭難信号や救難機関からの通報により、遭難船舶の正確な位置が知らされ現場に向かっても、広い海の上での発見は容易とはいえない。救助を求める船が乗組員を乗せたまま浮揚していれば、その大きさからして捜索目標たり得るが、それでも広大な洋上では点にしか過ぎないからである。

本船が沈み乗組員が救命艇や救命筏に乗り移り漂泊の状態に入ると、その点は更に小さくなり発見する側に難儀を来すようになる。小さい上に高さがないこれらの浮体はレーダーに映り難い。海の上での救命艇、救命筏や浮遊する人の救助を例えれば、広い運動場の中に落ちている一つの米粒を見つけ出す試み以上に困難といえるだろう。

上記の救助談では、コンテナ船が材木船の救助を目的に遭難海域に入り、遭難船及び乗組員の発見に注意を尽くしていたことに加え、流出した材木が海上での目印となったであろうこと等が幸いしている。

37日間、距離にして2,800キロメートルを漂った救命筏漂流者の証言がある。

「実際には漂流中に彼らが遭遇した船の数は二隻や三隻にとどまるものではなかった。（遭難者である）木村実が『フォーカス』にこたえた記事によ

ると <船は10隻ぐらい見たけど、今はオートパイロット（自動操舵）の船が多いから、全然気づいてくれなかった> と話している」[47)]

「一度、百メートルぐらい近くにまで大型船が接近してきたことがあった。あれは漂流開始から二十日目ぐらいのことだったと思う。船が徐々に近づいてくるのが見えて、おれたちは必死に手をふったんだ。ものすごく近くをとおったので衝突するんじゃないかと恐ろしくなったほどだ。あのときは発煙筒もすでになかったし、たしか衣服を脱いで手をふったんだと思う。でもダメだった。とてつもなく残念に思ったし、気づいてくれないことに憤りも感じていた」[48)]

漂流者のそばを通り過ぎた船は、たまたま通りかかったに過ぎないながらも、これ程、近距離まで近付いたにも拘わらずに通り過ぎてしまう非情さより、船の乗組員らは遭難者を見捨てたのではないかとした疑念も生まれよう。しかし通過する船がもし見て見ぬ振りをしたのなら、乗組員は後々のことを考えて、本船船体の船名や船尾明示の船籍が漂流者に視認できる距離にまで、わざわざ近付く必要はなかったはずである。

ここには漂流者が想像だにしない船員実務の落とし穴がある。既に既述した通り、洋上を航行する商船の当直は昼間、天候がよければ航海士一人となるが、彼が一心不乱に見張りをしているとは限らない。一心不乱に見張りをしていないとは、窓にへばり付いて本船の行く手を見据え、片時も双眼鏡を離さずに周囲の状況を注視している訳ではないということである。

本船が通常の航行ルートにあったにせよ、洋上に出れば他船との邂逅は限られる。ということは、他の船とふいに出会って衝突の危険に陥る可能性もまた、低くなるということである。視程が良く波が高くなければ、航海士は時折、周囲に目をやったりレーダーを覗いたりするのみで、片手間に海図台で記録を付けたり日誌を書いたりして業務をこなす。生真面目な船長であれば、このような姿勢で当直に就く航海士は戒められることになるが、こうした商船の当直の実際を思うと、上記の事例のような通り過ぎはそれ程、珍くはないだろう。

だから電波や光等、航行船の注意を引く何らかのシグナルが発せられない限り、遭難者の発見は容易ではないということになる。

しかしまたこういう例がある。スティーヴン・キャラハンは大西洋を横断中、自身のヨットが破損したために救命筏による漂流を余儀なくされた。実に76

日も漂流した記録がまとめられているが、最初の航行船との出会いの時、ヨットとの距離は約6キロメートル、夜間であったため打ち上げ式の赤い信号弾を4発発射したのに加え、手持ちの信号紅炎を2本、焚いたが、船は気付かずに通り過ぎていった。6キロといえば3マイル少し、船乗りの感覚からすれば目と鼻の先の距離である。夜間であり、またキャラハンの目測の確からしさを考慮に入れる必要はあるが、そのような距離で視覚信号を使っても救助されなかったのである[49]。

現在は遭難後のいち早い救助を目的として、救命艇や救命筏へ積み込める幾つかの救難信号機器が整備されている。極軌道衛星利用非常用位置指示無線標識装置（Emergency Position Indicating Radio Beacon, EPIRB）や捜索救助用レーダートランスポンダ（Search and Rescue Radar Transponder, SART）という、やけに長い名称ではあれ、持ち運びが簡易で実用的な機器が船に装備された。

EPIRBは救命艇、救命筏に持ち込まれた後に手動にて作動させる。運悪く作動できずに海に落とせば自ら浮揚した後、遭難信号を発してくれる。陸の無線局や救難局は衛星を介してこの信号を受信し、遭難者の位置を特定することができる。SARTは細長い円筒形を呈し、他船が至近に来た際に電源を入れると、その船の放つレーダー電波を本機が感知した後、直ちに信号を返して他船のレーダー画面に本機の位置を表示させる機器である。

何れも遭難者の捜索に極めて有効な機器ではあるが、これらは機械であり防水等、一定の保護機能を備えてはいるものの、海水汚損を生じたり脱出時の衝撃、漂流中の不具合により正常に作動しなくなったりする場合がある他、電池の寿命を考慮しておかなくてはならず、必ずしも万能とは言い難い。よって救難信号や救助依頼を受けた船の船長による決断、現場への急行と、注意深い捜索の実施の重要性は全く色褪せてはいないのである。

(5)　救助を阻む新たな問題

(i)　本船と乗組員の保護

現代の国際社会では、理由は如何ようでも非常の際の瀬戸際に立ち困窮する人達に対し、何らかの支援があって当然とした意識が支配的である。幼児、児童や障害を持つ弱者の扱い、青少年への教育、あるいは普段の生活の中での人命、人権の尊重という動機付けから、災害や紛争時の道義的、人道的配慮とこれらに基づいた行動までが、対象者、時、場所を問わず、海陸の別なく求められる時代となっている。海上における救助義務の回避、不履行は法の規定にかなう特段の事由のない限り、否、法は許容しても対処の如何によっては、広く社会的な非難を惹起しかねない時代を迎えているといえよう。

その一方で国際社会にはこの流れに水を差すかのような動きが生じている。2001 年 9 月 11 日、米国で同時多発テロが発生した。アルカイダ系のテロリストに乗っ取られた複数の米国国内線の旅客機が、ニューヨークのワールドトレードセンタービル他の施設に突入し自爆、それらの破壊と多数の死傷者を出した衝撃的な事件であった。これを契機として各国の出入国管理のみならず、海上でのテロ活動、不法行為を取り締まる海事保安の国際的な連携と強化とが検討された。

海上での取り締まりには、第一に、船舶を使って入国を目論むテロリストや不審者を水際で阻止するために、洋上や港湾において商船等、民間船舶を利用したテロ行為の準備活動を防止すること、第二に、そのために国際航海従事の外国船舶の出入りする、各国の港湾内にある施設として岸壁、倉庫、コンテナや荷役ターミナルにおける保安対策の強化が図られた。

これを目的として SOLAS 条約に ISPS コード（International Ship and Port Facility Security Code、船舶及び港湾施設の保安のための国際コード）が制定された。ISPS コードに批准したわが国は、コードに規定された内容を、国際航海船舶及び国際港湾施設の保安の確保等に関する法律として、国内法化している。

ISPS コード制定の目的は、海上にある船舶及び港湾における不法行為に対する保安と危機管理である。各国の港湾に出入りする船はテロリスト等の不法侵入、違法貨物の積載と輸送の防止に尽くし、テロリストまたはその疑いのある者、正体不明の者を乗船させないこと、大量破壊兵器他の違法貨物を積載しないことが求められる。テロリストが船を乗っ取り、テロ行為に利用したり身分を隠し船で移動する、船内に潜んで密航を企てる、兵器やその部品等の危険、違法貨物が船員の知る、知らないに拘わらず本船に積載されたりしないよう、未然に防止することがコードに準拠した対処となる。

本コードの制定は一方で、テロリストや不法行為者が船に乗り込み、乗組員に危害を与えるおそれを示唆した。2015 年には国連難民高等弁務官事務所が人命救助、難民救助の重要性は依然、揺るぎはしないものの、救助を行う商船乗組員が海上不法行為の対象とならないよう、その安全もまた図られるべきであると指摘している[50]。

(ii)　法のもたらす二律背反

本コードを遵守するにあたっては、救難すべき遭難者をもまずはコードの求める規制の対象に含める必要が出てくる。テロリストや不法行為、密航を意図する者が遭難者を装って乗船することのないよう、本船はコードに従い遭難者を救助して本船へ受け入れる前に、その身分や出所を確かめなければならない。

しかし船の沈没が目前に迫り退船に一刻を争う中、あるいは既に船を失って洋上を漂う遭難者らは、それこそ着の身着のままな状態にあろう。そうであれば、遭難者が自らまたは生き残った同僚の身分を証明する海技免状や船員手帳、パスポート等を無事に持ち出せるとは限らない。では身元確認ができなければ救助を断念するのかという問題が生ずるが、個人を証明するものの持ち出しは陸の難民でさえ難しいとの指摘もあり、身元の確認のできる者が純粋な遭難者であるとした短絡的な対応は難しいのである。

不謹慎とのそしりを受忍して書けば、人命救助と不審者の疑いが払拭できない者の乗船防止とを、天秤に掛けなければならない問題と考えてもよい。

ISPSコードの精神に従って、身元不詳のままの遭難者の救助を中止する、あるいはやむを得ずとはいえ一旦は助けた者を再び海へ帰し、他船や至近の沿岸国救難機関の対応に任せる等、実際にはできようはずがない。とすれば遭難信号を受け、あるいは救難組織から救助要請を受けたとしても、救助に向かう行為そのものに二の足を踏まざるを得ないとした思いが、船長の胸中に去来するのも不思議ではなくなるのである。

条約と法は遭難者の救助を義務付ける一方、身元不詳の者をまずは不審者、テロに関わる者と疑いその準備行為の防止を命ずるという、二律背反を犯しているとも受け取れる現状、救助とテロの防止義務を負う当事者としての船長のジレンマは、新たな局面を迎えているといえるのではなかろうか。

米国同時多発テロの遥か以前より、船長は海賊を始め救助した者による乗っ取り等、万が一の不測の事態を考えて慎重に行動してきたに違いない。豊富な経験を持ち思慮深く、本船と乗組員、貨物の安全の確保を使命とする船長の持つべき、当然の心構えと対処であると表現してよいだろう。海難救助と一口に表現してもその実施には遭難者情報の分析、本船のさらされる危険の察知等、船長の賢慮が必要なのである。

現場で遭難者を受け入れるに際しては、これで救われたと安堵し救難船に感謝の意を表すに違いない彼らのひんしゅくを覚悟で、敢えて身体検査をし、手持ちの荷物を当人より引き離して調べる用心深さを船長が行動に移しても、船主や傭船者による非難を受けることはない。また国際海運を取り巻く混迷した社会情勢をよく認識し、ISPS コードを遵守する船員は、自らが救助された身であれ進んで身元の調査に協力することが、救助者の勇気と善意とに対する感謝であると確信するだろう。

どうしても遭難者の船内への収用に躊躇せざるを得ない場合には、本船の安全が確保できる限り沿岸国の救助機関の到着まで停留待機して、遭難者の安全を見守るという手もあるのではなかろうか。

7.　海難防止の取り組み[51)]

(1)　船の上の伝統的なチームワーク

人が組織の中で担う仕事は概して、単独で完結できるものはない。船も同様、安全な運航のためには、船長という指揮する者とその指揮に基づき号令を下す航海士、号令を受ける部員らの間に一糸乱れぬ協力、協働が必要となる。

幾つかの時代的な航海記を読み進めてゆくと、ほぼ共通して読み取れるマネージメントがある。

人の経験、知恵と力とで船を操っていた帆船時代、誤った判断を下す船長、当直業務を適切にこなせない航海士、舵を取れない操舵手、帆の扱いができない水夫がいる等、上位下達の流れの一部分にでも問題があると、船の運航はスムーズにいかなった。特に緊急時には一つ間違えば船の運命に関わるやも知れず、船長、乗組員個々の能力、技量、それらの滞りのない連携と実践とが運航の鍵を握っていた。これが船を運航する際に必要とされたチームワークであり、当直毎のチームが集まり船単位のチームを形成した。

乗組員によるチームワークは個々の経験とこれに培われた技術力、その実践の判断に裏打ちされた相互の信頼をベースに置く。良好なチームワークの実践は健全な船乗り精神、船の運航のための協働を支える連帯意識を醸成した。特に乗組員間の信頼は重要であり、お互いに船員としての熟練度や適確な勘、機転の良しあしを評価し合い、これらに欠けると看做された者は評価を落とし、より進んで無視されたり仲間外れやいやがらせの対象となったりした。

技術をなかなか習得できない者、軽率で注意力を欠きやすい者は幾度となく叱責され、改善が見られなければチームワークに支障を来すために、船長判断で船を降ろされた。現在のような労働者保護の法制のない時代の航海記には、そうした描写が頻繁に顔を出す。

不適格な乗組員は水夫に限られはしない。必要な技術や能力を持ち合わせない船長や一航士に対してクレームしたり、船主に交代を申し入れたりできない水夫らは、彼らを露骨に軽蔑することも辞さなかった。船の安全運航の達成がチームワークの如何による性質のものであるだけに、幹部といはいえこれを乱す者は排除されるべきとした意識が起こる。実力がものをいう世界では自然の成り行きであった。

船乗りとしてのスキルを重んじる気質は、かつての帆船時代の思い出話に尽きるものではない。帆船は今尚、海軍や商船乗りのための練習船として各国で利用されている。日本には(独)海技教育機構の運航する日本丸、海王丸がある。私は大学卒業後、半年間の乗船実習課程において、現在は富山市に保存されている旧海王丸で太平洋を渡ったが、操帆号令がスムーズに出せない士官が熟練部員の顰蹙(ひんしゅく)を買っていたのを思い出す。展帆、縮帆のオーダーの内容や順序に狂いがなくとも、指示を出すタイミングや間の悪さがクレームの対象となったのである。実習生ながら人を使うことの難しさを感じたものである。

このような船内組織を率いる者には勇気のあるべき、男らしくあるべきという理想像がイメージされるようになる。船の緊急時、船長や一航士等の幹部職員が恐れをあらわにしてうろたえるのはネガティブであり、そのような態度を見せれば乗組員の不安をあおり、引いては彼らの信頼を失う場合がある。時代や船種に左右されない、船という組織の上に立つ者にあるべき資質として認め得る。

勇気、男らしさの希求は出自や外見にではなく、知識に富み、経験豊富で熟練した船乗りへ抱く信頼の表現でもあったろう。ここには雄弁で議論好きというよりも、良い意味での寡黙で独断専行、乗組員が有無を言わずに付いて行けるというイメージが先行しやすい。

戦中戦後を船乗りとして過ごした相馬嘉兵衛は、乗り合わせたとある船長の想い出について、

「いつも船橋で火の消えたゴールデンバット（たばこ）を口にくわえ、サ

ウウェス帽をかぶって、前方をみつめながら、じっとたたずんでいた。実に立派な人だった」

と回想している[52]。常に注意を怠らずでんとしてたたずみ、必要な時にのみ口を開く船長の姿である。もちろんこのような心象は船長の見た目、姿かたちのみから生まれる訳ではない。同じ船で共に仕事に就く中、指示を受ける中で船長の評価が固まり、これと外観の姿とが融合してこうした表現に凝縮するのである。

海上自衛隊の司令職にあった高嶋博視は、

「戦場・戦闘場面において最も信頼できるのは、自分の持ち場に誠実な人物。寡黙ではあるが、こつこつと自分の役割を果たす人、与えられた職務を淡々と遂行する人だ」

と述べている[53]が、乗組員の信頼を得る者の仕事に対する姿勢として、私にも共感できるところがある。

しかし現在、少なくとも航海業務において、寡黙という言葉に対する評価は大きく変貌している。

(2) BRM：ヒューマンファクターを考慮したチームワーク

高田正夫船長は既に50年近く前、船員のヒューマンファクターの問題について述べている。

「心配なく航海するということが、事故や海難を起こさぬことに大きなつながりがあるからである。事故や海難は、精神的なものが影響して起こることも多い。心になにか心配事でもあって仕事をしたり、当直に立ったりしていると、つい心がうつろになって事故を起こしがちである。だから船出していくときは、乗組員は誰もかも晴ればれとした気持で出て行きたいものである」[54]

高田船長のいう個々人の持つ内面の事情は、誰にでもある人間の機微であろう。内心の影響を強く受ける人間の行動パターンは、人間が介入するシステムが安全且つ効率よく稼働するために考慮されなければならない人間側の要因[55]、即ちヒューマンファクターと称される。

ヒューマンファクターは大きく、

① 精神的特性：ストレス、自己満足や注意散漫、精神的疲労等

② 身体的特性：肉体的疲労等

③　行動特性：集団の構成員間の対立や融和等

に具体化できる。

人の注意力に影響を与えて不本意な行動へと誘引する上記の諸要素は、近年の安全学、心理学、脳科学、遺伝学とそれらの融合領域での人間に関する科学的な研究により、老若男女、職業を問わず、人という生き物にとり不可避なものと理解されるようになっている。

ヒューマンファクターは、たとえECDISのような最新式の航海計器の導入を以てしても、根絶の図れる性質のものではない。確かに日進月歩の航海支援システムにより海難の発生は減少傾向を示してはいるが、その反面、機器の進歩に反比例して現出する操船者の技量や緊張感の低下という、新たなヒューマンファクターが発現してリスクを生む可能性が高まるのである[56]（第5章参照）。

BRM（Bridge Resource Management）とは、ヒューマンファクターに起因した航海に係る船の事故を予測する、またはそのような事故の回避のために用いられる手法である。船舶運航に現出する人間行動の研究[57]から生まれた、新しい知見に基づくチームワークとも表現できる。

チームワークのための「Resource」には本来、航海当直やそこでの航海計器を通した視覚、汽笛や無線電話という聴覚により得られる直接的な情報に加えて、人的な資源が包括される。この「Resource」に「Management」が加わるBRMからは、航海中の船橋内に配置された人の持つ機能の維持と、その向上を目指すものとの定義が導かれる[58]。船橋内にある複数の運航従事者を一つのチームと捉え、それら構成員を人的な資源として一体化させることにより、チーム本来の持つ機能の向上とその維持を図るシステムと表現してよい。

この概念は正確には船橋（ブリッジ）チームのマネージメントであるからBTM（Bridge Team Management）と呼ぶのが相応しく、BRMはBTMに包括される概念[59]と広義に捉えるのが妥当でもあろう。

何故、構成員を人的な資源として一体化するチームワークに主眼が置かれるのか。主要な目的を幾つかにまとめてみると、第一に、BRMの基本理念を、

> 「人間の行動パターンとそれぞれの行動パターンの結びつきを認識して、望ましくない行動を回避し、または望ましくない行動を見越して有害な出来事の連鎖を断ち切る」

と説明[60]すれば、BRMはその排除できない固有の特性を持つ人の存在を当然

の前提として、構築されているからである。

本来であれば個々の人間の行為は、その者の持つ経験や能力というメリットの部分が最大限に活用されて成就されるべきところ、BRMの考え方は逆説的に、人間は誤りを犯す生き物であるとした前提を如何にして解消、喪失させるかにある。誤る、間違える、注意を欠くという生来の欠陥を有する人個人の単独行為に依存せず、そのような人が集まってチームを形成し、航海業務の中で発生する、個々人による過誤を断ち切る行動をシステムとして構築してこそ、人の欠陥とこれに導かれる事故や災害を克服できるとした理解である。

船の運航に関わる専門家らの盲点、誠実に可能な限りの注意を尽くして運航の達成に取り組むという、当然に心得る使命の陰に潜む独善や盲信により、幾多の事故やニアミスを経験してきたわれわれが見出した、事故の防止のための手法といえよう。

第二に、人のミスの発生に絡む船橋チーム員個々の事情のみならず、例えば混乗の中、異国籍船員の間にある文化・慣習・言語の相違を含む様々な内的・外的要因を捉えた上で、船長、航海士、見張りや操舵手等の乗組員の他、航行海域によっては本船を嚮導する水先人をも包括したチームワークにより、船舶の安全運航を達成するシステムと考えてよい[61)]。

第三に、BRMによるチームワークの根幹は、船橋チーム員相互の発声による必要な情報の交換という意思の疎通にある。航海中の船橋チームの員数は通例、2名、多くても4～5名、程度である。寝食を共にして船に乗り組み、お互いに気心の知れた仲で構成されるとはいえ、乗組員の乗下船による交代は本船側の意向に拘わらず、時期不定に繰り返されている。また寄港地で乗り込む水先人の多くは乗組員にとり初対面である。船橋チーム員の間にはどうしても親疎の差異ができてしまう実務慣行上、発声による明確な意思の疎通に主眼の置かれたBRMの実践は殊に重要となる。

チームは頭数で決まるという単純なものではない。かつて発生した、商船の数倍の当直者により運航されていた自衛艦と漁船との衝突海難[62)]を思い起こしてみても、当直にあたるチーム員の人数分、個々の注意力、能力共に累積的に向上すると考えるのは早計と判る。人一人の持つ注意力は人数分、倍化するとは限らないのである。

また個人よりも、チームでの取り組みの方が明らかに効果が高いとした思い込みも禁物である。チームを構成する人の基本的な性質を考慮すれば、先のヒューマンファクターが入り込み、BRMが機能不全を引き起こして事故を惹起させてしまう可能性は排除できない。単純にチームという集団作業によれば、個人的なエラーは防ぎ得るとした保障はないのである。個々人がチーム内での自らの業務に徹するのはもちろん、他のチーム員の業務にも目を配り、ヒューマンエラーを防ごうとするBRMの考え方が改めて認識できる。

現在の海運実務界では、既に理論立てられ確立されたBRM実践の下で、本船の安全運航が確実に担保されるよう、船員は陸上で専門の教育を受け、海運企業はSMSに組み込み乗組員を指導監督している。加えて各種検船や海難調査では、本船におけるBRMの実施状況、記録、乗組員の取り組み意識が対象とされるまでに至っている。

(3)　ヒューマンエラーとBRM

思えば帆船時代の乗組員達も、チームワークにより数々の危難を乗り越えてきた訳だが、まだまだ海難の科学的な解明の難しい時代、船の上の乗組員によるチームが、チームの中の一員が何故、事故を起こすのか、チームワーク自体に問題があるのか、船員という職種の持つ欠陥なのかといった、本質的な原因の解明は難しかった。それまでのチームワークとは、熟練者個々による仕事の完成を前提とし、それこそが海難の回避に繋がる最善の策と信じられていたに違いない。

克服の難しい危険を伴う職場で強いられたこうした実力主義の緩和は、近年の人間に関する科学の飛躍的進歩によるところが大きい。人の行動についてヒューマンファクターという科学的な概念を確立させ、具体的なヒューマンエラーを抽出、分析して人間固有の問題を明らかにし、そうした人間が集まり行動するチームワークの問題の解明も試みられるようになっている。

個々人の持つヒューマンファクターとはどのようなものか。同じ目的の下に行動するチームの構成員それぞれは、視認した同一のものに違った解釈を与えると考えられている。昼間の航海当直において船長と航海士他の見張り員が行き会いと横切り、横切りと追い越しの狭間にある、他船の動静把握を微妙に異なって捉えるのはその一例であろう。

こうした知見の示すところは、知識や経験はもとより性格、考え方、事象の観察の仕方等、個々に持つ固有の性格は人の原理的特性の一側面であるのと共に、事故を惹起する直接、間接の要因の一つであるとした点である。船舶の運航ではこのような人間である乗組員を互いに連携して機能させ、それぞれの長短所を補完し合うことが、船橋にある人的資源の利用に際して最も効果的であり、また重要であると理解されている[63]。

人の行動特性に係るヒューマンファクターの一つに、チーム作業に参加する者、一人当たりの努力量（動機付け）が低下する「社会的手抜き」がある[64]。

他のチーム員が確認していれば自分が確かめる必要なしと、自らの役目を不要とする認知、自分が努力しても他のチーム員は評価してくれないだろうと、他者による評価への期待低下が招く自己努力の懈怠、自分の努力は業務全体の結果に影響せずとした、チーム内での自己の役割という道具性の低下等、チームの中での個人の埋没、責任感の希薄化によって説明される現象[65]である。チームワークの中での仕事の手抜き、他人任せの現象の発見とその克服を、チーム員個々が自覚して担うことが、BRM 実践の一つの要となる。

社会的手抜きに限らず、BRM の実践におけるチーム員の懈怠は、一般的な操船シミュレーションでもよく顕在化する。見張りにおける他船認知の未報告から始まり、航行中の本船の推定船位が航路端にあるにも拘わらず、船位の横偏位に執着し、より重要な航路逸脱の危険性を通報しない事例等までが報告されている[66]。

指摘すべきことを指摘しない「指摘の失敗」と表現されるこのヒューマンエラーは、チーム構成員個々の意識の関わり合いや、チームに内在する組織秩序がもたらす権威勾配、対人的な葛藤回避の心理等が強く影響することにより生まれるエラーであり、自分の上位にある先達や自分を管理する者、高度な専門性を持つ者を前にした際に顕著に見られる現象である[67]。

見張りや当直者が指摘すべきことを確知しないならまだしも、指摘の必要性を意識しながら、指摘せずとも操船者は当然に理解しているだろう、指摘は操船者のプライドに触れる可能性がある、指摘すべき時宜を失した等として進言の機会を逃した経験は、多くの航海士にあるに違いない。この人為的な現象の認識と改善は、BRM のチーム員にとり特に重要であるといってよい。

とすれば、BRM の求めるチームワークに参加するチーム員の間に、職責の自覚や意識を左右する可能性のある負の要因、まずは頭数が多ければとした根拠に乏しい安心感から地位・経験の落差、強気や弱気という性格の差、個人的な好意と嫌悪（好き嫌い）、相性の有無、尊敬や蔑視に係る様々な精神的距離感のないことが肝要となる。船長と乗組員との間はもちろんのこと、乗組員ではない水先人であっても一度、船橋に上がれば職位、キャリア、経験、個々の性格の差異、知己の程度に影響を受けない、BRM 実践のためのチームの一員と化さなければならないのである[68]。

幸いなるかな、「社会的手抜き」、「指摘の失敗」の双方共、チーム員の自覚と心構えによる克服が可能である。BRM のチーム員には、例えば船長等のチームのリーダーが誤解や誤った行為に踏み込まんと疑われる場合、上下の如何に拘わらずこれを知らしめる義務がある[69]。換言すれば、チームの構成員それぞれの役割とは、他者の判断や行為の指摘の是非が個々の裁量に任される、チーム員の自主性、自発性に依存する性質のものではないと考えなければならない。本船の安全運航を阻害する、悪影響を及ぼすと想定される理解や行為に対しては、それがどのような時の誰のものであろうと指摘しなければならないのである。

こうした BRM の環境作りは船長に託されている。船長は実際の運航を通して本船の BRM の実践を観察し、問題があればその是正と共に乗組員を指導しなければならない。船橋内で必要な情報は発声を介して伝えあい、船長の認識といえども航海士や見張りは周到に確認し、もし誤っていればためらわずに指摘するよう、彼らを教育しなければならないのである。

しかしここには難しい問題が含まれている。特に日本人に特有な言語的な問題である。

(4)　日本語と日本的慣行

(i)　文化とコミュニケーション

人の間でのコミュニケーションに視点を置いた人類の文化は、ハイコンテクスト（high context culture）とローコンテクスト（low context culture）とに分類できるという。

ハイコンテクストは文化的なコードが暗黙裡に共有されている度合いが高く、人々が言語によってやりとりする「情報量」が言語的、民族的な特性、社会慣行により節約できる文化である。その例として「阿吽（あうん）の呼吸」とも表現される以心伝心が可能な、わが国の文化を挙げることができる。ローコンテクストは逆にその度合いが低く、明瞭にコード化された情報、明確な言語を大量に伝達し合う言語に依存する文化を指し、よく西洋文化が例示される[70]。

多数国、多民族が共存する欧米では、コミュニケーションの媒体は何よりも声に出して表す言語であるのに対して、異質な民族、文化、言語という背景を持つ人々との意思疎通の機会が少ない、いわば同質性の高いわが国の文化がハイコンテクストになるのは自然な現象と見られている[71]。

ここにBRMをあてはめてみた場合、われわれが普段、ほぼ誰もが日本人の中での日本語という、一つの言語による意思の疎通を通して過ごす世界とは異なり、現在の国際海運の運航実態である異国籍の乗組員による混乗や、寄港国の水先人らによって構成される船橋チームに即した、ローコンテクストの文化を前提とするシステムが、BRMであると表現できるだろう。

欧米他の外国人と比べ、一般にわれわれ日本人はその地理的な環境、ほぼ単一である民族、独自の文化、幼少からの生活環境の故に異国人、異民族との意思の疎通が不得手であるとした見聞には事欠かない。外国人と触れ合う機会に乏しい故に生まれるという島国根性から、日本語と外国語との言語的な距離や、そもそも日常会話で使う必要のない外国語が下手なのは当たり前等、色々な評価がその特異性として唱えられている。これらの言説が事実であるならば、異国籍船員と日本人船員のコミュニケーションに係る、本質的な問題を探り得る契機があるように思われる。

ヨーロッパ言語の成立期、ヨーロッパ人の主たる生業であった狩猟において、彼らは自分達の意思を明確な発声によりシグナル化して交換する必要があったという。曖昧な意思表示は協働して行う狩猟の失敗に加えて、その際に仲間を危険に陥れる可能性をも含み敬遠されてしかるべきものであった一方、日本語の成立期では採集、農耕がわれわれの祖先による共同作業によって支えられていた。

季節毎に定期的且つ定型的に皆で繰り返す農耕作業の性質からして、明瞭、明確な意思の発声伝達以上に、やるべきことに対する集団内での暗黙の了解や、情意の交換によって相互に理解し合える特性が養われた分、日本語は意思の正確な交換には案外、不適当な言語として形成されていったとする会田雄次の指摘がある[72]。

狩猟、採集農耕の双方共、生きるために欠かせない仕事であり正確性、効率性が求められる点においての差異はないが、仕事に必要なコミュニケーションの取り方が異なるという指摘である。

(ii)　日本語の特質とその問題

会田は、日本語では言葉の外にある「察し」や「思いやり」が、意思疎通による相互理解の前面に出るのであり、論理的な言葉は相互の理解のために重要でないどころか、むしろ邪魔とまで感じる日本人の気持ちこそ、長い歴史の中で培われた生得的なものであると概要、説いている。「言外」や「行間」という言葉、「空気を読む」との言い回しは正に、そのような日本語を使うわれわれの社会におけるコミュニケーションの特徴を、軽妙に言い当てたものであろう。

日本人は気心の合う者と共にいるムードは楽しんでも会話、言語表現によるやりとりを楽しむという風習はあまりないと、日本人の社交的な慣習の中での言語的な欠陥を指摘するのが中根千枝である。親しい仲間との快適な会話とは言語に固執せず、あるいは最小限の言葉で交換できる会話を意味し、結果として日本人が言語の効用を軽視してこれを注意しつつ操る意識に疎くなるため、われわれの言語的な表現能力はどうしても貧しくなると主張する[73)]。

船、職場と、同じ組織の中で働く日本人同士の飲酒の場でのやり取りでは、特に会話の根幹になるような重要な言葉が使われない、あるいは使わないようにしていることに気付く。誰それとした名前が出ないにも拘わらず、会話の参加者の中でその者の性格や仕事振りが共有され、更には批判や中傷にまで及ぶといった経験は誰にでもあるのでなかろうか。正に内輪の者だけが理解でき参加できる会話である。

日本人を文化の局面から指摘するのが阿部謹也である。われわれの住む「世間」とは、文字や数字に大きな役割を期待しない歴史的・伝統的に形成されたシステムであり、宴会や会食、限定された言葉、身振りと態度、眼差し、儀礼等がこの世間、具体的な言語を介さない知ともいうべき世界における意思疎通の主たる手段である[74)]、と。

これら碩学らの説よりすれば、われわれの使う日本語は、発声言語による正確な情報の伝達を核としたBRMの実践に相応しい言語とは言い難く、日本語の言語表現に係る社会的な慣行も、BRMに適した環境の形成に不向きであると表現できるかも知れない。国際海運に従事する日本人船員の使用する英語もまた、その底辺に日本語を置いた言語表現である限り、日本語の特質からは逃れ得ないと見越して誤りではなかろう。

さて、本船の操船者、船橋当直者の間での意思の疎通には安全確認が含まれている。人間が起こすミスや誤解を、本人の自覚のみに頼るのは危険であるとの理解の下、船長や水先人等の操船者自らが自分の考えや行動の趣旨につき、発声を通じて知らしめていたとしても、他のチーム構成員がその内容を確認して是としない限り、ヒューマンエラーの連鎖を阻むことは不可能である[75)]。

BRM の教科書や研修では「次のブイで左に 30 度曲げます」、「左舷 20 度方向にある漁船の左を、5 ケーブルの間隔を置いて避航します」等、船橋チームに対して操船者自身による意図の告知の重要性が説かれている。しかしわれわれは本船が変針点に達しようが他船を避航する必要に迫られていようが、他の船橋チーム員にそのための操船、転舵方法について一つひとつ、事前に声に出して周知しようとしない日本人船長や航海士がいても、特段、違和感を抱かないのではなかろうか。

自身の操船の意図を声に出さない操船者は、本船の航行環境に関して船橋チームの構成員の全てが操船者と同じ認識に立ち、更にはその意図をも共有していると当然の如く「察し」ているのかも知れない。操船者が自身の意図を、敢えて発声言語にて念押しする必要ありやと無意識の内に思い込む、ハイコンテクストの下で育ったわれわれ日本人船員の本質的な性格を否定し得るであろうか。

裏を返してみると、日本人の操船者は自分の意図に対するチーム員の心理をつかむ手段を欠くために、彼らの認識について推測する他なく、チーム員に自己の意図についての「察し」を期待し、万が一の誤断や誤操船を指摘する「思いやり」を暗に求めているのかも知れない。もしそうであったとしたら、われわれ日本人船員は BRM の実践に潜在的な障壁を宿し、まずもってその言語的、慣行的な欠点を認識して克服する必要に迫られているというべきであろう。

(5)　暗黙の協調による意思の疎通

しかしこのような日本語や日本的な慣行の特性と、これらから容易に逃れることのかなわない日本人船員が、BRM の実践に係る適性に欠けるとは必ずしも言い切れないように思う。

チーム員の言語として示されない意思、思考や予測される行動を他のチーム員が独自に推測し、それを基に自らの行動を修正、調節する行為を「暗黙の協調（implicit coordination）」という。対して発声による言語を介する行為を「明示的な調整行動（explicit coordination）」と表現し、暗黙の協調と対照をなす概念として捉えるものである[76]。

暗黙の協調とは言語に頼らない意思の疎通を意味する。例えば競技チームにおける選手間でのアイコンタクトの他、目の動きや表情、躯体の仕草から右サイドより攻める、俺の後に続け、あの選手をマークせよ等、意思表示の推測、把握と共有とが暗黙の協調の事例として挙げられている。この協調行動は競技に留まらない。人命、船体、貨物それぞれの安全の確保が相互にリンクする、運命共同体的な意識を必要とする船の運航におけるチームワークでも、暗黙の協調の重要性が唱えられている[77]。

この協調行動について山口裕幸は、

「チーム全体の目標達成を強く意識した広い視野を持つことが、各自の役割を越えた行動を誘発し、その結果、（発声言語の媒介なくして）互いの心理や行動の特徴を理解しあい、暗黙のうちに行動を調整して同期させることのできるレベルとチームワークを高める」

と、その効果について説明している[78]。

いわば非言語による意思疎通の手段である暗黙の強調は、特殊な職業に就く専門家の独占にはない。ちまたの人達の間でも、他人の頭の動きや姿勢からその者の内心を読み取る等[79]、何気ないところで知らずの内に日々、発揮されている。いわゆる人が社会生活を円滑に営むために欠かせない能力として、相手の視線の先にあるものの把握、自分の脳内での相手の行為の再現やその意味の認識、他者の気持ちの推測や意図の読み取り等、コミュニケーションのための重要な社会的脳機能と認識されている[80]。

チームワークの定義について考えてみれば、チーム全体の目標達成に必要な協働作業を支え、これを促進するためにチーム員間で交換される対人的な相互作用であり、その行動の基盤となる心理的な変数（チーム員の感情や判断、チームの雰囲気、チーム活動への動機付けや自我関与の強弱等）をも含む概念[81]と表現できよう。これらの心理的な変数を念頭として、チームワークによる成果の向上に、チーム員相互の抱く信頼の度合いを重視する説がある（ソシオメトリー）。暗黙の協調行動を取るとしても、その行動にはチーム員相互の信頼が重要な基礎となるべきことが説かれている。

そうはいえ、発声を欠く暗黙の協調に正確な意思の疎通は期待し得ない。他船との衝突のおそれの明確な認識のためには、ターゲットへの最接近距離や時間を数値化し、磁針方位の変化につき発声言語を介して伝達し合う以外に術はない。殊、正確さを求めるのなら発声によるコミュニケーションに勝るものはないものの、船橋で視認や航海計器によって得られる情報の全てを発声言語に変えるのは到底、不可能であり、尚、これに努めれば混乱を招くおそれすらあろう。

港湾内や狭い水道等、船舶交通の輻輳海域にあっては、船橋チーム員が喫緊の内に継続監視、あるいは避航すべきターゲットを幾つかに絞り込むのが通例であり、ここに暗黙の協調が功を奏する素地が生まれるように思う。船橋備付のコンパスの前に立つ操船者が今、何に意識を集中し如何なるデータを欲しているか、後方に位置する見張り員が危険な他船の監視に努めているか、チーム員それぞれの視線の方向、動作や仕草を相互に垣間見て把握し、あるいは幾つかの言葉のやり取りより、船橋チームが総じて安全運航に最善を尽くしている様を「察」することは可能であろうし、熟練した船長や航海士は実際にもそのように対応しているに違いない。

BRMの実践における暗黙の協調による効果とは、チーム員相互がそれぞれの動きや外観を通じてその意図を推測し、これを基に必要と思われる情報を分析して絞り込み、その中から必要な情報を抽出して発声言語に変換、伝達し合う行動をいうものと理解したい。日本語を母国語とする日本人船長、乗組員には、暗黙の協調の重要性を理解しつつこれを利用して発声言語による明確な意思の疎通を図る等、母国語としての日本語、日本的な慣行の持つ特異性を逆に生かしながらBRMの実践に努めるべきであり、またそれができるのである。

【注】

1）田中善治『船長の肩振り』（成山堂書店、2004年）25頁
2）石川吉春『原油を運んだ30年』（パレード、2008年）191～202頁
3）石川 前掲書（注2）202頁
4）余田実『芸予の船長たち—瀬戸内、豊予にいのち運んで』（海文堂出版、1997年）172～173頁
5）大前晴保『台風と闘う船長』（成山堂書店、1982年）
6）大前 前掲書（注5）106頁
7）大前 前掲書（注5）189頁

8）大前 前掲書（注5）112～207頁
9）昆正和『リーダーのためのレジリエンス11の鉄則』（ディスカヴァー・トゥエンティワン、2015年）24～25頁
10）情報・システム研究機構新領域融合研究センター システムズ・レジリエンスプロジェクト『システムのレジリエンス―さまざまな擾乱からの回復力』（近代科学社、2016年）80～81頁
11）ジャン・ルージェ 著、酒井傳六 訳『古代の船と航海』（法政大学出版局、2002年）168～169頁
12）ルージェ 前掲書（注11）185頁
13）デヴィド・カービー、メルヤ-リーサ・ヒンカネン 著、玉木俊明 ほか訳『ヨーロッパの北の海―北海・バルト海の歴史』（刀水書房、2011年）68頁
14）金澤周作「密貿易と難破船略奪―境界線上の世界」金澤周作 編『海のイギリス史―闘争と共生の世界史』（昭和堂、2013年）所収、168頁
15）金澤 前掲書（注14）171頁
16）金澤 前掲書（注14）168頁
17）阿河雄二郎「近世フランスの海軍と社会―海洋世界の「国民化」」金澤周作 編『海のイギリス史―闘争と共生の世界史』（昭和堂、2013年）所収、257頁
18）田中航 著、荒川博・大杉勇 編『人と船そして海』（海文堂出版、2013年）53～55頁
19）カービー、ヒンカネン 前掲書（注13）95頁
20）金澤 前掲書（注14）169頁
21）野間寅美『海からのサバイバルメッセージ』（成山堂書店、2001年）166～168頁
22）野間 前掲書（注21）169～170頁
23）田中 前掲書（注18）26～27頁
24）逸見真「ISMコードの利用による船員処罰の回避（上）―乗組員の個人処罰から法人（会社）処罰へのアプローチ」（「海技大学校研究報告」第53号（海技大学校、2010年）所収、1～20頁）、「ISMコードの利用による船員処罰の回避（下）―乗組員の個人処罰から法人（会社）処罰へのアプローチ」（「海技大学校研究報告」第54号（海技大学校、2011年）所収、13～30頁）の一部を書き換えたものである。
25）Edger Gold, “Command privilege or peril?”, *Seaways* (Mar. 2005), pp.8–9. Roger Clipsham, “Examining the Personal Liability and Responsibilities of the Master”, *International Federation of Shipmasters' Associations* (Sep. 2000).
26）Z. Oya Özçayir, *Port State Control*, 2nd ed. (2004), pp.287–303.
27）*Ibid.*, pp.287–303
28）Gold, supra note 25, pp.8–9.
29）その後、大法院は保釈を決定した（2009年1月）。松田洋和「VLCC “HEBEI SPIRIT” 号衝突事故の一考察」「月報Captain」第393号（日本船長協会、2009年）所収
30）趙晟容「韓国」町野朔 編『環境刑法の総合的研究』（信山社、2003年）所収、290～291頁
31）その他の事例として、C. Hunziker, "Criminalization of Seafarers – Will it never end?", *CAMM Sidelights* (2009), p.3.
32）伊藤正己・加藤一郎 編『現代法学入門』（有斐閣、2001年）109頁

33) Antonio Cassese, *International Criminal Law* (2003), p.279.
34) Cassese は刑事裁判において被告人が裁判で使用される言語を知っているべきことを説く（*Ibid.*, p.279）
35) 吉田晶子「国際海事条約における外国船舶に対する管轄権枠組の変遷に関する研究」「国土交通政策研究」第77号（国土交通省国土交通政策研究所、2007年）所収、63頁
36) G. D. Pamborides, *International Shipping Law* (1999), pp.43–46.
37) 林司宣『現代海洋法の生成と課題』（信山社、2008年）161頁
38) Awni Behnam, "Ending Flag State Control?", in Andree Kirchner (ed.), *International Marine Environmental Law* (2003), pp.127–128.
39) Pamborides, supra note 36, pp.43–46.
40) Lorenzo Schiano di Pepe, "Port State Control as an Instrument to Ensure Compliance with International Marine Environmental Obligations", in Andree Kirchner (ed.), *International Marine Environmental Law* (2003), p.142.
41) 小門和之助 著、小門先生論文刊行会 編『船員問題の国際的展望』（日本海事振興会、1958年）69頁
42) R.H. デーナー 著、千葉宗雄 監訳『帆船航海記』（海文堂出版、1977年）315頁
43) ゴドフリー・ホジスン 著、狩野貞子 訳『ロイズ—巨大保険機構の内幕（上）』（早川書房、1987年）244頁
44) ファム・ディン・ソン 著、加藤隆子 訳『涙の理由—救われた難民と船長の再会物語』（女子パウロ会、2005年）224頁
45) 佐伯優「《海》遭難船救助」「創立60周年記念特別号 後輩に伝えたいこと」（日本船長協会、2010年）所収、2頁
46) 佐伯 前掲書（注45）2頁
47) 角幡唯介『漂流』（新潮社、2016年）264頁
48) 角幡 前掲書（注47）265～266頁
49) スティーヴン・キャラハン 著、長辻象平 訳『大西洋漂流76日間』（早川書房、1999年）133～137頁
50)「月報 Captain」第426号（日本船長協会、2015年）83頁
51) 逸見真「BRM 実践の本質—船橋チーム員相互の信頼、意思の疎通と法的責任」（「船長」第134号（日本船長協会、2017年）所収、49～73頁）の内容の一部を書き換えたものである。
52) 河内山典隆『その時、船員はどうする—河内山典隆「備忘録」』（文芸社、2006年）73頁
53) 高嶋博視『指揮官の条件』（講談社、2015年）54頁
54) 高田正夫『船路の跡』（海文堂出版、1972年）9頁
55) 河野龍太郎『医療安全へのヒューマンファクターズアプローチ—人間中心の医療システムの構築に向けて』（日本規格協会、2010年）58頁
56) 芳賀繁『事故がなくならない理由—安全対策の落とし穴』（PHP研究所、2012年）58頁
57) マイケル R. アダムス 著、廣澤明 訳『ブリッジ・リソース・マネージメント』（成山堂書店、2011年）2頁

58）小林弘明『船舶の運航技術とチームマネジメント』（海文堂出版、2016年）166頁
59）小林 前掲書（注58）166頁
60）アダムス 前掲書（注57）2頁
61）水先人がBRMにおけるブリッジ・チームの一員であることについて、アダムス 前掲書（注57）134頁
62）「あたご」事件については、岩瀬潔・逸見真「事例研究―護衛艦「あたご」漁船「清徳丸」衝突事件」「海技大学校研究報告」第53号（海技大学校、2010年）所収、27～41頁参照
63）アダムス 前掲書（注57）4頁
64）釘原直樹『人はなぜ集団になると怠けるのか―「社会的手抜き」の心理学』（中央公論新社、2013年）ii頁
65）釘原 前掲書（注64）109～110頁。その他にも、井上は責任の希薄化ともいえる当事者意識の低落が事故を招くとの分析を行っている（井上欣三『海の安全管理学―操船リスクアナリシス・予防安全の科学的技法』（成山堂書店、2008年）61頁）。
66）小林 前掲書（注58）207頁
67）山口裕幸『チームワークの心理学―よりよい集団づくりをめざして』（サイエンス社、2008年）130～131頁
68）アダムス 前掲書（注57）142頁
69）アダムス 前掲書（注57）153頁
70）井之上喬『「説明責任」とは何か―メディア戦略の視点から考える』（PHP研究所、2009年）48～49頁
71）石黒圭『日本語は「空気」が決める―社会言語学入門』（光文社、2013年）219頁
72）会田雄次『日本人の意識構造―風土・歴史・社会』（講談社、1972年）104～105頁
73）中根千枝『適応の条件―日本的連続の思考』（講談社、1972年）70～71頁
74）阿部謹也『学問と「世間」』（岩波書店、2001年）79・100～109頁
75）小林 前掲書（注58）198頁
76）R. Rico, M. Sánchez-Manzanares, F. Gil, & C. Gibson, *Team implicit coordination processes* (2008), 山口 前掲書（注67）所収、120～121頁
77）E. Hutchins, *The technology of team navigation* (1990), 山口 前掲書（注67）所収、122頁。水先人と乗組員の暗黙の協調の事例として、アダムス 前掲書（注57）142～143頁。
78）山口 前掲書（注67）123頁
79）岡本真一郎『言語の社会心理学―伝えたいことは伝わるのか』（中央公論新社、2013年）20・23頁
80）門脇厚司『社会力を育てる―新しい「学び」の構想』（岩波書店、2010年）79～81頁
81）山口 前掲書（注67）27～28頁

第4章　気質と精神

大なり小なり、職業にはこれに従事する者の気質を養う面があるように思う。気質は単なる性格、考え方、身のこなしや振る舞いを制するのみならず、精神の形成にも及ぶため、その役割は決して無視できない。換言すれば、気質は職業人の一生を左右しかねないともいえる。

本章では船長、船員の気質とこれによる精神の現れについて、幾つかの事例を交えながら考えてみたいと思う。

1.　船員気質

(1)　海に育まれる気質

冬季、よく荒天に見舞われ、その度に人命が失われてきたヨーロッパ北方のバルト海や北海の言語には、嵐が犠牲者を「求める」、「要求する」、「手に入れる」とした表現法があるという[1)]。人が通常、使う言葉を用いて自然の力を表現する民族的、地域的な特質が伺われ、自然現象を人の世界の一部として擬制し、本来ならば理解不能とあきらめざるを得ない事象にも、意味を授けて理解しようとする意思が感じられる。

同様な思考性はわが国にもあるように思う。世界広しといえども日本に並ぶ程、天災と縁の深い国はそう多くはない。われわれは梅雨時の大雨と水害、夏から秋にかけての台風、冬の大雪や雪崩、季節を問わない地震や津波とどれ程、科学技術が進んだとて避けることのかなわない自然の猛威にさらされ、その怖さを殊の外、よく理解している民族である。人間が主体性を発揮して自然に対峙できるのはその予知、防災、減災というレベルにおいてであり、到底これらを凌駕、支配できないとした理解は、海にある船員の意識と同じように思う。

敢えて陸と海との相違に言及すれば、陸であれば水害や津波の及ばない高台、台風に堪える頑丈な建物等、自然の力の届かないところへと逃げ込める一方、海では同様な策に乏しい点であろうが、ここならば安全と自らに言い聞かせて大過の過ぎ去るのを待つ気持ちは、陸の安全地帯、避難所の人々、船の乗組員の両者に異ならないように思う。

とすれば、日本列島に生きる人々は、海の上で船員が甘んじて受け入れなければならない宿命を理解できるといえるのではなかろうか。海の仕事と生活とは断ち難い自然環境を受け入れてはじめて成立するのであり、持てる知識、能力では如何ともし難い世界に堪えて忍ぼうと、別言すれば耐え得る程度の妥協やあきらめをいとわず、自分より強い対象には素直に従いつつ、自らの生存を確保する事大主義的な感覚を宿さざるを得ないという、船員の持つ本能に近い職業意識である。

吉田満は同様な性格を海軍の軍人精神について見ている。

「海軍には合理的精神があったといわれる。(しかし)こういう安直な断定に私は不満である。むしろそれは矛盾だらけで、矛盾をそのまま呑みこむことをよしとした世界だった。途中で逃げないで矛盾をとことんまでつきつめる。矛盾をのりこえるというのではなく矛盾へ忍び込んで向うへ突き抜けてしまう。海という不可思議な恐ろしいものを相手に、しかも課せられた任務をなんとかこなすには、それ以外に身の処しようがないのである」[2)]

置かれている環境の他、船員が仕事から受ける恩恵も、その気質に不測の影響を与えているといえるかも知れない。職場と私生活とが共存する船には、陸の職場に見られる通勤とこれに係る疲労がない、食事は船主より支給される、給与に手当が上乗せされ高給である等、しばしば船員冥利の具体例として強調される。

しかしこの評価はコインの片面にしか過ぎない。通勤はいわば仕事と私生活との境界であり、これがない船の上では当直や稼業から解放されてもいつ呼び出されるか分からない。キャビンは無償貸与、供食、高い給与は何れも陸を、家庭を離れて仕事に就く代償なのであり、それらが世間同様であればとてもやっていられないとした、やるせない船員稼業の表現の仕方であるともいえよう。

食住に係る環境が船員に負担をかけることなく提供されるという、陸の社会ではほぼ未聞の慣行はまた、却って船員の自主性、独創性を削ぐ可能性を生んではいないだろうか。無償の提供とは、これを受ける者に選択の余地を与えないことでもある[3)]。定められた居室を根城として三食、与えられたものを食する生活とは、例えば牢獄にある者のように、口にするものにさえ有無を言わさず支配されていると極論付けることが可能である。ここにかつての旧商船大学学生寮の回想が重なるのは私だけだろうか。

教条教育の項で見た通り、壕に入れば壕に従うべきとした意識にどっぷりつかると、当初は不満や反発を抱くが、それらが空気のように変質して無頓着となり、何ものをも受け入れる従順な性格が醸成されるようになる。船の上でも同様に、乗船中は何があっても我慢と決め込む忍耐というべき性向を育む一方で、あきらめの境地に誘われる安逸感を産み、事なかれのままにありたいと過ごすようになる。

乗船を繰り返しつつも、陸の生活への憧れがなくならない反面、船内生活を改善、向上させる意欲や意思は薄れ、無駄な取り越し苦労をするよりかは下船の日まで耐えて待つのが得策とした、自主的な思考や行動の退潮[4)]が船員の本質に見て取れるとしたら、長きに渡って構築されてきた船内社会は誰がどうしようと変えられるものではないと、船員自身が逆に守りに入っているのかも知れない。

帆船時代や戦時に呈された壮絶さに比べれば、現在の船は船員にとり総じて過ごしやすい環境となっている。自然の猛威に耐え、変化に乏しい生活になじんでこらえ、船主や傭船者の要請に従い、航海、荷役と定められた仕事をしっかりとこなし、一定程度の繁忙を苦にせず、寄港地での公的、あるいは荷主らによる外部検査とこれへの対処を納得して受け入れさえすれば、船員にとり特段に現状を変える必要のないのが、今の時代の船という世界なのではあるまいか。

(2)　海運企業の構成員

(i)　船員と陸員

海運企業は一般に船員と陸で働く者とによって構成される。企業内では所属の船員を海員（船員法に定めのある、船長以外の乗組員を指す海員とは異なる）、海技免状や船員手帳を持たない陸の社員を陸員（完全に陸上へ転籍した元船員を含むが本書では除外）と呼んで区別する（本書では便宜上、海員を船員としておく）。

総合職としての陸員は主として一般大学をソースとする。大学時代、体育会系クラブに所属して励む等、旧商船大学の寮生活や練習船教育に類似するかのような経験を持つ者はあれ、船員と同様な教育は受けていない。

彼らは船種毎の営業の他、新造や売買船、新規事業を扱う企画、一般企業同様の総務、人事、法務といった管理、経理部門への配属の他、系列会社、子会社等へも派遣され出向する。特に海運企業の特色として営業部署が多岐に渡ることより、陸員の多くは多かれ少なかれ営業職を経験する。

わが国の国際海運企業は主たる営業の本拠を日本に置き、陸員の多くに日本人を採用している。この企業行動について経済学者の山岸寛は、海運活動が国民経済上、重要であるとした業界の認識の表れと説明する[5)]が、陸員の勤務地は本社、支店、出張所の他、海外の支社店、駐在員事務所等、内外地に渡る。大手企業ではグローバル化を図り本社機能の一部、特定の部門を積極的に海外へとシフトさせている。

陸員の仕事に、貨物の積み揚げと船を安全に齟齬なく運航する船員の仕事が組み込まれる。海運企業、特に海上輸送に係る部門の信用力とは、船員と陸員とが協働して果たす業務に求められることとなる。

陸員の仕事の一例を挙げれば、不定期船の営業は本船オペレーション（本船の動静把握と荷主への通知、傭船者とのやり取り等）、代理店管理、船荷証券や貨物の信用状の取り扱い、滞船料や早出料の清算等、運航の営業管理、荷主からの貨物の獲得と依頼された貨物のための傭船（チャータリング）、自社船の貸し渡し、再傭船、傭船契約の締結と履行、履行に関わるトラブルへの対処等がある。

営業職の特徴は仕事のかなりの部分が担当者の裁量に任せられる点にある。早ければ入社後、いくばくもしない内に数隻のオペレーションを並列的にこなすようになる。要領良く船をフォローしつつ運航知識や海運慣行の学習と習得とに努め、上司に認められれば20代の終わり頃から傭船業務を任せられる。海運マーケットからの船の調達と、一日あたり数万ドルに及ぶこともある傭船料交渉の担当である。傭船料の交渉には海運市況の相場があるが、市況をベースに置いた目安の付け所は交渉担当者に委ねられている。

他船主との傭船料の交渉はブローカーを介し、船の仕様、船齢、船の現在地と積地との距離他を勘案しつつ、一進一退のせめぎ合いとなる等、常に大きな金銭が絡むために気が抜けない。交渉は主として英語で行われる上、奥の深い傭船契約書の内容も勉強しておかなければならない。同じ海運企業の業務でもほぼ同年代にあたる一航士や二航士の技術性、定型性の強い船務とは異なる性格のものといえる。ここは陸員の職域ではあるが、稀に船員の陸上勤務者が営業職として配属される。配属された船員は同じ海運業とはいうも、海上職とのギャップに唖然とする。

陸員一般は船について素人ながらよく勉強する。貪欲な者は船員と陸員の仕事の境を意識しないし設けようともしない。営業関連であれば二航士レベルより余程、荷役知識に明るい者が珍しくはなく、機関について船長、航海士より詳しい者がいる。また彼らの興味は業務知識に限られない。以前、船及び船員の徴用について陸員と論じた時、彼らの中に私よりも強い拒否反応を示す者がいたのに驚いたことがある。

文字通り、海運ビジネスの中で鍛えられてゆく陸員の感覚は、船員のそれとは大分、違ったものとなる。スキルの一つである英語の切れも、船内や港内で多くは途上国外国人を相手とする船員と、損得のかかったビジネスを通して鍛錬を受ける陸員とでは格差が生じてくる。入社時には学生気分の抜け切らない、中身も外見も似たり寄ったりの船員と陸員であるが、片や船長、機関長、片や陸の部署の課長、チームリーダーとなった頃には、お互いが同じ企業人であるとはいえ、その感覚や考え方に開きがあるのが感じられるようになる。

通例、船員は組合との協定により年間8カ月前後も乗船するのだから、4カ月の休暇は当然の権利として当人が自由に利用できる。しかしこれがネックともなるのである。3年の海上籍で合計1年程になる休暇は、その一部に研修が組み込まれるとはいえ、無職に近い日々が更に陸員との差をつけてしまう。陸員には入社から退職まで月単位の休暇はあり得ず、管理職となるまでには週末出勤も多い。自宅にいてもEメール等、インターネットを介した仕事に迫られあくせくする内に、自ずとビジネス・スキルが磨かれていく。

良く表現すれば陸員は国際ビジネスマンとしての器量と能力を養い、悪く言えば様々な仕事の苦労や複雑な人間関係により、狡猾さを兼ね備えた世渡り上手となると表現できようか。一方の船員は船の運航に精通し海技者としての技術を養うが、海の上、狭い船の中で交渉や駆け引きというビジネスの試練にさらされずに、例えば会話はもとより、心理的なコミュニケーションに疎く純朴なままにある者が多い。

陸員には海技免状がないから海上勤務はできないし、海上経験が生かせる海技や船員のマネージメントの職域に配属されることもない。その陸員は船員をどう見ているか。船に乗って海で働く船員に憧れる気持ちのある一方、船長、機関長とはいえ途上国船員がまかなえる仕事に日本人が就く必要ありやとした、ドライな見方をする者は少なくない。

船に事務長、事務員が配乗されていた時代、陸員はその職を借りて乗船勤務を体験した。数カ月という短い期間ではあれ、船という現場を見て船員と交流し、同じ年齢層の職員と懇意になる等、陸員にとり船員に対する良い心象形成に寄与したが、今は昔の話となった。

とある陸員より聞いた話である。仕事で初対面の顧客に自己紹介すると船長さんですかと聞かれることがある。船会社に勤務するのは皆、船員と思われているのか、いいえと答えれば済む話だが、度々聞かれる内に不愉快な気持ちを覚えるようになったという。航空会社の地上勤務の社員が、何度となくパイロットですかと聞かれる場面を想像すると、この陸員の気持ちも判らないではなかった。

(ii) 船の捉え方

陸員と船員との差異は仕事の中での船の捉え方にも顕われる。陸員は船を単純にビジネスのツールと見る。海運という商行為の道具として船は常に完全無欠でなければならないとし、不具合や故障があれば、自社船については管理する部署に早急な是正、修理を求め、傭船であれば船主に契約に則った対処を要求する。

一方の船員にとっての船は職場であり生活の場である。不調や故障はあって当然、これを事前に察知して発生しないよう、発生しても迅速に復旧する対象にある。陸員、船員の双方にとり、船が不可欠な商売道具であることに変わりはないものの、陸員にとっての船はビジネスに勝つための駒であり、船員にとってはわが身と同様、いたわりの必要な生き物に値すると表現できようか。海運企業という船をベースとするビジネスでは陸員、船員両者の捉え方が共に必要となる。

国境のない海運ビジネスでは下手な感傷は意識上の障害になりやすい。海運業は船を造り後生大事にスクラップまでいたわり使うという、悠長な商売ではない。老朽船、不経済船、赤字を垂れ流す船には早く見切りを付けなければならない。海運企業による売買船は経営判断に従い、市況をベースとしてごく当たり前に行われる、海運ビジネスの内の一領域を占めるが、そこには船への愛着のかけらもないしその必要すらない。国際海運のように傭船や売買船の相手が外国の船主や荷主である場合、船への感傷が入ると円滑な交渉ができないし、却って足元を見られかねないのである。

とはいえ船員までが、船に対してビジネスライクにドライな感覚となれば、船の運航に支障の出る可能性がある。船が鉄と機械の塊ではあっても、その上で何カ月も暮らして海を渡る内、船に対して僚友のような感覚が生まれる。パイロットが乗り尽くした飛行機を愛機と呼び、使い古した自家用車を愛車と表現するドライバーがいるのと同じである。趣味にせよ仕事にせよ、長く付き合う内にツールとしての感覚が愛着へと変わり、自身にとりかけがえのない存在としての地位にまで昇華する。

川島裕船長は最後の船長を務め上げたぶらじる丸を下船する際の感慨について、

「『ぶらじる丸』に、帽子を取り、深々と頭を下げた。「ご苦労さん、お疲れさまでした。ゆっくりお休み」、一段一段ゆっくりとタラップを降りながら、船長は、愛娘をいたわるように船ばらを軽く手でたたいてこう言った」[6)]

と書いている。幾つかの航海記に眼を通せば、海の上で苦楽を共にする船やヨットを、わが身の分身の如く描写する書き手が多いのに気付く。

このような気持ちは乗組員のみにあるものではない。内海水先人であった青野隆光船長が、船の安全な嚮導を果たすには船そのものになり切らなければならない、そのためには乗船して船橋に立ち、上甲板から船首を見渡した時に本船を呑み込んで一心同体となる気持ちを持つことが重要だ、と話していたのを思い出す。自分の体と船とを一体化させるとした意識は、船を生きものとして扱っているに他ならないように感ずるのである。

そうした意識を持つことができれば、船長としてこの船を守るのは私だとした気概が生まれるように思う。

(iii)　海に生きる者の姿勢

海運企業という組織は人の住む陸にあり陸で動く。海に出ている職業人が陸にいる者と比べて影響力が小さくなるとした話が、杉森久英、尾崎秀樹らの海軍と陸軍の比較対談の中にある。

「海軍の人は、船に乗っていて、国内ではあまりいろんな所へ出入りしていないから、影響力も少ないわけです。まあ陸軍と海軍とは両立しているものて、政治的な影響力は同等のはずだけれども、実際をいえば、海軍さんの影響は少ないですね」[7)]

この引用部分の海軍を海運企業の船員に、陸軍を陸員に置き換えて表現しても全く違和感がない。事実、わが国の海運企業では大手、中堅を中心に陸員が多勢であり、企業経営のイニシアティブは陸員が握っていると見てよい。ビジネス、人脈、業界事情に長けた陸員が会社を率いるのは当然ともいえ、その証拠に取締役、執行役員という経営層に入る者の多くは陸員であり、船員出身者はその一角を占めるに過ぎない。この現象は今に始まったことではなく、企業内の日本人船員が数千を数えて威勢を誇っていた、1970年代までも同様であった。

高田里惠子は近代日本が誇った進学の機会平等、能力があり努力さえすれば誰でも高校、大学へと進学可能な制度が予期せぬ階層区分と格差を生み、進学よりはじき出された者が抱くようになる心の屈折は、ヨーロッパの階層社会よりも複雑化したと指摘する[8)]。英国に見られる王侯や由緒ある伝統的貴族から新興の紳士貴族層、国家官僚、企業経営層、そして一般市民へと下る、出自や血筋に由来した形式的な階層の存在しない、自由な社会にある日本の中での建前と本音、学歴や貧富という実勢により形成される、実質的な階層差の生む軋轢の存在が示されている。

形式的な階層社会にしろ、結局は出自や学歴、所属する組織による実質的な階層により形成される。人間社会は元来、階層で区分される性格のものなのだろうが、形式的な階層のない分、人は皆、誰でも社会の上位層を目指す青雲の志を抱ける反面、それが挫折した際の屈折は形式的階層のある社会より深刻だとする言説である。

入社、給与と昇給は平等でも、経営層に繋がる出世コースからは距離を置かれる慣行の存在に、船員はどのような思いを抱いているのだろうか。そうは慮っても船長、船員の胸中に表立った不満は見られないかのようである。私の周囲にいる大手の海運企業に勤務する船長、機関長には「何はともあれ、ここまで面倒見てくれているのだから」と吐露する者が少なくない。

会社の大事な、船主より預かった船の安全を守り通す大儀を果たしているとした誇りからか、船員特有の従順な気質、自然を相手とすることにより会得した包容力からか、会社に貢献した船長、機関長に対して子会社、関連会社での役員待遇、加えて船長には水先人への花道を授けての慰労に彼らが心底、満足している故かは定かではないが。

吉田満は海軍軍人の姿勢についてこう表している。

「海軍士官はシレっとした（キビキビしたさり気ない風（筆者注））動作が身につくよう心がけた。しかし今度の戦争で、その開始から終局まで陸軍（中略）に海軍が押切られる場面が多かったのは、シレっとし過ぎた結果ともいえるのではないか。いつの頃からか、ネーヴィーの伝統に一種のエリート意識、みずからの手を汚すことを潔しとせぬ貴族趣味が加わり、受け入れ難い相手とトコトンまで争わずに、自分の主張、確信だけを出して事を決着する正念場から身を引くという通弊が生まれた」[9)]

「トコトンまで争わずに」を平和裏に解せば、納得の行くまで議論せずとの意味に捉え得る。

戦争中、陸軍に海軍が押切られる場面が多かったとする吉田の観察が正しければ、このような海軍軍人の立ち居振る舞いは、通弊と呼んで済まされるものではなかったように思う。

去る大戦は国家を滅亡の淵に追いやったに留まらず、国の内外におびただしい犠牲を強いた。これを主導したのが軍部であり、第一に、その中で陸軍がよりイニシアティブを取ったのだとしたら、これを抑え切れる唯一の組織であったはずの海軍の軍人気質は、陸軍同様に災いをもたらし、わが国の歴史に大きな禍根を残したといえるだろう。第二に、各種の特攻に見られる如く、自らが守るべき国民にもたらした災厄は決して小さくはなく、戦法の是非を巡る議論を尽くさず多くの兵士を死地に追いやった責任は、決して免罪されるものではない。

そして第三に、主戦一本槍の裏でわが国の生命線であった海上輸送を身を挺して護衛することなく、その壊滅を許し、国家経済、国民生活を見限った責任は、一島国による戦争の遂行に何が最も大切かという大局からの視点欠如に起因する。軍幹部の教育と育成の問題もさることながら、吉田の言うシレっとし過ぎた、最善を尽くすための議論をしない体質が大きな影を落としたというべきではなかろうか。

今その海軍はなく、滅び去った組織の教訓として論ずるに留め得る。その海軍と海、船と底辺で共通する商船乗りが議論に疎いとする、旧商船大学の学生寮でも指摘した、同様な体質を有しているのではないかとの危惧が生まれるのである。

(3) 階層意識

(i) 船の上の階層

欧米の階層社会に源流を持つ船の中の伝統的な職制は、船長、職員らの幹部と彼らの指示を受ける部員とに二分された、今に伝えられる階級的な秩序の中にあった。仕事の内容に留まらず居住区を異にし、食事ですら船長と職員は船長室やサロンといわれる公室で、部員は専用の食堂で別れて採り、食事の内容も異なる等、その階層化は船内生活の隅々にまで及んだ。

ヨーロッパの移民船では貴賓を求め礼節を知る高貴なる家系や資産家等、それなりの社会的地位にある乗客層を対象とした一等・二等船室（キャビン）と、一般に貧困層や労働者階級といわれる人々を収容する三等船室（スティアレジ）とに区分されていた。陸上における社会秩序を船の中に構築することが、海の上の隔絶された世界での秩序を保つ最善の方法と考えられた故である。キャビンとスティアレジの住人達に、相互の交流はなかったという[10)]。

かつて一世を風靡した映画「タイタニック」では、華やかな衣服に身を包み正餐に舞踏にと豪奢な船旅を送る上流階級、船底近くで雑居雑魚寝を強いられる大部屋の中に押し込められながらも、新天地への期待に胸膨らませる人々の様子が対極的に描かれていた。

船員の数倍以上もいる船客の中でのトラブルの頻発は、乗組員による対処能力を超える。そのために予め、乗客それぞれの希望と船賃の支払いとをベースとして出自、職業、地位、資格、給与等、差別化の目安を個々の乗客から引き出し、それに応じた居住区をあてがい線を引いたのである。必要以上の相互の接触を絶ち、乗客間の摩擦の回避を図ることにより平穏な航海を維持しようとする、往年の船の生活より抽出された知恵の実践であった。

とはいえ乗客や移民のためのスペースと異なり、乗組員の内の職員と部員との別は免状の有無が基準であり、出身国の階層が反映されている訳ではない。例えば国にカースト制度のあるインド人全乗の船に、その考慮はない。インド人乗組員の間では苗字や名前を見ればその者の属するカーストが把握できるといい、概して職員のカーストは部員のそれより下に位置する傾向があると聞く。しかし配乗にあたっての考慮はなく、よって船の上では他の外国人船員と同様、資格の有無と経験、実力で評価が決まる。

欧米の海運制度を受け入れたわが国の商船も、乗り組みの階層別職制をそのままに取り入れた。現在の船尾に船橋を持つ船では職員、部員共に船橋下のハウスと呼ばれる部分に居住区が設けられており、一般に職員が上層階、部員は下層階にと区分けされ、食堂や娯楽室がそれぞれに付帯する。職員、部員は仕事で協働しても、プライベートの時間とこれを過ごすスペースは別となる訳である。

1990年代、急激な円高に伴い採算の悪化した国際海運界は、日本人乗組員の減員化を進めた近代化船を導入した。一船の乗組員数が18名から最少、11名にまで合理化される中で、職員と部員の居住環境を分けた従前の慣行を維持する不経済性や、日々の食事の準備と配膳の手間を省みて、職員と部員の食堂を統合した。その後、想定外に進んだ円高により、日本船舶はそれまでの日本人全乗から外国人との混乗のやむなきに至り、再び船内生活を分離する慣行に戻っている。

ⅱ　船員の年功序列

乗組員の階層化の別の一面は報酬の取り扱いにある。

期間雇用の船員は乗組員として雇入れされる前に、船長、職員であれば所有する資格や経験の度合い、部員であれば純粋に個々の経験と能力とが勘案され、本人の希望に従い乗り組むランクが査定される。雇用主である船主や管理会社は、職位と給与とがリンクする給与タリフにより、経験豊富な船長の給与を頂点に最下層の部員（スチュアードやメスボーイ、メスマンといわれる給仕係）に至るまで細かに定めている。乗組員は査定によりタリフに従って乗務する職位が決まり、雇入れを受けて乗船する。

ここには年齢や乗船年数という、日本人が好む年功的な要素は入ることなく、職位の間における年齢の逆転が頻繁に起こり得る。一航士より三航士の年齢が上であったとしても、給与は職位に応じたタリフによるから、三航士の給与が一航士の給与を上回ることはない。もし年上の三航士が年下である一航士の給与レベルを欲すれば、一航士の資格を取ってこいと諭されるだけである。

このような雇入れのシステムは意欲ある船員の上昇志向を誘う反面、原状に満足する船員の停滞を招く。上位職への昇進を望まず同じポジションに留まる者はある程度、稼いだ後、陸で新規の事業を起こす等してリタイアする者が多い。フィリピン人やインド人船員はキャリアを積むに連れ陸に職を求めるため、上位職になるに従い就業人口が減る。この傾向は家族を大切にする民族性や、一般に責任のある職位に就くことを好まない職業意識の表れとして説明されることが多い。

既述の通り、わが国の海運企業では、船員に対して陸と同様の終身雇用と、これに準じた年功序列方式が採用されている。入社から年単位でカウントされる標齢に従い、勤続年数に応じた賃金と福利とが与えられる。日本人船員の自主的なリタイアは期間雇用の船員程には見られない。

年功序列にある職員と部員との相違、取得した資格や社内辞令による賃金アップはあっても、それなりの標齢差があれば職位と給与との逆転が起こり得る。かつての日本人全乗の日本船舶では、資格の階層と年齢の階層とが複雑に交錯するという、国際海運の中でも特異な賃金体系が見られていた。壮年の部員の給与が若い三航士のそれを上回るという、期間雇用の世界では殆ど耳にしない現象が当然のように起こり、乗組員の間ではそれぞれの職位とは異なる気遣いが必要となった。若い職員が職位そのままに年上の下位職に接すれば、礼儀を知らない、生意気だとした感情論が、長幼の序の建前さながらにささやかれたが、外国人との混乗が普通になるに従いそう耳にしなくなった。

わが国のシステムの下では、資格の取得が職員の昇進の条件とはなるも、一定の履歴が昇進と連動するために大きな問題、失敗さえ起こさなければ順当に上へ昇れるとした意識を船員に植え付けやすい。期間雇用船員に見られるように、年齢に拘わらず努力しさえすれば上を目指せるとした強いモチベーションはもたらさないものの、この意識差をカバーしてきたのが、日本人特有の資質ともいえる勤勉性や組織に対するロイヤルティであった。

しかし現在の海運企業における年功序列は就職すれば最後、後は最上段まで運んでくれるエスカレーターではなくなっている。一部に能力主義が採用され、標齢にふさわしい技術や能力、仕事への積極性が見られなければ、そこで足踏みをさせられる可能性があるし、うつつをぬかし下に続く者に追い付かれ、更に抜かされるようなことがあれば会社はいい顔をしない。厳しい評価を受け給与が伸びず、終いには肩たたきに遭う可能性すらある。

組織にある者は誰でも人事に関心を示す。人ごとであれ自分に影響があるのであれば格別、そうでなくても、称賛からねたみそねみまでの対人感情を重ね合わせるのが、組織人のさがといえる。漏れ聞こえる人事情報は千里を駆けるが如くに広まるが、何故か最も関心のある自分に関する人事は聞こえてこない。ただ上司の態度や職場の雰囲気より、自分に対する評価はおぼろげながら察知できる。だから、もし自分に対する評価が低いとしたサインを感じたなら、最後通牒を受ける前にそれまでの自分の仕事の内容と取り組み意識とを再考し、心機一転、頑張ることである。人生、七転び八起きは真実と思う。

(iii)　差別・被差別意識

階層意識の中には明確な理由を欠くにも拘わらず、差別し差別される等とした意識、いわゆる差別意識、被差別意識がある。日本の社会は形式的な階層社会ではないから差別、被差別の実際をイメージし難いのではなかろうか。日本人船員の多くもまた船の上の差別を是認しない。船員は職位の上下付けを除けば平等であると。

しかし現実は違うように感じられることがある。

プロといわれる者は何かしらのプライドを持っているものである。高い自尊心の表れがプロ意識の一表現といえるかも知れない。船長のプライドも様々な要素により形成される。実職の履歴はその一つであり、とある船長は私に面と向かって、君より船長経験は豊富と自慢げに言い放ったものである。

北欧の船員事情からは、同じ船長職でも乗務する船の航行水域により、意識的なギャップの生ずることが指摘されている。近海での貿易に従事する船長と沿岸交易の船長とでは、それぞれの仕事に対する自意識が明確に異なるというし、主として北海を股にかける船長と沿岸ないしバルト海を航行海域とする船長らとの間には、個々のプライドに差があったという[11)]。

同様に、わが国では内航海運の船長よりも国際海運のそれが船、航行海域、技術等の何れについても一枚上手と評されることがある。内航船に比べて外航の船は大きく、国際的な業務の性格より船長、航海士は英語に堪能、学歴も大卒が多い等、色々な要素を以て比較されるが、確たる根拠はない。内航船には貨物の数量や国内諸港に入る仕様として、小回りの利く小型船型が適し、国内で英語を使う必要はなく、船員資格の取得に学歴条件もないのであり、内航、外航それぞれの事情を比べて優劣を敷く必要性自体に乏しい。

殊、船長職の重要な役割の一つである操船に限っていえば、内航海運の水域であるわが国の沿岸及び港湾は、世界で最も船の輻輳する海域であることに加えて、港の出入りでは水先人を取らずに船長自ら船を着離桟させる内航船の慣行より、外航の船長よりも技術力の高い者が多い。水先教育における操船シミュレーションを見ると、総じて内航海運の船長経験者の方が高い操船能力を示す。

私が携わった当時の水先シミュレーションでの着岸操船では、本船のスラスター（船首喫水下に設置された横方向への移動のための推進器）やタグボートを慎重に利用しても、岸壁のフェンダーにより跳ね返されてうまく着岸できない現象が度々、起きていた。シミュレーションにプログラミングされた岸壁フェンダーの反発係数が、実際に比べてリアルに表現されているためと実習生、インストラクター、オペレーターの皆が理解していた。しかしフェリーの船長履歴を10年以上持つ現内海水先人の中尾登一船長は、外航上がりの船長達が四苦八苦するのを尻目に、何ごともないかのように素早く完璧な着岸をこなしていた。

危険物船であるタンカー専門に乗務する船長は、一般に自尊心が高いように感ずることがある。わが国のエネルギー輸送の根幹を担うとしたプライド、本船運航では爆発、火災、海洋汚染と乗船中、気の抜けない日々を送っているとした自覚からであろうか。

明治以降、導入された西洋型帆船や汽船に日本人が乗るようになってしばらくの間、彼らに対する信頼や尊敬のバロメーターとして、南米南端のホーン岬等、著名な航海の難所を無事に通り抜けたという航海歴が重宝された。船に乗り続けた当時の船員は、乗船した履歴の長さに大きな落差のない分、名だたる特殊な海域での航海経験が自身の履歴に箔を付けたのだろう。

科学技術が進み航海がより安全となった現在では、特異な航海経験を誇示し誇示される意義はなくなった。日本人船長については海技者としての陸上勤務の度合いが増すに従い、海上経験自体が減少し、乗る船種や航路も限られたものとなりつつあるから、経験の中でのこれといった自慢の種も探し難くなっている。

所属する海運企業や組織に由来する差別的な意識がある。概して仕事にやりがいを感じ、自信を持つ者のプライドは高められるのだとすれば、自尊心の高低に会社の規模は直接、影響しないといえようが、一般に大手企業に属する船員はプライドが高いようである。会社の規模が大きい程、海運を専業とせずに多角経営をするのが通例であり、その中で船員が海技者として積めるキャリアは広く知識も経験も豊富となる。誰もが知る大企業に勤務する優越感を持ち衆人の示す羨望を感じる他、企業内での教育や社員同士の交流の中に、大企業の看板を背負うとした気概の育つ土壌があるのだろう。

それぞれの会社の船が自社の船員のみで運航されていれば起きない問題がある。船は安全運航が第一であると乗組員の誰もが自覚している手前、あからさまな差別が見られることは少ないが、漠然とした差別意識、被差別意識がないとはいえない。異なる組織に属する船員が乗り合わせると、それぞれの自意識の違いがあらわになって摩擦を生むことがあるのである。小さい組織から来た者、例えば子会社所属の船員が配乗の都合から親会社の船に乗った時、特にその者の技量や知識が浅いとみられるとからかわれる、まともに扱われない、最悪、無視される等と、船内融和に不協和音の生ずることがある。

とある自動車船の話、たまたま臨時で乗船した子会社の船長に対し、大手プロパーの航海士達が蔑視するかのような態度を取り続けたと聞いた。船長の資質が航海士達の目に適わなかったのか、親子会社の関係に係る航海士達の意識がそうさせたのかは定かでない。もし後者であれば、航海士達の順当な大成を憂えざるにはおれない。

(4)　乗組員混乗の理由

わが国はほぼ一民族より成る国であり、日本人以外の者を国の外の人として外国人と呼ぶ習慣がある。そのようなお国柄、日本人には複数の国籍の者らが寄り添い仕事をし、生活するあり様を想像しようにも、今一つピンとこないのではなかろうか。

船を扱った映画や物語には米国人、英国人のみといった単一の民族、国民により運航されているかのような外航船が出てくることがある。そうした媒体を通して一つの船での同じ肌の色、同じ言語を使う船員達の活躍に慣れると、一民族、一国民で動く船が当たり前の如くに思えるようになる。確かに混乗は映画、小説のストーリー性に欠けるかも知れないが、序章でも触れたように、国際海運従事の船の乗組員が一つの国籍で構成される例は現在、一部の途上国海運を除いて殆どお目にかかれない。

1970年代までの日本の海運企業が所有する社船の多くは日本船舶であり、乗組員もまた永らく日本人のみで構成されていた。わが国の商船隊において日本人と外国人との混乗が本格化したのは、先にも触れた1985年のプラザ合意による急激な円高を契機として、特に国際指標から見た日本人船員の給与水準が高騰し、海運企業の国際収支が急速に悪化したためである。こうした背景から混乗という言葉にはどうしても、それまでオールジャパンで運航されていた日本船舶の人件費削減のための策という響きがある。

ヨーロッパとて沿岸航海を主流としていた当初、乗組員にも地域的な同質性が見られていた。混乗の気配が現れるのは中世以降、国境に隔てられない商人達の協働が船に及ぶようになってからのことである。特に本格的な混乗化の流れを作ったのは、航海が大洋へと伸びた大航海時代のことであり、16世紀には出身地、言語共に異なる雑多な水夫達により、船が動かされるようになっていた[12)]。マゼランが遠洋航海に出た船には、スペインやポルトガルの船員を主にフランス人が9名、5名のフラマン人、2名の英国人と1名のドイツ人に数名のイタリア人が加わっていた[13)]。

第1章で垣間見た通り、言語や生活習慣を異にした大小の民族が共生するヨーロッパにおいて、国境を越えて海商を支える船が混乗によって運航されるのは自然の摂理であった。狭い域内に束縛されない商事活動を一つの民族や言語でまかなうのには無理があり、実利上も不便を強いることとなる。現在の国際海運の源流がこうした事情を持つヨーロッパにあるとすれば、多国籍の乗組員構成を敢えて混乗と呼ぶこと自体、違和感を生むといえるかも知れない。

混乗は宗教をも凌駕した。地中海の特質は主として北岸にキリスト教徒、南岸にイスラム教徒と宗教的な人口分布が見られたところにある。17世紀の地中海では異教徒たちが入り混じり、同じ船に、例えばキリスト教徒とサラセン人という異教徒らが同乗することも珍しくはなく、その傾向は商船のみならず、軍艦の一形態であったガレー船にまで及んでいた[14)]。

他方、旗国が自国籍の乗組員の配乗を義務付けたのもヨーロッパが嚆矢であった。18世紀の英国航海法は自国船舶の船長に英国人、且つ乗組員の4分の3以上に英国人船員を置くよう定めていた。自国のための海上貿易網の構築に必要な政策であったといえようが、実際の規制は難しく、特に船員が人手不足となる戦時には殆ど守られなかったという。

そこで戦時限定の特例として乗組員の2名に1名、更には4名に1名が英国人であれば、航海法の遵守は不問に付すと繰り返し認められた他、2年間、英国船舶で乗務した外国人船員を英国臣民と看做す措置が取られたこともあった。表向きに規制の実効を図る措置とはいえ、外国人船員を自国籍の頭数に入れてしまう手法は、本末転倒以外の何ものでもなかったろう。

当時の英国とその植民地の船には英国人の他、多くのオランダ人、ポルトガル人が乗り組み、時にはフランス人やスペイン人も見られていた[15]。

つまり英国船舶の数に足りる英国人の船員がいなかったのである。こうした船員不足は就航していた船の数を見れば一目瞭然であった。18世紀半ば、大西洋貿易に従事していた英国船舶は年あたり千隻に上り、砂糖貿易従事の船のみ数えても459隻となった。

1748年にブリストルからアフリカに出帆した二本マストの帆船、ペギー号の乗組員はその39名の内、イングランド、ウェールズ、スコットランド、アイルランドと英国系の船員がその多くを占めた他、スウェーデン、オランダ、ジェノバ、ギニアの乗組員という文字通りの混乗であり、平均年齢は26歳だったとの記録がある[16]。

またこれとは逆に外国船に雇用される英国人船員も少なくなかった[17]という。

船乗りの不足は英国に限られなかった。1773年、フランスは植民地の商品輸送のために1,359隻の船を米国へ送っている。また大西洋のワイン貿易に従事する船は年、3,500隻に上っていたとのことである[18]。就航船の全ては人手を要する帆船であり、乗組員の不足はさぞ深刻であったろう。

頭数を集めることが第一であったとしても、船を動かすからには乗組員に一定の技術が伴われなければならない。特に熟練した古参の乗組員による見習いや新参者への指導は厳しかったが、彼らが時の経過と共に仕事を覚え、技術を身に付けさえすれば乗り組みの仲間に迎えられた。見習いらの初航海で船が北回帰線や赤道を越える際、成長したと認められた者には儀式としてネプチューン（海の王）からの洗礼を施し、正式な仲間入りが認められたのである[19]。

何故、北回帰線や赤道という特定の海域を通過する際の儀式であったのか。ヨーロッパの古代の航海は北半球に集中していたことより、稀にでも赤道を横切り太陽の領域に侵入した船乗りは、神の怒りに触れ黒い肌にされてしまうと信じられていた。中でも海の神は赤道の南方に居座っていたため、北緯から南緯への入域は海神の領海へ侵入することを意味したという。船ではその罪を償うために祭事を催し、赤道を横切る船乗りに洗礼を受けさせたのである。これが船の上での赤道祭の起源である[20]。技術の習得は当然として、乗組員が民族、宗教、言語の相違を超えて融和しあうための、何らかのきっかけが求められたのではかろうか。

こうした祭事は年月を経るに従い、新参者の成長を認める儀式から、乗り合わせた乗組員達による融和的な行事へと変わっていった。現在では北半球と南半球、東経と西経の境をまたぐ記念行事、船に乗る者にとり初めての体験の祝福と、相互の親善の場として引き継がれている。わが国の移民船では日付変更線を越える際に祭典が催されたし、現在では練習船で踏襲されている他、商船の乗組員達は日付変更線や赤道の通過時刻を予想し、的中した者に粗品が与えられる等、船内融和のための余興に様変わりしている。

(5) 連帯意識

(i) 伝統的な意識

一般に人には無意識の内に、自分と似たような境遇にある者に親近感を覚えて近付く傾向がある。同郷や同窓の他、会社や組織と同じ集団に属し、属していた間柄と判れば、それまでは見ず知らずであっても直ぐに打ち解け合う習性と呼べるようなものがある。

初対面であるにも拘わらず、商船学校の同窓と知れたなら直ぐに先輩、後輩を意識して接するようになるし、同じ海運企業にいた者らは強固な連帯感を共有し合い、お互いをわだかまりなく受け入れることができる。例えばわが国の主要な水先人会には出身会社別の親睦会があるという。何かと序列を付けて交流したがる日本人に根差した長幼の序の顕われともいえ、上下関係の厳しい寮生活での体験、以前に乗り合わせた船での共通の思い出がこれにはずみを付ける。

何度も乗り合わせる船員達の間にも同様な意識が生まれる。小規模の海運企業の船員は配乗される船が限定され、知った顔ぶれとの繰り返しの乗り合わせが少なくない。気心の合う者との乗船は仕事に張り合いを生み、船内での閉鎖的な生活にプラスとなろうが、性格の合わない者との同乗は船の上を窮屈で暗澹たるものとし、時として下船願望を強めさせる欠点を併せ持つ。

一般社会と隔絶された共同体の内にある乗組員の間には、意識的な相乗作用が見受けられる。船に乗り合わせて仕事をする船員は、精神的、距離的に近い環境の中で一定期間、耐えて過ごさなければならない。乗組員は長期の乗船が無事に送れるよう、仕事は協働しつつプライベートは別々に、お互いに過度な接触や依存を避けようとする。

しかし所詮は同じ船の上での暮らしである。毎日を共に働き寝食を繰り返す内、彼らの心理は自ずと同じ方向へと向いて共通の集団心理を形成してゆく。またそれぞれに求められる忍耐が、同じ境遇にある乗組員相互の思いやりや助け合いを育む内に、離合集散する烏合の衆の群衆心理とは異なる意識を育てるとも考えられる[21)]。同じ釜の飯を喰らう俺達は一体だとした、団結心の如きの仲間意識である。ここにもかつての旧商船大学の学生寮での経験が、功を奏する下地があるように思う。

1987年、緊急雇用対策という名の下に、船員の大規模なリストラが実施された。海運企業での退職勧奨は陸員、船員に対してそれぞれの管理部署により行われた。船員のリストラの担当者は陸員の側には見られない、身内を切るが如くの苦悩に満ち満ちていたと、当時、陸員の勧奨にあたっていた担当者が語ってくれた。

仲間意識についてかつてのヨーロッパの船員について見ると、彼らは混乗のなすがままに過ごしていたとはいえ、往々にして親しい者の集まりや同質集団の垣根を越えなかったという。

一例を挙げれば、フランスからスペイン沿岸出身の船乗りは自分達以外の船員を排除する傾向があった。その排除とはしばしば争いを伴い、特に英国の、彼らにとり外国人ともいえる船員が関わったり、寄港地の酒場で鉢合わせしたりして起こるいざこざは、流血沙汰にまで発展したという。争いの中、同じ船の乗組員らは普段、不和であったり反目しあったりしていても、この時とばかりは団結した。同じ意識を持つ別の船の乗組員が加勢することもあった[22)]。同じ意識とは国籍、同郷や馴染み等、何らかの繋がりを前提とする気骨であろう。

このような連帯意識は現代の船の上にも見聞できる。

(ii)　上下の位置関係の生む意識

日本人が乗務する混乗船では、一般に日本人の船長や機関長、航海士、機関士が職員層の全てまたは一部を占める。乗組員の構成よりすれば日本人と、日本人が支配する外国人という二層化の構図となる。わが国の海運企業による混乗の国籍は、日本人と他一国という二カ国構成を採ることが多い。日本人とタッグを組む外国人船員はベトナム、インドネシアと様々だが、最もポピュラーなのはフィリピン人船員である。

支配、被支配との言葉が適切か否かは別として、日本人は特段、支配層という自分達の立場を意識することはない一方、われわれを上に置く側の外国人船員は何かと敏感である。

仕事での不手際等を理由に、日本人職員より外国人の部員が強く叱責されると、同国人が慰めたりかばったりするのみならず、叱責した日本人を批判したり、場合によっては代表者を立てて抗議してくることがある。理由は何であれ、人前で受ける叱責を辱めと感ずる国民性からか、同じ民族集団に対する侮辱とまで曲解、拡大解釈される現象である。彼らの主張を聞き入れる前に、叱責の理由とその手法の適不適を吟味する必要があり、結果、叱責が正当であったのなら安易な取り消しや謝罪は逆効果となるが、彼らの抗議の裏には別の要因のある場合がある。

日本人船員と外国人船員との間には言語という壁がある。船内の異言語集団の間での意思の疎通は英語であっても、お互いが直接、接しないところではそれぞれの母国語が用いられる。特に日本人、外国人双方が互いに話す必要のない、時には相手方に聞かれて困るような話題に英語を利用することはない。

よくあるのが日本人同士が外国人に対する愚痴をこぼしたり、特定の外国人乗組員を酷評したりするケースである。母国語の中で終始する話題は異言語を使う相手方に漏れようがないという、無意識の内の安心感があるが、狭い世界では漏れないはずの個人的な評価や噂は広がるものである。言語はコミュニケーションの一手法でしかなく、態度や表情も意思疎通の内に含まれるから、双方を介した情報の行き来は知らずの内に起きていると見てよい。

気兼ねしない支配層の態度を被支配層にある者は微妙に感じ取る。取るに足らない感情の行き違いであっても徐々に広まる内に不満が募り、集団心理に昇華して業務や生活に支障の出るおそれが出てくる。普段からの両者の間に漂う雰囲気、仕事に厳しい一航士や一機士により乗組員がぎすぎすした沈滞ムードにある他、民族を越えての意思疎通が十分ではなく、同国人同士が固まりやすい船でのトラブルの一例であり、集団心理を扇動する者がいれば尚更となる。

私が共に乗務したフィリピン人船員の中に、この煽る気配を見せた者が二人いた。何れもフィリピン人乗組員のトップの職員だった。同国人の中でのリーダー振りを見せたかったのか、日本人の主管者に些細なことで度々、部員を引き連れて不平をぶちまけた。しかし全体的な船内融和がうまく保たれていたことに加え、自分の評価への影響が頭にあったのか、船長にまで盾突くことはなかった。彼らの不平を聞く必要はあろうが、この手の類は大概が打算的で日和見であるから、船長、機関長、主管者が公平冷静な対応を心得ていれば左程の問題はない。

一部の不平不満が、異国人乗組員全体の集団心理にまで昇華するには時間を要する。同じ環境下にある者らではあれ、それぞれに状況の捉え方、考え方、持つ意識は相違する[23)]からである。異国人集団がことある毎に一体化して団結する訳ではない。

何より同じ船の上で働く者達が仲たがいしてよいことは何一つないと、当の乗組員が一番よく知っているはずである。人は習性として、所属する集団や影響力の大きい者に引きずられやすいとはいえ、自分の意識や考え方の拠り所は基本、自らの学びや経験に求めるのが通例であろう。見識ある者の思慮や判断は置かれた状況や人間関係に左右されるより、自らが築いてきたキャリアを頼みとするのが一般的であるといえる。

個々のケース毎に深慮し船の運航、安全を乱さない方向付けを探る賢慮は、熟練した船乗りなら持っていて当たり前と思う。部署を率いるのと併せてまとめ役になる機関長、一航士らに加えた甲板長、操機長ら職長等は一般に経験に富み、安全運航の意義を深く自覚している者達である。彼らキーマンは通例、自身の経験と職位に付帯する責任から、集団心理とは距離を置くべきとした意識を持ち合わせているものである。

船長は念のため、乗組員の心理が偏って集団化しないように努める必要がある。普段より日本人と外国人、職員と部員等、同一民族、同一階層にある者ら同士が固まることのないよう、乗組員全体のコミュニケーションを図るのが肝要である。そのために船長はキーマンを通して、自らの運航管理の方針を船内に周知させるのと共に、乗組員に関わる情報の収集に心掛け、人心を掌握しておくことが望まれる。そして乗組員心理の集団化に係わると見られる要因が見受けられたなら、早めに対応を講じておくべきであろう。

しかしここには落とし穴がある。問題を惹起する者が船長自身である場合である。

(6) 公平と中立

(i) 同郷の明暗

同じ地方、地域の出身者は時、場所を問わず同郷に由来する仲間意識を持ち、ことあらば徒党を組みやすいといわれる。人のなす集団形成の一形態である。

わが国には船員を多く輩出してきた地方や町があった。北海道の小樽、新潟の村上、石川県の富来や七尾、長崎の口之津、加津佐、鹿児島の山川や指宿、瀬戸内等、古くより海運業が栄え、近代以降には船員の養成校が置かれていた地域である。その内の幾つかは（独）海技教育機構の海上技術短大や技術学校に引き継がれている。各校のカラーは伝統的に地方色が強く、在校生の主たる出自は近隣に集中していた。そしてここにも旧商船大学卒業生に見られた一体感が看取できた。

戦前の三井船舶の船には口之津出身の部員が多く、乗り合わせた他郷の出身者は口之津の方言が使えなければ仕事ができず、人扱いもままならなかったというし[24]、島谷汽船という会社では社長他の船員の出身が山口県に集中していたため、この県以外の者には居心地が悪く転職する者が多かったという[25]。戦後になってもサケ・マス漁の北洋漁船の中で、福島県の乗組員の中に置かれた岩手県人が、同じ東北の出であるにも拘わらず言葉の違い等により打ち解けられず、胃潰瘍を伴う心身症を起こしたとの報告がある[26]。多様な出自の船員が入り混じる混乗とは逆の現象と表現でき、日本人全乗時代の日本船舶の部員層によく見られたようである。

船員で同郷の者らは同じ方言を使うに留まらず、同じ山河で遊んだ幼なじみで学校が同じであったりする他、より近く親族、姻戚関係にあったりすることがある。私が最初に乗船した船は日本人23名の全乗であった中、同郷で家も家族も知る者同士という乗組員が複数いた。このような間柄にある船員らは他人行儀がなく、下手な気遣いがいらない分、船内生活は楽になろう。その一方で、何か失敗や問題でも起こせば知己の乗組員を通じて地元に知れてしまうというデメリットがあり、別な意味での緊張感が生まれることがある。

乗組員のみならず乗客にも似たような話があった。昭和の南米移民船は片道、40日以上の航海が強いられることから、船では乗客同士がいさかいなく融和できるような環境作りに腐心した。乗客の船室の割り振りを出身県別にまとめるように気を配り、実際にもこの配慮が奏功したという[27]。社会的な階層に準じてキャビンを仕切った欧米の客船とは異なる対処といえようか。

陸の社会には県人会がある。祖父は幼い私をよく自身の出身である秋田の県人会へ連れて行ってくれた。老若男女が集い飲めや歌えやの盛況のさなか、そこかしこと秋田弁が飛び交っていた。同郷のよしみというからにはその地の方言を使えることが肝要なのだと、幼心にも理解できた。

以下は同郷の連帯が負の形で顕われた事例である。

フィリピン人乗組員が動かす船で機関長が下船することとなった。船長は同じ船の一機士を機関長へ昇格させるよう、船主の系列である管理会社へ要望した。彼らの派遣元である現地法人も船長の要望を指示していた。該の船長の業務評価は高く管理会社の信頼も厚かった。その船長の依頼であれば無下にはできないと慎重に検討はしたものの、現在の一機士の経験不足や普段の業務評価に加え、次の機関長の目星がついていたことを理由に結局は承認されず、新しい機関長を手配、配乗した。

1～2カ月程した頃か、船長より会社に、乗ってきた機関長が仕事をせず日中から酒に溺れている旨の驚くべき報告があった。数日してその旨を記し当人の交代を求める文書が船長、一機士の他数名の職員の署名入りで送られてきた。機関部を取り仕切らなければならない者の職務怠慢である。管理会社は機関長を契約任期未了のまま下船交代とし、船長の当初の意向である一機士の昇格を以て代えるよう、フィリピンの船員派遣会社へ通知した。

最終的に当初の船長の思惑通りとなり、本件はこれで落着したかに思われた。

その後、幾ばくかの月日が経ち、管理会社の監督が別件で訪船したところ、二機士より思わぬ話を耳にする。下船交代させられた機関長は、実は船長と昇進がかなわなかった一機士より執拗ないじめを受け、やる気をなくして部屋に閉じこもり切りとなったのだと。船長と一機士は同郷にありもともとが知り合いであることも判明したが、彼らにこの話が事実か否か確認しようにも認めようとはしないだろうし、情報元の二機士に類が及んだら新たな火種となりかねないとして、監督は慎重に対応、帰社後に管理会社へ報告した。

(ii)　トップの犯す問題

上記の事案における本船船長の対応の問題は、公私の区別を付け公平を心掛けなければならない船長が、船にとり重要な案件に私情を挟み、個人的な仲間意識を優先した点にあった。その船長に対する管理会社の評価が高かったがために、会社は新任機関長の下船を要求する乗組員連署の船長報告について何らの疑義も抱かず、確認もせず鵜呑みにしてしまったのである。

管理会社が本船の一機士の昇格を認めず別の機関長を新任する方針を取ったのは、当の一機士の実務経験とその評価を理由とした合理的説明のつく人事であった。対する船長の要望はいわば身内の論理であり、船が同郷の仲間を優先して待遇しかねない、未だに村社会に陥るおそれを知らしめた事例でもあった。

狭い船内での乗組員の問題は最悪、業務に支障を及ぼす他、思わぬところへ波及する可能性がある。しかも幹部の一人である機関長の絡む懸案事項であり、管理会社は船長の依頼に従い早急な手筈が必要と判断した。そうはいえ会社は冷静に船内での処理の是非を検討し、第三者の立場からの慎重な対応を図ることも必要であった。早い内に監督を訪船させて関係者の事情聴取を行う、機関長にも弁明の機会を与える等の措置を取るべきであったが、本船が三国間、日本に帰港しない外地回りの航路にあれば、どうしても本船主導による対処を認めざるを得ない面があった。

管理会社が前以て船内の人間関係、この案件では船長と一機士との間柄をつかんでいれば、短絡的な対応を取らないで済んだ可能性はあった。しかし外国人船員の配乗は出身国の船員派遣会社を通じたものであるから、管理会社の日本人の監督が乗組員の詳細を知るにも限界がある。また乗組員のプライベートな関係まで的確に把握して配乗に配慮できる程、派遣会社のキープする人材に余裕があるとはいえず、把握していたにせよ、どの程度まで配乗に生かすべきかについてのマニュアルはない。たとえ可能な限りのベストを尽くして配乗したとしても人間関係のこと故、当初の期待通りに運ぶとは限らないだろう。

人事、人繰りに定式はなく、派遣会社の配乗部署が知り得る船員情報と、部署に蓄積された過去の経験則とを照らし合わせ最良の配乗を講ずるよう、管理会社が求め、派遣会社を指導する他ないといえる。

船長にしてみれば古くからよく知る者が乗り合わせ、機関長として片腕となってくれれば仕事はやりやすいし、同郷の者に良かれと力を貸せば家族も喜ぶとした思いはあったろう。しかしそれはひいきなのであり、これを見た他の乗組員がどのような心象を抱くだろうか、船長は地縁、血縁で人扱いをするのかと乗組員の間に不公平感を惹起し、管理会社や派遣会社が船長の思うがままを放置すれば、会社に対しても不信感を抱くようになるかも知れない。

そしてこの意識が高ずれば、乗組員の間に仲たがいが生ずる可能性も出てくる。ひいきされている者に対して他の乗組員による嫉妬が生まれ、果てはいさかいや喧嘩が起きる場合すらあろう。本来、協力して安全を期すべき乗組員の間に亀裂を生むという、望まれない環境を生んでしまうおそれである。

職員にせよ部員にせよ、乗組員を分け隔てなく扱う船長であれば、特定の乗組員に貸し借りの感情を抱いて引きずりまた引きずられることなく、公平冷静な判断と行動とが可能となり、乗組員からの信頼も得られるというものである。

(7)　隠蔽

一部の者の行いが組織にとりリスクとなりかねない問題がある。隠蔽である。

官庁、企業や学校による問題の放置、対応の不手際、果ては事実の隠蔽までもが明るみに出て、メディアを通して幹部が深々と頭を下げる姿は日常の光景と化している。組織の不始末が殊更に糾弾されるのは、法令遵守や社会的な責任の付きまとう現代社会の厳しさの表れといえるかも知れない。

頭を下げる位なら始めからするな、徹底して注意せよと忠告したくなるが、複雑にない個人的な行為とは異なり、組織による多くの不祥事はいわば、考えあぐねた結果による故意によるものである。違法と知りつつも隠し通せると見越した確信が後押しするのか、長い間の慣行から公然の秘密へと化し、特段の罪悪感を覚えないままに続けるのか。しかし社会の眼は厳しく、発覚すれば最悪、組織の崩壊を呼ぶ場合すらあることを肝に銘ずるべきであろう。

集団の中での和を尊ぶわれわれ日本人の性情を表すものに、村の掟があった。一般的な掟とは人を殺傷しないこと、盗みをしないこと、出火させないこと、訴えないことの４カ条であったとされる。殺傷や窃盗の戒めは倫理的な掟であり、火に対する戒めは他者を巻き込む類焼、延焼に対する日常生活上の予防として重要であったと理解できるものの、訴えの禁止が求められたのは何故か。中尾英俊はこれを「和を旨として争うな」と理解するのと共に、「身内の恥を外にさらすな」と同意に捉え、不正を悟られない内にもみ消そうとする、現代の役所や企業の内部に通ずる仲間意識の顕れと説明する[28)]。

訴えることを禁ずる掟の背景には、真実の暴露によって一部または多くの者が恥をかき、更には村という集団全体の羞恥に繋がるとした、村の人々による強い抵抗感があった。

船の世界でも同じことは起きる。

陸から見た船には、未だに何をしているのか定かではないとした観念がある。通信システムが発達した現在でも、船に対するこうした心象はなくなっていない。事実、海の上にある船の情報は他の船や陸の船主、管理会社に届き難い。乗組員の介さない船からの情報、例えばGPSによる本船位置を船主や管理会社へ自動通信する仕組みが整えられてはいるが、船の情報の多くは未だに船長、乗組員の判断を介して外部へと流される。

一般に不定期船、主として定期傭船の運航では船主と傭船者との間で傭船契約上のスピードが定められる。船主は新造時の公式な試運転（海上公試）により得られた速力を基に、船齢と燃料消費とを勘案した一定の本船速力を傭船者に保障する。本船の航海実績がこの契約速力を下回れば、傭船者は契約に則り遅れた分を金銭に換算して傭船料より控除する。また本船がエンジントラブルや必要なメンテナンスのために、数時間でも航海の中断を余儀なくされれば、その停留（drifting）時間に相当する傭船料もまた控除される（off hire）。

こうしたケースによる傭船料の控除には、速力に影響を与える一定以上の風力や船の輻輳海域での航行の他、機関トラブルによる停留についても予め許容された時間数までの免責があるが、老朽船程、機関のトラブルの機会は増え、大様にして免責時間を超過する。その分、傭船料を取り損ねる船主は損害を被ることとなり、機関の不具合の原因によっては機関長や機関部に対する船主の評価が落ちる場合もある。

船長は傭船契約上から傭船者、SMSから船主や管理会社へ、更には職業倫理からも機関の不具合による遅延は包み隠さず報告しなければならない（報告義務）が、ここから先が問題となる。

船主や管理会社がGPSによる本船位置を知れる現在とは異なり、航海中の船の位置を本船からの正午位置の報告に頼っていた頃のこと、不具合により船を停めなければならなくなった船長は機関長と相談し、正午位置を作為して停船がなかったかのようにカモフラージュする例があった。とはいえ走っていない距離を足しても船の実際の遅れは取り戻せないから、契約スピードの免責条件となる風力を越える風が吹いた、島嶼部の航海で潮流が逆だった等と航海日誌の記載をメイキングしたのである。

こうした船側の対応には船主のためとした意識が根本にあるため、文書偽造ではあっても罪の意識、罪悪感に疎いという難点を持つ。自分達の雇用先へのロイヤルティという大義名分の重みが契約上の、または社会的な責任意識を凌駕すれば、その是正は容易ではなくなるのである。組織の中での隠蔽の根絶が難しい事例の一つであろう。

隠蔽は隠した事実の漏洩というリスクを伴う。隠しごとはいつかは知れるとするのがわれわれの常識とはいえ、隠蔽した事実が漏れないようにする方法はあるか。

一つは隠蔽した事実そのものを変えてしまう、要するになかったことにするのである。傭船者に対する隠蔽を考えた場合、傭船料の控除に繋がる船の上での不具合や問題の起きる前にさかのぼり、発生した事実を消し去りその痕跡をなくす。機械的、人為的記録は全て廃棄または書き換え、不具合、問題発生の証拠となるものは抹消し、関係者には厳格なかん口令を敷く等、周到な対策を講ずる。

また不具合の規模や内容によっては、船と管理会社とが一体となって営業部門に対して行う同一、系列組織内での偽計から、傭船者に対して責任を負う立場にある船主や管理会社を巻き込む必要も出てこよう。いわば陸と船との結託であり、詐欺ともいうべき組織的な対応にまで拡大してしまう可能性を秘めてくる。

こうした対応は経営不振等、何らかの問題を抱える企業によく見られる不祥事と捉え得るが、業績が好調な企業にあっても皆無とはいえず、企業にとり時期や手段を選ばない違法な行為となる。とある船長はこうした隠蔽体質が恒常化した組織、企業は自らの劣化を招くとした箴言を残している。

そして言わずもがな、完璧な隠蔽は不可能なのである。もし知れた場合、企業、組織の信頼は地に落ちる。では企業や組織から不正行為を命じられたらどうするか。海運企業の多くは反社会的な悪徳企業ではない。社員に命じたくて命ずるのではない。だから組織として切羽詰まってそれしか手がないから、必ず隠蔽できるからと命ぜられる場合があるかも知れない。

書くべき答えは一つ、否である。現在の社会は決して不正を許さない。しかし企業の状況からして不正もせず、また何もせずでは済まされないだろう。残された道は関係者が、組織が知恵を振り絞り不正を回避して打開する策を探り考え抜くこと、再発の防止を誓い対策を立てることである。それが組織で働く者の叡智と思う。

2.　信心

ジャン・ルージェは書いている。

「コントラストのはげしい人である航海者は同時に、少なくとも伝承によれば人間の中で最も不滅の人であり、最も宗教心の篤い人である。この宗教心の篤いことは、彼が常に直面しなければならない危険、しばしば神のほかに頼るべきものがなくなる危険によって説明がつく。それがまた、彼は人間の中で最も迷信ぶかい人であるといわれる所以でもある」[29)]

(1)　伝統的な慣習

(i)　信仰

日本船舶には神棚があり、通例は金毘羅権現のお札が奉納されている。神棚は船橋に備え付けられ、少しでも信仰心のある船長になると定期的にお神酒を備え榊を替える。毎朝、手を合わせる船長も少なくない。

海運企業で運航部門を管掌する役員や部長といった幹部は年の初め、運航船舶の安全祈願のために四国の金毘羅宮へ詣でる業界慣行がある。

船内に神を祀る風習はヨーロッパの古代ギリシャ、ローマ時代より盛んに行われていた。船尾の居住区、ハウスの一室に彫刻を施したり金色に彩色したりして祭壇を設け、供え物を置き航海の安全を祈願した。商船の船尾甲板の英語名称であるプープ・デッキ（poop deck）の語源は、ラテン語のパッピスという、小さな神像を祀る神聖な甲板の意味が転化したものと伝えられている[30)]。

現在の船でもキリスト教徒の船員はロザリオを抱き、居室には聖母やキリスト画を掲げて朝な夕なに祈祷する。私の乗った船で自身のキャビンに祭壇を設け、床を船のペンキで教会のそれに模し、モザイクに塗り変えた外国人船員がいた。そこまでするかときつく叱責したのを覚えている。

イスラム教徒の乗組員は日に３回の祈祷を欠かさなかったが、全て仕事に支障のない時間に行っていたし、司厨部に依頼して食事の内容にも配慮させていた。

ペルシャ湾で乗船して来た２名の現地人パイロットの内の１名は、本船の着桟操船をもう１名のパイロットに任せ、自分は船橋の横にあるウイングのレピーター・コンパスでメッカの方角を確認した後、土下座して祈祷していた。仕事と信仰とどちらが大切なのかと問いたくなったが、彼らの信仰心の深さを示す一面であった。

神、仏を信ずるも信じないも個人の自由であるが、不信心の者であっても到底、自分の力の及ばない現象を前にすれば、本能的に手を合わせてしまうのではなかろうか。苦しい時の神頼みといわれるように、いつ何時、災厄が降りかかるか判然とせず、また避けられないと覚悟していれば、何かを信じ頼ろうとする気持ちになるのはごく自然な流れと思えてくる。海のわがままを受け入れる船員にとり、危機を前に不幸にして人知の万策が尽きた時、最後には神や仏が手を差し伸べてくれるという、これといった確信はないが生き抜くためには不可欠な気概とでも表現できようか。

こうした平生の人の意識には国籍や民族、宗教による相違のない、船員という海を職場とする者の意気に通ずる、何がしかの共通項を看取することができる。

古代のヨーロッパ、海の神殿は港の他、難船が頻繁に発生する岬の突端等、航海にとり危険な場所にあった。港内の神殿では船の出航前、船主や船長、乗組員が無事の帰港を祈願して神による加護を求め、航海中、危険に陥れば神の名を呼び救いを求めたという。嵐の中から無事に帰還した暁には、航海を克服できた銘文や帰り着いた船の模型を神殿に奉納して、神に感謝した[31]。

同様の風習は金毘羅宮にて披露される絵馬等、わが国の海事慣習にも見ることができる。また古くは古事記の中に登場する出雲は小さな岬であり、海上交通の起点であったのと共に神々が寄り来る場所でもあったという[32]。

ヨーロッパ文化の底流にはキリスト教の精神があるといわれるが、その中世期は聖人崇拝の時代でもあった。医療技術が未熟な中、病気となった人々は神に対する治癒の代願として、病気毎に定められた身近な諸聖人に祈願したという[33]。同様に船乗り達は神と自らのとり成し人としての聖人や殉教者等、信仰と徳とにおいて優れた者を崇拝した。キリストの弟子の一人である聖ペテロ、12世紀以降に伝説の広まった聖ニコラウスの他、地中海、北方の諸海の別なく、固有の地方聖人を擁して崇めていたのである。

アイルランドの実在の修道院長であった聖ブランダンも船乗りの守護聖人であり[34]、彼を主人公とした航海譚は中世民衆本のベストセラーとなり、永く読み伝えられた。神の啓示を軽んじたブランダンは過酷な航海の旅路に出、労苦に見舞われつつも無事、帰還し、改めて神の偉大さに畏敬の念を表すとしたストーリーである。この航海譚は当時の人々の海、船乗りへの感慨が著されたものと評され興味深い。

16世紀に起こった宗教改革により、カトリックの重視する聖人崇拝は衰退する[35]が、海の上でのキリスト教は宗派を超えた信仰心を船乗り達の心に芽生えさせ、救い主や精霊の名の下に神は船を守りたもうと信奉させていた。14世紀の中庸から16世紀半ばまでの英国を除いた船員は、主に聖母マリアへと回帰、これを「海の星」と崇めて加護を求めたといわれる[36]。

そのキリスト教の信仰は船乗りのみに宿るものではなかった。彼らの無事の帰りを待つ身内、家族を支えようと、信者らは葬祭や相互扶助、慈善のために集まり活動した。

フランスでは神殿同様、聖人に捧げられた教会や礼拝堂の多くは、海から見えるように岬や高台に建設され、海が時化た際には祈願の対象となり、実務上は一種の灯台の機能を果たして海難回避の目安ともなった[37]。英国はタインマウス小修道院の長老会教区の東端では、航海者のための目印として小塔の上に設置した蓋のない火桶の中に石炭がくべられ、17世紀に至るまで明かりが絶え間なく灯されていたという[38]。

その裏には海の上での自然災害を神の意思と看做し、いよいよの時にはあきらめざるを得ないとした覚悟があったという。18世紀半ばまでの英国では海難や雪崩を主として神の意思の表れとして観念し、神の怒りや摂理、救済といった明確な意味に繋げて推し量ろうとしたのである[39]。

(ii) 神鬮(かみくじ)

わが国の江戸時代の船乗り達に眼を向けてみよう。

彼らが遭難し陸の見えない外海に流されて船位を知る術を失った後、船の針路を定めるのに利用したのが鬮だった。これを神鬮といい、伊勢大神宮や金毘羅宮のご宣託を問う複数の紙鬮を作り盆に入れ、その中に数珠の房を持ちかざすと静電気の影響で紙鬮が付着する原理に依った。

神鬮の習わしは、最初に数珠に付着した鬮の示す内容に盲目的に従うべきところにあった。船の針路や位置、船内への漏水である淦(あか)の浸水箇所から、更には近接した島に上陸すべきか否か等、船と乗組員にとり重大な決定を強いる事柄の多くが、この方法によって占われた[40]。神鬮が如何に未開の術と評されようと、これを信じる者には絶大な効果があったという。石井謙治はこの神鬮について、

「天文航海術を知らない船乗りたちにとって、神鬮は別の意味で大きな効果をあげていた。それは、漂流者が絶望的になったり、船中の統制がとれなくなったりするのを防ぎ、あくまでも救かるという希望を捨てさせない、精神的効用を持っていたことである。（中略）彼らは簡単に気が狂ったり、死んだりはせず、実に長い間の苦難に耐えている。（中略）まさに、死の門である恐怖心や絶望感に対抗できたのは、神鬮のお陰だったのである」[41]

と評している。神鬮は神による加護の証を知るための希望の糧であったのである。全てを神の御心に従うという原始的、機械的な手法ではあったが、既に西洋では当たり前の技術となっていた大洋航海術の知識のない彼らが頼れる、唯一の手段でもあった。

神鬮は江戸時代で絶える風習ではなかった。1926年（大正15）12月に銚子沖の太平洋で遭難した漁船、良栄丸の一件がある。約11カ月後、米国北端のフラッタリー岬沖を漂流中、米国船舶に発見されるも既に乗組員の全員は死亡していた。主なき本船に残されていた航海日誌には、大西風を受け流され出してから10日経った12月17日、船位が判らなくなり金毘羅神宮に祈願して鬮を引き、西へ向かえとのお告げが出たとする記録が残っていた。

ちなみに良栄丸は大洋での船位を測る術を持っていなかった[42]。

(2)　苦しい時の神頼み

(i)　荒天回避

衝突や火災等の人為的な災害を除けば、海の上での災厄はその過酷な海気象に起因するものが多い。科学的な予報システムのなかった帆船時代の船乗り達は、俗にいう観天望気によって天候を予測していた。文字通り天を仰いで雲の形や量、動き、太陽や月、星の見え方から風の向きや強さとその時の海の様相とを観測し、これを基に先人からの伝承や自らの経験知を踏まえて天気を予想した。

現在の主たる観天望気は、気象衛星のデータとそのコンピュータによる分析に基づき、気象の専門家が行っている。船長は科学の最前線で精度を高めた気象予報の恩恵を受けつつ、自らも天気図をにらんで海気象の推移を予測する。荒天回避は船長が航路の選択に考慮すべき最優先事項である。

平穏な海の上であっても船内における常日頃の荒天準備、甲板に出るヘビードア（鉄扉）やカーゴハッチ（船倉蓋）を確実に閉めて海水の浸入を防ぎ、船の動揺により移動して船体に損傷を与え、果ては堪航性を脅かすおそれのある物品を固縛する等は、船員の最低限の常務（good seamanship）である。

しかしどれ程、正確で信頼に足る気象情報を得られようが、優秀な乗組員が乗務していようが、また周到に荒天準備をしようが、本船の行く手をさえぎる危難となるかのような荒天とその影響の確実な回避は難しい。

大洋上にある船は荒天回避のために如何様にも針路を取れると思いきや、目的地への迅速な到着が商船にとっての基本的な使命であることに変わりはなく、荒天を理由に取れる針路には限界ありと船長は認識している。つまり台風を避けるためとそれまでの航路を真逆に戻るかのような針路変更は、船乗りの常識からして採り難いということであり、そのような状況に追い込まれないように天気図の他、気圧の変動を含めた天候の変化を自らも分析、減速や停留等を併せ考慮して、最善最良の方策を探らなければならない。

四方を島や陸に囲まれている海域では、迫りくる台風から逃げようにも許されない場合がある。そのような折には予想される最大風を遮蔽できる湾や泊地に避退するか、同じく遮蔽効果の期待できる陸岸に沿って進むか等、考えられる幾つかの選択肢が検討される。

例示すれば、西をインドシナ半島と中国大陸、東をインドネシア、ボルネオ、フィリピン諸島に閉囲された南シナ海から東シナ海に至る海域には、ボルネオの西岸をつたいフィリピン南部のパラワン島に出てその西を北上、ルソン島の西岸海域へと至る航路がある。

このパラワン航路（パッセイジとも）と呼ばれる避航ルートは、南・東シナ海をダイレクトに北上する航路よりも160マイル程、脚は伸びるが、特に冬季の北東季節風を中国大陸近くのシナ海で受けるよりもパラワン、フィリピンの島々による整流もあり弱めてくれる。そのためうねりや波浪の影響を受けやすい小型、中型船にとっては都合の良い航路として知られているし、フィリピン東方域を通る台風からの吹込みを避けようとする大型船が利用することもある。

一般に荒天によるうねりや波を避けるに最適な場所は、風浪が入り込まない陸地の奥に位置する湾や港である。囲む陸地が風を遮り、岸壁や埠頭に囲まれた水域はうねりや波の侵入を防いでくれる。藤井實船長は自身の経験より日本全国の良好な避泊地について述べている[43]。北海道は苫小牧周辺、東北は石巻湾、大阪湾は関西国際空港の南側、周防灘では国東半島の西側他、何れも風を遮る地形であり且つ水深、底質共に錨泊に適し走錨し難い水域である。

(ii)　**重なる災難**

しかしそこでも局地的な、例えば前線の通過に伴う風雨は避けられない。以下は水先人となった中之園郁夫船長の体験談である。

中之薗水先人が川崎港京浜運河の造船所から2万1,000総トンのPCC（Pure Car Carrier、自動車専用船）を嚮導し始めた時には、寒冷前線の近接により既に風速12メートルの横風を受けていた。

PCCは乾舷の高い箱型の船型のため、他の船種に比べて風の影響を強く受ける。風速はすぐに15メートルを越え、更に強くなれば本船の横流れが増大することが知れた。狭い運河での横流れは最悪、風下側の停泊他船や岸壁に接触、衝突する可能性を生む。水先人は本船に同乗していた造船所のドックマスターに、嚮導を取り止めて引き返すことを具申するも、そのまま続けて欲しいと返されてしまう。

ドック出しの本船の機関は暖機不十分のままにあり半速以上は出ず、水先人自身が依頼したタグボート2隻の他、造船所手配の追加タグ3隻を加えた5隻により、本船の風下舷である左舷を押させつつ進んだ。

進む運河の先、行く手右側に工事水域があった。幅400メートルしかない運河筋が更に狭められている工事水域へ差し掛かろうとした矢先、右前方より小型タンカーの反航船がやって来た。汽笛で注意喚起してもタンカーは避ける様子を見せない。やむなく本船機関を停止ししたところようやく反転してくれたが、機関停止により速力の落ちた本船は更に風下に落とされ、左舷を押し続けている5隻のタグが、運河沿い左の護岸側へとにじり寄って行く。

既に風は25メートルに達し、5隻とはいえタグの力では抗し切れず嚮導を一旦、中断して右の錨を落とす。タグの後ろには停泊船があり、錨鎖を伸ばせばこれと接触するおそれがあったため、右舷錨4節の状態で風が弱まるのを待った。

このような事態を想定していなかった造船所のタグは燃料を半分しか持たず、錨泊が長引けば押せなくなる心配があったが何とか1時間、タグボート、錨、本船の機関と舵とを併用して耐え忍び、ようやく弱まった風の中で錨を挙げ出港した。

正に泣き面に蜂の事態が繰り返される中、中之薗水先人は「これ以上風が強くならないよう神に祈った」という[44]。

豊富な船長経験を有する水先人の操船には信頼が置けるが、上の事例はそのような者でも窮地に追い込まれることを示したものである。次第に強まる風雨によって徐々に操船の自由を奪われながら、不十分な本船の性能、予想外のタグボートの手配、工事による通航制限、行き会い船の出現と、自由に身動きの取れない狭い航路筋で、次から次へと難問を突き付けられるも何とか乗り越えては行くが、これ以上、進むことかなわずと錨を打って堪え忍ぶ中で出たのは神への祈りであった。

結果論からして、このPCCの嚮導はすべきでなかったと水先人は思ったことだろう。風の急変は予想外であったにせよ本船とその支援、悪化する航路環境等のコンディションが、嚮導に適さなくなっていった旨、彼は理解していた。

水先人は本船の安全のために視界、風速等に嚮導のための準則を持ち、基準を超える場合には乗船せず嚮導にはつかない。本船の嚮導前に基準を超えている、または乗船後に超えるおそれがあると知れれば判断はたやすいが、予報を含め天候悪化の兆候なく乗船後、急変した場合には改めて嚮導を中止するか、許される条件と自身のスキルで操船を続けるかの二者択一を迫られる。

中止を選択できず嚮導の継続が不可避となった時、水先人を最後に守るのは船を操る当人の経験と能力、船の安全を如何に守るかとした機転や気概にかかることとなる。中之薗水先人は環境の急変が自身、及び持てる種々の能力の限界を超えるかも知れないと悟った時、心中、本能的に手を合わせたのである。

臨床心理学者の霜山徳爾はいう。

> 「祈りは未来に向けられ、人生の危機的な状況で、人間の希望がうちくだかれそうになる重大な場合になると、われわれの心は「祈りを織る」のである。普通の欲求よりも、祈りはさらに遥かに遠く歩み、絶対的なものの果てまでに達する。この地平はあまりにも遠いので、時間と空間の外縁になりながら、あたかもその外にあるかのようである。しかも同時に、それはあまりにもわれわれに近く、指にふれることができるような鮮やかさをもっている」[45]

(3) 運

(i) 験(げん)を担ぐ

船の運航管理には様々な知識が必要である。航海士が扱う知識をざっと挙げても操船、船の構造や性能、速力の増減に係る機関仕様、貨物の性状と荷役管理、海図の知識とその扱い方、航行し停泊する港湾や水路事情、気象海象、海商と関連条約及び法規、船主や管理会社の定める規則、乗組員管理等がすぐに思い浮かぶ。この船の運航を統括する船長はスペシャリストと呼ぶよりゼネラリストに近いといえよう。

関連する諸知識の中で運航に直接、必要となる知識は船体性能と水域環境に順じた操船、航海に影響を与える海気象及び航法に関する領域に限られる。船長の職務を安全運航にダイレクトに必要となる条件に絞り込めば、船長の技術的なスペシャリストとしての性格が前面に出る。本船の航海計器に海域水路、海気象に関する外部情報を加えた現在の運航支援技術、情報の信頼性は高度に発展し続けている。船長はその支援技術、情報を正確に効率よく利用することにより、本船の安全運航に繋げることが可能となるが、そのような時代にあっても多くの船長には古来からの船乗りと同様、最後に頼みとするものがあるようである。

乗組員の間での肩振り（世間話）で時折、顔を出すのが船乗りのめぐりあわせの話題である。

船員の中には験を担ぐ者がいる。時と場所とをわきまえない流言が災いを呼ぶとした言霊（ことだま）思想からか、人の不幸話を渋る者は少なくない。その一方で、海難や事故がつきものといえる職業柄、どうしても運だの不運だのといった話が稀ではあれ、語られる。特に船長や機関長の指導性や人間性により職場が支配されやすい船の性格上、その運不運はこれら幹部に由来するとした噂を聞くことがある。あの船長はよく台風に遭う、あの機関長の船はエンジントラブルに陥りやすい等である。

しかし大概の噂話には合理的な反証が可能である。

現在の日本人船員の年間の乗船期間は組合との労働協約上、おおよそ８カ月乗船、４カ月の陸上休暇のサイクルで組まれている。とすると春先あたりに乗船して初冬の頃に下船、休暇を送る流れに乗ると、乗船中は台風シーズンにあたることとなるし、このサイクルで西太平洋や豪州、東南アジアと日本とを結ぶ航路に従事すれば、台風に遭遇する確率はより高まるのである。反対に大西洋等、日本に寄港しない三国間航路の船に乗る等、地理的、水域的な気候特性に恵まれれば、台風他の熱帯低気圧と出会う機会は少なくなる。

機関故障が多いとささやかれる機関長の例では、熟練して技能が高く会社が頼りにする機関長には、自ずと老齢船やトラブルを抱える船への配乗が増え、よってエンジントラブルに遭う率が高くなる。また前任の機関長が乗船中のメンテナンスに手を抜けば、後任はそのしっぺ返しをくらって不具合に見舞われやすい。

もとより海難に遭う船長が決まっている訳ではない。1954年、青函連絡船洞爺丸の沈没で殉職した近藤平市船長が職務上で遭遇した台風は、これが初めてであり最後ともなった。また船自体の持つ運命を論ずる向きもある。後に見る処女航海で散ったタイタニック号のように。

竹田盛和船長は1906年（明治39）生まれ、中学時代、商船学校への入学を希望するも成績不振で半ばあきらめていたところ、1923年（大正12）の関東大震災で一時的に入学志願者減となったところへ滑り込む。卒業と共に東洋汽船入社、昭和の初めの不況で社船が係船され同僚が退職する中、自身の乗る船は免れ首が繋がる。三航士、二航士と昇進し飯野海運へ転籍後、26歳で一航士と超特急の出世。1944年（昭和19）、過労のために下船、終戦を挟んでの最も激烈な時期の2年間を闘病生活の内に送り、一度も戦難に遭わずに済む[46]。戦後は再び船長として海上復帰、その後、東京湾の水先人を勤めて引退した。

当人の感慨にもあるように、竹田船長は稀に見る幸運な船乗り人生を歩んだといえよう。しかし万人の人生はそれぞれに山あり谷ありである。読者は竹田船長の自伝を通した人生の陽の当たる部分しか見ていない。はた目には運が良いといわれる者こそ、陰では人知れぬ苦労を重ねているように思う。

(ii) お守り

昔も今も変わらず、船員にとり海難との遭遇は最もおそれるところである。これを避けたいがために内心に秘めて信じるのは、普段は口にせずとも心の拠り所となる自然や未知なるものを超越した崇高な力であり、それこそが海の上での安全、平穏を保障するとした無意識に近い自覚が船員にはあるように思う。山根達則船長は航海士の時分、念力や霊魂の存在を笑止する船長が船橋で、金毘羅のお札に手を合わせる姿を冷ややかに見ていたが、自身が船長となった後、かの船長の祈願は神頼みに尽きず、計り知れない自然の偉大さに己の非力を確認していたのだろうと述懐している[47]。

そのような悟りを素直に体現する船長もいる。私が初めて船長としての乗船の前にお会いした一人の老船長は、どれほど注意しつつ最善を尽くしたとしても事故は起こる、それはあたかも未知なる力に引き寄せられるかのようであると吐露された。老船長は信心深い方であった。私自身も以前より、彼の語りと同様に思うところがあったが、いざ自分が船長職に就く段になり、畏敬する先達からの助言として受け取ると、船長の職務の広がりが果てしなく、また青く澄み切ってはいても背負わなければならない天の下にいるかのような、期待と不安の入り混じる気持ちになったものである。

小島茂船長は妻が熊野詣の際にもとめた海の守り神のお守りを、船員手帳、海技免状、家族の写真と共に船に持ち込んでいた。特に船長になってからは職務上の判断に迷ったとき、またどうしても気になることがあったときには「出てきてもらった」という。

小島船長の乗る大型コンテナ船が水先人を乗せて岸壁を離れ、港の防波堤の切れる出口へと向かう中、防波堤の外、本船の前方左側から港内へ進入しようとする小型船を視認し、本船との行き会い、接近が予想された。水先人もこの状況を把握しつつ、しかし出港船が優先であるのに加えて、まだ距離に余裕のあるのをいいことに速力を上げたが、小型船は針路を変えず本船をかわそうとしなかった。

向こうが変えなければ本船が針路変更しなければならない。見合いの状況より、避航のためには本船が右に針路を取るべきだったが水深が足りなかった。このまま進んで良いのか否か、船長の胸に迷いがあった時、熊野さんの「早く決めた方がいいぜ」との声が聞こえた。ここぞとばかり船長は機関停止を命じた後、すかさず全速後進、後進の合図である汽笛短三声を吹鳴させた。小型船はコンテナ船の船首を30メートルあまりにて横切り間一髪、衝突回避となった。

小島船長は改めて胸のお守りを握ったという[48)]。

(4)　孤独

(i)　相談の可否

集団や組織を動かすに必要な適確な判断には、その根拠となる価値ある情報が不可欠である。かつては希少な情報の可能な限りの収集を以て判断を占ったが、通信手段の高度化から様々な情報が手軽に入るようになった現代的な問題は、その多寡が混乱を招いて必要な情報の抽出を難しくし、判断自体を困難にするおそれである。

個々の情報の多くは特定の判断に基づいたものである。天気予報は気象予報士や気象解析のコンピュータによる判断の結果であるが、これを利用する者にとっては一つの情報にしか過ぎない。如何に信頼のおける情報とてあくまでも情報にしか過ぎず、これを基に判断しなければその先には進めない。

判断に係る情報の分析のためには組織的なステップを踏むことが大切である。重要な問題については可能な限り単独での判断を避け、その筋に明るい者の意見を求めることが結果に伴うリスクを減らし、併せて判断する者の責任に係るストレスを軽減する。

一般企業の管理職では課長なら部長に、部長なら役員にと直属の上司に相談できる環境がある。むしろ今日の社会での大事な局面、集団や組織に大きな影響を与える決定を一人の人間が独自に行うケースは稀といえる[49]。オーナー企業であっても、社長が独断先行した結果が予想と裏目に出れば、責任を免れない時代である。

不思議なことに、船長には情報の分析やこれに基づく判断如何について、忌憚なく相談のできる者がいない。船の最高位にある船長には船内に判断を仰げる者がないのである。上の者に限らなければ甲板部を主管する一航士、機関部を取り仕切る機関長に相談できなくもないが、一航士よりも知識、経験の双方に長じているであろう立場上、また職域の異なる機関長に対しては職掌の相違により、相談できる事柄が限定されてしまう。こうした船長の立場を理解するかのように、自らの経験と能力とで本船を運航しなければならないという気概が船長には必要だと、本人も部下も伝統的な船員慣習の内に自覚している。

中川久船長は航海士だった時分、船長に対するイメージとして、

「船長は誰が見ても何か神秘的な威厳があって欲しい」

とした願望を持ったと述べている[50]。船長による乗組員との分け隔てのない安易な相談が、却って船長自身の威厳に関わるとすれば、自ずと下位職への相談、意見聴取は慎重にとした姿勢が求められることとなる。孤高こそが船長のあるべき姿であり、下世話に解せば、それだけの給料をもらっているのだからという理屈も後追いする。

現在の船の運航においてこのような上意下達的な雰囲気、上位にある者は自身の経験と能力とにより、諸事万端に対し独自に判断して乗組員を率いなければ

ばならない、とした意識はネガティブであるといえる。BRMの項でも指摘した通り、船長のプライドに関わるだの近付き難いだのとした権威勾配といわれる意識構造は、事故を誘発する間接的な要因と断じられ改善されなければならない。そうはいえ慣習的な船員気質の壁は低くはない。更に船長の個人的な性格が少しでも権威高い方向へ振れるものであれば、乗組員の意識改革は難しくならざるを得ない。

操船時の船長は従前の船橋設備の配置であれば船橋前面の窓のところ、つまりは船橋内の船首寄り、最前部のコンパス（羅針儀）至近に立つことが多い。航海士が立つのはこの後ろである。これらの位置関係には船内の職位秩序が反映されている訳ではない。操船者が針路を決めるコンパスの横に立ち、レーダーや海図台、ECDISを利用する航海士がその後ろに位置するのは、航海業務の効率性より是とできる。

この位置関係から航海士は船長の顔を直接、伺い知ることはできない。要領の良い航海士は自身が確実な見張りを心掛けるのと共に、後ろ姿の時折、振り返る船長の動き、双眼鏡を向ける先、手短かな発声から船長の求める情報を悟り、航海計器等により得られたデータ、及び必要と思えば自身の判断を添えて伝える。

しかしこれは航海士による一方的な情報提供でよしとするものではない。BRMの求めるコミュニケーションは発声を基とした双方向のやり取りであり、船長による航海士への意図の説明、情報の要請もまた不可欠である。組織における職位の上下、経験の多寡を不問とした乗組員相互の言葉による交感が、業務におけるコミュニケーションの理想であろう。

そうした中でも船橋における船長と航海士の位置関係は、部下と正対して助言を仰ぐにもはばかる船長の姿が投影されているようにも思う。船長という職位に付帯した伝統的な意識、人柄や人格によっては容易に変えることのかなわない頑迷さの表れでもあろう。自分に船長として適切、十分な能力があるか否かは恐らく本人こそが最も知るところであり、若ければ経験不足故の心細さ、性格的にプレッシャーに強いとはいえないかも知れない身に、たとえ引け目を感じても、部下の前ではおくびにも出してはならない姿である。

時化の夜の航海、二航士の当直する船橋に上がった堀野良平船長の心理描写を引用しよう。

「海も空も見分けられぬ暗闇の中に、海の牙だけが白く無限のように拡がって押し寄せているのを、(中略) 長い間無感動に眺めているだけである。やがて無力感と孤独が重く下りてくる。どうしたって、―のろのろと、気弱になりながら思う。― 自然の前には謙虚でなければならないのだ。

「それじゃ頼むよ」

自然に背を向け、僕は人間に声をかける。「はい」と二等航海士が応える。安易に心理は人間へ転換する。闇の中で人の声は限りなくやさしく聞こえる。

(しかし、一番強くなければならないのは、お前なんだ)

部屋へ階段を下りてゆきながらそう思い、ステップの一つ一つ、ゆれを踏みしめ踏みしめ、背筋をしゃんと延ばす気持でいながら、自分の地位と責任のために甘受しなければならない孤独と、少しずつ僕を強くしてゆくに違いない試練の苦渋を、噛みしめていた」[51)]

そう珍しくない時化の航海ではあっても船長として抱く緊張感と、改めて感ずる孤独感とが何気ない船内業務の中に描かれている。

(ii) 最善

現在は通信設備が整い地球上のどこにいても衛星電話、Eメールを介し、本船と船主や管理会社とによる意思の疎通が可能であり、いつでも船長は彼らに自身の判断の助言を請うことができる。だからとはいえ船主や管理会社への過度な依存は、船長に対する彼らの信頼を揺るがす方向に作用するので要注意である。

こうした船の置かれた環境、自分の立ち位置をわきまえれば、船長にはまずは自分の考えと判断とで対処しようとする心得ができ、経験を重ねるに従いその気構えは伸長する。もちろん判断するにも過剰な自信、経験不足による予見は危険を招くし、誤った先入観は禁物であるが、突発的な事態において求められる判断は誰に相談しようにも余裕等なく、船長自らが下す必要が出てくる。その時、未だ経験のない、自分の能力を超えた事態ににっちもさっちもいかなくなると、プロに許される最後の拠り所が求められることとなるのかも知れない。

だから海技大学校での教職時代の先輩、現仙台湾水先区水先人である岩崎秀之船長が、とあることでトラブルを抱えていた私にくれた「船長は孤独なのだ」という言葉は、経験に富むプロの共感として私を奮起させるに十分な響きを持っていたのである。

達観が許されるのなら船長に限らず、私はどのような職にあっても、自分の力で制御できない事態への遭遇は避けられないのではないかと思っている。結果論よりすれば、失敗や事故の多くは当事者の誤解や不注意のなせる業とされて処理される。特に法的責任の追及がそうである。しかしあらゆる職の扱う事象には、人間の能力を超越した対処不能な何かが潜んでいるのではなかろうか。

運を良くするには人格を良くするのが早道である、人格が良くなった人の周囲には人格の良い人が集まるようになる、人間力を高めると付き合う人にも人格者が増えてくるために開運に繋がるのが真実であると語るのは、その道、半世紀の間に一万人以上の依頼者を見てきた弁護士の言葉である[52)]。

旅客機の熟練パイロットは完璧な準備をして仕事に出かけ、且つ出発前に十分な対処をしても安全の世界に絶対はなく、「努力のさらに先にあるものとしての運」が重要となる、どんなに考えても想定外のことは起こる、自分一人で飛んでいるのではなく、自分の後ろには何百人もの旅客がいる、だからこそやれることは全部やるが、それ以外に運を良くするための行動が必要、と説いている[53)]。

「人事を尽くして天命を待つ」との格言の意味は、人のできることには限界があり、これを超えた結果を望むには天命、天の定める運命を待つしかないのであり、いたずらに悩んでも仕方なしと私は解している。人の所業の良しあしを最後に決めるのは天であり、それを前提に人は為し得る限りの努力をして、天の思し召しを得るようにすべきとの理解である。私は信心深い方ではないが、敢えてこの格言に素直に従えば、天の思し召しが得られるように最善となるよう、心掛けて尽くすのが何より重要となろう。

この格言は海にある者にのみ当てはまるものではないが、その意味合いを強く感じる船員は多いのではなかろうか。洋上にある船は常に自然の猛威にさらされ易く、一旦緩急の場合に逃げるところがない、港にあっても外国であれば日本のように直ぐに支援を求め得るでもない環境故からの理解である。

(5)　精神主義という名の陥穽

私事で恐縮だが、私は神戸の海技大学校に勤務している頃、それ程、離れていないこともあって香川県の金毘羅宮によく登った。本宮は古くより海上交通の守り神として知られ、海技大学校の練習船の船長をしていた折りには高松港に寄港する度、学生と共に登ったものである。初めて船長として乗船する前に訪れたし、家族とも観光を兼ねて何度か参拝した。神社の社屋の一部には海運企業や官庁、海上保安庁、海上自衛隊の船の写真や絵馬が奉納されており、これを見るのも楽しみの一つであった。

変わって神奈川県横須賀市の走水に戦没船員の碑がある。ここは太平洋戦争で亡くなった戦没船員をまつるのと共に、戦後、海難で殉職した船員の御霊も奉納されている。横須賀育ちである私は船員時代からここをよく訪れた。海技大学校を離任、神戸を離れて東京に帰ってきた後は年に一度程、海洋大学の学生を連れ観音崎灯台への立ち寄りを兼ねて訪れている。その際、慰霊碑の前に立った学生らには、今の自分にとり一番、大切な願いごとを託せという。

こうした行動を取る所以は、平和な時代を何不自由なく過ごしている彼らが、海で命を落とした人達に襟を正して向かい、真摯な気持ちで手を合わせて欲しいこと、尊い命を捧げた船乗りの先輩達は同じ志を持つ若人らの気持ちを理解し、その望むところに力を貸してくれるであろうことを思う故からである。

ただ私はいつ頃からか金毘羅宮、戦没船員の碑の何れにも、自分自身のことを祈願するのを控えるようになった。船員、船長という仕事を考えると、何かしらの祈願は精神主義、ここで拝んでおけば大丈夫という気持ちがいささかでも生じはしないかと、自身への戒めが必要と感じるようになったためである。

船の世界をはじめとしてこれ程、科学技術の発達した時代、また今後もその発達が見込まれる世に生き続ける限り、その恩恵に浴さない手はないし、船の安全のために最新の科学技術に順応して船を動かすのは船員の義務でもあろう。その一方で、述べてきたように海の上には人知を超えた何ものかが存在し、運悪くその何ものかに遭遇した場合には、それ以上のものにすがろうとする。

この思考法には一種の精神主義を生む土壌があるのではなかろうか。非常時は別としても、準備万端に尽くす時からこの思考法を取り入れてしまうと、いわゆる物質や科学よりも、暗に人間の運や精神力を頼りにして仕事をしようとするのではないか、と考えてしまうのである。

この私の思想の裏には、何ものにも頼らず自力でこなしていけるし、こなしていかなければならないという思い上がり、身の程知らずの意気込みがある。それもこれまで神仏に頼らなければならないような、自分の能力の限界を超える出来事に遭遇した経験がないからである。

1912年、1,500人以上の遭難者を出したタイタニック号の海難。

グリーンランドやバフィン島の氷河より流れ出した氷山は、その至近を流れるラブラドル海流に乗って南下、ニューファンドランド島の南方にあるグランド・バンクスを経由して、大西洋を東西に横切る船の常用航路に達する[54]。ここまでは毎年のように繰り返される海象現象であり、海難当時も例年の傾向にあったが、当該航路を英国から米国へ向けて航行していたタイタニック号がここを流れる一つの氷山に衝突、遭難した。偶然とはいえあまりにも悲運な事故であった。

この海難について竹野弘之は興味深い分析を行っている[55]。彼によれば、このような大惨事が起こるためには、20以上の要因が全て重なり発生する必要があり、それぞれの発生確率を50%とすると、タイタニック級の災害の起こる可能性は100万分の一程度になるという。

主たる論点を列挙していけば、

ⓐ　本船の出港と氷山との位置関係

タイタニック号が英国サウザンプトン港の岸壁から離れ狭い水路を航行中、その水路に係留されていたニューヨーク号の係留索が切れた。そばを通るタイタニック号の船体と、ニューヨーク号の船体との間に生じる水圧が陰圧となる吸引現象を受けて両船が近付き、僅か1メートルで行き交うニアミスが発生したためである。この影響によりタイタニック号の出港は予定より1時間程度遅れたが、もしこのニアミスがなく本船の出帆が遅延しなければ、氷山との衝突はなかった。

タイタニック号が衝突した氷山が後5分でも遅れて衝突水域に到達していれば、本船は氷山の南150メートルのところを何事もなく通過し、氷山との衝突は起こらなかった。

タイタニック号の平均航海速力が0.1ノット遅ければ本船の衝突海域への到達は20分遅れ、氷山はその時点で本船航路を過ぎた南、600メートルの水域にあり、本船は氷山通過後の海域を通過した。

タイタニック号は事故の日の午後、1度の変針をし、その約5時間後に当初の予定より30分遅れて242度から265度への変針を行った。その結果として、本来のコースより7マイル南を走り氷山と衝突した。この変針のタイミングが違っていれば衝突はなかった可能性がある。

ⓑ　乗組員

出港前に急遽、交代下船した二航士は、前部マストの見張り台用の望遠鏡を居室のロッカーに仕舞い込み、後任に引き継がずに下船していた。よって事故当時のマストの見張り員は肉眼に頼らざるを得なくなり、氷山の発見が遅れ、発見の報告を受けての操舵のタイミングも付随して遅れてしまった。もし見張り員に双眼鏡があれば氷山をより早く発見し、これとの接触なく避航できたかも知れなかった。

ⓒ　舵効き

本船の見張り員は氷山の手前400メートルでこれを発見、報告を受けた航海士が左に舵を切るよう号令、操舵手は直ちに舵を取った。舵効きが現れて左舷に回頭し出した時に船体が氷山に接触、右舷の舷側に長さ90メートルの亀裂を生じさせた。逆に更に発見が遅れて300メートルで舵を切ったとしたら、タイタニック号は舵効きが現れないまま氷山に正面から衝突しただろう。船首部は舷側よりも強固な構造を持ち、たとえ衝突の衝撃で破壊され浸水したとしても、船体内部へと流れ込む海水はその背後にある隔壁により遮られる。結果、浸水は船体前部の二区画程度に留まり最終的な沈没は免れたであろう。

ⓓ　至近の船

出港の1時間の遅れがなければ、タイタニック号からのSOSの通信を受信、沈没後の本船位置に到着して救助活動を行ったカルパセア号は、よりタイタニック号に近い水域にいたはずであり、これにより沈没の30分前には救助の開始ができたに違いなかった。

衝突前、本船航路の北方にいたカリフォルニアン号は至近の氷山についての警報をタイタニック号宛、通報したが、ニューヨークへの入港を翌日に控えたタイタニック号は船客の電報等、おびただしい数の電信処理のさなかにあり、カリフォルニアン号からの警報受信を拒否してしまっていた。もしこれを受信して針路を変えていれば、氷山との衝突は起きなかったかも知れない。

そしてタイタニック号の遭難水域より19マイルと、至近の船の中で最も近距離にいた同号は、タイタニック号の氷山警報受信拒否により自らも無線装置を切ってしまい、その後のタイタニック号からのSOS信号を受信できず、またカリフォルニアン号の乗組員はタイタニック号の視覚による遭難信号を見つつも行動を起こさなかった。

確かに上記の要因の何れか一つでも異なっていれば、タイタニック号の遭難はなかったかも知れず、起こってもこれ程の被害には至らなかったかも知れない。どうしてこれだけの偶然が重なったのだろうか。

長い期間に数千、数万という船が世界中を行き交えば、万が一とはいえ、幾重にも重なるスイスチーズの穴を縫うようにして現実化する、深刻なヒューマンエラーはあり得るのだし、たまたまその不運がタイタニック号に訪れたとしても不思議ではないといえよう。そうであれば、船長に自分の船が同様な運命に陥らないように、不運へと導く偶然の連鎖を断ち切るように普段より最善を尽くし、更に人知の限界を超える可能性には、同じく人知を超えるものに救いを求めるとした意識が生まれるのにも抵抗感はなくなる。

ただ思うに、大方の海難には同様の説明がつく。船が海難に遭った場合、もし…の要因により出港が遅れていたら、衝突した相手船がその場所に達していなかったらと如何ようにも仮定できるのである。事実の顛末を評価し直したところで時計の針を戻すことはできない。

原則論に立ち返れば、安全確保について本船が如何に不利な状況に置かれ、最悪の結果が予想されたとしても、その回避のために万全を尽くすのが船長以下、乗組員の使命であり義務なのである。

タイタニック号についていえば当時の客船の運航事情、社会的、時代的な背景、航海術のレベル等、最大漏らさず考慮に入れたとしても、前任の二航士が見張りに欠かせない望遠鏡の引継ぎをしなかった懈怠はもとより、レーダーのない時代のそう見通しのよくない暗夜、2,000人以上の乗客を乗せた客船が20ノットを越える速力で、氷山の点々とする海域を走り続けた事実はやはり無謀以外の表現で表すに難しく、船長、航海士ら操船に携わった乗組員の行為に弁明の余地はないように思われる。

それを敢えて犯したのには、その時の最先端といわれた科学技術への盲信の他、前章でも触れた、自分の身に災難は起こらないとしたおごりがあったためではなかったか。船長、乗組員に本船が氷山にぶつかる訳がない、最新鋭の客船が沈むはずはない、万が一のことがあったとしても自分は死なないし、他に死ぬ者もいないとした根拠に乏しい過信があったとしたら、不幸にも全ては現実のものとなってしまった訳である。

3.　適格性

(1)　求められる非常時の対応

わが国の船員法は、

① 船員の雇用契約、給与報酬、労働時間等の労働環境を定める労働法の側面

② 船長の職務権限に関する行政法の側面

を併せ持つ法律であり、重要な公法の一つである。

船員法第12条［船舶に危険がある場合における処置］は、

「船長は、自己の指揮する船舶に急迫した危険があるときは、人命の救助並びに船舶及び積荷の救助に必要な手段を尽くさなければならない。」

と規定する。

船員法に限らず法律の条文は一般に抽象的であり、漠然とした文言や表現で示されるのが通例である。該当すると予想される具体的な事例を規定に盛り込み条文化すること、即ち事例を列挙、網羅しようとしても際限がなく困難である等の理由による。

規定の内容を具体化する主たる役目は判例が担っている。実際の法令上の問題が裁判に付される中で抽象的な文言に事例が判示され、これを積み重ねて規定の内容が具体化される。上記の規定の中の「急迫した危険」との言い回しは、荒天下や衝突後の浸水により、緊急に救助手段を尽くさなければ船が沈没・滅失するおそれがある等、船主、荷主、旅客の財産を預かる船にとり、その存在を脅かす重大な事態が差し迫っている危険をいう。また「必要な手段」とは、船、人命、貨物の救命・救助に必要な一切の手段を継続して尽くす、あるいは更に拡大するおそれのある損害を可能な限り防ぐ方法である。

上記の規定は1970年（昭和45）4月に改正されたものである。改正前の旧第12条は、船長の最終退船を示す規定であった。

「船長は、船舶に急迫した危険があるときは、人命、船舶及び積荷の救助に必要な手段を尽くし、かつ、旅客、海員その他船舶内にある者を去らせた後でなければ、自己の指揮する船舶を去つてはならない。」

改正前後の両規定の相違は、現行の条文が船長の最終退船規定を削除し、船長に課せられた非常時の責任負担に軽減が図られた点にある。現行法において船長は「必要な手段を尽く」せば退船できるのに対して、旧条項は「必要な手段を尽く」し、且つ「船舶内にある者を去らせた後」に初めて退船が可能となる、船長の最終者としての退船を定めていた。

新旧第12条について、危険な海上で非常の時を迎えた船の長たる船長にとり、果たさなければならない当然ともいえる義務を措定した規定と看做すのは簡単ではあれ、双方の条文の何れも生死を掛けた極限状態となる可能性のある中での義務であり、規定の求めるところを深く考えてみる必要がある。

現行第12条から、船長は「必要な手段を尽く」せば退船可とした解釈が導かれるが、条文は退船に関する直接的な表現を置いていない。「必要な手段を尽く」すことと退船の判断は船長の裁量にあると解釈するのが妥当だとしても、その部分についての条文の不明確性は、船長が最後まで在船して救助に努力すべきを否定していないと捉えられかねない。

船長の「必要な手段を尽く」した後の退船とは例えば、取るべき方策を尽くした上で船に残る者が死亡したとする蓋然性（確率）が高い場合、そのまま在船を続ければ船長自身の生命に危険の及ぶ場合、船に到着した救難機関が船長から救助活動を引き継ぎ、合わせて船長に退船を求めた場合等が考えられる。

しかし実際はそう容易には運ばず、退船の判断はつき難いように思う。人の命が絡めば尚更といえる。損害の継続、拡大防止は当然として、その防止措置が本船の沈没、全損の寸前まで尽くさなければならない救命、救助となり得る場合はあり得、最悪、船長は船と運命を共にする殉職（死）を覚悟する必要性は排除されていない、との解釈も成り立つのではないか。

何らかの原因により船が大破して沈没が避けられない状態に陥った時、沈没までの時間を考慮せずに、船内にある全ての者を誘導してその安全を確認すること、例えば全員が脱出したとの確認が「必要な手段を尽く」すことに繋がるとしたら、沈没までの時間的な制約が船長の殉職を招く可能性は否定できない。とすると本規定は、船長の退船を消極的に解しているのではないかとも捉え得るのである。

更に本条の改正後も本条違反に対する懲役規定が残置されている。船員法第123条が示す、

「船長が第十二条の規定に違反したときは、五年以下の懲役に処する。」
とした罰則である。退船した船長が第123条違反を問われたならば、船長は「必要な手段を尽くし」たとする退船が妥当であった旨を立証しなければならない。

国会で制定される法律は、一般に制定者としての国民の意思（立法機関である国会を通しての間接的な意思表示）の顕われと看做される。改正後の罰則規定の残置が国民の意思の反映であるとの解釈は可能であるが、罰則が置かれた意義については議論の余地があろう。

船長の持つ一般的なキャリアや職務に対する自覚からすれば、「必要な手段を尽く」さず退船してしまう者は極めて少ないと考えられる。とすると第12条は船、人、人の財産の喪失防止を目的に、国民や社会の理解を得るための船長に対する精神的な規定（訓示的規定）に過ぎず、第123条の罰則の適用はほぼないと見てよいのではないか。即ち法の定める正当な資格を以て職に就く船長であれば当然に「必要な手段を尽く」すであろうが、船長の中には職責を放棄したり中途半端な手段で終えようとしたりする者が必ずしも皆無ではないと、万が一のことを考慮し予めこれを戒める規定が置かれたと理解すべきであろう。

(2) セウォル号（Sewol）事件

(i) 海の上の悲劇を現実のものとさせた船長

商船に乗っていた頃、優に20万トンを超える船が沈むとは夢にも思わなかったし、幸いにそのような目にも遭わなかった。そう思うのは私だけではなく、いつかはその危険な海に呑み込まれるとした不安にさいなまれ続ける船乗りはいないだろう。海難がどこかで起こり誰かが犠牲とはなっても、明日はわが身と思う切迫感は船員にはないのである。

このような意識は正常性バイアスと呼ばれる。タイタニック号の項でも論じたが、自身は海難に縁はない、海で命を落とす船員、絶望の淵に立たされた漂流者の身の上は所詮、他人事であるとした、異常事態に対して冷静、客観的な視点を欠く一種の意識的な障害である。人が持つ認知に対するバイアスであり、正常な心の働きの一部と考えられてはいるが、実際の非常時に直面した場合、避難の遅れやパニックをもたらす危険性を秘めている[56]。津波警報が出てもここまでは来ない、まさか呑み込まれることはないとした意識はその好例である。

この正常性バイアスを引き下げる効果をもたらすのが訓練である。もし運悪く海へと放り出されても、本船には救命艇や救命筏があるし救難信号機器も完備されている。それらはただの飾りではなしに月に一度、乗組員により操練と称した法定の退船訓練が行われ、皆、それら設備の取り扱いに習熟している。

そう理解すると更に、明日はわが身とした不安は杞憂にしかすぎず、乗船期間の満了と共にいつも通り、無事に下船して家に帰れるとした確信に疑問を抱くことはなくなる。正常性バイアスとはヒューマンエラーの一つなのだろうが、仕事の本質よりすれば、船員とは海を恐れてくよくよしていてはやっていけない仕事でもあるのである。

実際に海難による死者は自動車事故の死者より遥かに少ない。私の大学の同期や前後の同輩の間に海難で命を落とした者はいない。

ただ海技大学校で練習船の船長を拝命した時、このような私の意識に変化が表れた。本校の練習船は157総トンと、それまで乗っていた船と比べて象とネズミ程の差があった。また商船のように職業船員、その道のプロ集団のみが乗務する船とは異なり、練習船には未だ素人に近い20歳前の実習生が乗り込んでくる。もし万が一のときには何もできない彼らを守らなければならないと生真面目に考えれば、命を危険にさらすことはあり得るとふと思うことがあった。

商船は航路の多くが外洋であった反面、神戸にある大学校の練習船は瀬戸内海から出ることがない。遭難して助かる見込みは内海を走る練習船の方が高いにも拘わらず、乗る船の用途と乗せる者により、船長として持つ海に対する感覚が変わったのである。

韓国最大の海難となったセウォル号事件は2014年4月に発生、高校生を含む乗客295名を犠牲にした、旅客フェリーの沈没事故であった。多くの犠牲者を出した悲劇もさることながら、傾き出した本船からいち早く脱出したのが船長他の乗組員であった事実が、この事件を忘れ得ぬものとした。本来ならば乗客の退船を指揮すべき船長、その指揮に従い避難誘導にあたるべき船の乗組員が、われ先にと助けに来たボートに乗って逃げたのである。

韓国の検察による求刑（韓国法による対処）は、救助活動を放棄して退船した船長、イ・ジュンソク（事故当時69歳）を含む一部の乗組員を起訴、最高刑の死刑とする極めて厳格なものだった。2014年11月、地裁裁判所は極刑を回避して遺棄致死罪を適用、船長に懲役36年の有期最高刑を下した。船長の実年齢に照らせばほぼ終身刑に相当する厳しい判決と評された。

検察の控訴に対して2015年4月、光州高裁は未必の故意による殺人罪を認定し、船長の無期懲役が確定した。日本法であれば重過失（業務上過失致死罪）となるものと推定されるところ、韓国の司法は船長に対して厳格な処罰を下したのである。韓国法は日本統治時代の日本法の影響を受けている背景の他、地理的、文化的に関わりの深い隣国における判決として、わが国の船員社会にも示唆を与える重要な判例となった。

乗組員が乗客を見捨てる事案は本件だけではない。他にも沈没前の船から乗客の救助を顧みずに脱出した船員の事例がある。

1934年9月に米国東岸を航行中、火災のために全焼、135名の犠牲者を出した米国クルーズ船モロ・カッスル号（Morro Castle）事件がある。機関長のアボットは火災発生後にパニックに陥り、機関室に行かずに乗客、乗組員の避難誘導もせず、真っ先に救命ボートに乗り込み助けられている。事故後の刑事裁判の第一審で禁固1年と罰金5,000ドルが裁定された（二審では道徳的には愚行でも、違法には当たらないとして無罪となった）[57)]。

1957年7月の深夜、米国東岸ニューヨークの東方を航行中の客船ストックホルム号と、同じく客船アンドレア・ドリア号が衝突した。ストックホルム号はアンドレア号の舷側に衝突、これによりアンドレア号は右舷側に傾斜したため左舷のボートが降ろせず、また右舷の大部分のボートも海にせり出し退船者の移乗を困難とさせた。その後、多数の甲板員を含む234名の本船乗組員は半ばパニックとなりつつ、海面に着水できた2～3のボートにいち早く分乗、旅客よりも先にそばに無事でいるストックホルム号へと避難した。しかもストックホルム号に着いたボートはアンドレア号に引き返して救助にあたることなく、乗組員達はストックホルム号の提供する食事にありついていた[58)]という。

⒤ 何故、船長は船、乗客を見捨てたのか

悲劇的な海難は荒天下で起こるとした常套句があるが、セウォル号の事故はかなりの潮流はあれ、至って平穏な海域で発生している。日本から購入した中古船を改造、重心が上がり不安定となった本船で、当直航海士が切った大舵により船体が傾斜、貨物の移動を招いて転覆したという人為的なミスが原因であった。ここに船長と乗組員の無責任な行状が加わり、世論の悪化に拍車をかけた。

本件では司法判断に与えた韓国内のポピュリズムを指摘する声も強い。市民（国民）感情に後押しされる検察や、嫌悪感情をむき出しにして集団道徳化した遺族感情の影響により、本来は謙抑的な適用を原則とする刑法の法的な性格が蔑ろにされ、法に忠実、事実を客観的に捉えるべき裁判官の裁定が厳罰に傾いたとする見方がある。

セウォル号の船長の行為について陸の人はどのように見たのだろうか。

「クルーズよりは小さいが、六千トンを少し超えるセウォル号は、決して小さな船ではない。だが、この巨大な船の万事を決定する船長は契約職で、契約して一年にも満たなかった。その事実に私たちはなぜ、巨大なハンマーで頭を殴られたような衝撃から逃れることができなかったのだろうか。彼はいつでも制服を脱ぎ捨て、自身が責任をとるべき乗客を捨て、立ち去ることのできる船長だった。キャプテン、オー・マイ・キャプテン（ホイットマン『草の葉』の一節。「おお、船長、恐ろしい旅は終わった…」)、これは、これまでのどんな航海士にもない猟奇的な話だった」[59]

ここには船長がわが身を呈して、自己の指揮する船の救助活動にあたるべきとした社会通念を、陸にある一般の人々も共有していることが示されている。

大きな損害を惹起した者は、自分の犯した不手際により被害を被った人々、更には社会全般に対してまで、その不手際に至る仔細を説明して納得を得るべき責任が問われることがある。いわゆる説明責任という概念であるが、本件では如何なる説明を試みても被害者、社会を納得させることはできなかったであろう。船長ら乗組員の所業はそれ程に重い、法的なものの他、船員として持つべき道義的な責任の懈怠であったといえる。

上記の書の著者は、船長の行動に期間雇用であった身の上が影響したと記している。船長はフェリーの船主、管理会社の社員や常勤の船員ではなかったため、従って報酬は低く責任観念にも薄かった故、こうした行動を取ったのだとする見解である。しかし船長の職責は、自身の雇用形態や給与の額に影響を受けてはならないはずである。著者の考え方が正しいとすれば、期間雇用の船長は皆、信頼の置けない者となってしまう。

海も船も知らないずぶの素人であればいざ知らず、一船の船長を拝命する者は長年に渡る海上でのキャリアを基礎に、いざという時、乗客や乗組員の救助に尽くすべき職責を自覚していて当然であろうし、また自覚していなければならないと思う。それは法の定め如何を議論する以前の問題である。船主へのロイヤルティのあるなしや給与云々により、船に対する自らの責任の程度を見極めてしまう者は、船長として乗務するに値しない。

またこの事故の後、いくばくもなく起きたわが国のフェリー、ありあけ号の沈没では船長、乗組員の避難誘導が幸いして乗客、乗組員共に1名の犠牲者も出なかった。この海難とセウォル号の件とを比べて韓国人の船長、乗組員よりも日本人のそれらの資質が上であるかのような見方をする報があるが、これもまた笑止な理解である。船、海の上での人命の尊重、救助に国籍や人種による得手不得手があろうはずはない。

(iii) 改心のきっかけ

何故、セウォル号の船長は乗客を捨て置いて離船したのか、人間性のなせる業なのか、長年の船員、船長としてのキャリアは当人の個を超克できなかったのか。船長は事故の前、本船に乗り海に出ることにわくわくして歓声を上げる、修学旅行中の高校生達の姿を見、その声を聴いたであろう。何故、船長は自分の孫にもあたる年頃の彼らを見殺しにしたのだろうか。

あるエピソードがある。子煩悩で評判の若い母親がいた。自他共に子供への愛情は人一倍と自負していた。ある日その子と夫の3名でホームに停車する電車に乗っていた時、突然、車両から白煙が吹き上げ車内に立ち込めた。母親は飛び上がりホームへと逃れ出たが、車内を振り返ると子供を脇に抱えて身構える夫の姿があった。幸いに聡明な彼女は、この偶然の出来事を通して夫と子供を見捨てて逃げた自らの内に秘める本性を悟り、以降は心を入れ替え注意深く子どもの面倒を見るようになったという[60)]。

母親はこの出来事に出くわさなければ一生、自身の本質を知り得ず矜持を変えなかったかも知れない。社会人は受ける教育や実務経験により、その職にふさわしい責任感や使命感を養うと観念される一方、このエピソードは何気ない日々の営みの中での偶然の出来事が、その者の考え方や認識を根底から変える可能性のあることを示唆している。責任感、使命感の自覚は、これを学ぶ教育や実務とはかけ離れた日常の中での様々なきっかけ、偶然の機会に、実は恵まれることがあるといえるのではなかろうか。

登山のさなかに遭難者に出くわすが、薬も医療器具も持ち合わせない自分の無力さを悟る医師、海水浴での溺者の救助により、海の怖さを改めて知る船員がいておかしくはないだろう。

これをセウォル号の船長に置き換えてみれば、キャリアを含めた自身の人生の中で、かの行動を取った自分の本性を見抜く機会に恵まれず、また恵まれたとしても見抜けなかった可能性があると考えられるのである。それが事実であれば、イ・ジュンソク船長は船員としてよりも、人間として誠に不幸な人であったと思う。

船長たる者、乗客を置いて逃げ出すとは何事か、最後まで本船上で救助に尽くすのが使命だろうとした、当時の世論に異議を差し挟む積りはない。しかし私にはセウォル号の船長を心底から糾弾する、非難する気にもなれないでいる。海難事故の経験のない私自身、もしセウォル号の船長と同様な立場に置かれたら、船長の職責を果たすべく旅客の誘導にあたったかについては確言できないからである。

船長が自身の使命を忘れずにセウォル号に留まったとしたら、あるいは一度は退船しても復船して救助活動を行っていたら、恐らく本人は不帰、死を免れなかったように思われる。事故直後に放映された沈没の模様を伝える録画を見れば、本船が片舷に急傾斜して沈没するまでの時間の中では、乗客の全ての救助は難しかったであろう。船長が救助に徹しようとしたならば自らの命を省みる余裕はなく、「覚悟の殉職」（職務上の「自殺」）に迫られたに違いない。

(3)　脱船

船員が職務を放棄して船から逃げ出すことを脱船という。非常時ではない平常時に起きた船長の脱船の事例がある。

東京高等商船学校の練習船、大成丸の第8次遠洋航海は1912年（明治45）7月6日に品川を出帆した後、北米西岸のサンディエゴ、南米南端のホーン岬を回り南アフリカのケープタウン、ブラジルのリオデジャネイロからインド洋を横断して豪州のフリーマントル、東南アジアを経て日本へと帰港する471日の大航海であった。

本船がサンディエゴに入港した8月31日の夜、佐々木盛吉船長は現地日本人会の招待に応じて上陸したが、その後、自殺を計り首に傷を負って入院する。結局、佐々木船長は本務に復帰することなく、同地で代わりの船長が着任して大成丸の航海が続けられた。

以上は大成丸史による[61)]が、船長下船の事実は違ったらしい。

この航海に実習生として参加していた森勝衛船長の伝記の中には、入港と同時に船長は行方不明となり、その2日後、この件について平原一等運転士から正式なコメントがあったと書かれている。

「彼（一等運転士）の説明によれば、佐々木船長は急激な脳症にかかって入院したという。しかもひどく混乱している様子なので、船務に復帰することは不可能ということだった。結局、後任の船長がやってくるまで、大成丸はサンディエゴに長期停泊を余儀なくされたのである。（中略）一等運転士の説明には、まだ秘密が匿されているような謎めいた部分があった。人びとの間に蒸発説や自殺説などの憶測が広がり、噂は噂を呼んだ」[62]

10月13日、新たに小関三平船長が着任したが、それまで本船は1カ月半近く当港に停泊せざるを得なかった。この遅れは大成丸の周航計画に変更を強いたのみならず、サンディエゴの酷暑により本船貯蔵の米が蒸れ、コクゾウムシの被害を受けた。その後の航海中、米不足から実習生、乗組員に栄養失調や脚気になる者が続出し、2名の生徒が死去するに至る。

大成丸の過酷な航海の遠因を作った佐々木船長とは、どのような人物であったのか。

佐々木船長は1900年（明治33）に商船学校を首席で卒業後、英国の帆船に2年間の実習留学をする。しかしこの期間は当人にとり、英国の海員魂を体得するためとはいえ日々、屈辱に耐え忍ばなければない日々であったという。

帆船留学からの帰国後、佐々木船長は母校の教官、大成丸の一等運転士、そして第8次航海への出発前に船長に昇格した。その教育は厳格を極め鬼船長とまでいわれたが、実習生であった森船長は密かに畏敬の念を抱いていたと述懐している。

森船長の伝記の記載によれば、佐々木船長は狂気を装い船から去った後、いくばくかして日本より家族を呼び寄せ、カリフォルニアで牧師となったりメキシコに渡り油田の開発に携わったりしたものの、何れも失敗して日本へ帰国したとある[63]。

1954年（昭和29）、森船長は商船学校の同窓会に出席した折り、偶然にも佐々木船長とはちあわせする。佐々木船長からは大成丸上で見た気位の高い船長の面影は消え失せていた。彼は森船長の面前で手をつき、かつての不始末を詫び赦しを請う。森船長は佐々木船長退船後の大成丸の苦難と2名の仲間の死

に思いを馳せ、一旦は拒絶するが、

「全く当時の大成丸の皆さんに対して何とお詫びしてよいか、いうべき言葉はありません。私はあのことを思うとき、いつも腸を錐でえぐられるような悔恨の念に打たれます。森さん、どうかあなたから、私のこの心からのお詫びを皆さんに伝えて下さい。私が今まで生き長らえたことは、今日この機会をえたことで十分意義があったと思います」

との佐々木船長の言葉を聞き、許す気になれたという[64)]。

大成丸の一件から既に42年が過ぎ去ろうとしていた。佐々木船長の言葉を素直に受け留めれば、個人的な理由による職責の放棄は禍根となり、船長に営々と煩悶の日々を刻ませてきたことになる。

佐々木船長は米国からの帰国後、自宅より一歩も出ない生活を送り、森船長との再会より10年後、静かに息を引き取った。

4. 殉職

(1)　常陸丸船長 富永清蔵

生の終焉を意味する「死」を必ずしも否定的に捉えない言説がある。われわれ日本人には「死」を高貴なものとする観念があるという。

太平洋戦争中には少なくない商船の船長が、戦難によって沈まんとする本船と運命を共にした。当時、死に至る過程は何であれ、職務中に死に見舞われた者、死を賭して職を全しようとした者、責任を自死で償った者等、いわば殉職者こそが高貴であるとした思想があった反面、職責を省みず生き残った者はもちろんのこと、捕虜となった軍人、臣民は国辱に値する、よしんば責任を果たした上での生還であっても、生き残ったこと自体が恥ずべき行為であるとした観念が国民の一部にはあったようである。

佐藤快和の書籍から引用しよう。

戦前の国定教科書には、遭難船の船長の最期を美談とする教材が掲載されていた（国語教科書第10巻（5年生用））。1903年（明治36）、青函連絡船の東海丸1,121トンは、濃霧の津軽海峡においてロシアの汽船プログレス号と衝突して沈没する。船長であった久田佐助は乗客と乗組員の退船とを見届けた後、自分の体を欄干に固縛し船と運命を共にした。

久田船長が常々、妻に言い聞かせていたとする言葉は、

「船長たるもの、萬一の場合、決死の覚悟がなくてはならぬ。百人中九十九人まで助かれば、或は自分も生きているかも知れぬが、さもなければ帰らぬものと思え」

であった[65]。この時に救助された少女は成人の後に久田船長を描く。その油絵が戦災前の日本郵船神戸支店に掲げられていたという[66]。

海軍の艦長が軍艦と共に沈む行為は一つの儀式であったとする記録がある[67]が、軍人とは異なり、船主との雇用契約の身の上にある商船の船長は、民間の海運企業に仕える者である。いわゆる民間人が何故、船主の所有物である船と運命を共にする必要があったのだろうか。

ヨーロッパ航路の定期船であった貨客船、常陸丸 6,716 総トンは 1917 年（大正 6）8 月 29 日、横浜港を出港した。乗組員 117 名、船医 1 名を含む職員 21 名、部員 96 名の他、船客約 40 名が乗船していた。船長は富永清蔵、46 歳であった。

本船は南シナ海を南下してマラッカ海峡経由ベンガル湾に入り、9 月 24 日、英国領セイロン島のコロンボを南阿のデラゴア港向け出港した。コロンボでの乗下船を経て、船客は 43 名に変わっていた。

午後 2 時過ぎ、本船の左舷船首に 1 隻の反航する汽船が現れた。見栄えより、同盟国である英国の船と見定め近付いたところ、突如、相手船上に「停船せよ」との信号旗が翻り、直後に 2 発の威嚇弾が常陸丸へと放たれた。富永船長は即座に機関停止、全速後進を命じた。

第一次大戦下のヨーロッパ航路に就く多くの汽船同様、常陸丸は船尾に 4 インチ砲を備付して武装商船となっていた[68]。ただ富永船長は、海賊襲来に対してその使用はあり得ても、敵の軍艦との応戦に使用すれば、船客と船員の命を犠牲にするから砲戦はしない旨、予め砲手へ伝えていた。

相手船は無線電信の使用を禁ずる信号を発したのと共にドイツ海軍旗を掲げ、仮装巡洋艦ウォルフ号（5,600 トン）としての正体を現した。富永船長は常陸丸の速力が勝ると見込んで全速前進を命ずるも、本船に狙いを定めた砲弾が一発一発と命中し出す。状況の判断から逃走の見込みなしと知った船長は再び全速後進とし、ウォルフ号にも届くように汽笛三声による後進信号を放つ。しかし敵艦は本船に 4 分の 3 マイルほどの至近距離からの砲撃を継続したため、船長は総員の退船を決意して救命ボートの降下を命じ、ドイツ仮装巡洋艦の襲撃を受けている旨、本船位置と共に緊急打電した。

その後、常陸丸は機関を停止、本船のボートに人が乗り移るのを確認したウォルフ号は、最初の発砲から１時間あまりして攻撃を止めた。

富永船長は一時、茫然自失となって船長室に戻り短刀と拳銃とを用意したが、その拳銃を手にしているところを乗組員に見られた後、われを取り戻して船務に復帰する。そして煙突下の右舷にいた乗組員に対して、

「判断を誤り指揮の機を失して事ここに至ったのは、船長の魯鈍からである」

とし、続けて、

「われわれを待ち設けている運命は、ドイツ海軍の捕虜となることである。捕虜となって後にくる運命のほど、まことに計りがたいが、殺害されるが如き最悪の場合にも、日本人の伝統の中にある潔さで、死の席についてやろうではないか。もし生きて苦役を課されるのであったら、主張すべきは強く主張することをいつも忘れず、服従すべきは快く服従しようではないか。われわれが死にのぞむときも、または生きて苦しむときも、日本人の誇りとするところの見事さに終始しようではないか」

と落涙しつつ述べた。これを聞いた他の者も同様に涙したという。

(2)　ウォルフ号上の富永船長

富永船長は旅客、他の乗組員と共にウォルフ号に引致され、艦長より問い質される。

「(常陸丸は航海中) 何の故に国旗をかかげないのか」

船長は答えた。

「大海洋にあってその必要なきこと“海の者”のよく知るところです」

確かに船と出会う機会に乏しい洋上で、常に国旗を掲げる必要性は見当たらない。続けて艦長は、

「ヒタチ丸は、必要のときに及び、国旗をかかげたか」

と問い、

「掲げました、貴艦がわれに近づくを知ったときに」

と富永船長が答え、引き続きウォルフ号船長の問い掛けを受ける。

「答えてもむだである。国旗の掲揚すでに遅し。船長、何の故に大砲の発射準備をしたのであるか」

「否。そういう動きはしていません」

二人のやりとりが続く。

「ヒタチ丸は停船命令に抵抗した、そのために砲火を浴びるにいたった」

「停船しました」

「いや、停船していない」

「汽笛三声を鳴らし、全速後進したではありませんか」

「無線電信の発送を禁じた、然るに発信した、そのために砲火をあびるにいたった」

「およそ商船乗りで、危急に直面したとき、無電のある限り、遭難の位置を知らせようとしないものがありましょうか、少なくとも日本商船の乗組員は、船客のために、積荷の関係者のために、船会社のために、乗組員の父母・妻子・同胞のために、当然のこととして遭難位置の打電をやります」

艦長は口もとを少しほころばせて、この船長を連れて行けと士官に命じた。

常陸丸の旅客と乗組員はウォルフ号に拿捕された他の船の乗員同様、船倉へ収用されたが、富永船長には甲板上に個室が用意された。しかし富永はこれを丁重に断り、他の乗組員と共に船倉に入ることを願い出て、本船側に聞き入れられている。富永の対応を見たウォルフ号の士官は、

「見たか、あの日本人船長のとった道を、あれがサムライの道なのだ」

とささやいた。

その後のウォルフ号の船上では、拿捕時に傷を負い息を引き取る常陸丸乗組員の水葬が、富永船長の弔辞の下に取り行われていく。

ある日曜、常陸丸の乗組員と旅客に茶、菓子と共にビールが振舞われた。富永船長はその席で挨拶をしたいと起ち上がる。二言三言いう内、涙に声が曇って皆に聞き取れなくなるも、船長は自らを励ましつつ挨拶を続けた。彼の挨拶の中でわずかにわかったのは、

「諸君の身命は確かに安全なることを保証するから、どうか健康であってくれ給え」

というくだりのみであったという。

常陸丸の拿捕後、ウォルフ号は本船を曳航してドイツへ向かう予定であったが、これを断念し、常陸丸を爆沈処分する。この様子をウォルフ号から見ていた富永船長の顔は紙のように白く、唇の色は灰色を呈し、誰もいないところで泣きながら身をもがき、激しい嘔吐を二度三度と繰り返していた。

ドイツへ向かうウォルフ号が、アイスランド至近はグリーンランド・チャネルに達した折り、富永船長は投身し行方不明となる。1918年（大正7）2月8日のことであった。時と場所とは異なったが、船長は常陸丸を追ったのである。

船長が一航士に宛てた遺書が残っている。

「逃走の難きを信じて、船客並に各員の生命を重じ、かかる処置を執りしが、敵の砲撃甚だしく、親愛なる部下の多数と、並に信頼を蒙りたる船客と、多数に最後を遂げせしめ、剰（あまつさ）え船客と諸君とに不安の生活を永く送らしむ、信（まこと）に申訳無き次第、尚この上、重大なる責任を貴下に負わしむるは、情に於て忍び難きも、死者遺族負傷生存者に対し申訳之無ければ、斯く幹部の一艦に集りおるを期とし、女々敷く自裁を敢えてし、以て遺族に申訳せんとす。死屍に鞭打たるるは覚悟の前、何卒死すべき秋（とき）に死せざりし小生の苦衷を察せられ、小生に代り部下を統一し、各幹部と協力、此の後の問題を解決し、一日も早く御帰朝相成度、祈上候。（以下略）」

常陸丸の乗組員と旅客はウォルフ号によりドイツへ送られ、そこでドイツの敗北まで捕虜生活を送ることになる。本船上にあった者で死亡した者は、ウォルフ号の攻撃及びその後の死者も含めて職員4名、部員13名、旅客が2名であった。

(3)　死

以上の事実関係は長谷川伸の著した『印度洋の常陸丸』からの、富永船長の関わる部分の抜粋要約である[69]。

引用から読み取れるのは、富永船長の痛切な責任意識の発露である。船長は迂闊にも正体不明の船舶に常陸丸を近接させたことに加え、敵国艦艇としてベールを脱いだウォルフ号の警告を省みずに執った自らの判断と指示の過ちとが、乗組員、旅客に死傷と、本船の破壊沈没とをもたらしたことについて、その死まで悔やみ続けることとなる。ウォルフ号の艦長の前では自分の取った行動の正当性を訴えたが、乗組員と旅客の前では一転、その行為を憂え衷心、懺悔を繰り返していたのではあるまいか。

このような心情は戦記の中に見る、沈みゆく軍艦と運命を共にする艦長の意思とは異なるものである。戦うことが目的の軍艦の艦長にとり、乗組員の戦死は悲痛とはいえ想定内の前提であるのに対して、商船である自分の船に損害と死傷者を出した富永船長の心情は、痛々しい程の後悔と謝罪の念に満ちている。

爆沈され沈み行く本船の姿は、船長が指揮統率し併せて責任を負うべきものを喪失した現実を、彼自身に改めて突き付けたように思う。落涙と嘔吐に苦悶する船長の心中には旅客、乗組員、そして本船を失った自責の念とが改めて高まり、堪え難い程の重圧に一時的にも心のバランスを失したのだろう。

これは他の乗組員や旅客が、本船の沈没に際して受ける感慨とは全く異なるものであったに違いない。冷ややかに見れば特に旅客にとっての常陸丸とは、自分達をウォルフ号による拿捕まで運んでくれた乗り物にしか過ぎなかった。乗組員の思いはこれとは異なろうが、船長にとっての本船とは船主より託された自分がその職責において管理し、齟齬のなきよう細心の注意を払って運航すべき責任の拠り所であった。

船長の遺書の日付は 1917 年（大正 6）11 月 1 日、常陸丸が爆沈処理される 6 日前であった。船長は既に、本船を失う前に自らのけじめについて意を決していたと考えられる。船長の投身はこれより約 3 カ月後のことであった。

本書の前半では、常陸丸より生き延びた人々がウォルフ号に移されて後に強いられた、死と隣り合わせの生活が描かれている。今どこを航海しているか不明な上、いつ友軍や同盟国の艦船に攻撃されて海の藻屑となるやも知れぬ先の見えない、絶望の日々であった。これを名実共に体現し続けたのが富永船長自身であり、彼の自死と共にこの世界が終焉を迎える。

長谷川伸は前書きで、先に彼が上梓した『日本捕虜志』と本書との脈は同じだが「書き方がそれとは違う」と書いているところよりして、本書の中心は後半の捕虜生活にあったとも思われる。

抑留者達のドイツでの生活の模様にはウォルフ号の上と変わらず、払拭かなわない不安に満ちた異国での日々とはいえ、船の上では得難かった生きる希望が、抑留の身の内にふつふつと湧き上がる模様が描き出されている。生存者達は常陸丸の日本人のみならず、同じ収容所に暮らす他の国の捕らわれの人々と交流し、時には反目し合うも総じて励まし合ってたくましく生き抜き、終いにはドイツの敗北により故国へと帰る日を迎えるのである。

本書を読み進めると一つの疑問が浮かんでくる。何故、富永船長は自死を選んだのであろうか。死傷者を出し船を失った自責を敢えて封印し、生き永らえた人々と共にドイツに上陸、収容所において彼らを励まし、生存者と共にいつかはかなえられる解放の日を待つ努力をすべきではなかったのかと。責任の取り方は自死のみではなかったはずである。

モーリス・パンゲはその著『自死の日本史』の中で書いている。

「日本人にしてみれば、自分の過ちをあれこれ弁解したり、責任のがれをしたりするのは恥ずべきことなのだ。自分の罪をはっきり認めること、これ以上に日本人に高く評価される勇気はない。西欧人の眼には胡散臭く、また陰鬱に思われる日本人の自己処罰的行動も、日本人自身には同情と敬意をもって迎えられ、犯した間違い・失敗・過ちなどを償って余りあるものだとみなされてきたのである」[70]

富永船長による遺書からは船長の悔恨の念、プロとしての意思の崇高さがつかみ取れる。常陸丸の喪失を罪と解して「女々敷く自裁を敢えてし、以て遺族に申訳せん」と自らを罰することを決し、「死屍に鞭打たるるは覚悟の前、何卒死すべき秋に死せざりし小生の苦衷を察せられ」赦しを請うたのではなかろうか。

船を、人命を失っても尚、生き続けなければならないとしたら、富永船長の辛さは筆舌に尽くせない苦痛であっただろう。死の意味をどうとらえるかの問題だが、生きることの方が死よりも厳しく辛いことはあり得、特に船長という立場にあった故に背負わざるを得ない苦悩であったのではなかろうか。彼は自らを苦しみから解放するためにも自死を選ぶ他、なかったのかも知れない。

しかし船長の生き残るべき目的を冷静に探してみれば、後のドイツでの抑留生活の指揮指導もさることながら、常陸丸遭難の顛末を会社や遺族に責任ある立場で報告、証言できるのは船長しかいなかったという点に辿り着く。他の生き残った者に状況の説明はできても、船長の判断とその根拠についてまで立ち入るのは不可能である。肉親、子息が命を落とした事故の真相を知りたいとするのは遺族の常であろう。

船長の果たせなかった遺族への説明責任は、本船の木村庄平一航士に引き継がれた。彼はドイツでの捕虜生活の後に帰国し、富永船長はじめ犠牲となった乗組員の遺族弔問のために、自費を投じて全国を巡る[71]。

しかし彼もまた、太平洋戦争さなかの1943年（昭和18）2月8日、御蔵島東方40マイルにて船長として乗務した竜田丸が雷撃を受け、本船と運命を共にしたのである[72]。

(4) 乗組員の精神的後遺症

命を失ったり、不具となったりしかねない極限状態を経験した者が心に傷を負い、精神的な後遺症となって残ることはよく知られている。事故との遭遇や戦地での経験がよく引き合いに出されるが、常陸丸の例を見ても、船が洋上で武力行使他の不法行為を受けた際、船長をはじめ乗組員や乗客が精神的なダメージを受ける可能性のあることが理解できる。

イラン・イラク戦争当時の1984年（昭和59）7月、28万載貨重量トン、乗組員26名の全員が日本人であるリベリア国籍のVLCC、プリムローズ号は、ペルシャ湾で25万トンの原油を積載、フランス向け復航の途に就いた。

本船はペルシャ湾航行中の7月5日の正午過ぎ、国籍不明の航空機から2発のミサイル攻撃を受け被弾する。1発は左舷、3番貨物油タンク上の甲板で跳ね返り海へと落下、もう1発は煙突下のボイラー室に命中して爆発した。轟音と振動とにより船内の電気系統が故障、航海計器の電源が瞬時に落ちて船橋内にアラームが鳴り響いた他、汽罐系統も故障して機関が停止したが、幸いにもすぐに復旧がかなう。また食堂に集まり昼食を取っていた乗組員に死傷者なく、船体は火災を生ぜず被災は軽微に尽き、結果的に本船の運航に殆ど支障はなかった[73]。

しかし原油を満載した本船がミサイル2発の被弾によりあわや大事故、大爆発となって航行不能に陥り死傷者を出す、極論すれば全損、沈没、乗組員が全滅する可能性があったのは事実であった。命拾いした乗組員の多くがこの一件により、過剰な精神的ストレスを受けていた。小野正治郎船長に対してこれ以上の継続乗船は無理と、23名の乗組員がペルシャ湾を出た水域での下船交代を申し入れてきた。

船長が船主に連絡したところ、希望者の半数を揚げ地のフランスで、残りを次航のペルシャ湾入り口にて交代させる旨、返答を受ける。要望を出したとしてもこれだけの員数の即時の交代は、次の要員の確保という配乗の都合からして難しい。船長や乗組員の誰もが理解していたことではあったが事情が事情であった。会社は本船の事件と乗組員の状況とを最大限に考慮、最善の交代要領を回答してきたといえる。

本船は7月10日、武力紛争下のペルシャ湾を出て被災箇所の仮修理を行い、フランスへと針路を取った。既に危険のない安全な海域に入ったことより、船長は乗組員がじきに平常心を取り戻し、精神的な苦痛からも徐々に回復することを願っていたが、彼らの心は中々に晴れなかったようである。

事故以前、仕事の後に盛況だった麻雀をする者はなくなり、娯楽室に集まり視聴覚のVTRを見つつ、飲酒を楽しもうとする気配も失せてしまっていた。更に乗組員の中には歯の痛みや持病の悪化を訴える者が現れ、睡眠不足と食欲不振から健康を損ねる者まで出始める。船長は乗組員達の体調不良が本船の安全運航に影響することを憂慮し、船内生活を通じて乗組員らの傷付いた心理状態の回復に心を配ったという。

揚げ地であるフランスでは既に本船の事件が知れ渡っていた。ダンケルク港入港後、マスコミが訪船し事件を取材、翌日の新聞トップに本船の写真と共に関連記事が掲載された。街に外出した乗組員は興味本位の市民から無神経にも、「プリムローズの乗組員か」と声をかけられたりした。

普段、感ずることのない死のおそれに瀕した商船の乗組員が受ける、目に見えない心理的な影響の如何について小野船長自身、対応に苦慮しながらも可能な限りのケアが続けられた。しかし交代下船して日本へ帰国した本船の一機士と甲板長は退職し、一機士は心労からか幾ばくもなく帰らぬ人となったという[74)]。ミサイル被弾が乗組員に与えた精神的な後遺症には、一部の者について回復し難いものであったことが理解できる。

(5)　平時の殉職

(i)「船長よ生きよ！」

常陸丸の事件から既に100年を経ている。富永船長の取った行動は旧態的、前時代的な精神思想の影響したもの、戦争という異常な時代背景とこれに準ずる精神主義の顕れであり、今の時代とは異次元の出来事と考えられないではない。

しかし戦後の平和な時代にも船長の殉職の事例がある。1970年（昭和45）1月、波島丸の北海道奥尻島沖荒天遭難や、同じ年の２月のかりふおるにあ丸の野島崎沖遭難等、複数、挙げることができる。何れも海上での荒天という不可抗力に起因した沈没であったが、波島丸の上床力船長、かりふおるにあ丸の住村博士船長は、乗組員の総退船を指揮、全員の無事を見届けた後、船と運命を共にしている。

上床船長は60歳、住村船長は45歳の若さでの殉職であった。上床船長の殉職に対しては当時の政府より、日本船員の伝統精神の発露であるとして勲五等瑞宝章が授与されている[75]。

問題の性格上、表立っての議論はなくも、これらの殉職は船員界に大きな波紋を生んだ。殉職を美談とするのは時代錯誤の感覚であり、死ぬべからず、生き延びて事故の原因究明に尽くすのが船長としての責任の取り方であるとした意見が、同じ道にある連達の世界で強く唱えられた[76]。

こうした船長の自死を「覚悟の殉職」と呼ぶならば、その意味するところは、船長が自らに下す処罰としての「私刑」と呼んでも誤りではないかも知れない。覚悟の理由とは例えば、本船の安全という職責を果たせなかった海を職場とする者のけじめ、船主、傭船者、荷主の財産、乗組員の生命を喪失または危険にさらさせた責任、船長個人の問題として生きる意欲の喪失による絶望感や事後の責任（海難審判・司法裁判・社会的な非難）追及からの逃避等、様々に思い浮かぶ。

掲げた船長の行動には、日本人としての生い立ちや時代背景、教育の影響を色濃く感じ取ることができる。上記の船長らが職を執ったのは戦後の平和な時代の海であったが、若かりし頃に戦前、戦中教育を受けた人達であった。教育勅語のみならず、その底辺にあったであろう武士道の精神思想やこれを高揚させた軍人勅諭と、戦時下の精神教育がこのような行動に至らしめた彼らの人格形成に、少なからず影響を与えたことは容易に想像できる。

明治に入り、わが国にはそれまでの士農工商という階級の区分けがなくなった。殉死を含め武士の美徳とされた精神は当時の政府の方針もあって、教育という媒体を通して全ての日本人に拡散してゆく。名誉を重んずる、献身的に尽くす、自己犠牲を厭わない気高さは日本人の誰もが見習うべき精神的な模範として、学校や軍隊において教え込まれてゆく。たとえ軍人兵士でなくとも、サムライたるべき精神の獲得をモットーとした日本男児の教育がなされたのである[77]。こうした国の示した方向性が、日本人を明治から昭和に至る中で経験する数度の戦争へと駆り立てたとするのが、学識者から一般市民までの現在の感覚ではなかろうか。

明治になり日本は欧米に習う近代化の道を歩み出したにも拘わらず、精神教育は依然、封建社会の思想を引きずり、名誉だの滅私奉公だのを至上のものとして、軍人でないにも拘わらず、いざという時には死に花を咲かせる美徳を国民全体に植え付けたのだと解釈すれば、民間商船の船長が責任の償いとして自死を選び、社会にそれを受け入れる土壌があったと捉えられないでもない。

日本が一時、帝国主義やこれに重なる軍国主義という誤れる道を歩み、その過程が船長の自死とこれに違和感を覚え難い社会を築かせたとするのは、簡明な解釈かも知れない。しかしわれわれは長い歴史の中で、明治から昭和という短期日の内の時代的な高揚や異常性に支配されることのない、そして特段に恥ずるを要しない独自の文化や思想を連綿と築き上げてきたともいえるのではなかろうか。

江戸の漂流記に見られるように、西洋文化の感化を受ける以前から、われわれはわれわれの歴史の中で船頭、船乗りが船を守る、人命を第一に考えるという職責、職業意識を培ってきた。その過程の延長線上において、一部の船長に覚悟の殉職という意思とその行為とを見るのであれば、彼らの人格形成は近代日本の偏向的な精神教育のなせる業とした、自虐的な批判に尽きる程、安易な脈絡では説明できないのではないかと思われる。

明治以降、船長、船員らの学んだヨーロッパ起源の商船運航、海運実務、職位に付帯する職責には一旦緩急、船と運命を共にと示唆するかの法も慣行も存在しない。近代の自由な精神を生んだヨーロッパという土壌により育てられてきた船員社会は、徹底した個人主義を尊重し、船長には被用者である前に個人としての意思の自由を認め、船長の得る権利と負う義務とを法や契約によって明定する世界である。これを継受したわが国の船員の精神に「覚悟の殉職」は入り込む余地を見出せないはずである。

にも拘わらず上記に挙げた船長行動を見ると、日本人の船長の心中には就く実務や職責に関する教育を越えた部分があるように感じられ、これが仕事の捉え方や対応に少なからぬ影響を与えているように思われるのである。

もし日本の置かれた地理的、文化的、言語的あるいは自然環境の中で、日本人に時を超えて通ずる精神に、時代により彩られる自死の崇高さによって脚色されるような無私を諭す何かがあり、それからわれわれが逃れられないのであれば、現代の社会で船長という職責に厳格さ、過酷さが求められている現状、敢えて言及しなければならないことがある。船長も一人の人間であり生きる権利があり、法も道徳も「死を賭して」といえないのが現代社会のテーゼである。船長にとり、策万端が尽きた際の「覚悟の殉職」という選択肢はないということである。

「船長よ生きよ！　乗組員を救うために自分も生きよ！」

自らの率いる乗組員もまた人であり、自分と同様、その帰りを待つ妻子、親という家族がいることを思い、彼らを如何にして救うべきか、家族のもとへと送り届けるべきかを考えなければならない。自死が軽挙な盲動とまで言い切る気はないが、船長こそが自分の命の大切さをより深く考える必要があるのであり、それが理解できなければ他人の命の大切さは到底、深慮し難いのではなかろうか。自らの生への執着とは、共にある乗組員へ生きるという目標を体現して示すことでもある。極限状態において船長が乗組員へ示すべき生の尊さである。

(ii)　乗組員に目標を示すこと

1946年（昭和21）、病院船氷川丸は外地に残された傷病者の内地輸送に従事していた。傷病者達の故国、日本が眺められるところまで来ると船内はざわめき立った。しかし重傷者の中には看護婦に抱きかかえられ、船窓より日本の島影を見る内に、そのまま崩れて息を引き取る者が出るようになった。船長は帰港後に重症患者へ外の景色を見せないよう、看護婦らに指示したという[78]。

外地の傷病者にとっては生きて故国の地を踏むことが何よりの願いであった。肉体的、精神的に疲弊しきった彼らが故国を目の前にした矢先、その願いがかなえられた達成感、あるいは安心感からか落命する現象であった。

医師アラン・ボンバールは、水や食料の枯渇よりも先に、洋上で支配する絶望という恐怖が命を奪うと説いている。

> 「船が沈む時、人々は世界が船とともに沈むと思い込む。足をささえる板がなくなるので、勇気と理性が同時にすっかり失われてしまう。このとき、救難ボートがやってきたとしても、それだけではもう救われない。ボートのなかでぐったりとなって、自分たちのみじめさを見つめているだけである。彼らはもはや生きていないのである。（中略）物理的ないし生理的条件それ自身が致命的となるずっと前に、多くの海難者は死んでしまうという事実を、ぼくはまもなく確認した」[79]

わが船乗り達が神籤に頼った例を裏付けるかのように、生きるという目的の喪失や絶望が時と場合、事象によっては肉体的、生理的な条件を超えて人に多大な刺激を与える示唆が読み取れる。

敢えてこうした例示を掲げたのは、船の上での目的の喪失が何をもたらすかを考える必要があるからである。

通常の船の運航において目的を見失うのは非常時であることが多い。非常時こそ迅速に具体的な目的とこれを達成する目標が示される必要がある。本船、人命の安全を確保する目的のために火災を沈下させる、浸水をくい止める、漂流を余儀なくされても救助を確信して生き延びるという、目標の指示である。この役目を担うのは第一に船長となる。洋上という孤立した場所的、一刻を争う時間的なひっ迫の中で船長を失う、船長という姿かたちはあってもそのリーダーシップを失うことは、乗組員の心の支えがなくなることに等しいとも言い得るのである。

大仰に表現すればそれまでの世界が変動し、予想だにしなかった局面に遭遇した船長自身、何を手にしてよいか即断できずに混乱し、俗にいうパニックに陥るかも知れないが、自身が人事不省に陥る等、職責を果たせない正当な事情や理由がなければ、自分の責任や使命を他の職員に引き継ぐことはできない。とすれば、自己の内面で直面する非常時の克服もまた船長に求められるところとなり、一定の経験があればそのキャリアにより、若ければ肉体的、精神的なレジリエンスのパワーが期待できるように思う。船長が生き残り、自ら新たな目的と目標を設定して乗組員に示す意義には、計り知れないものがあるのである。

これを忘却して合理的説明を欠き、他者を省みずにわれ先にと逃避する自分本位の「生」を選択すれば、船という共同体を率いる専門職にあるまじき行為に至ったとして、過酷な責任追及を覚悟すべきこととなる。

5.　船員を待つ人々

船員の職場が船にある限り、毎日の帰宅がかなえられることはない。現在は企業一般に単身赴任は珍しくなく、船員同様の境遇に置かれる労働者は少なくないが、陸の勤務であれば緊急の際にあっても、電車や航空機を乗り継げば即日の帰宅が可能である。そうはいかないのが船の上での船員稼業であり、船員の家族には一家のあるじの不在が数カ月の間、強いられることになる。

とある船員の妻の思いがある。

「いろいろと夫婦が別居をよぎなくされる職業はままあるだろうけれど、

海上生活…船板一枚下は地獄といわれる船乗り生活を続けている者（を待つ家族）には、日々が心配の連続なのだ。今日も海上は平安であろうか、無事に港に着いたであろうか、便りがなければ変わりがないだろうかと、遠く離れているだけに思慕の念は強い。そして無事な夫の顔を見た途端、張り詰めていた心もゆるんでつい甘え、わがままになる、留守中に溜まっていた愚痴の吐け口ともなり、夫にだけは心ゆくまでこの気持ちを理解して貰おうと努めたのだけれど」[80)]

一方で、船の上より家庭を思う船員の手紙から。

「（船内の）友たちと家に残した家族の話に華を咲かせては笑ったり、病気だと聞いてはなぐさめたり、何ら変化なき日々の明け暮れ、皆が皆、妻の面影を抱いて（船内）生活と闘っている。子供のオーバーを買ってやる父、生まれる子の無事を祈る夫、皆、家、妻、子に対する愛情がひしひしと現れている。これが海員の赤裸々な姿さ。それゆえ、空想、理想は大きくなるが、現実の苦しさも大いに味わっている。楽しみを待って苦しさに耐える。今度家に行くときは、おおいにその楽しみが待っているだろう。それまでは頑張るよ」[81)]

海にいる船員と陸で待つ家族とは離れ離れ、しかもそれが異国を挟む距離にまで拡大すると、両者を繋ぎ留めるのは、それぞれの心中に去来する想いしかないのかも知れない。現在とは異なりＥメールもLINE（ライン）もない時代の船乗り達とその家族の思いである。

以心伝心という言葉が、船員とその家族を無意識の内に結ぶ適切な表現と思える事例がある[82)]。

1969年1月5日、鉱石船、ぼりばあ丸は日本を目の前にした野島崎沖東南東270マイルの沖合を荒天の中、航行中に突如、船体が裂断、船長、機関長以下31名と共に海に没した。

本船の村上逸士機関長の妻、紀和子はその5日の当日、9歳の長女、4歳の二女と背負う2歳の長男と共に、宝塚の自宅から本船入港予定の川崎に向けて出発した。

紀和子は乗り換えの新大阪駅で待合室に入り、夫へと持参した荷物、子供達と共にベンチに腰掛ける。

「ふっと顔に霧がかかってくるような感じの不安が、そのとき彼女（紀和子）をとらえていた。妙に心細くなり、ベンチに腰かけているのがたまらないような孤独感だった。夫に会えるたのしい旅行のはずなのに、わけもなく気が滅入り、心ふさぐ想いに沈んでゆく。
「どうしたの、お母さん。気持ちがわるいの？」
　長女で小学校４年の葉子がそばから心配そうにのぞいた。ふだん、父親のいない家庭で、長女の自分は母のためにどんなことをしてあげたらよいか、そんな心遣いのできる子だった。
「ううん、なんでもないの。ちょっとくたびれただけよ」
と、紀和子は首をふってみせた。しばらく休んでいる間に気分もおさまり、どうしてさっきはあんな気持ちになったのかと、自分でもわけがわからなかった」[83)]

紀和子はこの後、最悪の知らせを受けることとなる。そして夫を含む犠牲者の遺族の先頭に立って、会社を相手とした賠償訴訟に身を投じていくのである。

夫のいない間、妻を中心に普段の生活の維持が求められるが、船員の家庭は妻方の両親との同居や、その近くでの居住の形を取る例が多い。何かと便利であるし夫も安心する。とはいえ夫の不在はやはり家族へ何らかの影響があるらしく、一人奮闘する母親の姿を見る女の子は概して、男の子より早熟な傾向も手伝いしっかり者に育つようである。

元水先人の赤尾陽彦船長が現役最後の航海中のパナマ、クリストバルにて妻より受け取った手紙である。

「アナタにお願いがあります。お船を降りても、私がお船に行った時のあの優しさを忘れないでネ。私もあの凛々しいアナタの立居振舞いを一生忘れないで胸の中に仕舞っておきます。最後の太平洋、身体にも十分気を付けて頑張って下さい。ご苦労様でした。ありがとうございました。本当に楽しい素晴らしい「船乗りの妻」を過ごさせていただきました。またこれからのふたりの一緒の人生宜しくお願い致します」[84)]

恋人に至っては、数カ月も会えずに赤い糸をつなぎ続けるのは難しいとの話がある。だからかは知れないが、船員の結婚は若くして恋仲の者がいれば早い内に、いなければ出会う機会に恵まれずに婚期が遅れる両極端のパターンがあるように感ずる。

昭和20年３月、小さな汽帆船、厚生丸は台湾からの便乗者を乗せ、東シナ海を日本へ向け航海していた。米軍の大型哨戒機の眼をくらませるために中国大陸沿いに、昼は島影に隠れ夜のみ動くという必死の航海であった。そんな中、妊娠していた25歳の女性が産気づくが、付き添いの家族はなし、産婆もいない。乗組員は困り果てるも、船長は衛生担当の乗組員に手術を命じ無事、女の子が生まれた。喜んだ船長は船名から一字を取り厚子と名付け、その夜はなけなしの赤飯を炊いて乗船する全員に振舞ったという[85)]。

生まれた子は母親の乗り合わせた船の上での取り上げと、船長による命名を待っていたのかも知れない。

船員を待つのは人ばかりではない。

松本信人船長の回想より。船の甲板手が犬をもらい受け、シロと名付けて船内で飼っていた。利口な犬で芸達者、いつも飼い主の後に付いて歩いていた。本船の室蘭出港時、シロはどういう訳か岸壁に置き去りにされたが、本船が次の航海で帰港して投錨すると最初の通船で帰ってきた。通船の乗り組みに聞けば本船が出帆した後、毎日、通船に乗っては本船を探し周っていたという。

シロはある日、川崎港で来船する小物販売の沖売りの娘にもらわれることとなった。ところが出帆時に本船が岸壁を離れるや否や、見送る沖売り娘の手綱を切って、徐々に速力を上げつつあった船に向かい走り抜け、岸壁の端より吠えたてた。その直後、もう置き去りはこりごりと思ったのか、何と岸壁から海へと飛び込み本船めがけ必死に泳ぎ始めたではないか。本船を嚮導していた水先人がこれに気付き、船長がことの次第を話すと再び船を岸壁へと向けてくれ、シロは無事、本船に救助されたという。

心優しい水先人の計らいに胸が熱くなったと、松本船長は結んでいる[86)]。

【注】

1）デヴィド・カービー、メルヤ-リーサ・ヒンカネン 著、玉木俊明 ほか訳『ヨーロッパの北の海—北海・バルト海の歴史』（刀水書房、2011年）346頁

2）吉田満『戦中派の死生観』（文藝春秋、2015年）312～313頁

3）矢嶋三策 編『小門和之助先生追悼録』（小門先生追悼論文集刊行会、1979年）41～43頁

4）西部徹一『日本の船員—労働と生活』（労働科学研究所、1961年）135～137頁

5）山岸寛『海運70年史』（山縣記念財団、2014年）92頁

6）川島裕『海流—最後の移民船『ぶらじる丸』の航跡』（海文堂出版、2005年）279頁

7）杉森久英・尾崎秀樹 対談「広瀬武夫—海に生きる詩人」尾崎秀樹 編『対談 海の人物

史』（ティビーエス・ブリタニカ、1979 年）所収、270 ～ 271 頁
8）高田里惠子『学歴・階級・軍隊―高学歴兵士たちの憂鬱な日常』（中央公論新社、2008 年）39 頁
9）吉田 前掲書（注 2）317 ～ 318 頁
10）坂本優一郎「旅客船」金澤周作 編『海のイギリス史―闘争と共生の世界史』（昭和堂、2013 年）所収、100 頁
11）カービー、ヒンカネン 前掲書（注 1）287 ～ 288 頁
12）ミシェル・モラ・デュ・ジュルダン 著、深沢克己 訳『ヨーロッパと海』（平凡社、1996 年）348 ～ 349 頁
13）ジュルダン 前掲書（注 12）169 頁
14）ジュルダン 前掲書（注 12）268 頁
15）笠井俊和『船乗りがつなぐ大西洋世界―英領植民地ボストンの船員と貿易の社会史』（晃洋書房、2017 年）175 頁
16）マーカス・レディカー 著、上野直子 訳『奴隷船の歴史』（みすず書房、2016 年）51 頁
17）笠井 前掲書（注 15）178 頁
18）バーナード・ベイリン 著、和田光弘・森丈夫 訳『アトランティック・ヒストリー』（名古屋大学出版会、2007 年）45 頁
19）レディカー 前掲書（注 17）212 頁
20）須川邦彦『海の信仰（上）』（海洋文化振興、1954 年）69 頁
21）矢嶋 前掲書（注 3）40 ～ 41 頁
22）ジュルダン 前掲書（注 12）126 ～ 127 頁
23）数土直紀『日本人の階層意識』（講談社、2010 年）73 頁
24）海員史話会『聞き書き 海上の人生―大正・昭和船員群像』（農山漁村文化協会、1990 年）254 頁
25）海員史話会 前掲書（注 24）276 頁
26）田村京子『北洋船団 女ドクター航海記』（集英社、1985 年）194 ～ 195 頁
27）山田廸生『船にみる日本人移民史―笠戸丸からクルーズ客船へ』（中央公論社、1998 年）164 頁
28）中尾英俊『日本社会と法』（日本評論社、1994 年）9 ～ 10 頁
29）ジャン・ルージェ 著、酒井傳六 訳『古代の船と航海』（法政大学出版局、2002 年）220 頁
30）須川 前掲書（注 20）166 頁
31）ルージェ 前掲書（注 29）223 頁
32）赤坂憲雄「海の彼方より訪れしものたち」日本ユング心理学会 編『海の彼方より訪れしものたち（ユング心理学研究 第 9 巻）』（創元社、2017 年）所収、21 頁
33）藤代幸一『聖ブランダン航海譚―中世のベストセラーを読む』（法政大学出版局、1999 年）71 頁
34）藤代 前掲書（注 33）102 頁
35）藤代 前掲書（注 33）178 頁
36）ジュルダン 前掲書（注 12）254 ～ 255 頁
37）阿河雄二郎「近世フランスの海民の信仰生活」金澤周作 編『海のイギリス史―闘争

と共生の世界史』（昭和堂、2013 年）所収、291 頁
38）カービー、ヒンカネン 前掲書（注 1）89 頁
39）金澤周作「海難—アキレスの腱」金澤周作 編『海のイギリス史—闘争と共生の世界史』（昭和堂、2013 年）所収、150 頁
40）小林茂文『ニッポン人異国漂流記』（小学館、2000 年）56 ～ 58 頁
41）石井謙治「漂流船覚え書」池田晧 編『日本庶民生活史料集成 第 5 巻 漂流』（三一書房、1968 年）所収、883 頁
42）渡辺加藤一『海難史話』（海文堂出版、1979 年）176 ～ 178 頁
43）藤井實「瀬戸内海及び日本太平洋岸での台風避難泊地に付いて」「創立 60 周年記念特別号 後輩に伝えたいこと」（日本船長協会、2010 年）所収、89 ～ 93 頁
44）中之薗郁夫『海のパイロット物語』（成山堂書店、2002 年）76 ～ 80 頁
45）霜山徳爾『人間の限界』（岩波書店、1975 年）176 ～ 177 頁
46）竹田盛和『やぶにらみ航海記』（講談社、1960 年）232 ～ 235 頁
47）山根達則「色々な事が起きても」「創立 60 周年記念特別号 後輩に伝えたいこと」（日本船長協会、2010 年）所収、86 頁
48）小島茂「熊野神社のお守り」「創立 60 周年記念特別号 後輩に伝えたいこと」（日本船長協会、2010 年）所収、126 ～ 127 頁
49）会田雄次『決断の条件』（新潮社、1975 年）189 頁
50）中川久『泣き笑い、航海術—ある巡視船船長の回想』（舵社、1994 年）70 頁
51）堀野良平『新・海のロマンス』（海文堂出版、1972 年）114 ～ 115 頁
52）西中務『1 万人の人生を見たベテラン弁護士が教える「運の良くなる生き方」』（東洋経済新報社、2017 年）20 頁
53）坂井優基『パイロットが空から学んだ 運と縁の法則』（インデックス・コミュニケーションズ、2008 年）9 ～ 10 頁
54）渡辺 前掲書（注 42）116 頁
55）竹野弘之『ドキュメント 豪華客船の悲劇』（海文堂出版、2008 年）7 ～ 31 頁
56）情報・システム研究機構新領域融合研究センター システムズ・レジリエンスプロジェクト『システムのレジリエンス—さまざまな擾乱からの回復力』（近代科学社、2016 年）60 頁
57）竹野 前掲書（注 55）86・92・100 ～ 101 頁
58）竹野 前掲書（注 55）259 頁
59）ウ・ソックン 著、古川綾子 訳『降りられない船—セウォル号沈没事故からみた韓国』（クオン、2014 年）44 頁
60）島崎敏樹『生きるとは何か』（岩波書店、1974 年）61 ～ 62 頁
61）大成丸史編集委員会 編著『練習帆船 大成丸史』（成山堂書店、1985 年）49 頁
62）日本海事広報協会 編『キャプテン 森勝衛—海のもっこす 70 年』（日本海事広報協会、1975 年）112 頁
63）日本海事広報協会 前掲書（注 62）126 頁
64）日本海事広報協会 前掲書（注 62）127 頁
65）佐藤快和『海と船と人の博物史百科』（原書房、2000 年）196 ～ 197 頁
66）加藤石雄『海ひと筋に—船と港とパイロットと』（日本海事広報協会、1966 年）259 頁

67）佐藤和正『艦長たちの太平洋戦争―34 人の艦長が語った勇者の条件』（光人社、2010 年）207 頁
68）長谷川伸『印度洋の常陸丸』（中央公論社、1980 年）49 頁
69）長谷川 前掲書（注 68）26 ～ 129 頁
70）モーリス・パンゲ 著、竹内信夫 訳『自死の日本史』（筑摩書房、1986 年）63 頁
71）加藤 前掲書（注 66）256 ～ 257 頁
72）日本郵船 編『日本郵船戦時船史 上巻』（日本郵船、1971 年）230 ～ 231 頁
73）小野正治郎『航跡―海に賭けたタンカー船長の半生』（新風舎、2005 年）67 ～ 72 頁
74）小野 前掲書（注 73）77 ～ 78 頁
75）伊東信『巨船沈没―ぼりばあ丸事件を追って』（晩聲社、1984 年）136 頁
76）伊東 前掲書（注 75）136 頁
77）パンゲ 前掲書（注 70）286 ～ 287 頁
78）伊藤玄二郎『氷川丸ものがたり（増補版）』（かまくら春秋社、2016 年）128 頁
79）A. ボンバール「実験漂流記」石原慎太郎 責任編集『現代の冒険 3 世界の海洋に挑む』（文藝春秋、1970 年）所収、187 ～ 188 頁
80）後藤日出路「ばらの花のケーキ」海上労働協会海上の友編集部 編『愛よ波を超えよ』（海上労働協会、1956 年）所収、169 ～ 170 頁
81）酒井富雄「写真撮るなら笑顔で頼む」海上労働協会海上の友編集部 前掲書（注 80）所収、35 頁
82）伊東 前掲書（注 75）40 ～ 41 頁
83）伊東 前掲書（注 75）40 ～ 41 頁
84）赤尾陽彦『蔵出し船長日誌』（文芸社、2015 年）160 ～ 161 頁
85）「甲板員宮崎一正の証言より」土井全二郎『撃沈された船員たちの記録―戦争の底辺で働いた輸送船の戦い』（光人社、2008 年）所収、181 ～ 182 頁
86）松本信人「友川丸の想い出」日本パイロット協会 編『思い出の船ぶね―海のパイロット達の回想』（成山堂書店、1987 年）172 ～ 173 頁

第５章　新たなる針路

世の中の流れに迎合するかのように、海運や船、船員を取り巻く環境は時々刻々と変化し続けている。そのような国際、国内社会において、現在及びこれからの船長、船員の取るべき新たなる針路について、幾つかのトピックを挙げて論じてみたい。

本章の骨格は、変わり行くものが多々ある中で、変わらず持ち続けるべきものもまたあるのではないかとした私の持論であり、改めて読者諸氏と共に考えたいと思う。

1.　船員から海技者へ

(1)　船員の陸上志向

明治以降に欧米を範として確立されたわが国の庶民教育の目的は、それまでの階層社会を崩して新たに均質一体化した国民を育成することにあった。富国強兵なる日本の立国を目指した国家政策は、もともと文化享受の基礎力となる識字率の高さの示すが如く、真面目で勤勉な国民に欧米先進国との比肩という明確な目標を指し示す。日本人が元来、ほぼ単一民族により構成され、生活様式や言語、社会習慣に地域的な懸隔のない同質に近い民族であったところに、明治政府の政策はその特質を更に強化、わが国をして近代国家への脱皮を促した。

民族の同質性とは人種や言語、文化の汎用度により表現されるものであろうが、職業一般への取組み姿勢や生活態度、思考のパターンによっても推し量られるべきと思う。仕事に携わる者の誰もがほぼ同じ務めを果たし、且つ繰り返すことに長けた日本人の資質が培われた理由として、よく引き合いに出されるのが、日本語の言語的な特質の項（第３章）で触れた農耕、稲作による影響である。田植えから刈り入れまで毎年、収穫の恩恵を受ける者らが総出で同じ作業を繰り返す農作業の様式が、家族はもちろん集落全体の参加を必要としたのであり、近代に入ってからは殖産興業、特に製造業においてその国民性が如何なく発揮されたという[1)]。

船の上での航海と荷役業務、船体の保守整備はほぼ一定のパターンの繰り返しであり、基本、試行錯誤を繰り返さなければならないような不測、複雑または変化に富む性質のものではない。繰り返される航海、荷役に係る当直業務を三航士から経験し、一航士へと昇格するに伴い守備範囲が広がり責任が加重されてゆく。ほぼ定型に近い業務を当直毎にシェアする意味からすれば、船乗り稼業は同質的な労働者に適した職業と表現できるかも知れない。

海、船という危険と隣り合わせの環境は船員に正確、確実な職務の遂行を求め、仕事に取り組むに際しての生真面目さや、滞りなくやり遂げるとした責任感を醸成させる。業務の失敗は取り返しのつかない損失を生んだり、傭船契約違反の他、果ては違法行為を問われたりする場合があるため、望まれる船員像は仕事一様に注意深く臨み、これを根気よくこなせる者となるのである。

対して曖昧な姿勢や中途半端な対応、仕事を適当に片付けようとする者、上辺だけを取り繕おうとする者の評価は低くなり、乗組員の不評を買って終いには排除されかねない。船乗りの仕事の提要は皆が定められた目標に向かい同一姿勢、同一歩調によりこれを達成することである。この基本を忘れずに取り組めば船の仕事は馴染みやすく、個々の船員の能力に起因した問題も起き難くなる。BRM はこのうちの航海業務の側面が強調されたものといえる。

こうした船員の世界を理解して順応すれば愛着を感ずるようになる。船員であった光村正二が述べている。

> 「私には、船員という職業が、地上の業務にたずさわる人々の仕事よりも、劣ったり不幸せな恵まれないものだとは思いませんでした。海上という環境に馴染まない人にとっては苦痛かもしれませんが。しかし、それはどんな職業においてもいえることであって、性格に合わない職業に就いている人は、不運な人です。たしかにわれわれ海上生活者には、市民的なものや、家庭的なものにだけは恵まれていませんが、そのほかの点においては、同等かそれ以上のものです。私は自分の得た運命―海上における生活ですが、これは私の性格に最適な職業に思え、私に与えられた運命のすばらしさに気を良くしていました」[2)]

光村は高度成長期、船員が船員としての人生を全うできる時代の船乗りであった。

1970年代までの船員のライフスタイルは海上勤務が中心であった。海運企業での在籍約35年の内、陸上勤務は1、2回、その期間も5年程度であった。80年代より合理化による乗組定員の削減や人件費の抑圧のために、船上の業務が陸に移管されるに連れ､船員の陸上勤務は顕著に増加して行く。そして90年代までに、船員が退職までにこなす海と陸との勤務比はほぼ拮抗するようになっていた。船員であって船員でない雇用の形態は、海事技術者という新たな呼称を生み出し現在の海技者に繋がったと、冨久尾義孝船長は述べている[3)]。

海が職場である船員は海のみでの仕事に満足するのだろうか。結論を先んずればノーであろう。船員に家族と共に過ごしたい、多くのサラリーマンと同様、通勤する仕事がしたい、様々な刺激のある陸で働きたいとする願望がある限り、陸への羨望はなくならない。

キャリアの点から見ると、陸の企業でも本社と支店、それぞれの勤務期間の長短が社員の上昇志向や仕事へのモチベーションに差を生むという。陸上の企業と同じく海運企業が陸に軸足を置く限り、社員である船員が陸での業務に一定の志向性を持っていて不思議ではない。私の船社経験からして海に留め置かれるのを心底、望む船員はほぼ皆無であるといってよい。海が良い、船が好きという気持ちに偽りはなくも、企業の中でのキャリアに対する志向性は異なるのである。

矢嶋三策船長は書いている。

「同じ船乗りでも全く海上勤務だけの生活をしてきた場合と、僅かでも陸上勤務を経験した場合とでは、その心理的傾向に大きな差異を生ずるものだということを痛感する。とくに若い時は陸上生活を経験していないと陸上は常に花園のように思えるものである。海上生活から出てくる欲求不満というものは、知的レベルがあがればあがる程、屈折して取扱いが難しくなるのかもしれない」[4)]

海で永らく務めたプロの心中には多かれ少なかれ、陸に対するコンプレックスが潜んでいる。どれ程に信頼厚く温厚で人格者と誉れ高い船長ですら、海上経験が長くなると陸の部署と様々にコミュニケーションを取る中、例えば電話での会話の間やＥメールのやり取りの間隙にその心情が見え隠れすることがある。

そしてその対象は陸員に対するより、むしろ陸上勤務の長い船員、陸の職場にある海技者に対して強く持つようである。陸員の世界には入れないが陸での海技者の仕事はすぐに取り仕切れる、しかし辞令が出ないし、陸に上がっても短期間に終わる等としたキャリアの差が、船員の職業意識に影を落とす。先の高田里恵子の唱える言説（第４章参照）がここでも裏付けられるのである。

(2)　実務に支えられる海技[5)]

(i)　海技の多様化

高度成長期と異なり、現在の海運企業による船員、海技者の陸での利用は、海上の余剰人員を陸の職域に求めた結果ではない。経営のための資源である船を維持する海技の必要性もさることながら、海上職一辺倒に終始する船員の消極的な活用は、彼らが熟練を極めても結局は限定された業務に据え置かれ、視野の狭いスペシャリストとしてしまう。こうした環境からの脱皮、いわばjobローテーションの実践には、海上経験や海技知識を基礎に持つ船員を様々な職種に転用したいとした、海運実務界に共通する認識と期待とがある。jobローテーションは海運企業にとり、持てる人的資源の中からの必要な人材の抽出とその育成を促す素地ともなっている。

従来の海技者の職務といえば、船体・機関の保守管理、航海や停泊中の安全維持のための支援、荷役指導、条約や関連法規の遵守、船員の採用と育成、配乗管理や福利厚生という、陸上からの船や船員の仕事のフォローという、船舶管理に係わる業務である。他にも船務のための技術開発、コンテナ等のターミナル管理、バース、専用船ターミナルにおける技術責任者（バースマスター）、荷役の監督業務等、船の仕事の延長線上にある業種への従事と、乗組員として船の上での業務を通じて蓄えたスキルがほぼ直接、求められる仕事であった。

現在は更に先述した定期、不定期船営業と、海運市況をにらんでの船舶の建造、調達、売船、新規事業の調査や立案を図る企画の他、船員業務とは直接のリンクのない総務や経理、果ては系列会社や関連する社外団体への出向から、海外勤務にまで及ぶ。

総じて海技は、船舶の運航というスペシャリストとしての技術的な職域から出て、およそ海運業全般の業務の他、新規の事業開拓も含めて多角的に求められるようになっている。日本人船員がその人生の大半を船乗りとして過ごすライフサイクルは、少なくとも国際海運の世界ではほぼ完全に昔日のものとなっている。

しかし海技はそれのみで万能な汎用性を示す技術でも能力でもない。海運企業の様々な部署で重用されるとしても、その個々の職場や職域で求められるオリジナルな付帯知識と融合して利用されなければ、海技者としての真価の発揮は難しい。

船舶管理業であればSOLAS、STCW、MARPOL、海上労働等、船の安全運航、船員の資格や待遇、海洋環境の保護に関係する国際条約の理解が必須である他、必要に応じて生ずる船の寄港国の国内法や港湾規則の調査が必要となる。営業であれば国際海上物品運送法、運送・傭船契約書の内容、企画であれば船舶金融、資金調達のためのファイナンスのノウハウ、船員人事では船員の労務管理や社会保障に関する知識、経理であれば税務に関する知識等と船の上では直接、扱うことのない業務知識を含む海運慣行、法令や規則に関する付帯知識である。

海技者が不定期船の営業職に配属となれば、傭船者と船主の権利義務を定めた傭船契約の内容の熟知は不可欠となる。一部内容の不理解や誤解は契約上、認められ難い権利の行使、いわゆる権利の濫用や義務の懈怠を生みオフハイヤーや、稀ではあるが船主による船舶の引き揚げ（傭船契約の解除）等、損害賠償の問題に発展する可能性がある。

船長、乗組員の法令遵守とて陸の支援なしでは成り立たない。わが国はSOLAS条約の批准国であり、その中にあるISMコードは自主規定として個々の海運企業が制定し、企業自らが運用するシステム（SMS）である。SMSには上記のIMO条約及び旗国国内法の関係法令が取り込まれ、これらを「企業、船、船長と乗組員の法」として捉え直すことにより、船の遵法的な運用と管理とに繋げている。海技者はSMSを理解して陸上から本船を指導する（具体的にはSMM（Safety Management Manual）の改定充実と利用の指導）のと共に、規則の内容を条約や国内法の立法、改正に準じて最新の状態に維持する役目を担っている。

陸での業務は船の上と比べてマネージメントの色合いがより濃くなる。陸の部署での船長に求められる管理能力はより広く、例えば法的な思考法や経営感覚が求められる。国際海運の共通語である英語を取ってみても、船で使う以上に高度なレベル、ネイティブとのビジネスに関する会話はもちろん、難解な契約書類の読み込みに不自由のないことが求められる。

こうした陸上での経験は海上職に復帰した際に大きく寄与する。不定期船の船長は船主はもとより荷主、傭船者の意向に留意して本船運航を果たさなければならない。当然ながら傭船契約、運送契約に関する基礎知識と内容の理解とがあってこそ、彼らとの意思疎通が可能となる。言うなれば船員独自の仕事は海運事業の一面に留まるのであり、業務の奥行を深めるのに陸上勤務の経験程、役立つものはない。船長は種々の陸上勤務を通じ、海運に携わる企業人としてスキルの多面化、立体化が図れるのである。

(ii) 海技者の明暗

こう見てくると、海技は純粋に船舶運航に限定されない、海陸の別なく海運業に必要な付帯知識をも併せて考慮しなければならない技術に昇華している、と表現できるのではあるまいか。海技は最早、海上でのみ用いられる純粋にテクニカルな技術ではなくなっているのである。実務経験に支えられ付帯知識と相俟って多様化、複雑化した海技には尚更、その臨機応変且つ高度な実践が求められることとなる。

こうした一連の業務を俯瞰して見ると、何よりも海技者の強みは海上での実務経験であることが理解できる。海運企業のどのような職種であれ、通常業務から懸案問題に至るまで船や乗組員が関わる案件に対して、海技者は自身の海上経験より、実際の現場の状況を具体的に思い浮かべながら処理することができる。陸員が船を思い浮かべるのは二次元の世界の中、例えば船の一般配置図といわれる平面のレベルであるのに対して、船員は経験上、三次元と立体的な視点から判断できるとは、とある陸員の言葉であった。

海上で何事かが起こり陸にある海技者が対処しようとしても、得られるのは文字化した情報や細切れ、断片的な画像情報の類に過ぎない場合がある。しかしそうであっても、船橋から望見する他船の航行状態から荷役の進み具合、船橋、機関室、船倉や居住区の隅々にまでイメージを働かせて迅速、的確に対処できるのが海技者なのである。

しかし問題がないでもない。

ⓐ 技術者の持つ姿勢

船の上は上下に秩序立った世界でなければならないと船長以下、乗組員による普遍的な理解がある。海の上の孤立社会故に、その良好な環境は構成員である乗組員自らが構築しなければならないと、既に幾度となく指摘してきた。

教条主義的な教育もさることながら、自分達で立ち上げた秩序の中での生活は船員を保守的な考え方に染めやすい。原状に問題はなくも新しい環境を作り出そうという創造性の欠如、例えばキャビンの花瓶の置き場所を変えてみよう、机の本棚の本を入れ替えてみようとした、ささやかな遊び心さえも芽生え難くなる者がいておかしくはない。

一般に誠実な者は秩序を好み、真面目で責任感が強く信頼がおける一方、創造的ではなく新規なこと、ものを生み出すことは苦手とされる。生真面目で評価の高い船員程、海の上で徹してきた硬直的な姿勢をそのままにして陸で多様な職域に就く時、果たして期待される通りの柔軟な仕事ができるかとした、一抹の危惧が生まれるのである。

幸いに時実利彦は言う。

「創造の精神にまつわることばに、ひらめきとかインスピレーションというのがある。神の啓示ではなく、（脳の）前頭連合野の創造の泉の思わぬ噴出にほかならない。詰めこみ主義の教育やタテ社会の人間関係や精神的公害は、創造の精神の発動を阻害しているが、それによって永久に前頭連合野の働きがなくなるということはない。前頭連合野には、汲めどもつきぬ働きが備わっているから、環境条件を改善し、前頭連合野に間を与えて、その働きを誘発してやれば、創造の精神はこんこんとわきでてくるはずだ」[6]

ⓑ　適材の選択とその適所な配置

海技者が陸で就く職域に比べて船の職場は狭い。航海士の仕事は大きく航海と荷役、及びこれに付随した当直中心の定型的な船務に支配される。こうした船員業務に即したマネージメントには本人の能力、長短所や資質を考慮して適材適所に配乗する術も感覚もなければ、そうすべきと熟慮する余裕すら生まれ難い。船員をその就く職位と必要な技術を中心として、熟練の度合いや仕事への取り組みで評価する傾向は、国際海運において大層を占める期間雇用船員を扱う人事管理の宿命ともいえる。

船員を海技者として陸の職場にあてがうにせよ、上記の評価に従うと技術の面ばかりに目がゆき、個々人の持つ素質への目配りのないままに配属してしまうおそれがある。仕事にマッチする人柄は様々であり、海技者本来の仕事から与えられた命題を根気よくこなせる者、同僚を思いやる厚生的な仕事に向く者、様々な人達と渡り合い実績を伸ばす営業向きの者、あるいは新しい分野に興味を持ち、併せて発想に富む企画や新規事業の開拓に向く者等、挙げれば切りがない。

別の視点より見れば、船員稼業は個人の持つ性格や能力を生かせる、オーダーメイド的な仕事であるとは言い難い反面、多様な可能性を秘めた者を包括できる柔軟さがあるということでもあろう。一口に海技者とはいっても、本人に潜在する能力が未だ活用に至らない未知数の者は少なくない。従って彼らを陸で使うに際し、人事は船員個々の資質や能力に応じた適材適所の配置を念頭に、普段からの人事評価に生かすべきと思う。

ⓒ　海陸にまたがる職域変動への順応

海技者が海と陸とを行き来する職場環境の変化に、柔軟に付いていけるかの問題がある。

陸上勤務のスパンが長い船員の中には、海上勤務を難儀に感ずるようになる者が少なくない。海上よりも陸上の仕事の方に興味を持ち、やり甲斐を感ずるようになる他、子息の就学や家族が何らかの問題を抱える等すれば、海上復帰には中々に及び腰となるのであり、むしろそのような海技者は多いのではないかと思う。だから水先人になるための船長としての履歴付けは、海技者にとり海、船へと誘う良い意味での呼び水となるのだろう。

まずは、船員は海陸の双方にチャレンジ精神を忘れず、学び続ける意欲を失わないことが重要となろうが、私は正直、海陸共用の多様な道を船員のほぼ全てに求めるのは酷ではないかと思う。言うならば若くて有為、利発で意欲、パワーのある船員が海技者とその応用の仕事によくマッチングするのだろうが、船員、皆が同様であるとは限らない。適材適所を考慮して先の個人的な能力や資質を見極めつつ、当人の希望を勘案しながら長期的、且つ多様な人事計画に織り込んでいく必要があろう。

船員の陸で働く時間が長くなり job ローテーションが進む現在、上記種々の懸案事項は解消に向かいつつあるのかも知れないが、企業のためにも本人のためにも、良き人事計画が図られるべきである。

2.　船員の出自の多様化

(1)　船乗りへの憧れ

人は海へのイメージをどのようにして持つようになるのだろうか。

子供の時分に読む小説、物語、視聴する映画の舞台は海であるものが少なくない。特に男の子であれば海を題材とした冒険や航海記、海洋生物の生態記を一度は手にしたに違いない。子供心に思い浮かべる海、船、船乗り像は、未だ何も知らないだけに束縛を受けることなく、自由にたくましく描かれる。また海辺で遊んだり海水浴を楽しんだり、遊覧船やフェリーに乗ったりした思い出は船、船乗りに親しみを覚えるきっかけとなるかも知れない。

私の実家からは遥かに浦賀水道が望見できる。子供の頃、「大きな船だ。どこの国に行くのかなあ」と言う祖父共々、中で誰が何をしているのか皆目、判らないながらに、外洋へと舳先を向けた大型船を眺めたものである。

船長の一般的なイメージとはその道のスペシャリスト、海の男（女性もいるが）、ロマンチスト、威厳ある存在、権威高く居丈高い者、誠実な遵法者、孤高あるいは独善、偏屈、飲んだくれ、女たらしの他、アウトローのイメージまでもがつきまとうのだろうか。ここまでくれば海賊との区別すらつかなくなる。

理想や憧れに留まらず硬派軟弱、好感と嫌悪感、善の象徴あるいは悪の権化と、一般の人々より両極端に見られがちな船長という職業人に対する心象は、船長のよって立つ船の進む海が陸とは異なる、逃げ場のない危険領域であるとした先入観の故からではなかろうか。一般人にとり海はまだまだ未知の世界であり、陸では何事にも誠実で真摯に励めば良い人生が送れると観念できても、海の上ではそう単純な、生半可な生き方は通用しないとした心象がその背景にあるのかも知れない。未だに船長に対して過酷な環境故に許される強大な権限を持つ、あたかも王者の如く君臨する前時代的なイメージを持つ者もいよう。

昭和の高度成長期にかかるまでの船員の第一の魅力とは、その高給にあった。家族と離れて孤独を強いられ、気の合わない者とでも何とか我慢してやっていけるのは、陸の同じ世代の給与を凌ぐまとまった金が入る、更には仕事に乗じてただで外国に行けるとするのが当時、船員を志望する者の一般的な感覚であった。

何故、船員になりたいかを現在の海洋大学の学生に尋ねることがある。彼らの多くが一様に返す答えは順に、海や船が好きだから、日本を支える仕事だから、休暇が長いから、給与が良いからと続く。志望のきっかけは子供の時分の憧れから始まり、以前に乗った船の船員さんが格好良かったから、大学での練習船実習でこの仕事に就こうと決意した等、至って純粋なものである。ちなみに彼らが目指すのは海運企業の社員としての船員である。

親からあふれる程の愛情を受け、大方が経済的に何不自由のない時代に育った現代の若者の多くは、自分に生き甲斐を与えてくれる仕事、働いて悔いのない仕事に就きたいと願う傾向にある。いわゆる自己の人生の実現に対する欲求が強い。休暇が長い、給料が良いとした実利的な理由もさることながら、それら以上に海、船が好き、国民の生活を支えるやり甲斐のある仕事だからとした動機にはボルテージが感じられる。彼らの志望動機には未だ実務を知らない故のあどけなさや曖昧さ、空虚さはあるが、本心からの意志の表明とも受け取れ、中には親の反対を押し切って入学してきたという者も見られるのであり、彼らの本気度はそれなりに高いといえよう。

今時はインターネットを通じて、仕事に関する様々な情報に接することができる。船員稼業についても船橋や機関室にいて船を動かす、どのような船がどのような貨物を積むのか等、他の職業と同様に誰もがそこそこの知識を得られるようになったが、言わずもがな、実務に就かない限りその仕事の持つ辛さや喜び、やりがいを肌で感じることは難しい。

長山靖生は若者の職業志向について、

> 「われわれはまずそのイメージを、社会的重要性（社会的評価）、収入、忙しさなどといった条件のカテゴリーに当てはめて判断する。しかもそれは、実際にその職業に関する正確な情報を比較検討したものではなく、われわれの頭の中にあらかじめ形成されている情報にしたがっての、ステレオタイプ化した判断であって、実は自分で判断しているというよりも、その人が属している社会なり家庭なり時代なりの環境に由来する「外的規定」の拘束下での、カテゴラリーをなぞるだけの自動処理に過ぎない」[7)]

と評している。

インターンシップにより志望職種の内容の一端を疑似体験できる時代になったとはいえ、銀行員や技師等、具体的な仕事の価値や目的がイメージし難い職種を志望する学生の動機は尚、このような「自動処理」の影響が大ではなかろうか。船員に対する学生の志望動機の中の休暇や給与に関するものも、ここにいう条件のカテゴリーの中にあるが、海や船が好きという稚拙とはいえ素直な船員志望の動機の多くは、仕事の様子を知る以前の無垢な心に宿ったものであろう。

船乗り稼業は心底、愛想を尽いたり興味がなくなったりしたら続けられる仕事ではない。家族と離れて過ごす、狭い船で限られた面子と長期間、過ごす職場は、がまんして堪えるだけではすまされないからである。だから若い頃の気持ちはいつまでも、かけらでも残っていることが重要なのである。そしてこれを繋ぎ留めるのが先達、先輩達の示す姿である。

村上人声船長の回想録から。

「私共の大先輩といわれた有名な方々は、それぞれの職務によって色彩は各々異なってはいたけれども、職務に対する不抜の信念と、日常生活における巧まぬユーモアや含蓄ある個性とで、それぞれ日々の海上生活を楽しんでおられたものである。その方達と同船して、働いているだけで、理由なくただ愉快で、誇らしくて、「自分もこうした偉大な船員になりたい、自分もきっとなれるんだ」という、一つの心強い希望を覚えさせてくれたものだった」[8)]

もっとも現在の船員は海技者として、海上よりも陸上での勤務期間が相対的に長くなっているから、彼らから船員を職業とする者の純粋な感慨を抽出するのは難しいかも知れないが。

(2)　船をどう意識するか

(i)　ロマンから現実へ

世の人々の誰もが日記を書いているのではないから、職業人の殆どが自身の仕事を書き記して残そうとしないのも不思議ではない。船員の多くも同様であるが、仕事の内容、実務経験が世の人達にとりあまり見聞することのない、珍しいものであるのなら、海や船を題材とした手記を書く価値はあろうというものであり、実際に少ないながらも彼らの手による航海記や体験記が著されている。

それらの内容にほぼ共通して言及できるのは、若い頃、彼らが抱いていたであろう海や船に対する憧憬について、殆ど触れられていないことである。一連の手記の中に海、自然に対する賛美や畏怖、イルカや鯨等といった、海洋生物の息吹に感嘆するかのような描写を見出すのは難しい。ロレンス・ヴァン・デル・ポストが『船長のオディッセー』の中に描いた海洋や自然の風景、例えば陸では見られない昼夜の移り変わり、海域や気象海象により七変化する海の表情を表現するたとえ程に卓越した描写を、自らの職業経験に織り交ぜて書く船長、船員はほぼいない。感傷的な記述をするのは船乗りではあっても船医くらいなものかも知れない。

何故、船員は心を打つかのような海の描写に努めないのだろうか。

技術を手にする者には現実的な人間が多い。実力以上の虚栄や見えを張るのを恥ずかしく思うのと同時に嫌うのである。実職に就いて歳を取れば現実的になるし、実際に船員となるとそれまで抱いていた夢や憧れが薄れてくる。学生の内は自分の人生を実りあるものにするための仕事、生き甲斐が感じられる仕事として船員の道を選択しても、習熟するにつれ仕事に対する意識に変化が表れる。

若かりし頃は海に憧れ船に愛着を抱いていたが、船員となって奔走する内、そのような純粋な感情を知らずの内に自意識の中に仕舞い込み、語らずと知れたこと、今更、書き記すはおろか口に出すのも気恥ずかしくなってしまった、あるいは海や船、仕事の厳しい側面を見てしまったがために、ロマンにのぼせるような気分には浸れない故であるからだろうか。だから若い船員の言動や造作にはこの若造がと舌打ちする反面、彼らの先にある洋々たる人生に羨ましさを感じたりするのである。

船乗り稼業は海を見ていれば済む仕事ではない。海や船とは糧を得るために働く場、家族を養う生活の前提であると、船員として守るのは船であり、一個人として守るのは陸に待つ家族であると自覚するようになる。ロマン地味た気持ちが勤務評定や、これにリンクする昇給昇格のためにと変質していく。

その証か、船員の航海記や手記の中の頁を占めるのは赤裸々な人間模様である。船長、乗組員、港で出会った人々との交わり。閉ざされた船の世界で頼りになるのは人であり、恐ろしいのもまた人であるかのようである。

若い頃には船に乗りたい、海に出たいとあれ程、思ったのに、今では家族と共に陸で暮らせるのを心待ちにするようになったと、少なくない熟練船員は口にする。キャリアを積む内に経験は肥えても気力や体力は落ちてくる。とはいえ船長は三航士に戻れない。だから夢かなわずに海運企業に就職できなかった学生には、船員になればなったで船を敬遠する時期がやってくる、それを思うと憧れが強い者程、船員にならない方がよいのかも知れないと諭すことがある。

(ii)　出自の変化

船員の出自は近年、変化を見ている。それまで国際海運企業に船員として採用される者は商船系教育機関（乗船実習履歴と口述試験での合格（筆記試験免除）により三級海技士免状の取得が可）を出たものと相場が決まっていたが、最近は大手の海運企業において一般の大学卒、大学院卒が海上職員候補として採用されている。

彼らの専攻は工学、理学といった理系から経済経営、法学、人文、語学等の文系まで境なく、同じ一般大卒である陸員の出自をも包括したソースの中から選抜される。しかも単なる頭でっかちではなしに体育会活動でのタイトルを持つ等、旧商船大学の学生を彷彿とさせるかのようなタイプが選ばれているとも聞く。航空会社が久しく、一般大卒をパイロット候補生として採用している制度を思い浮かべれば理解が早い。

もともと学生数自体が限られた商船系教育機関出身者からの採用が、せいぜい数倍程度であるのに対して、専攻を不問とした一般大卒、院卒の倍率は優に数十倍を超える。これをくぐり抜けて来た彼らの多くは優秀と評される者達である。その採用と教育は商船系教育機関に続く三級海技士免状の新たな取得コースとして、新三級制度と称される。入社後に乗船履歴を付け、海技大学校における資格取得のための座学を経て国家試験を受験、海技免状を得るとした、いわば海運企業の自社養成による船員である。

企業によるこうした採用ソースの拡大は、社員に多様性を求める証とされる。変化の目まぐるしい現代社会を生き抜くためには、多様な見方や考え方を持つ人材が必要と判断する企業行動の表れともいわれている。

同様の採用の試みは民間企業に限られない。今や自衛隊も正規の教育機関出身者に加えた、一般大卒の幹部候補生の採用に力を入れているようである。

自社養成船員として採用された彼らは何故、船員を目指したのだろうか。

私が海技大学校勤務の際、当時、在校していた彼らより直接、聞いたところによれば、幼い頃や物心ついた時から海や船に憧れていたという、商船系教育機関の学生達が示す理由は影を潜め、船員という仕事が珍しくおもしろそうだったからとした、ひらめきにも似た感覚から始まり、大学、大学院の先輩達が就いている職種に魅力を感じなかった、クラブやサークルが海に関するものだった、企業の募集要項を見たり就職説明会に参加したりして興味を持ったから等、どちらかといえばにわか作りの志望動機が多かった。応募者数とその平均的なレベルが景気の影響を受けるとした見方も、そうした動機を裏付けているように思う。

彼らの動機は実際に船員となり船務に就いた後、どのように変わるのか。船に乗り海に出たら何もなし、合わせる顔はいつも同じと幻滅し思慮に足りなかった、軽率だったと後悔する者はいないのだろうか。とはいえ、かつてと比べて今時の船員の船に乗る機会は長くはなく、船員という身分での採用でもゆくゆくは陸で働く海技者となる。また仕事は何にせよ機転、要領の良さと人付き合いでこなすものだと観念すれば、入社時の動機を重視するには及ばないのかも知れない。

船や船員という仕事を深く考えもせず、曖昧なイメージと就職活動の勢いでこの世界に飛び込んだにせよ、与えられた職務に就いてしっかり働いてくれさえすれば、企業が彼らの出自にこだわる理屈はなくなる。幼少の頃から海に魅せられ船に乗りたいと思い、その志を乗船実習等により更に育んだ商船系教育機関の学生であっても、実際に船に乗れば仕事と割り切るようになり、また嫌気がさして転職する者がいるのであるし。

(iii) 船員のアイデンティティ

しかし海、船に抱く愛着こそがまずは船員、海技者を目指す者の原点にありうべきものと思われる。彼らのアイデンティティは常にこの意識を原点として、たとえ現実的な感覚に取って替えられたとしても心中のどこかにあってぶれずに、海運企業と海運それ自体に貢献する地位を占めなければならないように思う。入社の動機は何にせよ船員、海技者となればそれらにふさわしいアイデンティティを持たなければならないと思うのである。

大卒、院卒の優劣の目安の一つは彼らの大学の偏差値である。偏差値の高い大学の出は概して優秀であり、社会人としての成長の度合いにも一定の評価があるという。要領の良い勉強により身に付いた習性は、仕事にも十二分に生かせるのだろうが、幾つか危惧する点もある。

第一に、船は俗にいう現場である。空調の効く眺望の良い高層ビルでネクタイを締め、パソコンを叩いていれば済む場所に同じではない。船橋は航海機器に悪影響のある外気による湿気や極度の高低温を遮断した、オフィスビル同様の快適な空間だが、航海士の仕事はここで完結しない。荷役の扱いや機器のメンテナンスでは外国人船員を使いながら汗まみれになり、貨物の残渣や油にまみれることを厭わず業務に励む必要があるし、一航士は甲板部の主管者として、酷暑、極寒他の天候にさらされる甲板上で自ら率先垂範する必要がある。つまり頭だけで勝負できる世界ではないということである。

第二に、仕事に抱く充実感はその者の心構えと対応とで大きく変わる。同じ内容の仕事をするにあたり与えられる、命じられるままにこなす、指示に従うのが基本でも大枠として自分で目標を立てて努力をする方が、取り組み方の良しあしはあれ達成感が得られるように思う。持ち前の機転の速さ、要領の良さをフルに活用して与えられた仕事を無難にこなすより、少し武骨なところがあるにせよ、試行錯誤しつつ自ら立てた目標に向けて着実に歩むのとでは、仕事から得られるやりがいは異なり、得るモチベーションに違いが顕われ、長い目で見た成長も異なるのではなかろうか。

これらの点を支えるのが、海や船に対する思い入れではないかと思う。

そうすると、単純な偏差値偏重は画一的なステレオタイプな見方にしか過ぎないように思われるのである。最後は人間性であり、その者が人として学んだ価値を組織、社会の中でどう生かすかにかかっているように思う。

海上自衛隊の高嶋博視は、

「学生時代の偏差値が高いこと、あるいは知能指数が高いこと、イコールいい仕事をする、立派な業績を残せることにはつながらない、ということだけは間違いがない。平均値としては、高偏差値＝出世の構図は当たっているだろう。しかし、人間それだけではない。人間が生きて行く力は、必ずしも偏差値に比例しないということだ。人間が生きて行くとき、仕事をするときに、最も必要とされる要素は「知恵」だからである。「知識」だけでは食えないということだ」[9)]

という。至言であると思う。

いわゆる学校秀才の敷いてきた一般的な軌道、例えば、知力体力に秀でたかつての陸海軍エリートが指導した無謀な戦争、1,000兆円を越える負債を積み上げ続ける国家官僚達を見れば、勉強での秀才、偏差値による評価に将来を託し切るのは危険に過ぎはしないかと思えてしまう。陸海軍エリートの失態は軍人教育が誤っていたから、国の借金は政治家がしっかりしていさえすればこれ程までにはと一見、穏当な弁明がまかり通っているかのようだが、誤解をおそれずに書けば、自らの責任を自覚せず、自覚してもこれを認めない体質が学校秀才といわれる人間達の一部にはあるのではないか。

大きな、重要な仕事をする地位にあればある程、その責任は大きく、いちいち責めを負っていたら切りがないし、責任を負う潔さが却ってそれに従事する者や仕事自体をつぶしてしまうと考えられないでもない。

ただ上記の諸例からは見逃せない教訓が汲み取れる。優秀な者を集めた集団が必ずしも良い仕事をするとは限らないとした教えである。優秀な人材を役立てるためには、それを役立てるための教育と、彼らを集団の中で如何に使うかの吟味が重要だということである。

私の論に誤りがなければ、一般大卒を採用し期待する海運企業は、彼らを単なる学校秀才に終わらせないための育成方法を考える必要があることとなろう。出自が多様ならそれに合わせて海技者の教育も変えなくてはならない。彼らに旧商船大学の寮生の面影があるとしたら、別のルートとはいえ教条的な教育を受けた負の部分を宿しているかも知れない。

理系、文系の垣根を超えたキャリアを、これまでの商船系教育機関出身者と同様にほぼ一律の道を歩ませるに留まらず、例えば商船系出身者共々、理系出身者には経営、経理や法律というゼネラリストの素養を、文系の出には気象や船体力学といったスペシャリストの知識を授ける等して、経営層に入っても引け目を取らない、海技者としての汎用性を養うべきだろう。多様な出自を持つ海技士の育成、活用方法をその多様性に準ずれば、海運企業の技術部門は大きく変貌するに違いない。

ここには少子化により日本人大学生、院生のソースがしぼんでゆくという、将来展望も視野に入れた検討が必要であろう。

海技者自身、会社の中だけでの成長にこだわる必要はない。社内教育に飽き足らなければ陸上勤務の間、自ら外部の教育を受けに出る手がある。都市部では夜間の大学院、専門学校に通い箔を付けることもできるが、言うは易し行うのは難しでもある。仕事をしながらの勉強は決して楽ではないし、外部で学ぶには費用もかかるから家族の理解が必要となる。何を学ぼうにも純粋な学生に戻れない社会人、企業人にあるべき向学心とその実践という、仕事と勉学との間にバランス感覚を持つことが不可欠となろう。

自分で自分のキャリアを磨くとはそういうことではないだろうか。

3.　女性船長[10)]

(1)　女性船員採用に対するバイアス

船の上で働く女性の仕事は永らく、クルーズシップ（客船）やフェリーにおける旅客サービスと相場が決まっていたが、近年では船舶の運航に直接、携わる女性船員が話題に上がるようになっている。わが国の内航海運では女性の船長が誕生してしばらく経つし、五大水先区（東京湾、伊勢三河湾、大阪湾、内海、関門）には女性の水先人が参入し始めている。

商船系教育機関で初めて女子学生を受け入れたのは旧東京商船大学である。1980年、その一期生が入学を果たした後、これに旧神戸商船大学が続き、現在では商船系教育機関の全てが男女共学の下にある。既に一般社会でも女性の就労を促す法制度が整えられているこの時代、商船系の就学機関より輩出された女性船員は、堂々と日本人船員の一翼を担っているに違いないと思いきや、未だ数える程にしか過ぎないのが実際のところである。特に国際海運に就業する女性船員には殆どお目にかかれないといってよい。

船の運航における合理化、ハイテク化の目覚ましい進捗とは裏腹に、海運企業一般は未だに女性船員の雇用に難色を示すところが少なくない。2015年の時点で、ある大手海運企業の船員に占める女性は、雇用する日本人船員全体の僅か2%に留まるとした報告がある[11)]。法制度上、女性の採用は拒めないものの、男女の応募者を分け隔てなく慎重に吟味する結果として男性優位となっている現実を再考し、海運業界全体での積極的な女性船員の採用が図られなければならない。

女性船員の採用難の主たる要因は、女性を採用しても結婚や出産等、人生の転機を契機とした彼女達の退職を企業が危惧する点にある。女性を主体とする特定の業種を除けば男性偏重、よって女性の就職活動に強いられる高いハードルは、わが国の企業一般に見られる傾向といわれる[12)]が、海運企業には更に業界特有の問題が付帯する。

男女に限らず、育成途上にある若年船員の退職は、教育に係る先行投資の回収が絶たれる問題もさることながら、退職者の欠員を補充しようにももともと海運企業全般に採用数が限定され、総数自体が希少な船員の企業外調達、いわゆる中途採用もまた望み薄である。

そうであれば、退職がもたらす船員の長期的な人事計画への影響は避け難く、特に例年の採用数が数名程度という中堅以下の海運企業程、その煽りを強く受けるために慎重とならざるを得ない。早晩、ドロップアウトの可能性ありと見込まれる人材の採用には、企業の規模的な見地より消極的とならざるを得ない訳である。このような業界の採用傾向が改善されなければ、船乗りの社会は自ずと男性中心のままに据え置かれることとなる。

船員社会が男性中心のままにある証左の一つに、船の上での仕事の伝え方がある。外国人船員との混乗が進んだ船内では業務内容の多くが日英文、あるいは英文によりマニュアル化され、乗組員は直接、上位職や同僚の教えを請わずに、単独での習得や確認ができるよう形式知化されている。その一方で、先輩の仕事を視覚や感覚を頼りに自分のものとしなければならない暗黙知の領域も依然、海技伝承の多くの部分を占めている。

例えば、タンカーの荷役におけるポンプやバルブの取り扱いという、細かい技は幾多にも及ぶためにマニュアル化できず、形式知化の対象とはなり難い[13)]。機器の故障や船内外のトラブルでの緊急、可及的に求められる対処では、時間的、場所的制約により先輩が後輩へ懇切丁寧に説明、指導すること自体に無理を生む。また年配の船員の中には仕事は寡黙の内に、口は夜の宴で開くという昔かたぎの者がおり、同乗する若い乗組員は昼も夜も付き合わされる破目に陥ることがある。

こうした中での若年船員の教育とは、平たくいえば「連れ回し」、「叱って褒めて」、「背中を見せて教える」[14)] という徒弟を扱う親方がするが如くの手法であるが、船のみならず後々の陸上勤務を含め、日本人船員の間では場所や業務を越えて、維持継続されていると言っても過言ではない。

かくの如き性格を宿した職場に異性が入り込む余地があるのかといえば、参入してきた女性は特別視され腫物に触るかのような応対を受け、終いには疎まれ敬遠されるようになるかも知れない。男性乗組員が必要以上に気を遣う、窮屈だとした感慨の他、昨今、世間を騒がせている職場でのパワハラ、セクハラへの警戒感が陰を落としていることも付け加えるべきだろう。僅かな女性よりも、多数派の男性の方が委縮してしまうのではないかとした危惧である。

また海賊が跋扈する危険海域に女性船員を同道して赴けるのか、もし賊に乗り込まれたら誰が彼女を守るのか、また守り切れるのかとした、現実味に程遠いとはいえ、真剣に考えてしまうのが男性船員なのである。

正にこのような職場環境が男性優位の内にありと表現できるのである。

船という職場の特色の一つが、よくいわれる離家庭性である。海の上にいる限り、陸にある自宅への毎日の帰宅がかなえられることはない。数カ月の短期の単身赴任にも似た船員稼業は、家庭を持つ女性船員のワーク・ライフ・バランスの維持に困難をもたらすといわれる。船員である母親は本来、いるべき家庭での不在を余儀なくされ、特に小学校就学までの子息のしつけや教育において支障を生むだろうとした思いは、中々に払拭できない。

こうした問題の指摘の背景には、船員社会に未だ性別による役割分業の思想が生き続けている現実がある。妻は船員である夫が海上にある間、家事にせよ子育てにせよ家庭を確り守るのがその役目であり、長きに渡る船乗り稼業の成就は何よりも故国に残す妻子が日々、何事もなく過ごしてこそ果たされるとした、船乗りの家庭に当然にあるべきとされる男女の棲み分けが看取できる。

妻が家庭を守らないで誰が守るのか、女性は家内の字の如く家にあるものとした時代錯誤の感覚であるが、そこには家事、出産、子育てにこそ女性の幸せありとした、船員の持つ伴侶への思いがあることも見逃せず、私自身にもこうした認識がないとはいえない。極、稀とはいえ女性の海での落命を聞くと、男性よりも遥かに悲惨なイメージを思い浮かべ、いたたまれなくなるのである。

このようなステレオタイプの言説が、海上労働への女性の参入に間接的な障害となっていることは否めない。しかしこの時代、男は外、女は内とした旧弊がまかり通るはずはないのである。女性も自らの人生を価値あるもの、生き甲斐を感じ得るものにする権利はあるのだし、それを船員という職業に投影することについて異論を差し挟む余地すらもない。

(2)　女性の能力の活用

(i)　性差の克服

ヒューマンファクター研究が示すように、人の脳に関する科学が進む現在、脳の関わりによって現出する性差について、様々な研究成果が報告されている。その一つ、性差に基づく認知機能に関した知見がある。特定の仕事が男性向きといわれるのは、男性の持つ認知と比べて女性のそれは劣るとした見方によるが、決定的な差異があるとした知見は未聞であるし、差異があったとしても確定的、固定的なものはないという。

性の優位性から職業を見ると、例えば航空管制官は立体的な空間認知力と瞬間的な判断力を必要とする上で、それらの機能に秀でた男性に向く仕事と捉え得る。しかし管制訓練による業務への習熟が性差を克服させ、航空管制を男女協働の職域へと変えている。脳の機能は男女の別により確定される訳ではなく、訓練と経験とにより向上、改善され性差を乗り越え得るとした知見を、この航空管制官という職業が証明している[15]。こうした知見に拠れば、たとえ船員が男性向きな職業と看做されても、船員に求められる資質を女性もまた一定の訓練を経て取り入れ得るのである。

BRMの議論に見る通り、安全運航をモットーとして一つ船で暮らす船員は、チームワークの基礎となる協調や、チーム員としての責任をよく自覚しなければならない。円滑且つ効果的なチームワークには自発的に業務に取り組む主体性、積極性が不可欠な資質となる上、言語を介したチーム員相互のコミュニケーションが欠かせないが、一船あたり20数名という僅かな乗組員を相手に、コミュニケーション能力を磨くのは容易ではない。

また日本語の特性の項（第3章）でも概観した通り、誰かにとやかく言う、ごたごたと言われるよりも以心伝心、不言実行が依然としてプロの模範たるべき格言とするのが、日本人船員の体現する海の世界でもあろう。しかし言語や文化の異なる異国人との混乗による安全運航の担保には、日本人にそこまではと思われるレベルでの情報交換、意思の疎通が必要となる。外国人船員に以心伝心、不言実行と説いてもはじまらないのである。

船橋でのBRMや機関室でのERM（Engine Resource Management）の励行が、IMO条約によりほぼ義務化されている現状、コミュニケーション能力は船の運航において、最も重要な資質[16]と位置付けられるようになっている。人間科学の研究が進んだ現代において認められる女性に優位な資質として、公私を問わず頼りにされる、どのような人ともコミュニケーションが取れる等が示される一方、男性優位の資質ではデータに基づいた物事の定量的な分析、論理的な人の説得が報告されている[17]。船の上で特段に重要とされるコミュニケーション能力では、男性よりも女性が秀でているとした知見である。

どのような人とも交流できる能力とは、単なる情報の交換に留まらないように思う。職位や経験にこだわらず、相対する双方の立場を対等に置いて相手の気持ちを理解する能力であり、最終的に信頼の醸成に不可欠な心と心との交流に繋がってゆく[18)]。特に船を統括する船長には必要且つ重要な資質と看做し得る。

海運企業における雇用船員は海上陸上を問わず序列を重んじつつ仕事に没頭し、長時間労働にも堪えて精励するに従い組織に従順となる。陸員や一般企業の従業員同様、いわゆる会社人間に化していくのは不可避である。期間雇用船員には見られない、雇用船員、海技者を含む企業人と呼ばれる者が等しく歩む道程であるといってよい。

しかし家庭や子育てを省みる母性ともいうべき遺伝子を持つ女性は、職務や組織と一体化、同質化せず、組織内はもちろん組織の外部とも意思疎通を図りつつ、懸案事項を冷静に達観して処理できる能力に恵まれているといえるのではなかろうか。女性は腹を痛めて子を宿す肉体的な機能を持つ故、わが子に対する愛情には男性と次元を異にするところがある分、会社や組織への没入は難しいように思う。

出世には会社への迎合のみによるのではなく、利他的な思いやりに足を取られないエゴイズムも必要である。もし性差の一面に良否があるのであれば、自らが社会の中心に位置する男性に、このエゴイズムの完全な克服は無理と思われる反面、家庭、家族に対する思い入れが強い女性であればこそ、男性の持つ自己中心的な特質を克服できる力を秘めているように思う。

こう見てくると、船員、海技者が女性に不向きな仕事であるとした一部の通念は全く根拠のないものであり、もしその理由として性差が挙げられるとしても、女性の持つ長所を大いに生かせる職業の一つに、船員が加え得るのではないかと思うのである。

(ii)　社会及び女性船員自身に求められること

リンダ・グリーンロウは近海漁船の女性船長である。彼女はいう。

「わたしにとって女だったことが大きな障害になったことはない。女だったために何か問題が起こりそうだと思ったことも、実際に問題にぶつかったこともない。女が漁船を動かせると知って本気で仰天する人の多いことは、わたしのほうが驚き、当惑してしまう。ありのまま言えば、人が驚くことに、わたしは驚く。人々は、とりわけ女性は、わたしが男の世界と思われるところに女としてたったひとりでいながら、不当な仕打ちに苦しんだことがないと知ると、当てがはずれたような顔をする。わたしは鈍感なのかもしれない―それとも、ただあまりにも忙しくて、ほかの人にどう思われているか気にするひまがないだけなのか」[19)]

以下、女性船員の採用の課題を整理してみよう。

ⓐ　男性中心社会の変革

一般論よりすれば、女性就労のためにわが国の男性中心社会を変革する必要がある。男性優位の原状が続く限り、男性のこなす無限定な働き方が女性にも同定されてしまう。家庭生活を圧迫し時に過労死まで誘発する長時間労働は、社会的に漸減される傾向を見ているが、転勤等についても性別による役割分担が考慮される必要があるように思う。男性同様、女性が結婚し家庭を持つという前提の下では、企業の都合でどこへでも出向かせる待遇を女性にも適用するのには無理がある。

男女平等は形式的平等であってはならず、妊娠、出産、子育てと女性の本質的な役割に対する制約の軽減を考える社会的、身体的な思いやりが求められる、実質的な平等が目指されなくてはならない。これを視野に公的福祉、社会サービスの充実、家事、子育ての男性負担を進める[20)]社会政策の更なる伸長と、これを是とするわが国の社会、国民の意識改革による男性中心社会の変革は不可欠となる。

ⓑ　海運企業の意識改革

未だ男性中心にある海運企業は、その意識を変革し女性船員採用、就労のための積極的な取り組みを講じなければならない。現行の法制度、船員業務や女性の資質を見る限り、その不採用の実績に何らかの理由をかこつけて正当化できる余地はない。採用後は女性しかできない本分の尊重は考慮されるべきであり、上記で述べた出産、子育てを考慮し、その時期と陸上勤務とが見合う人事（既に考慮がなされているとも聞く）等、社内あるいは業界において、男性とは別の枠組みの中で解消する努力が求められる。

ⓒ　女性船員の努力

船員になる努力もさることながら、船員となり得た女性も職務の継続に努力する必要がある。女性船員数の拡大は最も基本的な一線で、女性自身の自覚と取り組みの姿勢がものをいう。様々な障壁を対応不能と忌避して辞するのではなく、あるいは障壁の瓦解を座して待つのではなく、利用可能な法制度を手助けとして、自らの意志を頼りに克服していく姿勢が求められる。それは女性の本分ともいわれる「甘え」の克服でもある。例えば先の海賊の出る危険水域、武力紛争海域へ赴く船へも進んで乗れる覚悟が必要だということである。

私には女性船員就労の促進を、昨今、主張されている少子化による労働力不足の補充的な施策として、あるいは男女の平等、基本的な人権擁護の観点から議論する意図はない。何れも重要な論点には相違ないが、何よりも若い女性の抱く船員への憧れが叶えられ、その有為な資質を船員、海技者として受け入れる国際海運企業、業界が如何に変わり得るかについて大きな期待を抱いている。

国際海運は陸の業種に比べて極めて特殊であり、女性の就労に様々な障害があるのは事実であるが、ほぼ完璧に男性による序列的、年功的な船員、海技者社会を当然に、あり得べくが如く体現してきたこの実直なるも硬直的な船員組織が、女性という特異性、新奇性の受け入れにより変わり得る部分は多々あろうと確信している。そしてこの業界より女性就労の障壁がなくなれば、やがてはわが国のその他の職種においても、女性の就労が革新的に進むように思われるのである。

4.　技術革新の代償

(1)　最新式航海計器への過信[21)]

われわれの日常の社会を大きく変えた最近の出来事は、スマートフォン（smartphone，略称スマホ）の普及だろう。電車やバスに乗る人、駅構内の待ち合わせ場所の他、人が集まるところにいる人達はほぼ例外なくスマホを覗いている。歩きながらのスマホいじりは禁止の方向にあるようだが、そこまでして執着する分、ゲームに興じる分、勉強や仕事に集中すればかなえられるものは大きいのにと思わずにはいられない。

反面、衆人の中で本を手にして読みふける人は殆ど姿を消した。本、スマホと活字を追うのは同じでも、どのような雑音、雑踏の中ではあれ落ち着いて思考する、奥深い自分だけの世界から、誰か、何かを絶え間なく伺い、また自身も伺われつつ、雑多な情報に追いまくられて無為に時間をつぶす軽薄な世界へと、われわれは便利になったと錯覚する分、それ相応のものを失っているのではなかろうか。

STCW 条約の示すECDIS 訓練のためのガイドラインは、船長、航海士等、使用する者がECDIS に過ぎた信頼を抱かないよう忠告している。ECDIS システムの限界、得られる情報の不実表示の可能性やその諸要因への留意、他の手段をも併用した情報の確からしさの検証が、これを利用する者に求められている[22]。ECDIS の先進性が船長や航海士に過度な依存をもたらし、安全の確保のために維持すべき緊張感を弛緩させまいとした注意喚起である。ECDIS による安全性維持の限界の明示といってもよいであろう。

何故、乗組員はECDIS を過信するのだろうか。

ⓐ　コンピュータの盲信

他の多くの現代的な機器と同様、ECDIS もまた内蔵されるコンピュータ機能によって支えられている。ウィルスの仕業や経年劣化を除外すれば、パソコンの誤作動は稀ともいえ、人は情報処理能力では勝ち目のない、いわば人の知恵や能力を超えたコンピュータに本能的に依存してしまう傾向を持つ[23]。

一般論よりすれば欠陥のないコンピュータは存在しない。コンピュータの稼働を支えるソフトウェアに起因した問題の指摘は少なくなく、その内訳であるプログラムは人が書く故に必ず誤り、即ちバグ（bug）を含む。バグはプログラムを狂わせてシステムの稼働に影響を与え最悪、システムの停止を引き起こす可能性すらあるが、プログラムの量からしてその作成者自身でさえ、バグの根絶は不可能とまでいわれている[24]。

またバグというヒューマンエラーにこだわらずとも、コンピュータを介して行われる抽象化、概念化や普遍化という操作を人間自身がよく理解できていないがために、これらを形式的なルールに表現し変えた、完璧なプログラムは存在し得ないと考える向きがある[25]。プログラミングはその性質からして、人の制御を越えているとした指摘である。

ⓑ　数字の盲信

クロスベアリングの船位は物標の選定とその方位測定、海図上への方位線の記入とにより生まれるが、GPS による位置は当初から、緯度経度やこれに基づく電子海図上での明示により表される。結果として表出される数値とその位置の表示は合理的、正確な根拠に基づいた結果であると暗黙の内に信じ込んでしまう。明確性、具体性を本質として持つ数字自体の持つ魔力とでも表現できようか。ECDIS に表示される数値は船位のみならず、ARPA 機能による他船の接近距離や時間の他、水深に至るまでのほぼ全ての情報に及ぶ。

われわれの社会生活には実際のところ数値で表現できない、あるいは表現し難い現象が極めて多い。にも拘わらず常に数値に従った量的表現を用いようとするのには、数字の持つ説得性[26]や簡便さが重宝されているからに他ならない[27]。数字を主体とした ECDIS の表示方式は、正にわれわれが求め納得できる理にかなったものともいい得、この性質がシステムの信頼性を構築しているとも理解できるが、数字は必ずしも正確さの言い換えではない。

ⓒ　不透明な計算過程

表示される数値にせよこれを計算、表示するソフトウェアにせよ、利用者は ECDIS の内部にある数値算出の過程や仕組みを知ることができない。

天測の値も数値で示されるが、船位の算出は天体理論の理解の下に天測歴、天測計算表等の書誌を利用した人の手による計算の結果であり、算出された数値は計算の過程を辿り検証することができる。しかし ECDIS に表示される GPS による測位はシステムがこなす。乗組員は衛星航法の理論を知る程度であり、ユーザーによる緯度経度の算出根拠や過程の具体的な検証は困難である。同様に電子海図の表示や他船への接近距離、接近時間他の機能等、これを算出するプログラムが実際にどう作動しているのかについても知る術はない。

システムの修理も同様である。パーツと結線とを中心とした構造から主として基板による構成となった計器は、既に利用者が修理できる、いわゆる見える技術[28]の範疇にはなく、故障個所の具体化による対応や応急措置の見当もまた困難となっている。船長、航海士は六分儀やジャイロコンパスは直せる一方、電子機器の手直しは難しいのである。

利用者による船位決定過程の検証や機器の修理を難しいものとした、言い換えればシステムの出す結果に疑義を差し挟む余地のない、ECDIS という機器の最大の特徴が、システムに対する利用者の信頼を弥が上にも高めているといってよいであろう。

(2)　海技への影響[29]

ECDIS の開発はフールプルーフシステム（fool proof system）の結実の一つ

である。フールプルーフシステムとは人間自体が過ちを犯しやすい生き物であることを前提に、敢えてその介在を排除した、あるいは人の高度な知識や技術の利用を不問としたシステムをいう。ヒューマンファクターによる事故の排除のためのメカニズムとも説明される[30]。ECDISもその一種であり、この万能とも見まごう計器を前に、乗組員の海技は本質的に大きく変わることを余儀なくされる。以下にまとめてみたい。

ⓐ　海技の淘汰

航海士にとり重要な海技の一つであった、測位技術そのものの必要性が失われるようになる。ECDISがあるのに、何故、天測をしなければならないのか、クロスベアリングをしなければならないのかとした疑問を航海士が持つのは当然といえる。天測、クロスベアリングとシステム自体が持つ固有の誤差やヒューマンエラーによる誤差を免れ得ない技術は、これらの誤差の多くを解消し、高度な信頼性を獲得したシステムによって駆逐されざるを得ない。

ⓑ　経験の不問

乗組員の海技向上のための経験や熟練が不問となる。一般に測位をはじめとした技術の習得は航海経験の多寡に影響される。船員の海技やその知識は、一定の期間に及ぶ個人的な実務経験によって得られるものであるが、計器に表示された数値や位置、しかも簡易で労せずに結果を得られる技術の取り扱いに、熟練に達するまでの経験の必要性はなくなった。

この事実は、海上でのキャリアや職位が海技の熟達の目安とされてきた、船員社会の常識を覆すことに繋がる。船の安全運航を達成するにあたり、経験によって一定のレベルに達した技術を持つ船長や一航士等、上位にある者がそれに不足する未熟な航海士の技量をカバーするのが常識だった。しかし少なくともECDISを前にした船長と若年航海士との間にあるべき、測位技術における差異は認め難い曖昧なもの、価値のないものとなるに相違ない。乗り立ての三航士が船長、一航士を仰ぎ見る一つの技の喪失である。

事象の真理や正しさの確認は経験によるのと共に、経験を経るにあたって避けられない失敗や過誤の体験が、原理やルールの学びと獲得を裏打ちする。簡易に表現し直せば、人は一定のレベルが要求されるものを獲得しようとするなら、正面から挑んで試行錯誤しながら経験を重ねる必要があるとした言説である。多様な見方や価値の吟味という、真理や正しさの体得に不可欠な姿勢が経験を経て培われる[31]との指摘でもあるが、ECDIS はその経験という価値自体の捨象を促すこととなる。

ⓒ　チームワークへの影響

上記ⓑの理由によって、船長や航海士が協力して安全運航を維持するチームワークに影響が及ぶようになる。複数の乗組員が業務を分担する中、それぞれがお互いの業務を確認し合いながら安全を確保するチームワーク、例えば船長の操船を適確な測位で支える航海士や、航海士の測位の確からしさを、船長が周辺物標の重視線で確認する等、BRM の励行によりその重要性が認められる以前より慣行化されてきた、船舶運航における船橋内での協働作業への影響である。

チームワークの一面は、チームの共有する複数の情報を複数のチーム員が確認することにより、一つひとつの情報が持つ信頼性の向上に繋げようとする対処であり、その根底にはチームの構成員による、得られた情報に対する問題意識の共有がある。情報の多くは不明確さや一定の誤差を含むため、これらの情報を扱うにあたり再度、確認し合う、別の情報と照らし合わせる等、二重、三重に渡る安全確保のための措置[32]が欠かせないとした意識である。しかしそれ自体の情報の信頼性が高い ECDIS が、このようなチーム員による慎重さを、取り立てて価値の認め難いものとしてしまう恐れは否定できない。

ⓓ　注意力の弛緩

フールプルーフシステムの盲点ともいえる問題として、信頼に足るシステムを目の当たりにした利用者が、誤差を包括した伝統的な測位手法に必須とされてきた注意義務をないがしろにしてしまう[33]、進んで本船の安全運航を果たす一員として都度、命ぜられずとも、自らの行為に責任を以て臨むべき規範的な意識を喪失させてしまう可能性がある。

特に電子的な航海技術の恩恵に浴した世代以降の船員は、原初的に不確実な技術と理解されてきた測位手法獲得の経験に欠ける分、誤差に対する注意が必要とした教訓を知る十分な機会に恵まれず、これらに疎くなるとも言い得るのである。

医師による医療行為の中で、薬の果たしている役割には極めて大きいものがあるのではなかろうか。薬品の研究者やメーカーには、自分達こそが医療を支えているとした自負があるのかも知れず、同様な意識を航海計器のメーカーや技術者が抱いているのかも知れない。船の航海と操船は船員ではなく航海計器が実質的に請け負っているのであると。薬がなければ医療行為は成り立たず、航海計器がなければ船の安全は大きく損なわれるであろう点に、疑問を挟む者はいないに違いない。

その内に主役の仕事がわき役に奪われる現象、医師の仕事は医療行為の一部にしか過ぎず、船員は船の運航の一部を担うに過ぎないと揶揄される時代がやってくるのだろうか。

ただそこまでで済めばよしともいえる。続けて論じてみよう。

(3) 自動化と自律化[34)]

(i) 遠隔操船

榎本泰船長が航海士の時、艤装員として乗り込んだ船が日本船舶史上、自動化で名高い金華山丸であった。1961 年 11 月に竣工した本船は、商船が 50 名前後の乗組員で運航されていた当時、一気に 36 名までの減員を達成した点において世界の注目を浴びた。処女航海の寄港地ニューヨークでは、当地の公官庁からマスコミまで多くの訪船、取材を受けている。「船舶のオートメ化で日本に先を越された」と、米国の危機感しきりであったという[35)]。

船の自動化は今に始まったことではない。金華山丸のみならず、戦後の船の技術革新はつとめて自動化の流れであり、その目的は乗組員数の合理化、削減にあった。そして今や新たな自動化が船舶運航の視野に入ってきている。陸からの遠隔操船、人工知能（AI）の運航による自動化、無人化船である。

AI を扱う分野では「自動化」、「自律化」という言葉が併用されている。両者の区別について私は以下のように理解している。単純に仕切れば「自動化」は如何に機械化が進みシステム全体の運用に直接、手を触れなくても人が制御の過程を握る限り、何か問題が起これば人の責任として処理され得るシステムである。一方の「自律化」は、もともとは人が製作、製造したものではあれ、AI が人の手や意思を一切、介さず、船を運航するシステムとした解釈である。

一船の運航がその航程を従前の乗組員、外部からの遠隔、AI による運航に三分割されるなら、自動化と自律化は同じ船の運航において併存することとなるが、一般には遠隔操船により省力化、無人化された船を自動化船、AI により同様の効果を持つ船を自律化船と呼ぶのが妥当であろう。

自動化船は、陸上からの遠隔制御を手段とした実用化の目途が立ち始めている。陸にいる操船者（オペレーター）が制御する船舶の遠隔運航である。航海士や船長とおぼしきオペレーターが陸にある施設の中で、無人の本船船橋からの眺望を映し出すモニターをにらんで舵を取ったり速力を変更したりすれば、海上の本船がその指示通りに操船される。操船シミュレータを通して実物の船を動かす光景を想像すればよいだろう。

ヨーロッパでは自動化船の運航について、2025年頃と具体的な時間軸が提示された実用化計画が進んでいる。既に著名な自動車メーカーがその未来図を模した動画をインターネット上に配信している。わが国の大手海運企業は主管省庁からの要請も加わり、開発導入の研究を行っているという。

遠隔操船は特段、完全な無人化を想定せずともよく、例えば港内のバースや錨地から離れ、船舶の輻輳する港湾を出るまでは船長と水先人、必要最低限の乗組員とが運航し、パイロットステーションでその全員が、または一部を残し下船、沿岸航海及び次の寄港地の近傍にまで陸から人が遠隔操船する等、考えられる。本船の安全確保、運航に係る採算や法規制を考慮しつつ、車両同様、段階を進めての深度化が可能であろう。

東京海洋大学では古谷雅理准教授をはじめとした、遠隔操船に関する研究と実験とが執り行われている。大学付属の練習船の船橋から全方位の視覚情報がモニターされ、本学宛にリアルデータとして送信、これを受けた学内設置のスクリーンに、練習船からの視覚そのままの光景が映し出される。

スクリーンに映る映像の間際には他船の動静、方位、速力、練習船からの距離、AIS情報からの船名が表示され、更に速力や距離に基づく色分けにより本船との衝突の危険度が示される。オペレーターはスクリーンを見るだけで相手船の航行状態と、それが本船にとり危険か否かまでを知ることができる。当然ながら本船の速力や運航状態、レーダー映像、ECDISの他、気象海象の状況も重畳投影される。本船、他船の何れの情報も秒単位で更新される。

一般に船橋では船長や航海士が周囲の状況監視と共に、複数の航海計器の示す情報を個別にチェックして操船の判断を下す必要があるが、上記のスクリーンには操船に必要な情報の全てが表示されるため、陸のオペレーターはスクリーンのみの注視によって必要な情報が得られ、これを基に操船できるのである。

紛争地のテロリストを攻撃する米軍の無人機は、何千キロと離れた米国本土から衛星を介して操縦されているという。人を殺傷しようとする者は、自身も同様の危険を覚悟するのが戦争だとした観念があったが、無人機の操縦者は安全の内に、いわばゲーム感覚で、バーチャル（仮想）ではない血と温もりのある人の命を奪える時代となっている。

遠隔操船は未だ実験段階にあるとはいえ、船からの映像が途絶えることなく鮮明に表示され、リアルタイムで得られる情報の信頼性が高まり、塩害による視界モニターへの障害が排除され運航に係るコストが許せば、その実用化は現実のものとなるかも知れない。ただただ、実物の船の運航はゲーム感覚に支配されないことを望みたい。

(ii) AIによる操船

自律運航の終着点は離桟、航海、着桟までAIの働きにより運航を完結できる、運航に全く人の手のかからない船の実用化であるが、船の持つ航海計画の全航程を自律して進む他、その一部の運航に人が介在してもよい。逆を言えば航路の一部にでも完全な自律航行機能が入り込むか否かが、自動化と自律化との境を形成することとなる。上記、自動化船のところで例示した運航形態では、乗組員が操船に携わらない航程を、完全にAIの裁量で動くのが自律化船であると表現できようか。

機械に比べて人間は実に無駄の多い生き物である。日に三度の食事とこれに伴う排泄、一定の休養や睡眠は欠かせない上、連続した徹夜等、生活のパターンが乱れただけで集中力や注意力が減退してしまう。たとえ病気でなくとも能力の発揮や精神状態にはぶれがある等、人間である限りヒューマンファクターからは逃れられない。そうした避け難い欠点をカバーしようと、知恵を生かしながらこなしてきたのが人間の歴史の一面であろう。もし人間に必然の無駄や欠点を克服した能力を持つものが現れれば、それを使わない手はないということとなる。

航海における乗組員による見張りは、船の安全にとり最重要な業務である。古代の船、中世の帆船、現代の船舶を通底するシーマンシップの一つといってもよい。その見張りに必要な視覚を支えるのが眼である。船長や航海士にとっての眼とは、体の一部という生体的な意味を超えた、プロのツールという重みのある器官である。

見張りには本船に対して直近に起こり得る異常の検知という役割がある。検知されるべき異常とは通常、起こり得べきこと以外の事象や現象、及びその発生をいう。衝突のおそれのある他船、ぶつかればダメージをくらう可能性のある浮遊物の早期の発見から、風や潮流による本船のリーウェイ、横流れによる危険の察知まで、見張りの役割の大切さについては改めて論ずるまでもない。

AIは学習を重ねることにより、多くの情報の中から特徴的な事象を見つけることができるようになることから、この見張りがAIの得意業となる可能性があるという。走行中の車がセンターラインを越えようとする時、車自体が自動的にハンドルを取る機能や、人混みの中から特定の人物を抽出する機能も実用化されているのだから、見張りに関する当直業務がAIに取って代わられる日は、遅かれ早かれやってくるのだろう。

一方、見張りを不問とする技術も導入され始めている。既に実用化されているバーチャル・ブイは、AISやECDISの画面に明瞭明確に表示されてはいても、海の上には存在しないから、反射した電波により物標を映像化するレーダーには映らない。2018年1月より、伊豆大島西方沖にSOLAS条約の定める船舶航路指定制度に基づく推薦航路が設定された。この航路の両端にある灯浮標はバーチャル（AIS仮想航路標識）である。

バーチャルの物標は自律化船にとり、肉眼で見つける必要の省ける好目標となる他、行政サイドでは浮標設置のための予算や手間が省け、当て逃げによる破損や沈没、荒天による流出も皆無となる。将来、灯浮標は全てバーチャルになるのではなかろうか。

船長や航海士は船、浮標と実際に存在するものを視認してこれを回避し、また目印として操船するのを常としている。レーダーやAISに表示される船や物標は実在するのだという、無意識の内の常識ともいえる。存在しないものを目印にする航海を船乗りの感覚で理解するのは容易ではないが、航海当直者は計器上には確かな目標物として存在するバーチャルの灯浮標を目印に浅瀬をよけ、航路を航行しなければならないようになるのだろう。

(4)　船員のいなくなる日は来るか

よく急激な社会現象の推移に対して法整備が追い付かないといわれる。常に保守的な性格を帯びる法には時代時代の新規性を受け入れ難い、種々の進歩と歩調を取れないとした見方と、社会がどう変わろうと法という重しが安易に動きさえしなければ、社会の変化には良い意味での歯止めがかかるとした、二通りの見方がある。

実際に、多くの法律は時代の流れに沿うように立法、改正される一方、社会変動の速度を制御する働きとしての期待がある。しかし法が単独で、社会の大きな流れを変えることは容易ではないし、所詮、為政者が作るものである限り、法から人為的、時代的な恣意性を排除することもまた難しい。実務や業界慣行が確実な変転を見せる中で、法自体にその調整や抑制の働きを期待するのは土台、無理というべきかも知れない。ちまたではAIの進化と汎用に係る法的な議論が盛んだが、同じことがいえるのではなかろうか。

船もAIの進化からは逃れられない。いつかは自身で考え判断しつつ航海する自律化船が、世界の海を闊歩する時代が来るのだろう。即ち船員という職がなくなる時代の到来である。しかしそれがいつになるかは誰にも分からない。現在のAIに関する百花繚乱の議論は科学的、技術的、あるいは法的な話題が中心のようだが、船の運航は技術や法規制のみで達成されるものではない。

夏本八郎太船長は自身の研究から、国際海運の船舶に対する無人化の可能性について論じている[36]。これを基に考えてみたい。

ⓐ　海上不法行為

国際法や沿岸国国内法による規制の隙間をついた海賊、武装勢力による船舶への襲撃、乗っ取り行為は公海、領海の別なく、世界中のどこかしらで常に発生し続け、絶えることはない。これらを規制するにせよ、広大な公海での違法はもちろん、領域内の治安維持のレベルも沿岸国各様であり一律とはいえず、不法行為の取り締まりは事案発生後の事後的な対処とならざるを得ない。このような海域を遠隔制御の無人化船や自律化船が、何事もなく平穏に走り切れるのだろうか。

実は海賊や武装集団が身構えるのが船の乗組員に対してである。彼らは自分達の行為が違法、不法である旨の自覚により、自らが襲う船の船員が抵抗することを当然に予想しまた恐れている。空き巣といわれるが如く、人のいる住居に侵入する泥棒を殆ど見ないのと同様、人の乗る船を襲う仕事も容易とはいえないのである。

船員は自分達と同様に銃刀を手にして歯向かってくるかも知れない、武装警備員が乗り込んでいたら発砲されることもあるだろう。では船に武器がなければお手上げか。

『キャプテンの責務』（リチャード・フィリップス著、田口俊樹訳（早川書房、2013年)。「キャプテン・フィリップス」として映画化）では、フィリップス船長以下の乗組員が、海賊の乗り込みを防ぐためにあらゆる手段を講じていた。船員はたとえ武器を持たずとも、自らの船に武装集団の不法侵入を安々と許すことはないのである。乗組員の存在自体が船に対する不法行為への抑止となるのであり、一転、無人となれば乗っ取りに対する物理的、精神的な障壁がなくなり、却って乗り込みや拿捕を助長するかも知れない。

乗組員が乗らない自動化、自律化の必要条件の一つは最悪、賊に乗り込まれたとして、運航システムが制御されず、針路、速力が変えられないことである。しかし運航を物理的に阻害、例えば賊が機関室に入り込み燃料の供給系統を遮断する他、推進器にダメージを与え停止させ、タグボートで引いて行くという手荒な手法も考えられる。

加えて今や、船に乗り込まずしての乗っ取りも可能となっている。陸の上でのハッカー、サイバー攻撃によってホームページの毀損、個人名簿の流出、銀行預金の搾取等、厳重に保護されているはずの様々なシステムが、いとも容易に破られている実情を省みれば、完璧に防護された運航等、絵空事にしか思えなくなる。

自動化された車両がサイバー攻撃により行先を変更させられたり、ブレーキが効かなくなったりする事態の発生は実証されている。転じて自律化された原油満載のVLCCがサイバー攻撃を受け、不法に制御されて他船に衝突したり港内に突入、乗り揚げたりすればどれほどの災厄を生むことか、想像するだけでも恐ろしい。

IMOは第98回海上安全委員会において、船のサイバーセキュリティについてのリスクマネジメントに関するガイドラインの作成を決定し、2021年以降、SMSに組み込むよう図っている。この動きは船に対するサイバーテロの脅威が深刻化し、将来が憂慮されている現実を物語るに他ならない。

ⓑ　運航コスト

既述の通り国際海運はボーダーレスの業界として、海運企業の競争は国境のない弱肉強食の世界にある。便宜置籍現象を見てもわかるように、経常収支の黒字化は生き残りのための至上命題であり、100 ドルでも 1,000 ドルでも採算の見込まれる商談が優先される。

減員または無人の自動化、自律化船には、既存船の運航に係るランニングコストの内の人件費が削減または不要となる。乗組員の人件費は運航経費の中の大きな部分を占めるから、その削減効果は大きいものの、新たに発生する自動化のシステムの構築と運用、そのメンテナンスや故障時の対応といった費用が積み上げられて比較される必要がある。

ここには一航海単位の短期の採算から、船の寿命より見た長期的なコスト、事故や海上不法行為勃発の可能性を考慮した経費や保険料等、色々な要素が見積られなければならない。結果として低廉な途上国船員の動かす既存船の方がコスト安と出れば、自動化、自律化船の導入は足踏みを迫られることとなろう。

ⓒ　船内業務

乗組員の仕事を人工知能がまかなえるかの問題がある。船の上の仕事を大まかにつかめば当直と整備とに分けることができる。現在の船では甲板部、機関部の仕事の 8 割以上が船体、機器のメンテナンスである。甲板上では積載した貨物の維持管理の他、錆打ち作業、荷役機器のメンテナンス、機関部では低質燃料油依存の主機及びその周辺機器の保守管理である。整備の多くはルーティーンの作業ではあるが、荷役の効率化、機関の無故障運転の継続、最終的には堪航性や船の寿命までをも左右する欠かせない作業である。これを AI がカバーできるのか。

現在の船に係わる AI の議論にはこの整備の部分が完全に抜け落ちている。1980 年代後半から 90 年代にかけて実用化された近代化船は、少数精鋭による運航として日本人船員の優秀さを世界に轟かせたが、克服できなかったのが省力化により手が回らなくなったメンテナンスだった。

内航フェリーで行われているメンテナンスの外注が可能となれば話は早いが、乗組員のメンテナンスに頼る国際航海に従事する船ではいつ、どこで、どこにメンテナンスを依頼するかの新たな問題が出てくるし、外注するにしてもそれなりのコストを生むだろう。

船の燃料は大気汚染防止のために高質燃料油（材）に変えられつつあり、その分、機関維持のためのメンテナンスの軽減が期待されてはいる。鉄に替わるメンテナンスフリーの船体素材、省エネ、ガス燃料への利用転換が図られれば、船の保守整備は大きく変わる可能性があるが、その分、材料や燃料に新たなコストが生まれざるを得ない。

ⓓ　海運慣行

商船の運航は航海業務のみで成り立っている訳ではない。荷役業務は海技のもう一つの大きな柱であるし、運送、傭船契約をはじめとした法律関係の他にも業界特有の慣行は多岐に渡る。特に国際海運ではこれらが国の枠を超えたレベルで営まれている点を、忘れてはならないだろう。

要するに自動化、自律化による船の運航が科学的、技術的に可能とはなってもその実現には航行環境、コスト、船体維持、荷役実務や従前の海運慣行等、様々な付帯要素を考慮に入れて検討しなければならず、また何れの問題の解決にせよ決して容易とはいえないことより、実用化は難しいように思われる。

忘れてはならないのは、自動化、無人化による船員の減員が、国際的な雇用不安を生む可能性のあることである。船員の出の多くは途上国であり、彼らの収入は船員供給国にとり重要な外貨獲得の柱の一つとなっている。フィリピンやインドはその代表例である。途上国船員が徐々に仕事の場を失うに従い出身国の外貨収入が目減りする。将来、国際海運に従事する船が自動化、自律化されるとしたら旗国の他、IMO 等の国際機関は船員の雇用について新たな問題を突きつけられるだろう。

ここに挙げた問題点を考えただけでも、現在進む自動化、自律化船の登場への期待と議論が、船と実務界の現状を軽視した、片面的な拙速且つ軽薄なものであることが理解できるのである。具体化している EU の自動化船構想は EU 域内という、海賊等皆無である平和な海域での、いつでも船と陸とがアクセスでき具体的な支援が可能な、いわば内航に近い海運が念頭に置かれている点を忘れてはならないだろう。

5.　日本人船員の本質[37)]

ここまで様々に船長、船員に関して論じてきたが、改めて日本人船長と船員とについて、識者の論を交えつつ俯瞰してみようと思う。

(1)　日本人船員と外国人船員

本書では船長、船員についての一般論に加え、日本人船員の特性や習性についても触れてきた。同窓や年次等、社会の中での何らかのきっかけを足掛かりとした序列化を好む長幼の序、同質的な民族故に求められる一体性や勤勉性、発声による言語よりも暗黙裡の理解を前提とするコミュニケーションの仕方等、日本人一般に見出せる特質からわれわれ日本人船員も免れることを得ず、それらの特質を知らずの内に受け継ぎ、実践しているといえる。

われわれはこれらの民族的、国民的習性に準じた慣行が必ずしも最良最善であるとは思わない反面、即、改善すべき、排除すべきとした抵抗感もない。日本で日本人と共に普通に暮らす限り、われわれの持つ特性、習性の良否、善悪を判断する機会はおろか、それらを特段に意識するきっかけすらないからである。であれば、そうした特徴を持つわれわれをよく知らない外国人との共生が唯一、われわれに自身の特異性を自覚する機会を与えてくれるように思う。その一つが船における混乗の世界である。

幾度か触れてきたように、日本人船員は欧米の船員と異なり、仕事や生活において外国人船員との間に一線を画すことはない。外国人だから、職位が下だから別だとする感覚が日本人にはないのである。形式的に平等な国で育った日本人船員にとり、船内の階層は職務を効率的にこなす仕組み以外の何ものでもなく、原則、差別や蔑視が入り込む余地がない。その証に、日本人船員は外国人乗組員と共に協働してよく働く。また仕事のみならず、外国人の彼らと余暇をも共有する仲間意識は、特に若い日本人船員に顕著に見られる。

わが国の社会では年長者や経験者が年少者、未経験者に、経験や持てる知識を包み隠さず懇切丁寧に、惜しげもなく教え伝えるのが普通であるといえまいか。受け手も受け手で、年上や経験豊富な者が自分に教えるのは当然であるかのように、わきまえている節がある。

双方のやり取りをそれぞれの義務と権利とに置き換えると、教えるのが経験者、年長者の義務なら未経験者、年少者らは教えられる権利を持つと措定できるが、この関係は一方通行ではない。年少者、未経験者らは教えてもらう内容を真摯に受け止め習得するのはもちろん、教えてくれる経験者、年長者らに対して一定の礼節を以て従う義務がある。一方で教える者らは教えられる者による礼節を受ける権利を、当然の如く意識しているかのように見受けられる[38)]。

上の者による教えに対して下の者に挨拶や礼儀が求められるのは、何も武道やスポーツの世界に限られない。わが国の一般の企業や組織でもよく見かける光景であり、正に長幼の序とは単なる順位付けではない、このような関係にある序列をいう。

長幼の序の効果は終身雇用制度の中で如何なく発揮されてきた。何ごともなければ定年まで続く雇用が働く者に安心感を与える環境の中で、先輩は後輩に知識や経験を積極的に伝え、後輩も先輩の教えによく従うのが、わが国の企業や組織における社員教育、後輩の指導ではなかろうか[39]。これは船員についてもいえ、同じ海運企業に勤務する日本人同士の乗務では乗組員による技術、知識、知恵は、わだかまりなく若年船員へと伝えられ継承されている[40]。

こうした傾向には欧米程、転職、中途採用という人材の大きな流動がないわが国社会の一つの特徴、社外、組織外からの人的な供給が望めず、同時に自分達の人財流出の心配もないためと理由付けできる一方、家、村という組織の中で黙々と役目をこなす農耕性と、その性格により養われた同質性という、民族的な性格も貢献しているように思う。

日本人の習性は外国人に対する技術の伝授にも表れる。日本人船員は本船の安全のため、作業能率向上のため、あるいは自らの作業負担軽減のために日本人、外国人の別なく熱心に指導する。日本人船員は惜しむることなく自分の能力や知識を船のため、同僚のために提供するのである。

乗組員個々の職位やそれに準じた経験に落差はあれ、運航や安全に関する最低限の技術、知識についての濃淡があってはならない。SMS は乗組員相互による海技知識の教え合いを彼らの責務として規定しているし、PSC や荷主による検船では船長はもとより、最下位のクルーにまで船の上での情報の共有が確かめられる。これが現在の国際海運従事の船での常識であるが、日本人船員は遥か以前より、そうした精神を持ち合わせてきたといえるのである。

通り一辺倒ではない微々細々に渡る海技の伝授、その場その時に必要とされる技術や知識の適宜な教示は、与える側の自発的対応と受ける者の積極性に大きく依存する。日本人船員は能動的に教授に励む分、同時にこれを受ける外国人船員の積極性をも強く期待する。

しかし複数の同僚の話に裏付けられた私の経験に即していえば、日本人船員は時間の経過と共に、公私に渡るわれわれの好意や親身の教えについて、彼ら外国人船員は特段、それらを求めず、従ってわれわれに感謝の念すら感じていないのではないかと思うようになる。長期に渡る海上生活の中で、われわれの行動に対する彼ら外国人船員のレスポンスのなさに、不満を覚えることもある。

職位を上にした日本人が外国人、しかも期間雇用の船員に教えること、与えることは一方通行で当然であるところ、それはものの贈答でも謝礼でもない具体化の難しい漠然としたものではあっても、彼らからの何らかの見返りを心の隅で期待する意識があった。教えてもらった知識を使って仕事に励む姿を見せる、教えてくれたことに対する感謝の言葉の一つでもよいからとした、かすかな期待感は、実は互酬という言葉で表される日本人の習性を、それと無縁な上、理解すらし難い外国人に対しても本能的に求めてしまう顕れであったのかも知れない。

(2) 日本人の義理と規範意識

私が仕事の上で外国人船員に抱いたわだかまりを表現するのが、義理の感覚であろう。

義理はわが国における社会規範、社会において守られるべきものであるという。義理という社会規範の監視者である送り手ないし受益者が、義理を果たすべき行為者に対してすべきことを特定して要求するのではなく、行為者自身が要求される内容を推測し、進んで行うことが期待されるという特質を持つ。行為者がこのような特質を社会規範として意識すればそれが義理であると、六本佳平は説明している。

ここにいう規範の監視者は海技を教える日本人船員であり、義理の行為者は日本人よりその教えを受ける外国人船員という構図になる。義理を船の乗組員の世界にあてはめると、普段より仕事の上で色々と面倒を見てくれる日本人船員から特段の要求はないが、外国人船員がわきまえるべき道理、常識として、日本人船員に何らかを返すべきと意識する行為によって説明できる。

以下、六本の論[41)]に従い、規範の監視者を日本人船員に、行為者を外国人船員に置き換えて義理の世界を仮定してみよう。

義理の具体性を分析してみると、第一に、日本人船員による外国人船員への要求は、日本人自身がはしたない、取り立てて言うべきことではないとして認識するため、要求自体が為されない。教えられことに「礼を言え」、「感謝しろ」と、日本人船員は外国人船員に言わないだろう。それ故、外国人船員にとって、行為を求める明確な主体としての日本人船員が意識されることがない。

第二に、外国人船員は自分達がレスポンスせず、日本人船員が気分を害する前に義理を履行しなければならない。日本人船員の心情や立場を察して、自らに期待されていると推測する行為を進んでする必要がある。「教えてくれてありがとう」から、「ここまでしてくれるのはあなた方しかいない」まで、世辞まで含めた言辞や態度の表明である。

だが、日本人船員が外国人船員との間に、こうした義理の感覚を持ち込むことには無理がある。日本人ではない外国人船員に義理の慣習はなく、その理解も難しい。とすると、日本人船員は外国人船員が雇われる身としての従順さを歓迎して好意を持ち、様々なことを良かれと判断して教示はするが、義理という観念を欠く外国人船員に徐々に不満を抱き、これを消えることなく持ち続け、ついには彼らに対するイメージを悪くして見限る可能性があるということになる。船長がこうした感覚を持つと船内融和の維持に支障を来したり、外国人船員の差別に発展したりするおそれが出てくる。

グローバルな国際海運はそうした日本人の持つ行動様式が通用しない世界である。国連海洋法条約やIMO条約が公法的な秩序を形成し、外国船主や企業との間で取り交わされる契約を通じた傭船、運送等の海運実務、雇入れ契約に長幼の序や義理が入り込む余地はない。そこは欧米を源とする法規範の下、当事者の権利・義務が確定され、違反や不履行に対しては容赦なく責任が求められる世界である。海運企業における営業や企画、法務、船員が海技者として務める船舶管理はその最前線にあたる。

しかしわれわれ日本人船員は、外国人船員との乗務で得た義理にまつわる経験を、自らの習性の改善に繋げようとはしない。否、むしろ自身の習性から脱皮を図る機会に恵まれないと評した方が、適切かも知れない。

第一に、多くの日本人船員が幹部職員としてマネージメントする本船上では、下位職である外国人船員の所作に因って知覚できる、自らの意識や慣行を省察する契機も必要性も殆ど生まれないからである。外国人船員は仕事の要領を覚えれば、上長である日本人より特に指示を受けなくても片付けてしまうし、日本人の指示が今一つ理解できなくても、いつものことと何とかこなしてしまう。外国人と対等に渡り合わなければならない陸員とは、仕事の性格自体が異なるといえる。

第二に、法令遵守が最重要となっている国際海運では、陸上からの様々な支援が不可欠であるのと共に、通信技術の発達した中で、船員はその支援を信頼して船舶の安全運航を果たしている。本船の関わるビジネス絡みの業務の多くは陸上で処理され、本船は直接、互酬や義理の通じない世界と渡り合う必要に迫られ難い。

船長一下の職制に支えられる船乗りは船内融和を第一に、平穏無事、旧態依然のままに据え置かれている。それはそれで伝統にかしずかれた尊い世界ではあるが、そのような環境が日本人船員に対してわれわれの特質を省みない、世間音痴、否、世界音痴からの解放を阻んでいるのではなかろうか。

(3) 外国人船員の意識

(i) 一匹狼の欠点と利点

スペインとこれに続く米国による植民地としての経験からか、旧宗主国国民の気質を受け継ぐフィリピン人はよく個人主義の性格が強いといわれ、集団主義と評される日本人の性格とは対極をなす。

個人主義の社会では個々人が相互に競争の対象となり、自らが会得した技術や知識は相手が誰であろうと、進んで教えることはないという。船内でフィリピン人船員による仲間の指導の様子を見ていると、上長の指示により、また必要に応じて教えはするが、日本人の取る懇切丁寧、自発的な教え方にはほど遠いように感じられる。

彼らの言葉を借りれば、技術や知識の教授は相手を利するのみならず、自ら競争相手を作り出すことにも繋がり、引いては自分の職位が奪われる等、就労の不安定化を招く間接的な要因となるのである。彼らにとり船員としての技術、技能の多くは独力で身に付けたもの、例えば見様見真似で獲得し自ら励み、高めたものだとする自負がある。人の仕事を盗む能力に欠ける者、意欲のない者は船を下りるしかない。このような考え方のままにいると、他者の仕事の出来不出来や効率非効率に対して関心を示さなくなるという[42]。

船の上の外国人のみならず、例えば転職や人材の引き抜きが盛んな米国は、個人の業績や知識が最大の武器となる社会である。会社の共同研究チームのメンバーであっても、部下に対して安易に研究内容を伝えることはしないという[43]。彼らと外国人船員の何れにも共通するのは、自らのスキルのみを頼りとしなければならない、厳しい実力主義の労働環境にある点であろう。

大野幹雄船長は観察している。フィリピン人船員は集団としての協調性や連帯感より、自分の能力とこれを高める努力を重視し、集団一体としての技術や知識の均一化には無頓着なために組織としてまとまらず、概して無駄な労働の他、安全に対する盲点が生まれると。職員や職長が個々に優秀だとしても、彼らを取り込んだ集団が優秀となるとは限らず、優れた集団を作るためには同様に優れた管理責任者が必要であるという[44)]。的を得た指摘ではある。

ただ、仕事への取り組み方や労働観念には国の文化や慣行、貧富、宗教心が少なからず影響を与えるから、彼らが自分達の仕事振りや組織に対して、われわれ同様の評価や心象を持っているとは言い切れまい。また途上国船員のみで大きな事故なく運航されている船も多く、彼らに対する日本人の評価が必ずしも正当であるとした保証はない。

フィリピン人船員の考え方や志向性を前向きに考えれば、日本人船員にはあまり見られない、自分自身の力で生きていこうとする気概を持つと評し得るのではなかろうか。たとえ同じ国、同じ言葉が通じる乗組員がいない船にも乗り組んでゆこう、異国人の中で稼いでやろうとするバイタリティに恵まれているといえる。リタイアする者は日本人に比べて多い反面、船長や機関長にまで登り詰める者は一般に優秀であり、自分に自信を持ち、時に偏屈で頑固者がいるにはいるが、一家をなす人格を持つ者が多い。

このようなキャリア形成の示すところは、貧困や出自の呪縛より抜け出そうとする強い上昇志向があり、且つそれを果たす能力に恵まれた者の求める好機が、国際海運に従事する船員の世界にはあるということである。

(ii)　国際海運における日本人船員

かつて傭船者の運航監督として3年近く、ギリシャ船に乗り込んだ経験を持つ赤塚宏一船長は、ギリシャ人船長と日本人船長とを比べて評している。

「彼ら（ギリシャ人船長）は一様にチャーターパーティ（傭船契約）を始めとする契約関係に非常に詳しい。何が船主にとって利益となるか、不利なのか、船長及び乗組員にはどんな義務があり権利があるのか良く理解している。（中略）要するにギリシャ人の船長はプロなのだ。一旦船長として船を預けられると、あとは自分の知識・経験・技量・職業人としてのモラル、そして気力で困難な状況に一人で立ち向かうのだ。会社や代理店には頼らない。まさに一匹狼だ。多くの日本人の船長はしっかりした会社に守られ、世界の隅々まで張り巡らされた支店・代理店のネットワークの中で、声を挙げればすぐに必要なサポートが得られる温室育ちの優等生である。

他の船長はともかく自分のような船乗りが会社の制服を脱がされ、このまま世界のマーケットに放り出されたらはたして生きて行けるのかと真剣に自問したことがある」[45)]

私には赤塚船長のような有意な体験はないが、自身の船の上での経験、荷役支援や監督のために交流した外国船舶の多くの船長や一航士、関連する文献を通して考えれば、赤塚船長と同様の結論に至らざるを得ない。日本人船員は独り立ちしてのキャリアの形成を望まないし、日本人一人だけで外国の船に乗り組み一人前となる発想にも意欲にも恵まれないのである。

国際海運の船員ではあっても所詮、日本人船員は日本の中の船員に留まるのではないかとした感慨である。

19 世紀後半の英国人の船長（実際はスコットランド人が多かった）らは、英国船舶を指揮して極東から中国、日本への航海の出帆前に船の株主となり、アジアにて船の転売や海運業の取引きをまとめ、場合によっては船長職を引退して現地の代理店や企業家となる等の活動を展開した。彼らは現地での最新の技術、商業情報の収集に優れ、本国や現地での英国政府関係者や商人、技師とのネットワークを構築していった。職業柄、多くの水夫の指揮、世界の海運ビジネスでの戦いを通して培われた、指導者としての能力をも併せ持っていたという[46)]。

19 世紀の半ば、英国人船長であるヘンリー・ホームズは開港間際のわが国に来日し、本来の船長職の他に、中国と日本の主要港とを結ぶ貿易商人としての手腕を発揮した人物である。彼の行状は船の運航技術者の域を大きく超えるもの[47)]であり、現在のわれわれとは異なるスケールの大きさが見て取れる。こうした船長達が大英帝国の礎の一部を築いていたのだと、改めて感じ入るのである。

時代的な相違より単純な比較はできないが、赤塚船長の評した先のギリシャ人船長の相貌と併せ見れば、ヨーロッパ人船長の感覚は現在でも、日本人船長のそれとは異なるといえるかも知れない。

翻って現在の日本人船員に対して、グローバルな世界へ身も心も雄飛せよというのはたやすいし、義理をはじめとした日本人の観念を捨てよとした忠告は可能だが、そう徹することが日本人船員にとっての最善の選択肢であるか否かについては、よく検討する必要があろう。

第一に、現在の日本人の持つ特質が船にとり、海運にとり、またわが国に、果ては日本人船員自身に一定の恩恵をもたらしている点を忘れてはならず、これを基に第二として、海運企業が日本人船員に求める海技者としての役割や、国や地方による海事クラスターからの期待が日本人船員に求めている点について、よく見極めるべきと思われる。

本書の中で様々に見てきた日本人の一員である日本人船長、船員が、民族的、国民的な特質から不向きであろう一匹狼の如くの根なし草の船乗り、実力主義の信奉者になり切らず、自身のアイデンティティを無理に矯正することなく、且つグローバルな世界へ順応できるようになれとは欲張りな言質だろうか。外国人船員のみならず在外勤務の中で、当地の人々と仕事でもプライベートでも、わだかまりなく交流して行けるようになるには、どのような気概や気質を持てばよいか、特に若い船長や航海士、船員に考えて欲しいと願っている。

6.　自覚すべき責任[48)]

(1)　船長の責任

責任と聞いておおよそ思いつくのが法的責任ではなかろうか。法的責任の特色はその存否が法律を根拠とする点にある。責任ありとの判断に異議のある場合には法廷に提起でき、裁判官が第三者の立場より精緻に検討して当事者の責任の有無を決定する。法的責任は数ある責任の中でもひときわ論理明解、公平な責任であるといえる。

この法的責任を含めた多くの責任を包括するのが、社会的責任ではなかろうか。諸々の責任が様々な規範を軸に判断される個別具体的な責任とすれば、社会的責任はわれわれの住む社会に対して社会的地位や職業の異同、貧富の差なく、われわれ一人ひとりがわれわれ自身に対して負うべき普遍的な責任と表現できる。社会において何が問題であり、その問題に対する責任とは何か、どのような場合に責任を負わなければならないか等、社会の一員としての客観的な理解と判断とが求められる責任である。社会的な責任は法的責任のように問われる責任ではなく、自覚すべき責任であるといえる。

この責任の存否や是非は、われわれ社会に生きる者が社会通念や親、子、人としての道義や理性に基づいて下す。法的責任の回避は可能であったとしても、人間社会に身を置く以上、社会的責任の免責は不可避と見てよい。その責任の理解、判断や履行には社会的な慣習の他、個々の持つ人格や意識、就く職業等、種々の要素が影響を及ぼす。

社会的な責任の自覚なく、その内の特定の責任のみに留意しようとしても、それが果たし得るか否かは定かではない。法的な責任の回避ばかりに気を取られると、法が禁止していなければ何をしても許されるとする偏った理解に侵される可能性がある。社会活動には法が禁じていなくともしてはならないことがあり、更には違法と知りつつも行うべき場合があり得るかも知れないのである。

陸から離れ独自の完結が求められる船では、古くから船長に法の定めを超えた権限と責任とが唱えられてきた。船長が必要と判断すれば、法、規則を超越して行動してもよいとした考え方である。何故、そうしたかについての船長の説明に、社会的な責任の観点より納得が得られれば許されることとなろう。逆にいえば、法に準じて処理したとはいえ、社会が納得しなければ責任を問われる可能性があるということである。

社会に対して船長の担う責任の自覚とは、人命の尊重、貨物、船体の安全、環境の保全を期した船の運航をモットーとして、閉鎖的な環境を指揮統率する役割と責任とが船主、海運企業のみならず、社会の中でどのような位置を占めるか、社会に対して如何に貢献すべきかについてのよりよい理解であると思う。

(2) 社会的責任の自覚

「高貴さは（義務を）強制する」という言葉がある。一般人にはない財産や権力を先天的に持つ、一定レベル以上の社会的な地位にある者には、その持てる財産、権力、地位にふさわしい、担うべき責任が付帯するとした、よくノブレス・オブリージュ（noblesse oblige）というフランス語で表現される言い回しである。ヨーロッパの伝統文化に依拠した格言ともいえよう。

一船の長となる船長は専門の教育機関において教えを受け、実務界に入った当初より航海士の職歴を経て、船の総指揮・総責任者となるべく育成される。こうした伝統が、現在の船長の養成における本流を占めている。キャリアの積み重ねによる技術力の形成、必要な能力、資質の涵養とこれを公的に証明する資格の取得に裏付けられた職責は、古くはヨーロッパに起源を有する悠遠なる船乗りの歴史の過程で、生まれるべくして生まれたものと評することができよう。

何故、船長を養成する現在のシステムができ上がったのかと問われれば、答えの一つとして、船長にはその職責に準じたノブレス・オブリージュが求められる故、といえるのではあるまいか。日本人の船長にはこれに加えて、もともとわが国にあった海運が伝える感性も、暗黙裡の内に継承されているように思われる。

ヨーロッパ流の船長と同様、船頭となる者は職業経験の中で資質を養い職責を自覚していった訳であるが、当時の難破船の漂流記を眺めると、欧米の教育システムを知らずまたこれに浴せなかった船頭の資質は、ノブレス・オブリージュが求められる現代の船長に勝るとも劣らず、与えられた立場を自覚し、これに付随した職責を果たしていたことに気付く。ここにはわが国の文化伝統に支えられた日本人の使命感や責任感を見る思いがし、今、われわれ日本人の船長にかつての船頭達の血が潜在しているのではないかと感じ、また誇りにすら思えるのである。

ジェームズ・ビゼット船長の教訓を引こう。

「船長という職をとるには、航海術や運用術以外にもっと知っておくべきことが沢山ある。会計事務や商取引のやり方、さらには公海上や外国の寄港地で適用される海運や海事関連法規についての実務的な知識が必要であった。何か不祥事が起こると、たとえその災難が、オーナーの貪欲さや商才不足に起因するものであっても、全ての非難は船長に向けられた。船長は、どんな不運な事故のときでも、暴君やけち、もしくは愚鈍のシンボルであり、たとえ船長自身が専制的な秘密指令で脅迫されていたとしてもそうなのであった」[49)]

ビゼット船長はこの語りをおよそ60年前に唱えているが、われわれのこの時代に置き換えて見ても全く違和感がない。ビゼット船長の示す船長像は、自身によることはもとより、関わりのない事象でも船の上の責任の全ては船長に帰属するとした、理不尽ともいうべき姿であった。しかしそう表現せざるを得ない程に、船長の職責は大きくまた崇高なものであると、ビゼットは評したかったのではなかろうか。

船の総指揮・総責任者として果たすべき使命とは、東西を問わない長い歴史の中で、先人達によって培われてきた海の上での叡智の実践であり、換言すれば船長として当然に求められることをするに尽きるのではないかと思われる。船長の職責の執り方に王道はない。より簡潔に表現すれば人命、船、貨物を預かる者として事故は起こさない、巻き込まれないこと、そのために船長としての日頃からの指揮統率の実践とその実効を図ることである。乗組員の教育指導と人心の掌握（紀律維持と船内融和）や非常時への備え（操練（訓練）の定期的実施、人数確認等）はその大きな柱である。

指揮統率は単に法に準じて行うのではなく、船長として何をすべきかを自身に問い、自らの理性を信じて取り組むことである。そのような自覚があれば、例えば船員法第 12 条の「必要な手段を尽く」すことの断念の目安についても、理解できるのではなかろうか。船内捜索も未発見、生死不明で引き続く捜索効果が低い（火災、浸水で現場に行けず）等の見極め方である。

こうした提言は今更に私が編み出したものでも考えたものでもない。古い時代から船員が伝えてきた信念というべきものであるが、船長の職責の大枠は連綿と、不変なままにあると理解するのは早計である。最近の数十年を見ても、海運とこれを取り巻く技術やシステムが大きな変貌を遂げているのに呼応して、船長の職責や船員の職務もまた変化している。

そうした中でビゼット船長の言葉を考えるならば、危険を排除できない海を、船が人という乗組員により運航され、これを統べる船長という職がある限り、変わらぬ船乗り精神たるものが意識され、また知らずの内に次世代の船長、船員へと引き継がれて行かなければならないのだろう。

【注】

1）秋山進『「一体感」が会社を潰す―異質と一流を排除する＜子ども病＞の正体』（PHP 研究所、2014 年）76 頁
2）光村正二「ある出港日の感想」海上労働協会海上の友編集部 編『航海記―海と船と人と』（海上労働協会、1957 年）所収、285 ～ 286 頁
3）冨久尾義孝『提言！ 変わらない海事社会を変えるために』（海文堂出版、2006 年）13 頁
4）矢嶋三策『船長』（日本海事広報協会、1981 年）57 頁
5）逸見真「海技の実践における法的思考の活用―暗黙知的海技の克服のための一手法」（「海事交通研究」第 59 号（山縣記念財団、2010 年）所収、23 ～ 34 頁）の内容の一部を大幅に書き換えたものである。
6）時実利彦『人間であること』（岩波書店、1970 年）128 ～ 129 頁
7）長山靖生『若者はなぜ「決められない」か』（筑摩書房、2003 年）210 ～ 211 頁
8）村上人声『わが航海 150 万浬』（大日本雄弁会講談社、1958 年）259 頁
9）高嶋博視『指揮官の条件』（講談社、2015 年）187 ～ 188 頁
10）逸見真「わが国外航海運における女性船員の雇用―何故、女性船員の雇用は伸びないのか」（「海事交通研究」第 64 号（山縣記念財団、2015 年）所収、23 ～ 32 頁）の内

容を書き換えたものである。

11）根元聡「日本郵船がすすめる 女性活躍推進プロジェクトの今とこれから」「KAIUN（海運）」No.1048（日本海運集会所、2015年1月）所収、65頁
12）武石恵美子『雇用システムと女性のキャリア』（勁草書房、2006年）8～9頁
13）逸見 前掲書（注5）23頁
14）海老原嗣生『女子のキャリア ＜男社会＞のしくみ、教えます』（筑摩書房、2012年）75～78頁
15）高田朝子「地域活性化のための有機的な女性管理職リーダーシップ訓練についての一試論」「地域イノベーション」vol.2（法政大学地域研究センター、2009年）所収、17～18頁
16）高城も同様に述べている（高城尚美「船で人の夢を運び続けたいっ！ 目先が利いて几帳面、負けじ魂、これぞ船乗り」窪川かおる 編、海洋女性チーム 著『海のプロフェッショナル2―美しい海の世界への扉』（東海大学出版会、2013年）所収、198頁）。
17）大久保幸夫・石原直子『女性が活躍する会社』（日本経済新聞出版社、2014年）164頁
18）アレキサンダー・ベネット『日本人の知らない武士道』（文藝春秋、2013年）52頁
19）リンダ・グリーンロウ 著、三谷眸 訳『わたしは女 わたしは船長』（原書房、2002年）72頁
20）森田成也『資本主義と性差別―ジェンダー的公正をめざして』（青木書店、1997年）259頁
21）逸見真「航海者としての自律性の養成―航海術の発達がもたらす規範意識喪失への対応」（「日本航海学会論文集」第128号（日本航海学会、2013年）所収、111～122頁）の内容の一部を大幅に書き換えたものである。
22）STW 43/WP.6/Add.1, Annex, pp.134-136.
23）水谷雅彦「講義の七日間―情報化社会の虚と実」水谷雅彦 ほか編『岩波 応用倫理学講義3 情報』（岩波書店、2005年）所収、12～13頁
24）水谷雅彦『情報の倫理学（現代社会の倫理を考える 15）』（丸善、2003年）4～7頁
25）竹内啓「科学的認識の対象としての人間」岡田節人 ほか編『対象としての人間（岩波講座 科学／技術と人間 6）』（岩波書店、1999年）所収、14～15頁
26）森博嗣『科学的とはどういう意味か』（幻冬舎、2011年）43～45頁
27）加藤尚武『合意形成の倫理学（現代社会の倫理を考える 16）』（丸善、2009年）23～25頁
28）村上陽一郎「科学／技術と生活空間」岡田節人 ほか編『思想としての科学／技術（岩波講座 科学／技術と人間 9）』（岩波書店、1999年）所収、27頁
29）逸見 前掲書（注21）の内容の一部を大幅に書き換えたものである。
30）村上陽一郎『安全学』（青土社、1998年）213～215頁
31）丸山徳次「講義の七日間―水俣病の哲学に向けて」越智貢 ほか編『岩波 応用倫理学講義2 環境』（岩波書店、2004年）所収、26頁
32）越智貢「講義の七日間―学校の倫理学」越智貢 ほか編『岩波 応用倫理学講義6 教育』（岩波書店、2005年）所収、135頁

33）井上欣三『海の安全管理学―操船リスクアナリシス・予防安全の科学的技法』（成山堂書店、2008 年）23 頁
34）逸見真「法の存在する意義―自動化船、自律化船と法」（「NAVIGATION」第 200 号（日本航海学会、2017 年）所収、28 ～ 33 頁）の内容の一部を書き換えたものである。
35）榎本泰「自動化船の嚆矢金華山丸」日本パイロット協会 編『思い出の船ぶね―海のパイロット達の回想』（成山堂書店、1987 年）所収、213 ～ 219 頁
36）夏本八郎太「船員がいなくなるとき 一船長の省察と展望」「NAVIGATION」第 200 号（日本航海学会、2017 年）所収、34 ～ 39 頁
37）逸見真「船員と社会的責任」（「NAVIGATION」第 186 号（日本航海学会、2013 年）所収、51 ～ 57 頁）の内容を参考とした。
38）大野幹雄『フィリピン人船員と危機管理』（成山堂書店、2000 年）48 頁
39）長山 前掲書（注 7）51 頁
40）大野 前掲書（注 38）162 頁
41）六本佳平『法社会学』（有斐閣、1986 年）223 ～ 226 頁
42）大野 前掲書（注 38）33 頁
43）長山 前掲書（注 7）51 頁
44）大野 前掲書（注 38）34 頁
45）赤塚宏一「スーパーカーゴとギリシャ船」山縣記念財団 編『海想―海運業界の想い出話集』（山縣記念財団、2013 年）所収、12 ～ 13 頁
46）北政巳『近代スコットランド鉄道・海運業史―大英帝国の機械の都グラスゴウ』（御茶の水書房、1999 年）332 頁
47）ヘンリー・ホームズ 著、H. ボールハチェット・杉山伸也 訳、横浜開港資料館 編『ホームズ船長の冒険―開港前後のイギリス商社』（有隣堂、1993 年）
48）逸見真「船長の職責―法的責任から社会的責任へ」（「MATRIX」第 96 号（海上交通システム研究会、2017 年）所収、18 ～ 24 頁）の内容を参考とした。
49）ジェームズ・ビゼット 著、佐野修・大杉勇 訳『セイル・ホー！―若き日の帆船生活』（成山堂書店、1990 年）239 頁

引用・参考文献

会田雄次『決断の条件』（新潮社、1975 年）

会田雄次『日本人の意識構造―風土・歴史・社会』（講談社、1972 年）

赤尾陽彦『蔵出し船長日誌』（文芸社、2015 年）

赤坂憲雄「海の彼方より訪れしものたち」日本ユング心理学会 編『海の彼方より訪れしものたち（ユング心理学研究 第 9 巻）』（創元社、2017 年）所収

赤塚宏一「スーパーカーゴとギリシャ船」山縣記念財団 編『海想―海運業界の想い出話集』（山縣記念財団、2013 年）所収

阿河雄二郎「近世フランスの海軍と社会―海洋世界の「国民化」」金澤周作 編『海のイギリス史―闘争と共生の世界史』（昭和堂、2013 年）所収

阿河雄二郎「近世フランスの海民の信仰生活」金澤周作 編『海のイギリス史―闘争と共生の世界史』（昭和堂、2013 年）所収

秋山進『「一体感」が会社を潰す―異質と一流を排除する＜子ども病＞の正体』（PHP 研究所、2014 年）

安達裕之「日本船舶史の流れ」四国地域史研究連絡協議会 編『「船」からみた四国』（岩田書院、2015 年）所収

アダムス, マイケル R. 著、廣澤明 訳『ブリッジ・リソース・マネージメント』（成山堂書店、2011 年）

阿部謹也『学問と「世間」』（岩波書店、2001 年）

阿部謹也『「世間」とは何か』（講談社、1995 年）

新崎盛紀『直観力』（講談社、1978 年）

石井謙治「漂流船覚え書」池田皓 編『日本庶民生活史料集成 第 5 巻 漂流』（三一書房、1968 年）所収

石川吉春『原油を運んだ 30 年』（パレード、2008 年）

石黒圭『日本語は「空気」が決める―社会言語学入門』（光文社、2013 年）

石橋悠人『経度の発見と大英帝国』（三重大学出版会、2010 年）

伊藤玄二郎『氷川丸ものがたり（増補版）』（かまくら春秋社、2016 年）

伊東信『巨船沈没―ぼりばあ丸事件を追って』（晩聲社、1984 年）

伊藤正己・加藤一郎 編『現代法学入門』（有斐閣、2001 年）

井上一規「指揮管理」逸見真 編著『船長職の諸相』（山縣記念財団、2018 年）所収

井上欣三『海の安全管理学―操船リスクアナリシス・予防安全の科学的技法』（成山堂書店、2008 年）

井之上喬『「説明責任」とは何か―メディア戦略の視点から考える』（PHP 研究所、2009 年）

ウ・ソックン 著、古川綾子 訳『降りられない船―セウォル号沈没事故からみた韓国』（クオン、2014 年）

榎本泰「自動化船の嚆矢金華山丸」日本パイロット協会 編『思い出の船ぶね―海のパイロット達の回想』（成山堂書店、1987 年）所収

海老原嗣生『女子のキャリア <男社会>のしくみ、教えます』(筑摩書房、2012 年)
大磯義一郎・大滝恭弘・山田奈美恵『医療法学入門(第 2 版)』(医学書院、2016 年)
大久保幸夫・石原直子『女性が活躍する会社』(日本経済新聞出版社、2014 年)
大野幹雄『フィリピン人船員と危機管理』(成山堂書店、2000 年)
大前晴保『台風と闘う船長』(成山堂書店、1982 年)
岡本真一郎『言語の社会心理学―伝えたいことは伝わるのか』(中央公論新社、2013 年)
越智貢「講義の七日間―学校の倫理学」越智貢 ほか編『岩波 応用倫理学講義 6 教育』(岩波書店、2005 年)所収
小野正治郎『航跡―海に賭けたタンカー船長の半生』(新風舎、2005 年)
海員史話会『聞き書き 海上の人生―大正・昭和船員群像』(農山漁村文化協会、1990 年)
角幡唯介『漂流』(新潮社、2016 年)
笠井俊和『船乗りがつなぐ大西洋世界―英領植民地ボストンの船員と貿易の社会史』(晃洋書房、2017 年)
笠井俊和「船乗りと航海譚―英領アメリカ植民地における貿易と情報伝達」田中きく代・阿河雄二郎・金澤周作 編著『海のリテラシー 北大西洋海域の「海民」の世界史』(創元社、2016 年)所収
加藤石雄『海ひと筋に―船と港とパイロットと』(日本海事広報協会、1966 年)
加藤尚武『合意形成の倫理学(現代社会の倫理を考える 16)』(丸善、2009 年)
門脇厚司『社会力を育てる―新しい「学び」の構想』(岩波書店、2010 年)
金指正三『日本海事慣習史』(吉川弘文館、1967 年)
金澤周作「海難―アキレスの腱」金澤周作 編『海のイギリス史―闘争と共生の世界史』(昭和堂、2013 年)所収
金澤周作「密貿易と難破船略奪―境界線上の世界」金澤周作 編『海のイギリス史―闘争と共生の世界史』(昭和堂、2013 年)所収
カービー, デヴィド、ヒンカネン, メルヤ-リーサ 著、玉木俊明 ほか訳『ヨーロッパの北の海―北海・バルト海の歴史』(刀水書房、2011 年)
川島裕『海流―最後の移民船『ぶらじる丸』の航跡』(海文堂出版、2005 年)
北政巳『近代スコットランド鉄道・海運業史―大英帝国の機械の都グラスゴウ』(御茶の水書房、1999 年)
キャラハン, スティーヴン 著、長辻象平 訳『大西洋漂流 76 日間』(早川書房、1999 年)
久我正男『ある老船医の回想―船と海の 20 年』(日本海事広報協会、1993 年)
釘原直樹『人はなぜ集団になると怠けるのか―「社会的手抜き」の心理学』(中央公論新社、2013 年)
グリーンロウ, リンダ 著、三谷眸 訳『わたしは女 わたしは船長』(原書房、2002 年)
河内山典隆『その時、船員はどうする―河内山典隆「備忘録」』(文芸社、2006 年)
河野龍太郎『医療安全へのヒューマンファクターズアプローチ―人間中心の医療システムの構築に向けて』(日本規格協会、2010 年)
小風秀雅『帝国主義下の日本海運―国際競争と対外自立』(山川出版社、1995 年)
国分康孝『リーダーシップの心理学』(講談社、1984 年)
小柴秋夫「初航海のころ」海上労働協会海上の友編集部 編『航海記―海と船と人と』(海上労働協会、1957 年)所収

小杉俊哉『リーダーシップ3.0—カリスマから支援者へ』（祥伝社、2013年）
コーディングリ, デイヴィッド 編、増田義郎 監訳、竹内和世 訳『図説 海賊大全』（東洋書林、2000年）
後藤日出路「ばらの花のケーキ」海上労働協会海上の友編集部 編『愛よ波を超えよ』（海上労働協会、1956年）所収
小林郁『嘉永無人島漂流記—長州藤曲村廻船遭難事件の研究』（三一書房、1998年）
小林茂文『ニッポン人異国漂流記』（小学館、2000年）
小林弘明『船舶の運航技術とチームマネジメント』（海文堂出版、2016年）
小門和之助 著、小門先生論文刊行会 編『船員問題の国際的展望』（日本海事振興会、1958年）
近藤晴嘉『ジョセフ＝ヒコ』（吉川弘文館、1963年）
昆正和『リーダーのためのレジリエンス 11の鉄則』（ディスカヴァー・トゥエンティワン、2015年）
コンラッド, J. 著、上田勤 ほか訳「青春」『コンラッド—筑摩世界文学大系50』（筑摩書房、1975年）所収
斎藤善之「水主」斎藤善之編『海と川に生きる—身分的周縁と近世社会 2』（吉川弘文館、2007年）所収
酒井富雄「写真撮るなら笑顔で頼む」海上労働協会海上の友編集部 編『愛よ波を超えよ』（海上労働協会、1956年）所収
坂井優基『パイロットが空から学んだ 運と縁の法則』（インデックス・コミュニケーションズ、2008年）
坂本優一郎「海と経済—漁業と海運業から見る海域社会史」金澤周作 編『海のイギリス史—闘争と共生の世界史』（昭和堂、2013年）所収
坂本優一郎「旅客船」金澤周作 編『海のイギリス史—闘争と共生の世界史』（昭和堂、2013年）所収
向坂寛『恥の構造—日本文化の深層』（講談社、1982年）
佐藤和正『艦長たちの太平洋戦争—34人の艦長が語った勇者の条件』（光人社、2010年）
佐藤快和『海と船と人の博物史百科』（原書房、2000年）
薩摩真介「海軍—「木の楯」から「鉄の矛」へ」金澤周作 編『海のイギリス史—闘争と共生の世界史』（昭和堂、2013年）所収
薩摩真介「海賊—「全人類の敵」？」金澤周作 編『海のイギリス史—闘争と共生の世界史』（昭和堂、2013年）所収
佐橋滋 編著『日本人論の検証—現代日本社会研究』（誠文堂新光社、1980年）
佐波宣平『復刻版 海の英語—イギリス海事用語根源』（成山堂書店、1995年）
篠原陽一『帆船の社会史—イギリス船員の証言』（高文堂出版社、1983年）
島崎敏樹『生きるとは何か』（岩波書店、1974年）
霜山徳爾『人間の限界』（岩波書店、1975年）
情報・システム研究機構新領域融合研究センター システムズ・レジリエンスプロジェクト『システムのレジリエンス—さまざまな擾乱からの回復力』（近代科学社、2016年）
須川邦彦『海の信仰（上）』（海洋文化振興、1954年）
杉森久英・尾崎秀樹 対談「広瀬武夫—海に生きる詩人」尾崎秀樹 編『対談 海の人物史』（ティビーエス・ブリタニカ、1979年）所収

鈴木邦裕「船長解題」余田実『芸予の船長たち—瀬戸内、豊予にいのち運んで』(海文堂出版、1997年) 所収
数土直紀『日本人の階層意識』(講談社、2010年)
清家洋二『決められない!—優柔不断の病理』(筑摩書房、2005年)
瀬田真『海洋ガバナンスの国際法—普遍的管轄権を手掛かりとして』(三省堂、2016年)
ソベル, デーヴァ 著、藤井留美 訳『経度への挑戦　一秒にかけた四百年』(翔泳社、1997年)
大成丸史編集委員会 編著『練習帆船 大成丸史』(成山堂書店、1985年)
高城尚美「船で人の夢を運び続けたいっ! 目先が利いて几帳面、負けじ魂、これぞ船乗り」窪川かおる 編、海洋女性チーム 著『海のプロフェッショナル2—美しい海の世界への扉』(東海大学出版会、2013年) 所収
高嶋博視『指揮官の条件』(講談社、2015年)
高田正夫『船路の跡』(海文堂出版、1972年)
高田里惠子『学歴・階級・軍隊—高学歴兵士たちの憂鬱な日常』(中央公論新社、2008年)
高林秀雄『海洋開発の国際法』(有信堂高文社、1977年)
武石恵美子『雇用システムと女性のキャリア』(勁草書房、2006年)
竹内啓「科学的認識の対象としての人間」岡田節人 ほか編『対象としての人間 (岩波講座 科学/技術と人間 6)』(岩波書店、1999年) 所収
武内賢一『海上労働に生きて—日本海運と船員の苦闘』(海流社、1988年)
竹田盛和『やぶにらみ航海記』(講談社、1960年)
竹野弘之『ドキュメント 豪華客船の悲劇』(海文堂出版、2008年)
田所昌幸「組織の「近代化」に向けて—19世紀のロイヤル・ネイヴィーの人事と教育」田所昌幸 編『ロイヤル・ネイヴィーとパクス・ブリタニカ』(有斐閣、2006年) 所収
田中航 著、荒川博・大杉勇 編『人と船そして海』(海文堂出版、2013年)
田中善治『船長の肩振り』(成山堂書店、2004年)
谷木重雄「揺れる鉄の箱」海上労働協会海上の友編集部 編『航海記—海と船と人と』(海上労働協会、1957年) 所収
田村京子『北洋船団 女ドクター航海記』(集英社、1985年)
チポラ, C.M. 著、大谷隆昶 訳『大砲と帆船—ヨーロッパの世界制覇と技術革新』(平凡社、1996年)
趙晟容「韓国」町野朔 編『環境刑法の総合的研究』(信山社、2003年) 所収
デーナー, R.H. 著、千葉宗雄 監訳『帆船航海記』(海文堂出版、1977年)
土井全二郎『撃沈された船員たちの記録—戦争の底辺で働いた輸送船の戦い』(光人社、2008年)
時実利彦『人間であること』(岩波書店、1970年)
中尾英俊『日本社会と法』(日本評論社、1994年)
中川久『泣き笑い、航海術—ある巡視船船長の回想』(舵社、1994年)
中谷三男『海洋教育史 (改定版)』(成山堂書店、2004年)
中根千枝『タテ社会の人間関係—単一社会の理論』(講談社、1967年)
中根千枝『適応の条件—日本的連続の思考』(講談社、1972年)
中之薗郁夫『海のパイロット物語』(成山堂書店、2002年)
長山靖生『若者はなぜ「決められない」か』(筑摩書房、2003年)

西尾幹二『個人主義とは何か』（PHP 研究所、2007 年）
西中務『1 万人の人生を見たベテラン弁護士が教える「運の良くなる生き方」』（東洋経済新報社、2017 年）
西部徹一『日本の船員—労働と生活』（労働科学研究所、1961 年）
日本海事広報協会 編『キャプテン 森勝衛—海のもっこす 70 年』（日本海事広報協会、1975 年）
日本郵船 編『日本郵船戦時船史 上巻』（日本郵船、1971 年）
野間寅美『海からのサバイバルメッセージ』（成山堂書店、2001 年）
芳賀繁『事故がなくならない理由—安全対策の落とし穴』（PHP 研究所、2012 年）
橋本進『咸臨丸、大海をゆく—サンフランシスコ航海の真相』（海文堂出版、2010 年）
橋本進「歴史」逸見真 編著『船長職の諸相』（山縣記念財団、2018 年）所収
長谷川伸『印度洋の常陸丸』（中央公論社、1980 年）
羽生善治『決断力』（角川書店、2005 年）
林司宣『現代海洋法の生成と課題』（信山社、2008 年）
春名徹『漂流—ジョセフ・ヒコと仲間たち』（角川書店、1982 年）
パンゲ, モーリス 著、竹内信夫 訳『自死の日本史』（筑摩書房、1986 年）
半藤一利『日本型リーダーはなぜ失敗するのか』（文藝春秋、2012 年）
ビゼット, ジェームズ 著、佐野修・大杉勇 訳『セイル・ホー！—若き日の帆船生活』（成山堂書店、1990 年）
ヒューソン, J.B. 著、杉崎昭生 訳『交易と貿易を支えた 航海術の歴史』（海文堂出版、2007 年）
ファム・ディン・ソン 著、加藤隆子 訳『涙の理由—救われた難民と船長の再会物語』（女子パウロ会、2005 年）
冨久尾義孝『提言！ 変わらない海事社会を変えるために』（海文堂出版、2006 年）
藤崎道好『水先法の研究』（成山堂書店、1967 年）
藤代幸一『聖ブランダン航海譚—中世のベストセラーを読む』（法政大学出版局、1999 年）
ベイリン, バーナード 著、和田光弘・森丈夫訳『アトランティック・ヒストリー』（名古屋大学出版会、2007 年）
ベネディクト, ルース 著、福井七子 訳『日本人の行動パターン』（NHK 出版、1997 年）
ベネット, アレキサンダー『日本人の知らない武士道』（文藝春秋、2013 年）
逸見真『便宜置籍船論』（信山社、2006 年）
逸見真「法」逸見真 編著『船長職の諸相』（山縣記念財団、2018 年）所収、209 ～ 262 頁
ホジスン, ゴドフリー 著、狩野貞子 訳『ロイズ—巨大保険機構の内幕（上）』（早川書房、1987 年）
星野英一『人間・社会・法』（創文社、2009 年）
ホープ, ロナルド 著、三上良造 訳『英国海運の衰退』（日本海運集会所、1993 年）
ホームズ, ヘンリー 著、H. ボールハチェット・杉山伸也 訳、横浜開港資料館 編『ホームズ船長の冒険—開港前後のイギリス商社』（有隣堂、1993 年）
堀野良平『新・海のロマンス』（海文堂出版、1972 年）
ボンバール, A.「実験漂流記」石原慎太郎 責任編集『現代の冒険 3 世界の海洋に挑む』（文藝春秋、1970 年）所収
松本信人「友川丸の想い出」日本パイロット協会 編『思い出の船ぶね—海のパイロット達

の回想』（成山堂書店、1987 年）
松本三和夫『船の科学技術革命と産業社会―イギリスと日本の比較社会学』（同文舘出版、1995 年）
丸山徳次「講義の七日間―水俣病の哲学に向けて」越智貢 ほか編『岩波 応用倫理学講義 2 環境』（岩波書店、2004 年）所収
水谷雅彦「講義の七日間―情報化社会の虚と実」水谷雅彦 ほか編『岩波 応用倫理学講義 3 情報』（岩波書店、2005 年）所収
水谷雅彦『情報の倫理学（現代社会の倫理を考える 15)』（丸善、2003 年）
光村正二「ある出港日の感想」海上労働協会海上の友編集部 編『航海記―海と船と人と』（海上労働協会、1957 年）所収
皆川三郎『海洋国民の自叙伝―英国船員の日記』（泰文堂、1994 年）
ムート, イエルク 著、大木毅 訳『コマンド・カルチャー ―米独将校教育の比較文化史』（中央公論新社、2015 年）
村上人声『わが航海 150 万浬』（大日本雄弁会講談社、1958 年）
村上陽一郎『安全学』（青土社、1998 年）
村上陽一郎「科学／技術と生活空間」岡田節人 ほか編『思想としての科学／技術（岩波講座 科学／技術と人間 9)』（岩波書店、1999 年）所収
村瀬正章『池田寛親自筆本「船長日記」を読む―督乗丸漂流記』（成山堂書店、2005 年）
モラ・デュ・ジュルダン, ミシェル 著、深沢克己 訳『ヨーロッパと海』（平凡社、1996 年）
森田成也『資本主義と性差別―ジェンダー的公正をめざして』（青木書店、1997 年）
森博嗣『科学的とはどういう意味か』（幻冬舎、2011 年）
森光繁『菅源三郎』（大政翼賛會愛媛縣支部、1942 年）
矢嶋三策 編『小門和之助先生追悼録』（小門先生追悼論文集刊行会、1979 年）
矢嶋三策『船長』（日本海事広報協会、1981 年）
山内景樹『日本船員の大量転職―国際競争のなかのキャリア危機』（中央公論社、1992 年）
山岸寛『海運 70 年史』（山縣記念財団、2014 年）
山口裕幸『チームワークの心理学―よりよい集団づくりをめざして』（サイエンス社、2008 年）
山田廸生『船にみる日本人移民史―笠戸丸からクルーズ客船へ』（中央公論社、1998 年）
吉田満『戦中派の死生観』（文藝春秋、2015 年）
余田実『芸予の船長たち―瀬戸内、豊予にいのち運んで』（海文堂出版、1997 年）
ルージェ, ジャン 著、酒井傳六 訳『古代の船と航海』（法政大学出版局、2002 年）
レディカー, マーカス 著、上野直子 訳『奴隷船の歴史』（みすず書房、2016 年）
六本佳平『法社会学』（有斐閣、1986 年）
渡辺加藤一『海難史話』（海文堂出版、1979 年）

岩瀬潔・逸見真「事例研究―護衛艦「あたご」漁船「清徳丸」衝突事件」「海技大学校研究報告」第 53 号（海技大学校、2010 年）所収
小島茂「熊野神社のお守り」「創立 60 周年記念特別号 後輩に伝えたいこと」（日本船長協会、2010 年）所収
小林郁「遠州船昇栄丸の漂流とチリ渡航―掛川市の子孫宅に残る文書の調査報告」（日本海事史学会発表資料、2017 年 7 月）

佐伯優「《海》遭難船救助」「創立60周年記念特別号 後輩に伝えたいこと」（日本船長協会、2010年）所収

高田朝子「地域活性化のための有機的な女性管理職リーダーシップ訓練についての一試論」「地域イノベーション」vol.2（法政大学地域研究センター、2009年）所収

田中稔「むかしの学生たち—開校の頃を中心に」東京商船大学学生誌編集会 編「浪声」3号（東京商船大学学生誌編集会、1982年）所収

夏本八郎太「船員がいなくなるとき 一船長の省察と展望」「NAVIGATION」第200号（日本航海学会、2017年）所収

日本海事広報協会 編「日本の海運 SHIPPING NOW 2017-2018」（日本海事広報協会）

根元聡「日本郵船がすすめる 女性活躍推進プロジェクトの今とこれから」「KAIUN（海運）」No.1048（日本海運集会所、2015年1月）所収

藤井實「瀬戸内海及び日本太平洋岸での台風避難泊地に付いて」「創立60周年記念特別号 後輩に伝えたいこと」（日本船長協会、2010年）所収

逸見真「ISMコードの利用による船員処罰の回避（上）—乗組員の個人処罰から法人（会社）処罰へのアプローチ」「海技大学校研究報告」第53号（海技大学校、2010年）所収

逸見真「ISMコードの利用による船員処罰の回避（下）—乗組員の個人処罰から法人（会社）処罰へのアプローチ」「海技大学校研究報告」第54号（海技大学校、2011年）所収

逸見真「海技の実践における法的思考の活用—暗黙知的海技の克服のための一手法」「海事交通研究」第59号（山縣記念財団、2010年）所収

逸見真「外航海運と法制度—外国からの継受の現在とその方向性」「月報 Captain」第390号（日本船長協会、2009年）所収

逸見真「航海者としての自律性の養成—航海術の発達がもたらす規範意識喪失への対応」「日本航海学会論文集」第128号（日本航海学会、2013年）所収

逸見真「船員と社会的責任」「NAVIGATION」第186号（日本航海学会、2013年）所収

逸見真「船長の職責—法的責任から社会的責任へ」「MATRIX」第96号（海上交通システム研究会、2017年）所収

逸見真「BRM実践の本質—船橋チーム員相互の信頼、意思の疎通と法的責任」「船長」第134号（日本船長協会、2017年）所収

逸見真「法の存在する意義—自動化船、自律化船と法」「NAVIGATION」第200号（日本航海学会、2017年）所収

逸見真「わが国外航海運における女性船員の雇用—何故、女性船員の雇用は伸びないのか」「海事交通研究」第64号（山縣記念財団、2015年）所収

松田洋和「VLCC “HEBEI SPIRIT” 号衝突事故の一考察」「月報 Captain」第393号（日本船長協会、2009年）所収

山根達則「色々な事が起きても」「創立60周年記念特別号 後輩に伝えたいこと」（日本船長協会、2010年）所収

吉田晶子「国際海事条約における外国船舶に対する管轄権枠組の変遷に関する研究」「国土交通政策研究」第77号（国土交通省国土交通政策研究所、2007年）所収

「月報 Captain」第426号（日本船長協会、2015年）

「月報 Captain」第438号（日本船長協会、2017年）

Behnam, A., "Ending Flag State Control?", in Kirchner, A.(ed.), *International Marine Environmental Law* (2003).

Cassese, A., *International Criminal Law* (2003).

Clipsham, R., "Examining the Personal Liability and Responsibilities of the Master", *International Federation of Shipmasters' Associations* (Sep. 2000).

Gold, E., Seaways (Mar. 2005).

Hunziker, C., "Criminalization of Seafarers - Will it never end?", *CAMM Sidelights* (2009).

Hutchins, E., *The technology of team navigation* (1990), 山口裕幸『チームワークの心理学―よりよい集団づくりをめざして』（サイエンス社、2008 年）所収

IMO Circular Letter No. 2711, Guidelines on Fair Treatment of Seafarers in the Event of a Maritime Accident.

Özçayir, Z. Oya, *Port State Control*, 2nd ed. (2004).

Pamborides, G. D., *International Shipping Law* (1999).

Rico, R., Sánchez-Manzanares, M., Gil, F., & Gibson, C., *Team implicit coordination processes* (2008), 山口裕幸『チームワークの心理学―よりよい集団づくりをめざして』（サイエンス社、2008 年）所収

Schiano di Pepe, L., "Port State Control as an Instrument to Ensure Compliance with International Marine Environmental Obligations", in Kirchner, A.(ed.), International Marine Environmental Law (2003).

STW 43/WP.6/Add.1, Annex.

「食料自給率とは」、農林水産省ウェブサイト
<http://www.maff.go.jp/j/zyukyu/zikyu_ritu/011.html>（参照 2018 年 7 月 23 日）

「日本統計年鑑」、総務省統計局ウェブサイト
<https://www.stat.go.jp/data/nenkan/67nenkan/zenbun/jp67/top.html>（参照 2018 年 7 月 23 日）

索　引

【アルファベット】
AI　*65, 324*
ABM（Automated Behaviour Monitoring）　*73*
AIS（Automatic Identification System）　*65, 160*
ARPA　*160, 321*
Bright Artemis　*200*
BRM（Bridge Resource Management）　*209, 215, 261, 298, 316, 323*
BTM（Bridge Team Management）　*209*
commander　*2*
Consolato del Mare　*185*
ECDIS（Electronic Chart Display and Information System）　*65, 320*
EPIRB（Emergency Position Indicating Radio Beacon）　*203*
Erika 号　*176*
ERM（Engine Resource Management）　*316*
explicit coordination　*217*
GMDSS　*80*
GPS（Global Positioning System）　*64, 127, 248*
high context culture　*213*
Hill Harmony case，2001　*194*
IMO（International Maritime Organization）　*69, 70, 72, 177, 182*
implicit coordination　*217*
ISM コード　*64, 74, 167, 301*
ISPS コード（International Ship and Port Facility Security Code）　*167, 204*
job ローテーション　*300, 304*
low context culture　*213*
MARPOL 条約　*71, 73, 301*
MARTHA（Final Report）　*74*
Merchant Shipping Act　*2*
moon curser　*172*
Morro Castle　*272*
M/V（Motor Vessel）　*2*
noblesse oblige　*340*
OJT（On the Job Training）　*109*
PCC（Pure Car Carrier）　*255*
Plimsoll mark　*22*
poop deck　*250*
Prestige 号　*176*
private law　*186*
PSC（Port State Control）　*73*
public law　*184*
resilience　*166*
SART（Search and Rescue Radar Transponder）　*203*
SMM（Safety Management Manual）　*301*
SMS　*131, 132, 167, 248, 301, 329, 333*
SOLAS 条約　*204, 301*
S/S（Steamship）　*2*
STCW 条約　*61, 105, 301, 320*
VLCC　*161*
VLCC ヘベイ・スピリット（Hebei Spirit）号　*177*

【あ】
会田雄次　*214*
青野隆光船長　*229*
アーガイル号　*58*
赤尾陽彦船長　*291*
赤塚宏一船長　*337*

アテネ　*36*
阿部謹也　*123, 215*
新崎盛紀　*138*
ありあけ号　*274*
淡路山丸　*132*
アングロ・ノルマン法　*38*
安全管理システム　*131*
安全保障理事会　*72*
アンドレア・ドリア号　*272*
暗黙知　*314*
暗黙の協調　*216*

【い】
石井謙治　*252*
石川吉春船長　*158*
医師法　*190*
イ・ジュンソク船長　*271, 275*
一級海技士（航海）　*105*
一級水先人　*135*
一等航海士　*81, 129*
井上一規船長　*95*
医務部　*80*
イロタ　*36*
岩崎秀之船長　*262*
岩崎弥太郎　*22, 59*

【う】
ヴァン・デル・ポスト, ロレンス　*307*
ウェザールーティング　*193*
ヴェニス　*38*
ウォルフ号　*42, 278, 282*
海の王　*239*
上床力船長　*285*

【え】
英語　*21*
英国海軍　*9, 50, 112*
英国航海法　*238*
英国商船法　*2*
英国船舶　*1*
栄力丸　*84, 86*
越中島　*117*
榎本泰船長　*324*
エリカ号　*176*
遠隔操船　*324*
エンポロス　*34*

【お】
オイル・メジャー　*73*
大野幹雄船長　*149, 336*
大前晴保船長　*164*
尾崎秀樹　*229*
小野正治郎船長　*284*
オフハイヤー　*301*
おも舵　*23*
表司　*5*
親仁　*5*
オレロン海法　*38, 171*

【か】
海運市況　*10, 226*
海運自由の原則　*6*
海王寮　*120*
海技教育機構　*122, 207, 244*
海技試験制度　*103*
海技者　*299*
海技大学校　*28, 135, 262, 263, 271, 309*
海技免状　*62, 227*
壊血病　*42, 46*
海事クラスター　*8, 339*
海上安全委員会　*329*
海上衝突予防規則　*59*
海上衝突予防法　*158*
海商法　*187, 189*
海上労働　*301*
回生　*118*
廻船　*5, 58*
海賊　*55, 328*
海賊船　*3, 55*
海難事故における船員の公正な取り扱い

に関するガイドライン　*182*
海平丸　*164*
海洋法　*6*
覚悟の殉職　*275, 286*
笠井俊和　*16, 48*
炊　*5*
炊上り　*5*
水主　*5, 83*
加藤石雄船長　*66*
神鬮　*252*
神棚　*250*
ガリオタス　*39*
かりふおるにあ丸　*285*
カリフォルニアン号　*266*
カルパセア号　*266*
ガレー船　*39*
川島裕船長　*229*
菅源三郎船長　*66*
看護師　*80*
観天望気　*253*
観音崎灯台　*264*
咸臨丸　*144, 147*

【き】
期間雇用　*11, 181, 233*
機関部　*80*
旗国　*70*
旗国主義　*174, 181, 185*
汽船　*2*
機船　*2*
北前船　*59*
喫水制限船　*158, 162*
規範意識　*98*
木村庄平船長　*283*
木村摂津守軍艦奉行　*144*
キャビン　*232*
キャラハン，スティーヴン　*202*
旧制第一高等学校　*121*
救命筏　*163, 201*
救命艇　*163, 201*
強制徴募　*50*
教養　*102*
極軌道衛星利用非常用位置指示無線標識装置　*203*
義理　*123, 334*
金華山丸　*324*
緊急雇用対策　*75, 92, 122, 241*
近代化船　*233*

【く】
久我正男医師　*146*
クーパー号　*145*
クベルネテス　*34*
グリニッジ　*41*
グリーンロウ，リンダ 船長　*317*
クロスベアリング　*65, 320*
クロノメーター　*41, 127*
群島国　*196*

【け】
形式知　*314*
形式的な階層社会　*230*
経度委員会　*41*
経度の測定　*40*
刑罰権　*48, 60*
ケイン号　*107*
月距法　*41, 42*
ケレウステ　*34*

【こ】
高圧多段膨張機関　*59*
航海計画　*141*
航海指図書　*87*
公海自由の原則　*6*
航海傭船　*67*
航空管制官　*316*
厚生丸　*291*
高等商船学校　*117*
甲板員　*80*
甲板手　*80*

甲板長　*80*
甲板部　*80*
神戸商船大学　*122, 313*
神戸大学海事科学部　*117*
公法　*99, 184*
国際海運　*7*
国際海事機関　*69*
国分康孝　*87, 126*
国連海洋法条約　*6, 71, 174, 177, 181, 196, 335*
小柴秋夫　*91*
小島茂船長　*259*
小杉俊哉　*95*
小関三平船長　*276*
古代ギリシャ　*33*
古代ローマ　*33*
コッドマン船長　*58*
コーディングリ, デイヴィッド　*55*
言霊思想　*257*
小門和之助　*93*
コンソラート・デル・マーレ　*185*
コンテナ船　*62, 66, 162, 200*
近藤平市船長　*258*
金毘羅宮　*263*
金毘羅権現　*250*
コンラッド, ジョゼフ　*14*

【さ】

最終退船規定　*269*
サイバーセキュリティ　*73, 329*
在来船　*66*
佐伯優船長　*200*
坂部広胖　*58*
向坂寛　*119*
鎖国　*15*
佐々木盛吉船長　*275*
佐藤快和　*277*
サブスタンダード船　*73*
三級水先人　*135*
産業革命　*59, 104*
三等航海士　*80, 128*

【し】

潮時　*23*
直乗船頭　*4*
指揮命令権　*60, 185*
時化る　*23*
自社養成による船員　*309*
自動化船　*326*
自動衝突予防援助装置　*64*
自動船舶識別装置　*65*
自動船舶動静監視システム　*73*
司厨員　*80*
司厨手　*80*
司厨長　*80*
司厨部　*80*
指摘の失敗　*212*
自動車専用船　*255*
私法　*186*
司法警察職員等指定応急措置法　*72*
シーマンシップ　*112, 113, 127, 145, 199, 326*
事務部　*80*
霜山徳爾　*256*
社会的責任　*339*
社会的手抜き　*212*
自由権規約　*175*
終身雇用　*234*
終身雇用制度　*12*
ジュルダン　*52*
準日本船舶　*13*
昇栄丸　*58*
商船海員必携　*22*
商船高等専門学校　*122*
食料表　*95*
女性船員　*313, 318*
ジョセフ・ヒコ　*84, 145*
書類の備置　*190*
自律化船　*326*
私掠船　*3*

シーレーン　*8*
人格　*99*
シンガポール海峡　*158*
人工知能　*65, 324*
新三級制度　*309*
真正な関係　*69*
新和海運　*28*

【す】
水管ボイラー　*59*
須川邦彦船長　*140*
杉森久英　*229*
スティアレジ　*232*
ストックホルム号　*272*
ストレスチェック　*108*
スパルタ　*36*
スペシャリスト　*257, 300*
住村博士船長　*285*

【せ】
正常性バイアス　*270*
聖人崇拝　*251*
聖ブランダン　*251*
西洋形商船海員雇入雇止規則　*59*
西洋形商船船長運転手及機関手試験免状規則　*59*
西洋型船水先免状規則　*59*
セウォル号　*271, 273*
赤道祭　*240*
絶対主義　*48*
ゼネラリスト　*257*
船医　*80*
船員手帳　*108*
船員法　*36, 95, 148, 185, 189, 192, 197, 268*
千石船　*5*
船主船長　*3*
全地球測位システム　*64*
船長権限限定論　*68*
船頭　*4, 83*
船内融和　*93, 96*
船舶及び港湾施設の保安のための国際コード　*204*
船舶管理業　*63, 301*
船舶管理人　*38*
船舶共有　*37*
船舶権力　*39, 60*
船舶に危険がある場合における処置　*268*
戦没船員の碑　*264*
専用船　*67*
1681 年の海事王令　*171*

【そ】
操機手　*80*
操機長　*80*
捜索救助用レーダートランスポンダ　203
操船シミュレーション　*134*
操舵手　*80*
走錨　*164*
測天針路術　*58*
ソシオメトリー　*217*
ソマリアの海賊　*72*

【た】
大成丸　*19, 275*
タイタニック号　*258, 265*
代理権　*187*
代理店　*67*
高嶋博視　*208, 311*
高田正夫船長　*208*
高田里恵子　*230, 300*
竹田盛和船長　*18, 258*
竹中五雄船長　*148*
竹野弘之　*265*
タジマ号　*181*
竜田丸　*283*
田所昌幸　*112*
田中善治船長　*157*

ダブルハル　*177*
ダーリング，ウィリアム　*173*

【ち】
知工　*5*
抽象的危険犯　*178*
懲戒権　*60*
長幼の序　*123, 333*
直感思考　*138*
直感力　*137, 139, 140, 142*
直行義務　*192*

【つ】
通信士　*80*
通信長　*80*
月を呪う者　*172*

【て】
定期傭船　*67*
ディッジス船長　*41*
デットフォード号　*41*
デーナー，R.H.　*49, 50, 51, 52, 53, 61, 101, 106, 115, 195*
電子海図情報表示装置　*65*
天測　*65, 127*

【と】
東海丸　*277*
東京海洋大学　*325*
東京海洋大学海洋工学部　*117*
東京高等商船学校　*275*
東京商船学校　*19, 116*
東京商船大学　*117, 313*
道徳　*99*
洞爺丸　*163, 258*
時実利彦　*303*
督乗丸　*84, 86*
富永清蔵船長　*278, 283*
とり舵　*23*
トリー・キャニオン号　*196*
奴隷　*35, 39, 170*
奴隷船　*53, 141*
奴隷貿易の全廃　*54*

【な】
内航海運　*136, 235*
内水　*174*
中尾登一船長　*236*
中尾英俊　*247*
中川久船長　*260*
中根千枝　*86, 147, 215*
中之園郁夫船長　*255*
長山靖生　*306*
投げ荷　*34*
夏本八郎太船長　*328*
ナポレオン戦争　*55*
波島丸　*285*
難船者　*170*
難破船　*170*
南米移民船　*244*

【に】
西尾幹二　*151*
西部徹一　*89*
西山義行船長　*172*
二重殻　*177*
二等航海士　*81, 129*
ニュートン　*56*
ニューヨーク号　*265*

【ね】
ネプチューン　*239*

【の】
能力主義　*234*
ノブレス・オブリージュ　*340*
野間寅美船長　*173*

【は】
バァーロー，エドワード　*45, 103*

ハイコンテクスト　*213*
バウンティ号　*107*
橋本進船長　*144*
バースマスター　*300*
長谷川伸　*281*
バーチャル・ブイ　*327*
発航前の検査　*189*
羽生善治　*139*
パラワン航路　*254*
ハリソン , ジョン　*41*
春名徹　*84*
パンゲ , モーリス　*283*
ハンザ同盟条例　*37*
半藤一利　*114*
ハンブルグ法典　*37*

【ひ】
東インド会社　*4, 42*
氷川丸　*288*
久田佐助船長　*277*
ビゼット , ジェームズ 船長　*101, 341*
常陸丸　*278, 283*
ヒドゥン・カリキュラム　*121*
ヒューソン , J.B.　*127*
ヒューマンエラー　*129*
ヒューマンファクター　*104, 208, 315, 322*
漂流民　*16*
標齢　*110*
ピラミッドショール　*161*

【ふ】
フィリップス , リチャード 船長　*329*
フィリピン人船員　*242, 336*
冨久尾義孝船長　*299*
藤井實船長　*254*
扶持米　*16*
不定期船　*63, 302*
船脚　*23*
船尺一尺の法　*23*
プープ・デッキ　*250*
ブライト・アルテミス号　*200*
ぶらじる丸　*229*
ブリッグ帆装船　*56*
プリムソル , サミュエル　*23*
プリムソル・マーク　*22*
プリムローズ号　*284*
ブルック , ジョン・マーサー　*144*
ブルックス号　*54*
フールプルーフシステム　*322*
古谷雅理　*325*
プレステージ号　*176*
プログレス号　*277*
プロレウテ　*34*

【へ】
米国陸軍士官学校ウェストポイント　*125*
弁才船　*56*
ベネディクト , ルース　*85*
便宜置籍国　*7*
便宜置籍船　*9, 69, 70, 71, 181*

【ほ】
法的責任　*339*
北極星　*40*
ボートピープル　*199*
ホームズ , ヘンリー 船長　*338*
堀野良平船長　*261*
ぼりばあ丸　*290*
ボールタイム定期傭船契約書式　*192*
ボンバール , アラン　*288*

【ま】
賄　*5*
松本信人船長　*292*
マニュアル　*87, 314*
マラッカ海峡　*158*

【み】
水先人　*143, 210*
水先法　*135, 143*
水先養成コース　*135*
三菱会社　*22, 59*
光村正二　*298*
見張り　*326*
民間武装警備員　*72*

【む】
無害通航権　*174*
無線部　*80*
むち打ち刑　*48, 51*
村上紀和子　*290*
村上人声船長　*307*
村の掟　*247*
ムーンカーサー　*172*

【め】
明示的な調整行動　*217*
メンテナンス　*330*

【も】
森勝衛船長　*276*
モロ・カッスル号　*272*

【や】
矢嶋三策船長　*132, 299*
山内景樹　*92*
山岸寛　*226*
山口裕幸　*217*
山根達則船長　*258*

【ゆ】
由良浦漁師遭難船救助誓文　*172*

【よ】
洋上の君主　*48*
傭船契約　*63, 87*
吉田満　*224, 231*

【ら】
羅針盤　*40*
ラッグ船長　*42*

【り】
陸員　*225*
リーダーシップ　*85, 89, 90, 124, 131, 168*
良栄丸　*253*
領海　*174*

【る】
ルージェ, ジャン　*34, 250*

【れ】
レジリエンス　*166, 289*
レーダー　*64, 159*
レディカー, マーカス　*53*

【ろ】
ロイヤルティ　*181, 234*
六本佳平　*334*
ローコンテクスト　*213*
ロドス海法　*35, 171*
ローマ法　*186*
論理思考　*138*

【わ】
若衆　*5*
ワーク・ライフ・バランス　*315*
和船　*58*
和蘭風説書　*15*
ワン・ファゾム・バンク　*158*

【著者略歴】

逸見 真（へんみ しん）

1985年3月　東京商船大学商船学部航海学科卒業
1985年9月　東京商船大学乗船実習科修了
2001年3月　筑波大学大学院経営・政策科学研究科企業法学専攻課程（修士課程）修了
2006年3月　筑波大学大学院ビジネス科学研究科企業科学専攻課程企業法コース（博士課程）修了
新和海運（株）船長を経て、
2009年4月～14年3月　（独）海技大学校（現（独）海技教育機構）講師・助教授・准教授
2013年4月～14年3月　同校付属練習船 船長併任
2014年4月～17年3月　東京海洋大学大学院海洋科学技術研究科海洋工学系 教授
2017年4月より　東京海洋大学 学術研究院海事システム工学部門 教授

日本船長協会会員
日本航海学会会員（2018年6月～20年5月 副会長）
一般財団法人 山縣記念財団 評議員

一級海技士（航海）
博士（法学）

ISBN978-4-303-21932-1

船長論

2018年9月30日　初版発行
2021年5月30日　2刷発行

著　者　逸見　真
発行者　岡田雄希
発行所　海文堂出版株式会社
本　社　東京都文京区水道2-5-4（〒112-0005）
電話 03（3815）3291㈹　FAX 03（3815）3953
http://www.kaibundo.jp/
支　社　神戸市中央区元町通3-5-10（〒650-0022）

日本書籍出版協会会員・工学書協会会員・自然科学書協会会員

PRINTED IN JAPAN　　印刷　東光整版印刷／製本　誠製本